高等学校自动化类专业系列教材

集散控制系统(DCS)与应用案例

胡文金 黄 超 高 进
汤 毅 夏 林 姚红娟　编著

西安电子科技大学出版社

内 容 简 介

本书以培养工程实践能力为目标，以霍尼韦尔新一代 DCS 系统——PKS 为平台，介绍其基础应用技术和工程应用技术。全书分为两篇，第一篇介绍 DCS 基础知识及 PKS 硬件组态、控制策略组态和人机界面组态技术等。第二篇介绍 DCS 系统应用案例，主要包括通用设备和典型化工单元的 DCS 系统，天然气净化厂的 DCS 系统。其中，第 7、8 章重点介绍通用设备和典型化工单元的控制需求、DCS 的硬件选型与配置、顺控组态和人机界面组态等；第 9 章重点介绍天然气净化厂的工艺流程和控制需求，DCS 的硬件选型与配置、网络拓扑结构、控制系统功能和人机界面的实现等。

本书可以作为自动化类专业高年级学生相关课程或实践环节的教材或参考书，也可以作为控制类专业学位研究生或企业工程技术人员从事相关工程实践的参考书。

图书在版编目(CIP)数据

集散控制系统(DCS)与应用案例 / 胡文金等编著. -- 西安：西安
电子科技大学出版社, 2025. 2. -- ISBN 978-7-5606-7529-9

Ⅰ. TP273

中国国家版本馆 CIP 数据核字第 2025KL5240 号

策　　划　刘小莉
责任编辑　刘小莉
出版发行　西安电子科技大学出版社（西安市太白南路 2 号）
电　　话　（029）88202421　88201467　　　邮　　编　710071
网　　址　www.xduph.com　　　　　　　　电子邮箱　xdupfxb001@163.com
经　　销　新华书店
印刷单位　陕西天意印务有限责任公司
版　　次　2025 年 2 月第 1 版　2025 年 2 月第 1 次印刷
开　　本　787 毫米×1092 毫米　1/16　印 张　25
字　　数　595 千字
定　　价　63.00 元
ISBN 978-7-5606-7529-9
XDUP 7830001-1

*** 如有印装问题可调换 ***

前　言

实现工业生产过程自动化主要有四种自动控制装置,包括智能调节仪表(单回路/多回路调节器)、工业控制微机(IPC)、可编程序控制器(PLC)和集散控制系统(DCS)。智能调节仪表一般适用于小型系统或单体设备,工业控制微机一般适用于数据采集系统或测试系统,PLC 多用于生产线或设备的逻辑控制,DCS 则适用于流程工业的过程控制系统。事实上,当今的工业控制系统主要使用 PLC 和 DCS(含 FCS),从而也促进了 PLC 和 DCS 两者交融式发展。

自 1975 年美国霍尼韦尔公司首次推出 DCS 以来,历经近五十年的发展,DCS 已走向标准化、网络化、智能化和开放化。在激烈的市场竞争和需求变化等多重力量的推动下,涌现出了很多久经考验的 DCS 厂家。例如美国的霍尼韦尔(Honeywell)、艾默生(Emerson),德国的西门子(Siemens),日本的横河(Yokogawa),法国的施耐德(Schneider,Invensys 收购 Foxboro后再被施耐德收购)等。相对而言,国内的 DCS 厂家相对年轻,但也不乏后浪推前浪的气势,主要 DCS 厂家有和利时(Hollysys)、浙江中控(Supcon)和南京科远(Sciyon)等。国产 DCS的硬件技术和基本控制软件方面与国外 DCS 持平,已占据国内 60%左右的市场,且呈现上升趋势。

在四大类控制装置中,国内只有 PLC 课程相关的教材建设较为成功,确实实现了学以致用的目标。DCS 经过几十年的发展,其相关的硬件技术、软件技术、网络技术和控制技术日趋成熟,这些知识或技术分别在相关课程都有介绍,但缺乏介绍如何使用某种 DCS 去解决实际工程问题,实现生产过程自动化控制方面的教材。

本书正是基于这一现状,以培养工程实践能力为目标,以霍尼韦尔新一代 DCS 系统——PKS 为平台,介绍其基础应用技术和工程应用技术。

本书分为两篇,第一篇主要介绍 DCS 基础知识及 PKS 硬件组态、控制策略组态和人机界面组态技术等;第二篇介绍 DCS 系统应用案例,主要包括 PKS 在通用设备和典型化工单元控制中的应用,DCS 在天然气净化厂的应用等。

第一篇共 6 章。第 1 章介绍集散控制系统的基本概念和应用及其发展趋势。第 2 章介绍 DCS 的体系结构,包括 DCS 的网络结构、硬件结构、软件及其功能,在此基础上,重点介绍霍尼韦尔 PKS 的体系结构,最后简要介绍其他较为典型的五种 DCS 系统。第 3 章主要讨论 PKS 组态软件与硬件组态,详细介绍 PKS 的组态工作室、工程组态数据库管理和控制组态软件,PKS 的硬件组态,Checkpoint 文件的备份、恢复和归档,组态项目的导入和导出操作等。第 4 章介绍 PKS 基本控制策略组态,包括数据采集点的组态,单回路 PID

控制组态，逻辑控制组态，资产的组态等。第 5 章介绍 PKS 高级控制策略组态，包括串级控制、前馈控制和顺控等更为复杂的控制策略组态技术。第 6 章介绍 PKS 人机界面组态技术，包括 PKS 人机界面组态工具的功能和操作方法，主界面、子图及组界面与趋势界面等不同类型界面的组态方法。

第二篇共 3 章，主要介绍应用案例。其中第 7 章遴选了三种通用设备，第 8 章遴选了三种典型的化工单元。这两章分别介绍三种通用设备和三种化工单元的控制需求，介绍其 PKS 控制系统的硬件选型配置，控制策略的组态(重点是顺控的组态)和人机界面的组态。第 9 章以天然气净化厂 PKS 控制系统为实例，介绍天然气净化厂的工艺流程、控制系统需求，PKS 的网络结构、硬件配置和功能实现等。

本书遴选的通用设备、典型化工单元源自北京化工大学发布的智能型化工过程仿真实习软件(AI-TZZY/PS-2000/PS-3000 或更新版本)中的设备或单元，读者先使用该软件熟悉工艺，领悟控制要求，再参考本书完成其 PKS 系统组态，则更容易理解控制策略的组态逻辑，尤其是顺控的组态思路。

本书由重庆科技大学胡文金负责全书的策划，重庆科技大学的黄超、汤毅和姚红娟，中国石油天然气股份有限公司西南油气田分公司天然气净化总厂的高进和夏林等参与编著。第 1 章、第 2 章由胡文金编写，第 3 章由胡文金和黄超共同编写，第 4 章、第 5 章由胡文金和汤毅共同编写，第 6 章由姚红娟和胡文金共同编写，第 7 章由胡文金和高进共同编写，第 8 章由黄超和夏林共同编写，第 9 章由高进、夏林和胡文金共同编写。

由于编者水平有限，书中不足之处在所难免，恳请读者批评指正。

本书作者通过 B 站提供了 PKS 基础应用的教学视频，在 B 站上搜索"霍尼韦尔集散控制系统(PKS)组态及应用"、博主名为 hwjok023 的视频即可观看。

编　者
2024 年 6 月

目　录

第一篇　集散控制系统基础应用

第1章　集散控制系统概述 2
1.1　集散控制系统基本概念 2
1.1.1　集散控制系统的产生 2
1.1.2　集散控制系统的发展历程 4
1.2　集散控制系统的应用 8
1.2.1　新一代 DCS 的特点 8
1.2.2　DCS 在生产过程控制中的作用 8
1.2.3　DCS 在国内的应用情况 9
1.3　DCS 的发展趋势 10
思考题 13
第2章　DCS 的体系结构 14
2.1　DCS 的网络结构 14
2.1.1　DCS 的层次化体系 14
2.1.2　工业以太网 17
2.1.3　现场总线 18
2.1.4　工业无线网 19
2.2　DCS 的硬件结构 20
2.2.1　控制站 21
2.2.2　操作站和工程师站 23
2.2.3　其他硬件设备 24
2.3　DCS 的软件及其功能 24
2.3.1　控制软件 25
2.3.2　监控软件 27
2.4　霍尼韦尔 PKS 的体系结构 34
2.4.1　PKS 的技术特点 35
2.4.2　PKS 的系统架构与通信网络 37
2.4.3　PKS 的硬件技术 40
2.4.4　PKS 的软件与功能 50
2.5　国内外典型 DCS 系统 55
2.5.1　横河公司 DCS 55
2.5.2　西门子公司 DCS 57
2.5.3　艾默生公司 DCS 59
2.5.4　和利时公司 DCS 61
2.5.5　中控公司 DCS 62

思考题 66
第3章　PKS 组态软件与硬件组态 67
3.1　组态工作室与 ERDB 初始化 67
3.1.1　组态工作室 67
3.1.2　工程组态数据库管理 70
3.2　控制组态软件及其界面 73
3.2.1　Control Builder 的功能特点 73
3.2.2　Control Builder 主界面功能分区 75
3.3　PKS 硬件组态 77
3.3.1　组态 C300 控制器 77
3.3.2　组态 C 系列 I/O 模块 83
3.4　Checkpoint 文件的备份与恢复 89
3.4.1　备份 Checkpoint 文件 90
3.4.2　恢复 Checkpoint 文件 92
3.4.3　归档和重构 Checkpoint 文件 93
3.5　项目的导入/导出 95
3.5.1　项目的导出 95
3.5.2　项目的导入 96
思考题 98
第4章　PKS 基本控制策略组态 99
4.1　数据采集点的组态 99
4.1.1　点的组态过程 99
4.1.2　报警类型与报警参数 109
4.1.3　变量的报警功能组态 110
4.2　单回路 PID 控制组态 115
4.2.1　PID 功能块的主要参数 115
4.2.2　仿真控制对象 $G(s)$ 的组态 121
4.2.3　单回路 PID 控制器的组态 128
4.3　逻辑控制组态 137
4.3.1　自锁逻辑的组态 137
4.3.2　置位/复位逻辑的组态 140
4.3.3　基于设备控制功能块的组态 142
4.4　资产的组态 154
4.4.1　服务器中的资产组态 154

4.4.2 资产数据库的备份、恢复和
初始化 158
4.4.3 操作站上的资产权限配置 161
思考题 163
第5章　PKS 高级控制策略组态 165
5.1 串级控制的组态 165
5.1.1 主控/副控对象的仿真及其组态 ...166
5.1.2 主控制器/副控制器的组态 169
5.1.3 串级控制与单回路控制的比较 ...173
5.1.4 基于 Excel 仿真过程变量 175
5.2 前馈控制的组态 178
5.2.1 前馈控制的结构及原理 179
5.2.2 前馈-反馈控制的组态 181
5.3 顺控的组态 183
5.3.1 顺控的主要作用 184
5.3.2 顺控的组态 184
思考题 197
第6章　PKS 人机界面组态技术 198
6.1 PKS 人机界面组态工具 198

6.1.1 HMIWeb Display Builder 的
功能特点 198
6.1.2 HMIWeb Display Builder
基本操作 199
6.2 主界面的组态 201
6.2.1 界面的层次结构 201
6.2.2 界面设计原则与设计步骤 203
6.2.3 主界面组态示例 205
6.3 子图的组态和脚本的应用 214
6.3.1 弹出子图的组态与调用 214
6.3.2 顺序子图的组态与调用 218
6.3.3 动态子图的组态与调用 224
6.3.4 脚本应用示例 229
6.4 组界面与趋势界面的组态 232
6.4.1 趋势界面的组态 232
6.4.2 组界面的组态 241
6.4.3 基于 HMI 组件的趋势图组态 245
思考题 248

第二篇　集散控制系统应用案例

第7章　PKS 在通用设备控制中的应用 250
7.1 加热炉 PKS 控制系统 250
7.1.1 加热炉工艺控制要求 250
7.1.2 加热炉控制方案 254
7.1.3 加热炉控制策略组态 257
7.1.4 加热炉 HMI 组态与监控 264
7.2 透平与往复压缩机 PKS 控制系统 268
7.2.1 透平与往复压缩机工艺控制
要求 268
7.2.2 透平与往复压缩机控制方案 271
7.2.3 透平与往复压缩机控制策略
组态 274
7.2.4 透平与往复压缩机 HMI 组态与
监控 279
7.3 65 t/h 锅炉 PKS 控制系统 285
7.3.1 65 t/h 锅炉工艺控制要求 285
7.3.2 65 t/h 锅炉控制方案 292
7.3.3 锅炉控制策略组态 297
7.3.4 锅炉控制系统 HMI 组态与监控 302
**第8章　PKS 在典型化工单元控制中的
应用** 308

8.1 连续反应 PKS 控制系统 308
8.1.1 连续反应系统工艺控制要求 308
8.1.2 连续反应系统控制方案 311
8.1.3 连续反应控制策略组态 315
8.1.4 连续反应人机界面组态与监控 324
8.2 吸收装置 PKS 控制系统 328
8.2.1 吸收装置工艺控制要求 329
8.2.2 吸收装置控制方案 331
8.2.3 吸收装置控制策略组态 335
8.2.4 吸收装置人机界面组态与监控 346
8.3 精馏装置 PKS 控制系统 351
8.3.1 精馏装置工艺控制要求 351
8.3.2 精馏装置控制方案 356
8.3.3 精馏装置控制策略组态 360
8.3.4 精馏装置人机界面组态与监控 366
第9章　DCS 在天然气净化厂的应用 372
9.1 天然气净化厂工艺流程 372
9.1.1 脱硫单元工艺 373
9.1.2 脱水单元 374
9.1.3 硫磺回收单元 375
9.1.4 尾气处理单元 376

9.2　控制系统需求分析 377

　9.2.1　BPCS 通用技术要求 378

　9.2.2　DCS 数据服务器 380

　9.2.3　人机界面技术要求 381

　9.2.4　功能及其性能要求 382

9.3　控制系统网络结构 383

9.4　控制系统硬件配置 385

9.5　控制系统功能实现 386

　9.5.1　脱硫单元控制系统 386

　9.5.2　脱水单元控制系统 387

　9.5.3　硫磺回收和尾气处理单元控制

　　　　系统 388

参考文献 390

第一篇　集散控制系统基础应用

本篇为基础应用篇，主要介绍集散控制系统的基本概念及其体系结构，并以霍尼韦尔新一代集散控制系统 Experion PKS 为例，详细介绍其硬件、软件、网络和功能以及 PKS 的硬件组态、控制策略组态和人机界面组态技术。

第 1 章　集散控制系统概述

1.1　集散控制系统基本概念

1.1.1　集散控制系统的产生

1946 年，全球首台计算机 ENIAC 面世，加速了科学计算和数据处理等领域的研究和应用进程。1958 年，全球首套计算机数据采集系统投入工业应用，该套系统用于美国路易斯安那州的一座发电厂，采集现场检测仪表的数据并将其汇总到一起，通过显示屏监视工艺参数。相较于就地安装和现场分散布局的仪表系统，该系统具有集中监视的特点，可以让操作人员不必到现场，就能了解多个工艺参数的情况。1959 年，全球首套计算机控制系统投入工业应用，该系统用于美国得克萨斯州亚瑟港炼油厂，使用了 TRW 公司的 RW-300 计算机，不仅可以显示现场仪表的测量数据，而且可以设定或改变现场控制仪表的给定值，但现场控制仍然由控制仪表完成，这类计算机控制系统称为监督计算机控制系统(SCC)。1960 年，一套真正的计算机控制系统在肯塔基州的一个化工厂投运，该系统除了具有完成现场检测数据的监视和根据需求改变设定值的功能外，还可以直接完成控制量的计算和输出，实现过程变量的自动控制，这是全球第一套直接数字控制系统(DDC)，可由一台计算机实现整个生产过程的测量与控制，因此，这个时期的计算机控制系统也称为集中式计算机控制系统。

随着工业界使用的计算机控制系统越来越多，集中式计算机控制系统暴露出的问题也越来越多。最严重的问题是当计算机出现故障时，整个工厂或生产过程就会陷入瘫痪状态。早期的仪表控制系统尽管没有集中监视与操作等方面的优势，但某一台仪表故障影响的只是局部，不会使整个生产过程瘫痪。这种分散的仪表控制系统结构对改进集中式计算机控制有很大启发，也是生产企业从使用仪表控制系统平稳过渡到使用计算机控制系统所容易接受的模式。如果集中式计算机控制系统能够改为分散型拓扑结构，当其出现故障时，对生产过程的影响会显著降低。这种用户需求的强劲驱动，迫使集中式计算机控制系统做出适时改变。20 世纪 70 年代中期，计算机技术得到了快速发展，尤其是微处理器技术、网络通信技术的发展与运用，使得具有分散型拓扑结构的计算机控制系统由愿景变为了现实。

各自动化系统与仪器仪表厂家在总结多年使用模拟仪表和数字仪表工作的基础上，将被称为"4C 技术"的控制(Control)技术、计算机(Computer)技术、通信(Communication)技术和图像显示(CRT)技术结合起来，试图研制一套具有先进控制、操作和管理水平的自动控制装置。1975 年，美国霍尼韦尔(Honeywell)公司适时推出了 TDC-2000(Total Distributed Control 2000)。该系统能够实现分散控制、集中操作和集中监视，在实现控制功能分散的同时，显著降低了计算机控制系统因局部故障而导致全厂瘫痪的可能性。我国的早期文献将 TDC-2000 称为集散型综合控制系统，不同时期的文献、国家标准和行业标准又将其称为集散控制系统、分散型控制系统和分布式控制系统。目前的相关国家标准和教材更多地将其称为集散控制系统。

早期的集散控制系统突出了分散控制和集中操作双重核心属性。随着集散控制系统的推广和应用，工业界关注分散控制功能的改善和提升方面明显多于集中操作和监视。工业界、教育界和学术界等习惯性地将集散控制系统翻译为 Distributed Control System，即 DCS。最初的 DCS 是一种产品形态，例如，霍尼韦尔公司的 TDC-2000 就是一种真实的产品形态。当今的 DCS 更多地体现一种理念，即分散控制、集中操作、集中监视和集中管理的一套技术思想。据此，任何自动化工程师和控制系统厂家都可以设计和实现一套 DCS 系统，也可以使用标准的控制器、控制仪表、PLC 和工业微机，以及标准的工业控制网络、现场总线搭建出一套 DCS 系统。

为了规范 DCS 技术文档的描述，国际标准化协会(ISA)在 1983 年给出了 DCS 严格的定义：DCS 是一类仪器仪表(包括输入/输出设备、控制设备和操作员接口设备)，不仅可以完成指定的控制功能，还可以将控制、测量和运行信息在用户指定的多个位置之间的通信链路上相互传送。ISA 之所以仍然将 DCS 称为一类仪器仪表，是因为计算机控制系统的前身是仪表控制系统，其实现的核心功能和仪表系统相似，只不过是具有分散控制和集中监视功能的一类仪器仪表。当然，ISA 将 DCS 定义为一类仪器仪表时，也给出了 DCS 定义的多方面解释。从系统结构来看，DCS 是物理上分立且分布在不同位置上的多个子系统，在功能上却集成为一个系统。从系统特点来看，DCS 的处理器和操作台等在物理上分散地分布在工厂或建筑物的不同区域。从功能实现来看，DCS 中的数据处理、控制和执行是分散实现的，多个处理器并行执行不同的功能。从系统组成来看，DCS 由操作台、通信系统和执行控制、逻辑、计算及测量等功能的远方或本地处理单元等三部分组成。从连接关系来看，DCS 将工厂或过程控制分解成若干区域，每个区域由各自的控制器或处理器进行管理和控制，但它们之间可以通过不同类型的总线或控制网络连成一个整体。

结合 ISA 给出的 DCS 释义，我们可以给 DCS 一个更通俗的解释：

(1) 以回路控制为主要功能的系统。

(2) 除变送和执行单元外，各种控制功能及通信、人机界面(HMI)均采用数字技术。

(3) 以计算机的显示器、键盘、鼠标等代替仪表盘作为系统人机界面。

(4) 回路控制功能由现场控制站完成，系统可有多台现场控制站，每台控制一部分回路。

(5) 人机界面由操作员站实现，系统可有多台操作员站。

(6) 系统中所有的现场控制站、操作员站均通过数字通信网络实现互联。

上述解释的前三项与 DDC 系统相同，而后三项则描述了 DCS 的特点，也是 DCS 与 DDC 系统的显著区别。

1.1.2　集散控制系统的发展历程

从 1975 年全球第一套 DCS 诞生到现在，一般认为，DCS 经历了四大发展阶段，当今仍然存在的传统厂家一般都推出了四代 DCS 产品，后进入的厂家一般只推出了相对新一代的 DCS 产品。

1. DCS 的初创阶段

DCS 诞生于 1975 年，因此，控制界将 20 世纪 70 年代中期到 20 世纪 80 年代初期归为 DCS 的初创阶段或开创期。该时期代表性的 DCS 产品有霍尼韦尔公司推出的 TDC-2000 系统，横河(Yokogawa)公司推出的 CENTUM 系统，福克斯波罗(Foxboro)公司推出的 Spectrum 系统，贝利(Bailey)公司推出的 Network-90 系统，肯特(Kent)公司推出的 P4000 系统，西门子(Siemens)公司推出的 Teleperm 系统及东芝公司推出的 TOSDIC 系统等。初创时期的 DCS 系统比较关注控制功能的实现，其设计重点是现场控制站，各个公司的 DCS 控制站均采用了当时最先进的微处理器(MPU)来实现，因此系统的直接控制功能成熟可靠，而系统的人机界面功能则相对较弱。受当时技术的限制，只能采用 CRT 显示器作为操作站的界面对现场工况进行监视，提供的信息也有一定的局限性。

以霍尼韦尔的 TDC-2000 为例，第一代 DCS 系统一般由过程控制单元、数据采集单元、CRT 操作站、上位管理计算机及连接各个单元和计算机的高速数据通路这五个部分组成。这是 DCS 的基础体系结构，对逐步形成 DCS 具有重要的作用。TDC-2000 的重要意义在于其提出并实现了集散控制的概念，即集中操作和管理模式，实现各回路或设备之间的协调运行，以提高生产运行的稳定性和安全性；分散控制模式，实现危险分散和隔离，易于安装和维护。当时的 TDC-2000 在控制系统领域产生了很多重要成果，如现在仍然在用的冗余控制器、冗余控制网络和人机界面等。受当时技术水平的制约，TDC-2000 还不能实现先进控制或优化控制，且控制规模较小。

由于大部分推出第一代 DCS 的厂家都有仪器仪表制造和系统工程背景，仪表控制系统在物理结构上本身就采取了分散控制，在仪表系统之上，研制一套集中式计算机控制系统，将类似分散在各个场地的仪表控制系统互联起来，即可实现分散控制和集中监视的 DCS。需要重新考虑的是，这种分散控制不是布局到每个回路，而是分散布局到现场控制站，一个现场控制站可以控制几个甚至几十个回路；集中监视所采用的是 CRT 显示技术和键盘操作技术，而不是仪表面板和模拟盘。

初创时期的 DCS 都由专用部件组成，包括高速数据通道、现场控制站和各类操作站等，各厂家的 DCS 部件都不能互换，在通信方面也自成体系。正因为 DCS 系统的专有性，DCS 的售价相对较高，维护运行成本也高，其应用范围受到一定限制，只用于一些要求特别高的工业生产过程领域或生产设备上。从某种程度上说，DCS 在控制功能上比仪表控制系统前进了一大步，由于采用了数字控制技术，许多仪表控制系统所无法解决的复杂控制、大滞后系统、大规模多参数系统等控制问题得到了较好的解决。尤其是 DCS 采用的组态技术，使得控制系统可以较为方便地从一套生产过程迁移到另一套生产过程，降低了计算机控制系统的二次开发成本。鉴于此，DCS 的组态技术一直沿用至今，不断地得到发展和完善，并辐射到其他计算机系统应用领域。DCS 在可靠性和灵活性等方面都优于 DDC，因此，DCS 一经推出，就显示出较为顽强的生命力，并紧跟控制技术、计算机技术、通信技术和显示技术的发展而不断推陈出新。

2. DCS 的发展阶段

20 世纪 80 年代初期到 20 世纪 80 年代中期，各 DCS 厂家推出了第二代 DCS 产品。这个阶段代表性的 DCS 产品有霍尼韦尔公司推出的 TDC-3000，泰勒(Taylor)公司推出的 MOD300，西屋(Westinghouse)公司推出的 WDPF，ABB 公司推出的 Master，利诺(Leeds & Northrop)公司推出的 MAX1，横河公司推出的 CENTUM XL 和 CENTUM μXL 等。第二代 DCS 的最大特点是引入了局域网(LAN)作为系统骨干网，将过程控制站、操作员站、系统管理站以及兼容早期产品的网关(Gate Way)作为网络的节点接入局域网，这使得系统的规模进一步增大，从而有更大的能力扩充系统。

以霍尼韦尔公司于 1982 年发布的 TDC-3000 为例，它是在 TDC-2000 的基础上增加一条 LCN 网络，构成 LCN + DH 双层控制网络架构，并将操作与数据存储管理功能移到 LCN 网上，在 DH 网上只连接控制器。1986 年，霍尼韦尔公司发布了 TDC-3000 标准系统，增加了一条 UCN 网络用于取代 DH 网络，构成了基于 LCN + UCN 结构的系统。TDC-3000 重新划分了功能，在 LCN 上增加了应用模件 AM 用于高级控制；增加了工厂网络模块 PLNM 与 VAX 计算机的接口模件用于优化控制；将操作站与数据存储管理分开，增加了历史模件 HM；推出了万能操作站 US，在 UCN 上推出了 PM 系列控制器，同时引入了安全系统 SM 实现工厂紧急情况下的安全停车。TDC-3000 作为一套最为经典的 DCS 系统，能够满足较大规模安全生产、复杂控制和先进控制应用的需求，被广泛地应用于工业生产控制中，特别是很多石油化工大型联合生产装置。TDC-3000 进一步体现了集散控制系统理念，其很多设计思想在霍尼韦尔公司最新的控制系统中继续得到应用。

由此可见，成熟时期的 DCS 开始摆脱仪表控制系统的影响，充分展现出计算机控制系统的性能和优势。这个时期 DCS 的功能逐步走向完善，在功能方面，除回路控制外，还增加了顺序控制、逻辑控制等，加强了系统管理站的功能，可实现一些优化控制和生产管理功能；在人机界面方面，随着 CRT 显示技术的发展，图形用户界面逐步丰富，显示分辨率提高，促使操作人员能够通过 HMI 的画面得到更多的生产现场信息和系统控制信息；在操作方面，从过去单纯的键盘操作、命令操作和文字操作逐步转移到基于全屏幕的图形操作，鼠标、轨迹球、光笔等屏幕光标控制设备在系统中得到应用。DCS 技术走向成熟，催生更多的 DCS 厂家推出各自的 DCS 产品，一同参与市场竞争，促使 DCS 的价格逐步下降，加快了 DCS 的推广应用速度。

尽管各 DCS 厂家在系统的网络技术上有了较大的突破，已有一些厂家采用专业实时网络开发商的硬件产品，但在网络协议方面仍然是各自为政，DCS 系统仍然缺乏统一的网络通信标准，不同厂家的 DCS 系统之间基本上不能交换数据。DCS 系统的各个组成部分，如现场控制站、操作站、工程师站、各类功能站以及软件等，都是各个 DCS 厂家的专有技术和专有产品。因此基于用户视角，DCS 仍是一种投入成本很高的控制系统。

3. DCS 的开放阶段

20 世纪 80 年代中期到 20 世纪末期，各 DCS 厂家推出了第三代 DCS 产品。这个阶段代表性的 DCS 产品有霍尼韦尔公司相继推出的 TPS 和 PlantScape，福克斯波罗公司推出的 I/A Series，横河公司推出的 CENTUMCS，贝利公司推出的 INFI-90，西屋公司推出的 WDPF II，利诺公司推出的 MAX1000 以及日立公司推出的 HIACS 系统等。这个时期的 DCS 在功能上实现了进一步扩展，增加了上层网络，将生产的管理功能纳入系统。形成的直接控制、监督控制和协调优化、上层管理三层功能结构，已基本接近现代 DCS 的标准体系结构，这使得 DCS 更像是一套用于工业控制的计算机网络系统。实施直接控制功能的现场控制站，在其功能逐步成熟并标准化之后，成为了整个计算机网络系统中的一类功能性设备节点。20 世纪 90 年代以后，用户已经难以区分各家 DCS 在直接控制功能方面的差异，而各种 DCS 的差异则主要体现在与行业应用密切相关的控制方法、先进控制、高层管理功能等方面。

在控制网络方面，福克斯波罗公司的 DCS 率先采用了符合 ISO 标准的 MAP 网络，在推出 I/A Series 之初，业界曾认为 MAP 网络将成为 DCS 的标准网络而结束 DCS 没有网络通信标准的历史，但实际情况却并非如此。在当时的技术条件下，尽管 GM 公司针对其制造业研发的 MAP 网络已经非常完整，后期也得到了一些厂家的支持，但 MAP 网络却显得非常复杂，且难以涵盖所有行业的应用。20 世纪 90 年代后期，由于个人计算机和以太网的发展，尤其是互联网的发展，给工业控制网络注入了活力，多数 DCS 厂家都无法忽视 PC、Windows、以太网和互联网等对工业控制系统的深远影响。这就使得原来支持 MAP 网络的 DCS 厂家也逐渐放弃了 MAP 网络，将目光转向了只有物理层和数据链路层的以太网和在以太网之上的 TCP/IP 协议。各厂家相继推出的第三代 DCS 产品逐步采用标准化网络，操作站开始采用 PC 计算机和 Windows。第三代 DCS 的网络标准尚停留在底层，包括物理层和数据链路层，高层仍然是专用的，不同的 DCS 仍不能直接通信，但通过转换软件基本上可以实现数据传输了。

第三代 DCS 除了功能上的扩充和提升，网络通信的部分标准化外，多数 DCS 厂家在控制组态方面也实现了标准化。大多数 DCS 厂家都采纳了 IEC 61131-3 国际标准所定义的五种组态语言，为用户和厂家工程师更好地使用 DCS 提供了极大的方便。当然，并非所有的 DCS 都完整地支持 IEC 61131-3 规定的五种组态语言。在 DCS 的组成方面，控制站基本上还是各个 DCS 厂家的专有产品，除此之外，操作站、服务器、网络通信设备、操作系统等已没有 DCS 厂家使用自己的专有产品了，转而都使用 PC 平台和 Windows 操作系统。

从 20 世纪 90 年代开始，现场总线控制系统(FCS)开始成为技术热点，DCS 厂家也推出了与 FCS 互联的一些现场总线接口。推出现场总线的初衷是使 DCS 系统更为分散，现场布线更为简单，维护成本更为低廉，系统的自组织性更高，运行经济性更好等，但事实并非如此，过多的现场总线标准使得自动化系统厂家和用户都不堪重负，并没有达到预期的效果。

DCS 的第三发展阶段也是国产 DCS 走向市场的阶段。重庆工业自动化仪表研究所依托国家"七五"科技攻关项目，研发了 DJK-7500 分散型控制系统，开启了 DCS 的国产化征程。此后，国内的和利时(Hollysys)、浙江中控(Supcon)、浙江威盛等公司也开启了国产

DCS 研发。此阶段国产代表性的 DCS 产品有和利时公司推出的 HS-1000 和 HS-2000，浙江中控公司推出的 JX-100 和 JX-300，浙江威盛公司推出的 FB-2000 和 FB-2000NS，南京科远(Sciyon)公司推出的第一代 NT6000 等。

4. DCS 的融合阶段

21 世纪初到现阶段是 DCS 的融合发展阶段，各厂家推出了第四代 DCS 产品。用户需求的提高和相关技术的高速发展是 DCS 发展的核心动力，行业需求的标准化和标准技术的采用也促使 DCS 技术趋同发展。进入 21 世纪后，随着信息技术的高速发展，工厂一般不再局限于简单地实现生产过程自动化，而是需要从全厂、全流程、全生命周期的视角出发，追求更高的性能水平、质量水平、安全水平和经济效益。DCS 不能再以独立个体的身份出现，而是需要以成员的身份融合到整个工厂的系统中，实现资源管理系统(ERP)、生产执行系统(MES)和过程控制系统(PCS)的完全融合。

第四代 DCS 的代表性产品主要有霍尼韦尔公司推出的 PKS，横河公司推出的 CENTUM 3000 和 CENTUMVP，艾默生公司推出的 DELTAV 和 Ovation，英维思(Invensys，收购 Foxboro 公司)公司推出的 I/ASeries A2 以及施耐德(Schneider，收购 Invensys 公司)公司推出的 FoxboroEvo，西门子公司推出的 PCS 7，ABB 公司推出的 Industrial，罗克韦尔(Rockwell)公司推出的 PlantPAS，浙江中控公司推出的 ECS-700，和利时公司推出的 MACS，南京科远公司推出的新一代 NT6000，浙江威盛公司推出的 FB-3000MCS 和 FB-5000ACS，上海新华公司推出的 XDPF-400 等。

以霍尼韦尔公司推出的第四代 DCS 为例，PKS(又称 Experion PKS，EPKS)被称为世界第一套过程知识系统(Process Knowledge System)，融入了霍尼韦尔公司数十年的过程控制、资产管理、领域专家的经验；融合了最新控制技术、现场总线、高级控制应用，以及通信网络、计算机和数字视频等最新开放技术；继承了霍尼韦尔公司前三代 DCS 的技术优势，集成了大量基于知识应用的平台。其目标就是通过 PKS 帮助工厂用户提高运营品质，实现提质增效和节能降耗。相对以往的 DCS，PKS 采用了三项关键技术，即分布式系统架构(DSA)、新一代过程控制器(C300 控制器)和新一代容错控制网络(FTE)。PKS 分为 PKS 平台和 PKS 应用两部分，平台实现传统的 DCS 功能，应用即为基于平台之上的各种应用。PKS 中集成了很多传统 DCS 所没有的功能，包括无线传感器网络接入、数据采集与监控(SCADA)、安全控制与防护、资产管理、性能监控、虚拟现实操控、工业物联网、历史大数据分析等，这些功能都是在原有 DCS 基础上延伸和新增的，因此，PKS 不再是单纯的控制系统，而是融合控制、优化、信息、管理等多方面功能的自动化系统。

纵观集散控制系统近五十年的发展历程，可以列出其发展过程中呈现出的基本特点。

(1) 系统功能从低层(现场控制层)逐步向高层(监督控制、生产调度管理)扩展。

(2) 系统控制功能由单一的回路控制逐步发展到综合了逻辑控制、顺序控制、程序控制、批量控制及配方控制等混合控制功能。

(3) DCS 厂家专有的产品逐步改变为开放的通用产品，例如操作站计算机、服务器、网络通信设备、现场总线设备等。

(4) 开放的趋势使得 DCS 厂家越来越重视采用公开标准，这使得各家的 DCS 能够更多、更容易地集成第三方的控制产品。

(5) 开放性带来的系统趋同化迫使 DCS 厂家向高层的、与生产工艺结合紧密的先进过程控制功能发展，以获得与其他同类厂家的差异化，提升市场竞争力。

(6) 数字化技术向现场延伸，现场总线控制系统(FCS)与 DCS 融合发展使得现场控制功能和系统体系结构发生了重大变化，将发展成为更加智能化、更加分散化的新一代 DCS 系统。

(7) 信息系统与控制系统无缝集成，数据处理由实时向历史大数据拓展，优化功能下沉到控制级设备，控制网络向工业互联网延伸，一个智慧工厂的初步架构正在形成。作为智慧工厂的底层系统，DCS 是最为重要的核心系统之一，为工厂的智慧化运行提供现场信息、设备状态和执行力。

1.2　集散控制系统的应用

1.2.1　新一代 DCS 的特点

当前的 DCS 系统已走向开放模式，通过简单组态即可无缝集成第三方系统和设备。一般使用工业以太网作为骨干网，支持 Profibus、FF、Hart 和 Modbus 等国际主流现场总线，可以方便添加第三方设备，如智能仪表、传感器、变送器、执行器、PLC 或变频器等。提供 OPC 等软件标准接口，直接与第三方的应用程序或设备交换数据。

当前的 DCS 已实现信息化，通过集成工厂自动化系统与生产管理系统来大幅度提升企业的生产效率。DCS 可以无缝集成制造执行系统(MES)，实现控制信息与生产管理信息的有机集成。无缝集成设备管理功能(AMS)实现工厂设备的全电子化信息管理和维护，实现其与企业管理系统(ERP)的安全连接，让现场控制层信息安全有效地传输到企业管理层，支持基于 Internet 的远程访问和 Web 浏览，实现移动监控。

当前 DCS 正趋于智能化。DCS 的各子部件或模块基本呈现智能化，DCS 的各部件之间已通过全数字信息进行协调控制。每个 I/O 都有 CPU，可以实现 I/O 通道级故障诊断，各个部件可以自诊断和报警。当前 DCS 可以选择性地集成先进过程控制、性能监控管理等，使得智能化特征更为明显。

1.2.2　DCS 在生产过程控制中的作用

计算机控制系统一般用于生产过程的自动控制，典型的生产过程一般有三种，即连续过程、离散过程和批量过程。工业中的连续过程又称为流程工业，一般是指被加工对象不间断地通过生产设备和一系列的加工装置使原材料进行化学或物理变化，最终得到产品或实现能源转换。典型的流程工业有炼油、化工、水泥、炼钢、制药、电力、造纸、环保等。离散过程又称为离散工业，一般是指产品往往由多个零件经过一系列并不连续的工序加工和装配而成。批量过程是指间歇性多品种生产过程，可能存在连续过程和离散过程交替进行，配方的切换和工艺的改变一般是离散过程，确定了配方和工艺后的生产过程为连续过程。

流程工业是一个较为复杂的工业过程，对温度、压力、液位、流量、成分等工艺参数的控制有一定的要求。由于复杂工业过程的工艺参数往往存在非线性、迟滞性和耦合性，需要借助 DCS 才能实现工艺参数的采集与控制，以及确保工艺参数的快速性、准确性和稳定性。DCS 对流程工业的重要作用主要表现如下：

(1) 实现工艺参数的采集与自动控制。实现工艺参数的实时采集和反馈控制，参数或设备的逻辑控制，参数或设备的顺序控制，设备或单元的批量控制。针对简单的工艺过程提供单回路 PID 控制；针对存在相互影响的工艺参数提供串级控制、前馈控制、配比控制、分程控制等；针对更为复杂的工业过程则提供先进过程控制等。

(2) 实现工艺过程的显示与监控。为操作人员提供丰富的人机界面，以便监控工艺过程及其参数。典型的人机界面主要包括菜单/导航界面、报警汇总显示界面、趋势界面、操作组界面、系统状态显示界面、组态显示界面、弹出控制面板显示、诊断和维护界面、事件汇总显示界面、点细目显示界面、回路调节界面和汇总界面等。

(3) 实现工艺参数的记录与监控。按指定时间分辨率记录工艺参数、过程参数、控制参数、设备状态、运行状态、操作日志等，形成实时数据库和历史数据库。对过程参数给出报警状态，记录报警信息，指导操作人员进行报警处理。按需形成报表，辅助操作人员进行工艺过程运行工况的长期记录与归档。

(4) 实现各级各类设备的网络通信与数据传输。为原有系统提供通信接口，确保原有系统能够接入最新 DCS 系统，维持原有系统可持续运行和保护其投资持续发挥效力；提供多种类型现场总线接口，将现场总线类传感器、变送器、执行器接入最新 DCS 系统，实现数据采集和输出控制；实现和企业级信息系统的安全互联，为企业决策提供数据支持。

(5) 实现联锁保护与故障诊断。工艺参数超限或设备运行状态必须纳入联锁保护，出现超限或设备运行状态冲突时方可按照预先制定的策略将其拉入正常工况或安全状态。提供动设备的自诊断信息，辅助维护人员养护设备，提供控制系统的自诊断信息，辅助维护人员快速排查故障或快速更换系统软硬件。

1.2.3　DCS 在国内的应用情况

DCS 主要应用于化工、电力、石化等流程工业。化工行业是国民经济的重要组成部分，对人类经济、社会发展极其重要。化工行业一般包括石油化工、基础化工以及化学化纤三大类，一般多为流程型生产工艺，过程较为复杂，主体装置和辅助装置较多，涉及的工艺参数不仅数量多，且过程特性复杂，一般只能通过 DCS 进行生产过程的自动控制。因此，化工行业是 DCS 的主要应用领域之一。电力为国民经济的发展提供能源和动力，电力行业一般包括火电、水电和核电等，同样涉及复杂的能源转化过程，也是 DCS 应用的主战场之一。石化行业是我国的支柱产业之一，其生产线长、涉及面广，包括原油、成品油、天然气等。石化生产过程一般分为油气勘探、油气田开发、钻井工程、采油工程、油气处理、油气集输、原油储运、石油炼制等，其过程复杂，对工艺控制、可靠性和安全性要求高，所以，石化行业也是 DCS 的主要应用领域之一。2019 年，DCS 在国内各大行业的应用分布情况如图 1-1 所示。

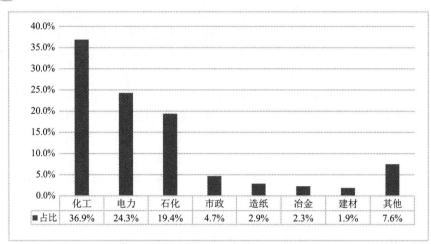

占比	化工	电力	石化	市政	造纸	冶金	建材	其他
占比	36.9%	24.3%	19.4%	4.7%	2.9%	2.3%	1.9%	7.6%

图 1-1　DCS 在国内各大行业应用分布情况

国外 DCS 厂商起步早，进入市场早，在各大行业的应用比较广泛；国内 DCS 厂商起步较晚，但在国内政策驱动和强劲国内市场需求促进下，其发展速度很快。2020 年，全球主流 DCS 品牌在国内的市场占比如图 1-2 所示。国内的 DCS 厂家众多，其中比较有影响的 DCS 厂商有中控、和利时、新华、科远、优稳等，其中，中控 DCS 在国内的市场占有率高居榜首，遥遥领先国外任何一个 DCS 品牌。

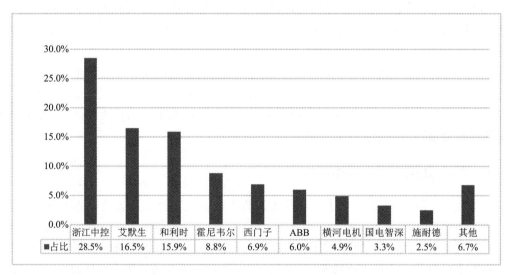

占比	浙江中控	艾默生	和利时	霍尼韦尔	西门子	ABB	横河电机	国电智深	施耐德	其他
占比	28.5%	16.5%	15.9%	8.8%	6.9%	6.0%	4.9%	3.3%	2.5%	6.7%

图 1-2　全球主流 DCS 品牌在国内的市场占比

1.3　DCS 的发展趋势

自第三代 DCS 开始，各厂家 DCS 在硬件技术和系统架构等方面基本已经无差异，这种无差异并不表示各厂家 DCS 的硬件可以兼容，而只是它们的性能基本接近，系统结构基本相似。不同 DCS 的性能主要体现在行业应用、先进控制、信息融合和智能化等方面，正是这些方面在引导 DCS 的发展趋势。

1. 硬件技术与系统架构

现有 DCS 系统的硬件基本上已经实现模块化和冗余配置，改善了系统的可靠性、可维护性和可扩充性。随着技术的发展和低碳化的政策要求，DCS 硬件将呈现出低功耗、高性能的发展趋势。低功耗是为了满足 DCS 控制柜中的控制器和 I/O 卡件等具有更好的工作环境，进一步满足低碳化运行模式。现有的 DCS 系统仍然配有风扇和出入风口，不利于长时间保持控制柜的清洁，距离低碳化运行尚有改善空间，DCS 厂商也正在往这个方向努力。提高性能是为了提供更强的算力，现有的 DCS 控制站仅提供基本的数据采集、控制和执行功能，更复杂的算法和控制策略需要借助服务器或专用控制器，例如霍尼韦尔公司的 PKS 借助 ACE(先进控制环境)服务器解决 C300 控制器应对复杂控制策略算力不足的问题。因此，增强 DCS 算力将是一个重要的发展方向。

传统的企业信息化系统一般包括过程控制、过程优化、生产调度、企业管理和经营决策等层级，随着系统的规模扩大，还可能设置更多的层级来实施有效的管理，甚至可能因为系统过于复杂而无法实施有效管理。最新的企业信息化系统层级模型趋向于扁平化，一般设置过程控制系统(PCS)、生产执行系统(MES)和企业资源系统(ERP)三个层级，系统的层级减少了，上一层管理的下一层设备增多了，系统结构看似扁平化了，系统的架构也发生相应的变化，但层与层之间一般都采用以太网或工业以太网实施互联。DCS 处于过程控制系统层级，DCS 内部的局域网一般基于工业以太网或容错以太网等实现服务器、操作站、工程师站等与控制站的互联，提供多种现场总线(如 FF、Profibus、Modbus 等)支持 DCS 连接 PLC、传感器和执行器等第三方设备，这一系统架构依然会维持较长的时间，随着 APL(先进物理层)的发展，DCS 挂接的现场总线呈现出逐步被 APL 取代的趋势，但还需要一个较长的适应过程。

正如一个医疗卫生系统不仅要诊断和治疗病人，还要知道完成诊治的医生的状态及其所用设备的状态。类似地，未来的流程工业控制系统不仅要实现工业过程的自动控制，还需要动态感知实现工业自动化的控制装置、实现工艺过程的生产装置、实现物料或能量变化的辅助装置等的状态信息。因此，为了逐步实现多维信息的接入，未来的 DCS 系统架构需要较好地融合工业物联网，实时采集生产设备、辅助设备和控制设备的状态信息，确保生产装置和控制装置的可用性。

2. 工业过程数据的深度应用

当前的 DCS 系统一般都配置服务器和数据库，实时采集生产过程数据，形成实时数据库和历史数据库。从数据库的角度看，两者是相似的。从时间角度看，实时数据库关联的数据是当前一段时间内的实时数据和实时控制行为，采集时间从毫秒级到秒级，跨度时间从分钟到小时不等；历史数据库关联的是已经过去的过程数据和控制行为，采集时间从秒级到分钟级，时间跨度可以长达数月或数十年。当服务器的容量超载时，有的 DCS 厂商配置了专门的历史数据服务器，例如，霍尼韦尔公司的 PHD 服务器即为历史数据服务器。当 DCS 服务器的数据超过指定容量时，自动完成历史数据从 DCS 服务器到 PHD 服务器的传输。对于没有配置 PHD 服务器的企业，最老的历史数据就会被覆盖。

长期以来，企业的过程数据并未得到充分的应用，仅用于工况出现异常或发生故障时的查询或核实。随着工业过程数据的不断增多，即形成了事实上的工业大数据。依据大数据分析方法，有望挖掘出其中潜在的有用信息，例如，反映工况异常的征兆信息，设备衰变或故障的征兆信息，提高质量、增加产量、降低能耗的关联信息，改善工况平稳性和减少报警的关联信息等。与此同时，工业大数据有别于常规大数据，前者不仅包括生产过程的实时数据和历史数据，同时还应该包括控制装置、生产装置和辅助装置的状态信息。由于 DCS 厂商更擅长处理工业大数据，因此，工业大数据的深度挖掘及其应用将是 DCS 软件功能的一种发展趋势。

3. 控制优化与控制性能提升

目前比较著名的 DCS 厂商都会以选件的形式提供先进过程控制(Advanced Process Control，APC)软件包。APC 以常规的控制系统为基础(如 DCS、PLC)，从生产单元乃至装置的整体出发，实施优化控制策略，提高控制系统的整体智能化和信息化水平。APC 的应用不仅提高了装置的控制水平和管理水平，还可以为企业创造可观的经济效益。APC 技术衍生于控制理论中的多变量模型预测控制技术(Multivariable Model Predictive Control，MMPC)，相比传统的反馈控制(如 PID)、前馈控制等，利用系统模型，APC 可以有效地预测在未来时刻各种扰动变量(Disturbance Variable，DV)对被控变量(Controlled Variable，CV)的影响。根据未来时刻 CV 对于其设定值(Setpoint Value，SV)的偏差，及时调节操作变量(Manipulated Variable，MV)，保证 CV 可以稳定在需要的设定点。目前的 APC 技术仍然以可选软件包的形式服务于 DCS 用户，且需要用户付出较高的购置费用和维护费用。尽管我国的石油、石化和化工等行业已经投运了数千套 APC，但并没有取得预期的成效，究其原因则是维护人员跟不上模型更新要求。

国家政策要求企业绿色发展、提质增效和节能减排，基于此，APC 的应用不仅不会减弱，反而会持续增强。另一方面，现有 APC 的问题会促进 DCS 厂商改变做法。随着 DCS 控制器的算力提升，APC 的底层控制策略会逐渐下沉到 DCS 控制器。例如，霍尼韦尔公司将原属于 APC 系统的 Profit Loop 控制策略直接集成到 C300 控制器中，这样既可以降低用户的使用成本，也可以降低维护成本，还可以扩展 APC 基本策略的应用领域(可以将其视为基础版 APC)。高级版 APC 则服务于更复杂、更大规模的系统，有望产生更大的经济效益和社会效益。

4. 控制系统与融合数字化系统

数字化是指将各类复杂多变的信息转变为可以度量的数据，并加以处理的过程，包括数据的采集、传输、存储、计算和应用。实现数字化处理过程的硬件、软件或平台即为数字化系统。企业数字化转型则是企业利用新一代数字技术，将某个生产经营环节乃至整个业务流程的物理信息链接起来，形成有价值的数字资产，通过计算反馈有效信息，最终赋能到企业商业价值的过程。

各 DCS 厂商在优化 DCS 的基础上，也试图拓展数字化转型业务，例如，艾默生借助工业物联网(Industrial Internet of Things，IIoT)、大数据分析和数字孪生技术等，帮助企业实现生产优化，提高可靠性和安全性，产生可持续性的效益。国内的和利时、中控和科远等 DCS 厂商也试图通过集团所属子公司或直接从事数字化转型业务。

对于某些关系到国计民生或存在重大危险的行业，如核电，天然气处理行业等，出于安全考虑，现有 DCS 系统和数字化系统使用了相互独立的网络，两者之间是物理阻断的。由于国家倡导企业通过数字化技术实现提质增效、节能减排和绿色高效发展，因此，数字化系统要充分发挥效力，DCS 系统和数字化系统的融合将是一种趋势，至少涉及生产优化等的部分数字化系统会直接融合到现有的 DCS 系统。

思 考 题

1-1　什么是集散控制系统？简述集散控制系统产生的背景。

1-2　集散控制系统的发展大致经历了几个阶段？各阶段的代表性产品有哪些？

1-3　集散控制系统在其发展过程中呈现出的技术特点是什么？

1-4　简述集中式控制系统和集散控制系统的异同点。

1-5　简述国内集散控制系统的发展情况。

1-6　查阅文献，以某一家或某一品牌的 DCS 为例，简述其发展历程和发展趋势。

1-7　流程工业为什么要使用集散控制系统？

1-8　参看图 1-1 列出的 DCS 在国内的应用行业分布，分析为何 DCS 多用于化工、电力和石化等行业？

1-9　参看图 1-2 列出的各家 DCS 在国内的市场占比，请简述你的观点。

第 2 章　DCS 的体系结构

集散控制系统的体系结构一般包括四个部分，即 DCS 的硬件体系(硬件结构)、软件体系(软件结构)、功能体系和网络结构。集散控制系统的体系结构一般是以多层计算机网络为依托，将分布在全厂范围内的各种检测设备、控制设备和数据处理设备等连接在一起，实现各部分的信息共享和协调运行，共同完成分散控制、集中管理及优化决策功能。因此，尽管各集散控制系统的组成差异较大，但其体系结构基本相似。

2.1　DCS 的网络结构

集散控制系统一般采用了纵向分层、横向分散的体系结构。横向分散是指各层级的设备可以分散地布局到不同的物理位置，以实现分散控制。纵向分层是指 DCS 自下而上分为现场控制级、过程控制级、过程管理级和经营管理级四层，四层设备分别对应四层计算机网络，如图 2-1 所示。四层网络分别是指现场网络(Field network，Fnet)、控制网络(Control network，Cnet)、监控网络(Supervision network，Snet)和管理网络(Management network，Mnet)，通过多层网络把相应层的设备连接在一起。集散控制系统的四层体系结构揭示了新一代 DCS 的开放型体系结构，使 DCS 可以与经营管理级计算机交换信息，实现全厂的信息化。

2.1.1　DCS 的层次化体系

DCS 的四层由不同的设备组成，对应不同层次的网络，实现不同的功能，四层设备相互协调运行才能实现分散控制和集中管理。

1. 现场控制级

DCS 现场控制级的设备一般位于生产过程现场或生产设备的附近。典型的现场设备包括各类传感器、变送器和执行器。传感器和变送器将生产过程中的各种物理量转换为电信号、电参数或符合现场总线规范的数字信号，将采集到的生产过程数据传输到过程控制级设备。执行器过程控制级设备(过程控制站)输出的 $4\sim20$ mA 的控制信号或通过现场总线规范输出的数字控制信号转换成机械位移或旋转角度，带动调节机构，使物料流量或能量发生变化，从而实现对生产过程的自动控制。目前现场控制级设备的信息传递有三种方式，第一种是传统的 4～20 mA、常用热电偶或热电阻等模拟量传输方式；第二种是采用现场总线的全数字量传输方式；第三种是在 4～20 mA 模拟量信号上，叠加调制后的数字量信号的混合传输方式，目前应用较为广泛的 Hart 协议就是这种方式。

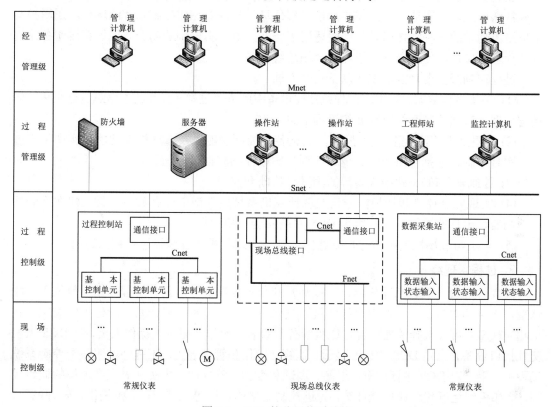

图 2-1　DCS 的分层体系结构

对于第一代和第二代 DCS，现场控制级都是模拟设备，因此，现场控制级设备尚未纳入 DCS 的结构体系。随着现场总线技术的快速发展，网络技术已经延伸到现场，现场变送器、传感器和执行器都是一个智能设备，可以通过网络与过程控制级设备互联，现场网络已经是 DCS 网络不可缺少的组成部分，现场控制级自然纳入 DCS 的结构体系。新型 DCS 能够与现场控制级的现场总线类或现场网络类设备实现数字式、双向传输、多分支、多节点的网络通信，通过现场总线设备，有条件实现真正地分散到一个点或一个回路的控制。

现场控制级的功能主要表现如下：

(1) 采集生产过程数据，并对数据进行转换、处理和控制等。

(2) 直接通过现场智能装置输出过程控制命令。

(3) 实现真正的分散控制，即分散到一个点或一个控制回路，形成数字化控制系统。

(4) 实现开放式互联网络，完成与过程控制级的数据通信，实现数据共享和现场智能装置的组态或参数配置。

(5) 对现场控制级的设备进行在线诊断和监测。

2. 过程控制级

DCS 的过程控制级向下连接传感器、变送器和执行器等现场控制级设备，实现自动控制，向上连接过程管理级设备，实现过程监控。过程控制级设备通常安装在控制室，其设备主要有过程控制站(控制站)、数据采集站、逻辑控制站和现场总线服务站等。过程控制站一般实现反馈控制、逻辑控制、顺序控制和批量控制等。数据采集站可以视为控制站的一种特殊形式，一般适用于仅需要测量过程信息，不需要完成控制功能的场合。逻辑控制站也是控制站的一种特殊形式，一般适用于需要大量逻辑控制的场合。现场总线服务站提供各种总线接口，便于向下连接各类现场总线设备。

过程控制级主要功能表现在以下几个方面。

(1) 采集过程数据。对生产过程或被控设备中的每个过程变量和状态信息进行采集、转换与处理，获取控制系统所需要的过程信息。

(2) 对生产过程进行监视和控制，实施各类控制功能以及编程控制功能，实现生产过程的实时控制，包括回路控制、逻辑控制、顺序控制和批量控制等。

(3) 控制器、I/O、网络设备等的测试、诊断和监控。

(4) 实现冗余控制和切换。一旦发现计算机系统硬件或卡件有故障，就立即切换到备用控制器、卡件或网络，保证整个 DCS 系统安全平稳运行。

(5) 向下与现场控制级进行数据通信，向上与过程操作管理级进行数据通信。

3. 过程管理级

过程管理级一般包括操作站、工程师站和监控计算机等，其中工程师站一般位于工程师室，数量相对较少，一般配有打印机、刻录机等外部设备；操作站一般位于中控室，数量相对较多，可以选择性地配置打印机等外部设备。操作站服务于操作人员，是 DCS 人机交互接口设备，也是 DCS 的核心显示、监视、操作和管理装置。工程师站服务于控制系统工程师，用于对 DCS 进行配置、组态、调试和维护。监督计算机实现对生产过程的监督控制，例如机组运行优化和性能计算，先进控制策略的实现等。APC 站、报警优化管理站等，都可被视为监督计算机范畴。

过程管理级的主要功能如下：

(1) 通过通信网络直接获取过程控制级的实时数据，同时对生产过程进行监视管理、故障检测和数据归档。

(2) 对过程控制级的各种过程数据进行显示、记录及处理。

(3) 对过程控制级进行过程组态及维护操作管理，进行过程及系统的报警、事件的诊断和处理。

(4) 各种报表的生成、打印以及界面的拷贝。

(5) 实现系统的组态、维护和优化处理。

(6) 通过网络功能进行工程数据的共享，实现实时数据的动态交换或历史数据的导入导出。

(7) 设置安全机制，确保过程操作管理级安全可靠地运行。

(8) 实现生产过程的监督控制、运行优化、性能计算以及先进控制策略等。

4. 经营管理级

经营管理级是 DCS 延伸为全厂信息系统时的最高层，只有大规模的 DCS 系统才具备这一级。它是从整个企业的经济效益和社会效益最大化的角度出发，除了考虑工程技术以外，还要系统化地考虑市场分析、用户分析、订货、库存到交货，生产计划等进行一系列的优化调度，从而降低成本，增加产量，保证质量，降低能耗，提高经济效益。此外，还应与办公自动化系统相连，实现整个系统的最优化。一般情况下，常规 DCS 用作生产过程控制系统(PCS)，最顶层的经营决策交由企业资源系统(ERP)处理，ERP 与 PCS 之间经由生产执行系统(MES)进行生产调度。经营管理级的主要任务是监测企业各部分的运行情况，利用历史数据和实时数据分析和预测可能发生的各种情况，从企业全局利益出发辅助企业管理人员进行决策，帮助企业实现管理目标和效益目标。

经营管理级的主要功能如下：

(1) 能够长期保存生产数据，能够对大量数据进行高速存储、分析与处理。

(2) 具有高性能的人机接口和数据导入导出功能。

(3) 丰富的数据库管理软件和数据库接口软件，支持其和 MES、ERP 等计算机系统进行数据交换。

(4) 具有信息安全防护功能，能有效防止外部系统通过企业的信息系统攻击生产过程控制系统。

2.1.2　工业以太网

自第三代 DCS 开始，网络的底层实现标准化并逐渐采用工业以太网。商用以太网设备及其元件材质的选用、产品的强度、适用性以及实时性、可互操作性、可靠性、抗干扰性、本质安全性等方面尚不能满足工业现场的需要。工业以太网在保证商用以太网底层协议兼容的同时，对商用以太网做出了很多改进，使其能够适应工业环境。工业以太网和商用以太网保持了底层协议兼容，因此，工业以太网拥有和商业以太网同样丰富的硬件资源、软件资源和用户资源，相比其他网络具有很大的优势。其优势主要表现在以下几个方面。

(1) 应用领域广：以太网是应用最广泛的计算机网络，广泛用于各个领域的计算机系统，具有丰富的应用开发平台和编程语言以及从事以太网研究和开发的学者和技术人员。

(2) 通信速率高：支持 10/100/1000 Mb/s 自适应速率通信，甚至 1 Gp/s 的以太网技术也逐渐成熟，由此可见，以太网要比传统现场总线快得多，完全可以满足工业控制网络不断增长的带宽要求。

(3) 共享能力强：随着互联网、工业互联网和工业物联网的发展，联入互联网的任何一台计算机都能依据的一定的安全机制浏览工业控制现场的数据,有利于推进工厂信息化、数字化和智能化。

(4) 发展潜力大：工业以太网跟随商业以太网技术的发展，用户在技术升级方面无需独自的研究投入，对此，任何现场总线技术都是无法比拟的，以太网已呈现向下延伸到现场网络的趋势。与此同时，机器人技术、智能技术、工业互联网等的发展，都要求通信网络具有更高的带宽和性能，通信协议有更高的灵活性，在这些方面，以太网和工业以太网相比其他网络或总线具有更大的发展潜力。工业以太网尚未形成统一的标准，各大控制系统厂商或相应的国际组织往往结合其在现场网络或现场总线的资源和优势，推出了各有特色的工业以太网，主要有 HSE、Profinet、Ethernet/IP 和 Modbus TCP/IP 等。

HSE(High Speed Ethernet)网络是现场总线基金会(FF)结合其 H1 现场总线规范于 2000

年发布的工业以太网。HSE 基于以太网对应 TCP/IP 协议的链路层、网络层、传输层和应用层，且其应用层协议和 H1 规范相同，明确地将 HSE 定位于控制网络与 Internet 的集成。

Profinet 是西门子公司结合其广泛使用的 Profibus 现场总线技术推出的工业以太网。Profinet 基于以太网和通用对象模型(COM)实现分布式自动化系统；规定了 Profibus 和标准以太网之间的开放、透明通信；提供了一个包括设备层和系统层、独立于制造商的系统模型。Profinet 采用标准以太网作为连接介质，采用标准 TCP/IP 协议加上应用层的 RPC/DCOM 来完成节点之间的通信和网络寻址，可以同时连接传统 Profibus 系统和新型的智能现场设备。

Ethernet/IP 是罗克韦尔自动化公司结合其 ControlNet 和 DeviceNet 规范推出的工业以太网。该网络采用商业以太网通信芯片、物理介质和星型拓扑结构，采用以太网交换机实现各设备间的点对点连接，能同时支持 10/100 Mb/s 以太网商用产品。Ethernet/IP 网络由 IEEE 802.3 物理层和数据链路层标准、TCP/IP 协议组、控制与信息协议 CIP(Control Information Protocol)等 3 个部分组成，其中前面两部分为标准的以太网技术。Ethernet/IP 采用的 CIP 与 ControlNet、DeviceNet 控制网络的 CIP 相同，以提高设备间的互操作性。CIP 一方面提供实时 I/O 通信，一方面实现信息的对等传输，其中控制部分用来实现实时 I/O 通信，信息部分则用来实现非实时的信息交换。

Modbus TCP/IP 是施耐德公司结合其广泛使用的 Modbus 现场总线规范推出的工业以太网。该网络以一种简单的方式将 Modbus 帧嵌入到 TCP 帧中，使 Modbus 与以太网及其 TCP/IP 结合，成为 Modbus TCP/IP。这是一种面向连接的方式，每一个呼叫都要求有一个应答，这种呼叫/应答的机制与 Modbus 的主/从机制相互配合，使交换式以太网具有很高的确定性，这种确定性使其在工业控制领域获得广泛的应用。施耐德公司也为 Modbus 注册了 502 端口，以便将实时数据嵌入到网页中，利用 Web 浏览器作为设备的操作终端。

工业以太网不仅改进了协议规范，同时针对工业环境和高可靠性要求采用了冗余的以太网架构，例如，霍尼韦尔公司的 PKS 系统中采用了容错以太网(FTE)，西门子公司在 PCS7 系统中采用了冗余环型以太网等。

2.1.3 现场总线

现场总线设备是新一代 DCS 的重要组成部分之一，现场总线接口是新一代 DCS 的基本功能之一。IEC/SC65C 给出的现场总线定义：安装在制造或过程区域的现场装置与控制室内的自动控制装置之间的数字式、串行和多点通信的数据总线。现场总线是用于现场智能设备之间的一种通信总线，一般分为传感器/执行器现场总线、设备现场总线和全服务现场总线。

现场总线的特点如下。

(1) 协议开放性：遵守同一通信标准的不同厂商的设备之间可以互联及实现信息交换。用户可以灵活选用不同厂商的现场总线产品来组成实际的现场总线控制系统。

(2) 可互操作性：不同厂商的控制设备不仅可以互相通信，而且可以统一组态，实现统一的控制策略和即插即用，不同厂商相同性能的同类设备可以互换。

(3) 结构灵活性：可以根据复杂的工业现场情况组成不同的网络拓扑结构，如树型、星型、总线型和层次化网络结构等。

(4) 高度分散性：相对于 DCS 的一个控制站、一个 I/O 模块来说，现场总线可以分散到一个点、一个控制回路。现场设备本身属于智能化设备，具有独立自动控制的基本功能，从而形成高度分散的 DCS 系统。

(5) 高度智能化：相对于传统的 DCS 系统，现场总线控制系统将 DCS 的控制站功能彻底分散到现场控制设备，仅靠现场总线设备就可以实现自动控制的基本功能，如数据采集与补偿、PID 运算和控制、设备自校验和自诊断等功能。

(6) 环境适应性：现场总线是专为工业现场设计的，可以使用双绞线、同轴电缆和光缆等传送数据，具有很强的抗干扰能力。常用的数据传输线是廉价的双绞线，允许现场设备利用数据通信线进行供电，满足安全防爆要求。

工业界和控制界提出现场总线的初衷是希望有一个统一的现场总线标准，以简化现场接线、降低成本、改善控制线系统现场设备的可维护性。然而事实并非如此，各大控制系统厂商都凭借其自身的优势和影响，推出了多种现场总线标准，且都成了国际标准 IEC 61158 的现场总线标准之一。第四版现场总线标准列出了 20 种现场总线，如表 2-1 所示。

表 2-1　进入 IEC61158 第四版的 20 种现场总线

序号	类型	现场总线名称	序号	类型	现场总线名称
1	Type1	TS61158 现场总线	11	Type11	TCnet 实时以太网
2	Type2	CIP 现场总线	12	Type12	EtherCAT 实时以太网
3	Type3	Profibus 现场总线	13	Type13	Ethernet Powerlink 实时以太网
4	Type4	P-NET 现场总线	14	Type14	EPA 实时以太网
5	Type5	FF HSE 高速以太网	15	Type15	Modbus-RTPS 实时以太网
6	Type6	SwiftNet(被撤销)	16	Type16	SERCOS I、II 现场总线
7	Type7	WorldFIP 现场总线	17	Type17	VNET/IP 实时以太网
8	Type8	INTERBUS 现场总线	18	Type18	CC-Link 现场总线
9	Type9	FF H1 现场总线	19	Type19	SERCOS III 实时以太网
10	Type10	PROFINET 实时以太网	20	Type20	HART 现场总线

2.1.4　工业无线网

DCS 的现场网络除了使用有线网络外，对于不便使用有线网的场合，可以使用无线网络。普通无线网络的实时性、可靠性和安全性等，无法满足工业控制的要求。工业无线网可以满足工业自动化的各种严苛通信要求，包括高可靠、强实时、低抖动、低成本、低功耗和高安全。资源极度受限的工业无线网经常工作在恶劣工业环境下，且与 WiFi、Bluetooth、ZigBee 等网络共享免授权频段。因此，在过去几十年中，学术界和工业界付出了巨大的努力来研发工业无线控制网络，包括面向过程自动化的 Wireless HART、ISA 100.11a 和 WIA-PA，以及面向工厂自动化的 WISA、WSAN-FA、WIA-FA 等。目前，国际电工委员会 (IEC)正式发布的工业无线网国际标准仅有 Wireless HART、ISA 100.11a、WIA-PA 和 WIA-FA。

1. Wireless HART

Wireless HART 由 HART 通讯基金会于 2007 年 9 月发布的,是第一个专门为工业过程而设计开放的、可互操作的无线通讯标准,满足工厂对于可靠、安全的无线通讯方式的需求。作为 HART 技术规范的一部分,除了保持现有 HART 设备、命令和工具的能力以外,它增加了 HART 协议的无线能力。Wireless HART 于 2010 年获得 IEC 国际标准,标准号为 IEC 62591,也是工业过程自动化领域的第一个无线传感器网络国际标准。该网络使用运行在 2.4 GHz 频段上的无线网络 IEEE 802.15.4 标准,采用了直接序列扩频、通信安全与可靠的信道跳频、时分多址同步、网络上设备间延控通信等多项技术。Wireless HART 标准协议主要应用于工厂自动化领域和过程自动化领域。

2. ISA100.11a

ISA 于 2005 年开始启动工业无线标准 ISA 100.11a 的制订工作,于 2014 年 9 月获得了国际电工委员会(IEC)的批准,成为国际标准 IEC 62734。ISA 100.11a 是第一个开放的、面向多种工业应用的标准族。ISA 100.11a 定义的工业无线设备包括传感器、执行器、无线手持设备等现场自动化设备,主要内容包括工业无线网的网络构架、共存性、鲁棒性以及与有线现场网络的互操作性等。ISA 100.11a 可解决与其他短距离无线网络的共存性问题以及无线通信的可靠性和确定性问题,其核心技术包括精确时间同步技术、自适应跳信道技术、确定性调度技术、数据链路层子网路由技术和安全管理方案等,具有数据传输可靠、准确、实时、低功耗等特点。

3. WIA-PA

WIA-PA 是一种适合于复杂工业环境应用的无线通信网络协议。它在时间上采用时分多址、频率上采用 FHSS(Frequency-Hopping Spread Spectrum)跳频机制、空间上基于网状及星型形成混合网络拓扑和可靠传输路径。是一个相对简单但又很有效的网络协议,具有嵌入式的自组织和自愈能力,大大降低了安装的复杂性,确保了无线网具有长期而且可预期的性能。WIA-PA 于 2011 年正式成为 IEC 国际标准,标准号为 IEC 62601。

4. WIA-FA

WIA-FA 技术是专门针对工厂自动化高实时、高可靠性要求而研发的一组工厂自动化无线数据传输的解决方案,适用于工厂自动化对速度及可靠性要求较高的工业无线局域网络,实现高速无线数据传输。采用无线系统可以使车间内更加干净、整洁,消除线缆对车间内人员的羁绊、纠缠等危险,使车间的工作环境更加安全,具有低成本、易使用、易维护等优点,是工厂自动化生产线实现在线可重构的重要技术,将助推我国制造业的数字化转型升级。WIA-FA 于 2017 年取得 IEC 国际标准,标准号为 IEC 62948。

2.2　DCS 的硬件结构

从用户的视角来看,DCS 的硬件包括控制站、操作站、工程师站、服务器和网络设备等。控制站、网络设备和服务器等一般以机柜形式呈现,操作站和工程师站等一般使用操作台的形式呈现。为了给 DCS 提供一个良好的运行环境,也为了给操作人员提供一个舒适环境,用户一般要针对控制要求和工艺要求,设置一个中控室。各种机柜一般放置在中控室的控制间，如图 2-2 所示；各种操作台一般放置在中控室的操作间，如图 2-3 所示。

图 2-2 放置在控制间的 DCS 控制机柜

图 2-3 放置在操作间的 DCS 操作台

2.2.1 控制站

控制站一般以控制机柜的形式呈现。可以是以过程控制为主的过程控制站，也可以是以逻辑控制为主的逻辑控制站，或者是以数据采集和监控为主的数据采集站。控制站主要由电源模块(或电源卡件)、控制器模块(或控制器卡件)、防火墙模块(或防火墙卡件)、I/O 模块(或 I/O 卡件)、通信模块(或通信卡件)和接线端子板或模块安装底板等部件组成。有的 DCS 系统不设置单独的防火墙，而是将其功能并入控制器。如果是卡件形式，一般需要使用机架(或卡件安装底板)将各个卡件安装到一起，各卡件通过背板总线连接器实现互联，机架或卡件安装底板直接固定在控制机柜的安装底板上或支架上，与模块式 PLC 系统的机架装配形式相似，如图 2-4 所示。如果采用模块形式，则控制器模块和 I/O 模块等通过 I/O 总线实现互联，各模块安装在模块底板上，模块底板固定到控制机柜的安装底板或支架上，如图 2-5 所示。

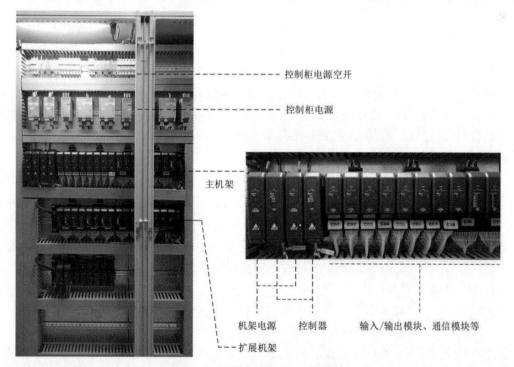

图 2-4 采用机架安装形式的控制站

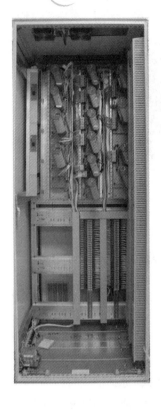

防火墙模块　　　　　控制器模块　　　　　开关量输出模块

模拟量输入模块　　　模拟量输出模块　　　开关量输入模块

图 2-5　采用模块安装形式的控制站

1. 控制器

DCS 控制站的控制器又称之为主控制器，是 DCS 中各个控制站的中央处理单元，也是 DCS 的核心设备之一。控制器一般情况下是成对冗余配置，以提高其可靠性，也可以单独使用。在一套 DCS 应用系统中，基于危险分散和分散控制的原则，按照工艺过程的相对独立性，每个典型的工艺段或工艺单元应配置一对冗余的主控制器。主控制器在设定的控制周期下，循环执行数据/状态采集、控制决策和控制输出，通过改变生产过程的物料能量或流量，使被控过程变量的测量值跟踪其设定值，实现生产过程的自动控制。

2. 输入/输出模块

输入/输出模块或输入/输出卡件用于采集现场信号或输出控制信号，主要包含模拟量输入模块、模拟量输出模块、开关量输入模块、开关量输出模块、脉冲量输入模块以及混合信号类型输入/输出模块或具有特殊功能的 I/O 模块等。输入模块采集生产过程或设备的工艺过程参数或状态，输出控制信号或控制命令对生产过程或设备进行控制。

1) 模拟量输入模块

模拟量输入(AI)模块用于将输入的模拟量转化为数字量，主要有热电阻(RTD)输入模块、热电偶(TC)输入模块和变送器信号输入模块等。其中 RTD 和 TC 输入由于其信号电平较低，将其对应的输入模块称之为低电平 AI 模块，而变送器信号一般为 4～20 mA、1～5 V、0～5 V 或 0～10 V 等，将其对应的模拟量输入模块称之为高电平 AI 模块。有的 DCS 厂家推出的 AI 模块支持 Hart 协议，既可以连接现场总线仪表，也可以连接 4～20 mA 标准信号输入。

2) 模拟量输出模块

模拟量输出(AO)模块用于将数字量转换为模拟量，控制执行器的动作，通过改变调节阀的开度来改变物料的流量或能量，促使被控量发生改变，使其跟踪设定值。模拟量输出模块一般有 4～20 mA、0～20 mA、-10 mA～+10 mA 和 0～10 V 等多种输出形式。如果执行器距离控制站比较远，一般需要使用 4～20 mA 电流输出，以提高抗干扰能力和降低长距离传输引起的信号衰减。有的 DCS 厂家推出的 AO 模块支持 Hart 协议，既可以连接现场总线执行仪表，也可以连接 4～20 mA 标准执行器。

3) 开关量输入模块

开关量输入(DI)模块用于采集生产过程或设备的状态信号，一般有干接点(无源节点)和湿节点(有源节点)两种基本的输入形式。对大功率或高电压的开关量信号，一般需要进行预处理，例如，通过输入从动继电器进行隔离后再接入 DCS 的开关量输入模块。SOE(Sequence Of Event)输入模块是一种带时间戳(Time Stamp)的 DI 模块。SOE 输入模块不仅要采集 DI 的状态，还要同步记录 DI 状态发生改变的时刻，一并传给 DCS 主控制器处理后，再保存在 DCS 系统服务器中。SOE 的主要作用是用于分析事故的原因。因此，SOE 关注的不是 DI 状态发生的绝对时刻，而是 DI 状态发生变化时所对应的事件之间的先后顺序。

4) 开关量输出模块

开关量输出(DO)模块用于输出开关量控制信号，以对生产过程或设备进行离散控制或逻辑控制。开关量输出模块一般有继电器输出(触点形式输出)、24 V 电平输出、晶体管输出或 SSR 输出等多种形式。大部分 DCS 系统都有支持触点输出(干接点输出)和 24 V DC 输出的 DO 模块。如果需要启停或开关大功率设备，则需要给 DCS 系统的 DO 模块增加继电器驱动和接触器驱动。

2.2.2　操作站和工程师站

操作员站(OS)又称为操作站，主要供运行操作人员使用，是 DCS 系统投运后日常运行、监控或值班操作人员的人机接口(HMI)设备。在操作站上，操作人员可以监视工厂的运行状况，并进行少量、必要的人工操作干预。每套系统按工艺流程的要求，可以配置多台操作站，每台操作站供一位操作员使用，便于各自分工和监控不同的工艺过程，或者多人同时监控相同的工艺过程。有的中控室还配置有大屏幕，其显示内容对应某台操作站的显示屏或分区域对应某几台操作站的显示屏。

工程师站主要为自动化系统工程师或仪表工程师服务，是系统设计和维护的主要工具。仪表工程师可在工程师站上进行系统配置(组态)、I/O 数据设定、报警组态、报表组态、操作界面组态和控制算法设计等工作。一般每套系统配置一台工程师站即可。程师站可以通过网络连入 DCS 系统实现在线使用，例如在线进行算法仿真调试、测试等；也可以不连入 DCS 系统，离线运行，例如离线组态、仿真或从事其他项目的开发工作等。DCS 系统一般在投运后，工程师站基本上可以不再连入系统甚至可以关机。

2.2.3　其他硬件设备

1. 系统服务器

对于有一定规模的 DCS 系统，一般都需要配置一台或一对冗余的系统服务器。系统服务器的主要作用如下：

(1) 用作系统级的过程实时数据库，存储系统中需要长期保存的过程数据；有的 DCS 系统的操作站需要通过系统服务器访问过程实时数据。

(2) 向企业管理系统或企业资源规划系统(ERP)提供单向的过程数据，此时为区别非实时的办公信息，将安装在服务器上的过程信息系统称为实时管理信息系统，提供实时的工艺过程数据。

(3) 作为 DCS 系统向其他的信息系统提供通信接口和数据传输服务，确保系统隔离和安全通信，履行防火墙的功能。

2. 网络设备

网络设备包括系统网络和控制网络设备，用于将服务器、控制站、操作站、工程师站以及现场总线类 I/O 设备连接起来，其主要设备包括通信线缆、网卡、中继器、交换机、路由器、集线器、终端匹配器、通信介质转换器、通信协议转换器或其他特殊功能的网络设备。

3. 电源

电源为服务器、控制站、操作站、工程师站以及现场仪表供电，主要设备包含双电源自动切换装置、直流稳压电源、不间断电源等。

2.3　DCS 的软件及其功能

DCS 系统包括现场级、控制级、监控级和管理级四个层次的设备，需要有与之相适应的软件实现各级控制设备的功能。一般将现场级设备或控制级设备上运行的软件称为控制软件或直接控制软件，这类软件一般是通过 DCS 控制站的控制器运行的。监控级设备上运行的软件称之为监控软件、组态软件或 SCADA 软件，这类软件一般是通过 PC 机或 PC 系列工作站或 PC 系列服务器运行的。通常情况下，DCS 的监控软件、组态软件和 SCADA 软件往往以统一的软件包形式提供，使用其不同的功能时，则给予不同的授权或操作权限。DCS 的低三层与生产过程控制直接相关，一般将其称之为过程控制系统(PCS)，运行在低三层设备上的软件称为过程控制与监控软件。运行在管理级设备上的软件是企业管理软件，例如企业资源计划系统(ERP)，包括办公自动化系统(OA)、客户关系管理系统(CRM)、供应链管理系统(SCM)等。从严格意义上讲，管理级已不属于常规 DCS 的范畴，只是 DCS 可以与其实现集成，协同实现生产过程的控制与优化。为了优化企业现场生产管理执行模式，增强各个生产部门之间的协同管理能力，提升生产流程的及时性和准确性，为企业的原材料、中间产品和产品等质量控制提供有效和规范的支持，实时掌控生产计划、调度和产品质量状态等，必须在 ERP 和 PCS 之间配置一套生产执行系统(MES)，以实现对生产过程的调度和管理。DCS 与企业管理系统的软件架构如图 2-6 所示。

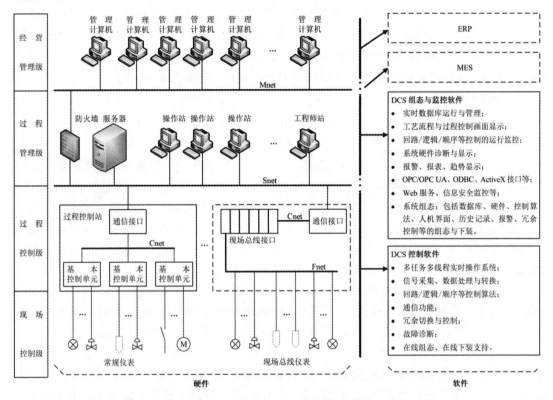

图 2-6　DCS 的软件架构及其与各级设备的对应关系

2.3.1　控制软件

DCS 控制站包括控制器(主控制器)和 I/O 模块两部分，控制软件主要是指主控制器中运行的软件。在新一代 DCS 系统中，由于智能化 I/O 模块或子系统的应用，一些控制软件也会下放到 I/O 模块、子系统(如智能化现场级设备或现场总线设备)上运行，实现就地数据采集及预处理等功能，再通过网络或总线实现控制站与现场 I/O 设备或子系统的通信，实现数据传输与交换。DCS 控制软件的核心问题是考虑系统的实时性和软件的可靠性。

DCS 控制软件的基本功能一般可以概括为三部分，即 I/O 数据采集、控制运算和 I/O 数据输出。正是由于这三部分功能的循环执行，DCS 控制站即可以在没有人工干预的情况下完成基本的控制功能。除此之外，一般 DCS 控制软件还要完成一些辅助功能，如控制器、I/O 模块的冗余功能，向上与监控级设备(例如人机界面电脑)通信、向下与现场级设备(例如现场总线仪表)通信功能，系统自诊断功能等。不同的 DCS 产品在辅助功能上存在较大的差异性，但都具有相似的基本功能。

1. I/O 数据采集与输出

控制软件的 I/O 数据采集与输出功能由主控制器根据系统的 I/O 模块硬件组态或定义来实现。首先，主控制器按组态的采样周期对各个输入通道进行扫描，读入各类输入数据，包括模拟量输入 AI、开关量输入 DI 和脉冲量输入 PI 等。其次,主控制器对这些输入数据进行必要的预处理,如越限判断、数字滤波、工程量转换或标度换算等。最后将这些处理后的数据存入实时数据库,使其成为控制运算功能的数据源,或通过网络传输到 DCS 的其他组成部分。数据输出功能根据控制运算结果或由控制站接收到由操作员发出的控制指令(手动控制),进行必要的输出转换并驱动输出通道实现控制量的输出。

2. 控制运算

DCS 控制运算功能由主控制器根据组态的控制算法来实现,一般称实现控制运算功能的软件为控制运行软件。为了简化工程师的设计过程,主控制器中一般设计了各种基本控制算法,如 PID、微分、积分、超前滞后、加、减、乘、除、三角函数、逻辑运算和伺服放大以及模糊控制、先进控制等控制算法程序。上述这些控制算法中,有的是在 IEC 61131-3 中已有标准定义的,但更多的是 DCS 厂商凭借多年行业经验而设计的专有控制算法,这些专有控制算法体现了 DCS 厂商在某些行业领域的专业化水平,例如霍尼韦尔等公司在石化领域的行业智慧,贝利和西屋等公司在火电领域的行业经验。拥有大量的行业专用控制算法,使得这些公司的 DCS 产品在这些行业领域中有较高的知名度。

控制算法组态实际上是将 DCS 系统提供的各种基本控制算法按照生产工艺要求的控制方案顺序,通过组态系统提供的图形和线条连接起来,输入相应的参数,形成组态方案。这种组态方案在 IEC 61131-3 标准中统称为程序组织单元(Program Organization Units, POU)。当主控制器运行时,控制运算功能软件读取经数据采集软件处理过的现场工程数据,如温度、压力液位或流量等模拟量输入信号或断路器的通/断、设备的启/停等开关量输入信号等,再根据组态方案,执行控制运算,并将运算的结果送到 I/O 数据区,由 I/O 输出软件完成转换,并输出给物理通道。周而复始(循环)地按照一定的采样周期执行数据采集、控制决策和控制输出这三个步骤,从而实现生产过程的自动控制。输出信号一般包含控制调节阀开度的电流、电压等模拟量输出信号,开/关或启/停设备等的开关量输出信号等。

控制运行软件一般针对具体控制方案,按照其组织逻辑关系,逐个执行程序。程序组织单元(POU)的处理流程:从 I/O 数据区读入数据→执行控制运算→输出运算结果到 I/O 数据区→I/O 程序执行外部输出。即将输出变量的值转换成外部信号(如 4~20 mA 模拟量输出信号)输出到外部控制仪表,执行调节操作,通过改变物料的流量或能量,使被控变量的实测值跟踪设定值,从而实现生产过程的自动控制。

上述过程中仅仅考虑了计算机控制系统的基本工作过程,控制运行软件也只是履行了基本的控制功能,这种仅具有基本功能的控制系统是不完整的,其功能也是不安全的。一个较为完整的控制方案执行过程,还应考虑到变量出现无效值的情况。例如,模拟量输入出现超量程的情况,开关量输入出现抖动的情况,模拟量输入或开关量输入被禁止扫描的情况,模拟量输入、开关量输入通道或通信接口出现故障的情况等,这些问题都会导致输入变量出现无效值或不定性数据。需要针对不同的控制对象,设定不同的控制运算和控制输出策略,以确保输入变量一旦出现无效值,控制量输出能够保持前一次输出值或通过一个安全控制量将控制阀切换安全位置。

控制软件除了具有常规控制功能以外,还必须支持网络通信的冗余等功能。以太网是当今 DCS 的标配,结合当今的网络技术水平,DCS 控制器基本上都支持百兆/千兆以太网标准配置。各 DCS 厂家提供的通信功能及其实现方式不尽相同，也决定了其网络架构和安全控制略有区别。有的 DCS 系统通信处理功能与控制运算功能分别运行在不同的 CPU 上，而有些 DCS 系统则是将二者运行在同一个 CPU 上。有的 DCS 控制器直接集成了防火墙，有的 DCS 系统则直接将防火墙设计为专门的模块，供用户选择配置。在通信协议方面，有的 DCS 系统采用了标准 TCP/IP 协议，有的 DCS 系统采用自定义的工业实时以太网协议。一般 DCS 的网络通信协议具有数据通信和防火墙控制双重功能，其协议底层可以阻止网络上的各种垃圾数据包，保证数据通信线路上跑的都是与控制功能相关或可以识别的数据，使得控制信息有足够的带宽运行。

冗余技术也是现有 DCS 的标配。很多 PLC 系统一般不要冗余配置，尤其是 PLC 系统的 I/O 模块，而在 DCS 系统里，冗余则是标配，即 DCS 标准配置中的防火墙、控制器、I/O 模块、通信线路、网络设备、服务器和操作站等，都要求冗余配置。也就说，DCS 的冗余配置是必需的，非冗余配置是可选的。

各大 DCS 控制软件的基本功能，包括过程控制算法的功能和使用方法等，基本上都是相似的。各大 DCS 控制软件的特色主要体现在软件性能、软件适应性、先进控制算法、软件接口等方面。其差异性主要体现在控制器内算法的容量，控制器的运算效率、算法编程语言的支持程度、内算法的丰富程度、变量类型的多样化程度、系统组态风格，故障诊断的有效性和在线运维等方面。DCS 采用的算法组态解释运行还是编译运行，是否支持算法在线无扰下装，是否支持网络变量、是否支持控制器冗余和无扰切换、是否支持在线工程和在线参数回读等方面，各大 DCS 对在线运维的支持情况是不尽相同的，有的 DCS 不支持在线下装，如果修改一个算法，必须停止控制器的运行，待修改后的算法下装后，重新启动控制器运行。显然，DCS 不支持在线修改和在线下装，一小点改动就会影响生产，有时候甚至要停止生产，可以说，这类 DCS 系统的可维护性相对较差。还有的系统不支持网络变量，要求一个复杂控制回路关联的所有信号都必须在同一个控制器中，这类 DCS 用于大规模生产过程或复杂系统时极不方便，甚至难以在工程上实施。

现有 DCS 系统一般都支持多种软件接口，如 OPC、OPC/UA、DDE、ActiveX 和 ODBC 等，以便于和第三方设备通信或者集成第三方设备或软件，不同的 DCS 系统，对上述软件接口的支持情况不尽相同，支持的接口越丰富，其开放性就越好，用户感觉越方便。

2.3.2　监控软件

DCS 的监控软件是指运行于服务器或操作站，实现控制系统人机界面的软件。它提供实时数据采集和实时数据管理，历史数据管理，报警监视、日志记录及管理，故障或事故追忆、事件顺序记录及分析处理，二次计算及信息存储和管理，操作记录、人机界面监视、远程控制操作等功能。在分布式服务器结构中，各种功能由相应的进程实现，这些进程可分散在不同的计算机上，也可集中在同一台计算机上，通过统一的接口实现信息的共享和互通。分布式服务器结构的组织灵活方便、功能分散，便于提高系统的性能和可靠性。

为了满足不同用户的个性化设计要求，商品化的 DCS 系统都会提供层次、范围和功能不等的应用组态功能。如 I/O 数据库定义、二次分析处理的计算点、计算公式和算法定义等，面向最终用户的工艺流程界面(或监控界面)的生成、回路操作弹窗的生成和报表生成等, 历史库定义, 面向过程控制对象的操作定义等、异常事件定义、人机交互过程定义、自定义应用代码生成等。DCS 监控软件的核心是数据库及数据的可视化, 其数据库包括实时数据库和历史数据库。数据库中的数据服务于生产过程的实时监控, 同时, 通过数据库接口, 实现其与第三方软件的数据交换, 使得生产过程数据发挥出更大的效益。

1. 监控软件的功能

1) 采集现场数据并存入实时数据库

监控软件是面向操作员和人机界面需求的, 因此在实时数据的采集、处理、存储、数据库组织和使用等方面, 与直接控制软件相比, 有较大的不同。由于控制软件实现直接控制功能, 并不需要人工干预, 因此不涉及报警处理, 而在操作员站上, 报警处理就是必需的, 且要求非常详细, 因此两者对现场数据的处理和存储要求是不同的。尽管要求不同, 但 DCS 监控软件所需的数据仍然来自直接控制软件, 只是对数据的要求不同而已, 需要进一步对直接控制软件提供的数据进行加工和处理。现场数据和信息是 DCS 监督控制的基础, DCS 通过 I/O 服务进程实现现场数据的采集。这些现场数据既可以来自 DCS 的控制站, 也可来自第三方设备, 如支持网络或总线通信的 PLC、现场总线仪表或传感器等, 支持 OPC 或 OPC UA 的第三方软件等。I/O 服务进程获取数据后, 再根据监控软件和人机界面软件的需求对这些数据进行转换和处理, 存于数据库中, 各种功能程序或服务进程则直接从数据库中读取数据。

I/O 服务对现场数据的处理包括为所有数据加上完整的工位名称、工位号, 并将其转换为工程量(已经是工程量的则跳过转换过程)。对模拟量进行报警限位检查, 包括上限报警或高限报警, 下限报警或低限报警, 高高限报警(又称上上限报警、上限报警加深、第二级上限报警), 低低限报警(又称下下限报警、下限报警加深、第二级下限报警), 偏差报警, 变化率报警等。判断实时数据的质量并加上相应的质量标签(如模拟量的超量程、变化率超差、死数据和开关量处于抖动状态等)。识别事故, 在出现事故时启动事故追忆功能; 对事件顺序记录(SOE)数据的时间进行处理, 以形成全系统的统一时间标记等。

2) 报警监视功能

报警监视是 DCS 监控软件重要的功能之一, DCS 系统管理的工艺对象很多, 这些工艺对象一旦发生异常情况, 如何利用 DCS 系统的报警监视功能通知运行人员, 并向其提供足够的分析信息, 协助其及时排除故障, 保证工艺过程的稳定运行, 这就需要对变量进行报警监视, 进而使运行人员采取有效动作与纠正措施, 以避免事故发生, 减少或消除其对生产或产品质量的影响。除工艺过程进行报警监视外, DCS 还需要对系统自身的硬件、软件和通信链路等进行自诊断, 发现故障后及时报警。

报警监视的内容包括工艺报警和计算机设备故障报警两类。工艺报警是指生产过程工艺参数或状态的报警, 而计算机设备故障是指 DCS 系统本身的硬件、软件和通信链路发生的故障。工艺报警包括模拟量参数报警和开关量状态报警两类, 按报警来源又可将工艺报警分为外部变量报警和内部计算报警两类。模拟量参数报警是指外部的模拟量超过警戒限、模拟量的变化率超过报警限、模拟量超过硬件允许的量程等, 这些情况均可能产生外部变量报警。如果开关量输入的状态反映的信息显示设备跳闸、油位偏低、设备温度过高、故障停车及电源故障等, 则将这类报警称之为开关量状态报警。不同的 DCS 厂家提供的报警处理框架会有些不同、报警监视画面也有差异，使用同样的 DCS 系统，也会因报警组态的不同而有不同的处理和显示形式。常规的工艺报警需要定义的主要信息如下：

(1) 报警限位值。根据工艺报警要求设置报警高限(上限)、高高限(上上限)、低限(下限)、低低限(下下限)等报警限位值，当模拟量的值大于设定的高限(高高限)或小于低限(低低限)时产生相应的报警。有的 DCS 系统允许设置更多层次的报警上下限级别。灵活的报警组态工具可以根据实际需要来设计。

(2) 报警级别。一般按变量报警处理的轻重缓急情况将报警变量进行分级管理，不同的报警级在报警显示表中可以使用不同的颜色进行区分。

(3) 偏差报警限。当需要进行偏差报警时，需要给定变量的设定值和偏差报警限，当模拟量的值与设定值的偏差大于该偏差报警限时则产生偏差报警。

(4) 变化率报警。当模拟量的单位变化率超过设定的变化率时产生变化率报警，需要同时定义变化率的单位或者使用百分数表示。

(5) 报警死区。定义模拟量报警恢复的不灵敏范围，避免模拟量的值在报警限值附近摆动时，频繁地出现报警和报警解除(报警恢复)状态的交替切换，报警解除只有在实时值恢复到报警死区以外时才能够认定为报警解除。

(6) 条件报警属性与条件定义。变量报警可选择为无条件报警或有条件报警两种报警属性。无条件报警即只要报警状态出现，即立刻报警。有条件报警为报警状态出现时，还要检查其他约束条件是否同时具备，如果不具备，则不报警。

(7) 可变报警条件及限值变换。可变报警用于报警的上下限值非固定的情况。例如，有的现场工艺参数根据工艺运行工况的不同，可以设置不同的量程范围，针对不同的量程范围，应该设定不同的报警上下限。这种报警上下限的限值，无法在系统组态时给定，而是只能在线运行时根据运行工况选定。系统组态时只是定义该变量的报警是可变的。可变报警限位值一般定义成一个内部变量。运行时由预先所定义的算法填写实际的报警限位值。

(8) 报警动作。报警动作是指在报警发生、确认或关闭时，DCS 系统应该自动执行的与该报警相关的动作，如推出报警规程界面，设置某些变量的参数或状态，或者直接控制输出变量到某个状态或某个值等。

(9) 报警操作指导界面。当出现报警时，通过该界面向运行人员提供报警操作指导信息，如显示报警操作规程、报警相关组的信息等。DCS 系统检测到工艺参数或设备状态发生报警时，要及时通知运行人员进行处理，一般是通过组态的报警界面实现的。可以使用动态滚动的报警条或使用组态的报警监视界面通知运行人员。动态滚动的报警条显示的信息相对单一，多用于显示较为重要的报警信息。报警监视界面显示的信息较为详细，而且可以显示更多的报警信息，以便尽可能地为操作员提供足够的报警分析信息。报警界面一般应包括报警时间、报警点标识和名称、报警状态描述(如缓冲罐液位超上限、空开跳闸)、当前报警状态(如报警激活、报警确认及报警恢复等)、报警优先级、模拟量报警相关的限位值(如上限、上上限、下限或下下限)、量程单位、报警状态改变的时间和报警摘要(包括报警名称和状态描述、报警激活的时间、报警确认的时间及人员、报警恢复的时间、报警恢复确认的时间及人员、报警持续时间等)。

不同的用户有不同的报警确认方案。有的用户定义为报警确认了即表示运行人员已经知道，但不一定表示已经处理了报警；有的用户定义为报警确认了则表示运行人员已经处理好了。具体如何定义，各个 DCS 用户可根据自己的情况，结合规章制度来设置。

3) 事件顺序记录功能

事件顺序记录(SOE)功能用于分辨一次事故发生过程中相关事件发生的顺序，监测各类事件的先后顺序，为监测、分析和研究各类事故的发生原因和影响提供依据。记录事件的时间分辨率，即记录两个事件之间的时间精度是事件顺序记录的主要性能指标。例如，如果两个事件发生的先后次序相差 1 ms，系统也能完全识别出来，其顺序不会错，则该系统的 SOE 分辨率为 1 ms。事件顺序分辨率精度依赖于系统的响应能力和时钟的同步精度。一般的 DCS 系统将 SOE 专用卡件输入 SOE 事件点信号，并带有 SOE 时间戳。由于 DCS 系统的每个网络节点都有自己的时钟，因此，保证全系统 SOE 分辨率精度的关键因素是系统的时钟同步精度。

每个 SOE 事故都是由一个事故源开关量和若干个开关量状态变化事件组成，当事故源开关量的状态发生变化时，SOE 事件记录就自动被建立，按时间顺序记录后续发生的相关事件，直到满足结束条件为止。

4) 事故追忆功能

当工况出现异常，如汽轮机非正常跳闸(跳闸是事故的结果，但导致跳闸的原因可能有多种情况)，这就需要分析跳闸前其他相关变量的状态变化情况，以及跳闸后对另外一些设备和参数产生的影响。事故追忆用于在事故发生后，收集事故发生前后一段时间内相关的模拟变量组的数据，以帮助分析事故产生的真正原因，评估事故扩散的范围和趋势等。在事故追忆中，模拟量一般按预先定义的采集周期收集，开关量则按状态变化的时间顺序插入事故追忆记录中。

(1) 事故追忆的定义。一般 DCS 系统中，都会提供定义事故追忆策略和追忆数据组织的组态工具，有的 DCS 系统可以由用户定义事故源触发条件的运算表达式，当表达式的结果为真时触发事故追忆。事故追忆的内容也是由用户组态定义的，其定义一般包括一组追忆点、追忆时间(如事故前 30 min，事故后 30 min)和模拟量采样周期(如 1 s)等内容。

(2) 事故追忆的组织处理。一般情况下事故追忆点指的是模拟量，也有定义开关量的，即开关量也按采样周期显示开关状态。这种对开关量进行追忆的情况显然不尽合理，毕竟开关量不会反复变化，这种方式显然比较浪费，而且，开关量的状态变化要求的实时性很高，按周期采集的方式采集开关量的时间精度显然不够高，对分析问题并不好。

为了提高事故追忆的实际效果，可以混合组织模拟量和开关量的采集。模拟量按采样周期采集，开关量按实际发生变化的时机采集，插入在模拟量相应的采集时间点。如果在事故追忆过程中，相应的开关量没有发生变化，则除了事故源外，没有其他的开关量信息。这种组织数据的方法使得数据比较紧凑，开关量动作时间与模拟量实时数据紧密结合，另外，由事故源信息作为事故前后采集的分隔点，从物理上、逻辑上便于运行人员对数据的综合分析。

5) 历史数据存储与管理

在 DCS 系统中，历史数据是实时运行情况的记录。历史数据库包括趋势历史库、统计历史库、日志历史库和特殊事件历史库等。

(1) 趋势历史库。趋势历史库用于历史趋势显示曲线的显示。由于采样频率高，趋势历史库的实现一般不能基于现有的关系数据库系统，因此各 DCS 厂家都有自己特定存储格式的历史库文件，只有在归档时才做格式转换。如果不做格式转换，通常要带一个配套的查询分析工具，以便恢复历史库中的内容。趋势历史库的采样可以是周期的，也可以是基于变化的(有变化才记录)。后一种采样方式需要在组态时设定一个历史数据采样死区，即实时数据只有在其变化超过死区时，才作为历史数据进行记录，这对连续变化的量在精度上有所损失，但可以大大减少历史数据占用的存储空间。如果是前一种方式，则历史数据库的空间将很大，而且与整个系统的时间管理有密切的关系。

(2) 统计历史库。统计历史库记录的是过程量在一段时间内的统计结果，用于生成报表等统计类应用。例如，记录所有模拟量在 1 分钟内的最大值、最小值和平均值。统计历史库由于具有存储周期长的优势，所以可以在一定的存储资源内，保存更长时间的数据，有利于阶段性统计。可以采用关系数据库，或以关系数据库的格式(如 DBF)存储，使用户可以用 Excel 或其他标准软件读取。

(3) 事件记录库。事件记录库用于记录系统中各种事件变化，如开关量变位、过程报警、人工操作记录、通信故障、设备故障及系统内部产生的各类事件信息。日志一般都提供一定程度的分类查询功能，典型的查询条件有时间段、事件类型、区域和事件严重级等。

(4) 特殊事件记录。特殊事件记录保存一个特定的事件发生序列，用于记录单个事故的发生过程，如 SOE 事件和事故追忆。特殊事件记录强调真实记录事件发生的先后顺序，便于进行事故追忆和分析。

6) 日志管理服务功能

事件记录是 DCS 系统中的流水账，它按时间顺序记录系统发生的所有事件，包括所有开关量状态变化、变量报警、人员操作(如参数设定、控制操作等)、设备故障记录、软件异常处理等各种情况。事件记录的完整性是系统事故后分析的基础。因此，在考察 DCS 软件的性能时，事件记录的能力和容量也是重要的指标之一。事件是按事件驱动方式管理的，当系统产生一个事件时，即由事件处理任务登录进系统事件，同时将该事件送至事件打印机打印。如果有操作站正处在事件的跟踪显示中，则要进行信息的追加显示。

事件一般分为日志和专项日志。日志是按事件发生的顺序连续记录的全部事件信息。专项日志是按用户分类来记录的事件信息，可按日志类型分类，如 SOE 日志、设备故障日志、操作记录日志；也可按工艺子系统属性分类，如锅炉系统日志、汽轮机系统日志、电气系统日志等。日志信息保存形式一般分为内存文件、磁盘文件、存档文件三个级别，其中存档文件是一种永久性保留的文件。

7) 二次计算功能

二次计算是指在一次采集数据的基础上，通过预先定义的算法进行数据的二次加工和处理。如计算平均值、最大值、最小值、累计值及变化率等，也包括对数据进行综合分析、统计和以性能优化为目标的高级计算。这类计算的结果一般也以数据库记录的格式保存在数据库中，由外部应用程序(如显示、报表等)使用。

如何利用系统采集的数据，进一步提炼出有利于管理人员使用的信息是高级计算设计人员的任务，也是不同 DCS 应用设计的差别所在。高级计算设计人员必须对生产工艺非常了解，一个没有经验的应用设计人员设计的系统，可能除了外部采集的信号外，不能提供任何进一步的信息；而一个经验丰富的应用设计人员设计的系统，除了外部采集信息外，还能够设计出很多有价值的高级计算信息。传统的 DCS 应用一般都是由专业设计院来设计，有些有经验的用户也会设计自己的高级应用。近年来，不少 DCS 厂家为了更好地推广自己的产品，开始注重引进各个行业的专家，进行行业内方案的研究。另外，随着工程经验的不断积累，逐步形成了各自的高级计算能力。

二次计算的设计可分为通用计算和专业化计算两种情况。通用计算一般利用系统提供的常规计算公式即可完成。一般 DCS 系统都会提供常规的基本运算符元素，如实数四则运算、逻辑运算、比较运算以及通用的数学函数运算等。设计人员在算法组态工具的支持下，利用这些算法元素设计计算公式。此外，系统还会定制一些常用公式，如求多个变量实时值的最大值、最小值、平均值、累计值、加权平均值等，求单个变量的历史最大值、最小值、平均值、累计值、变化率等，开关变量的二取一、三取二、四取二、状态延迟等逻辑运算等。

专业化计算是根据不同的应用专业，定制不同的专用算法。专业化计算一般要经过复杂的算法组态公式来实现，有的还要编制相应的程序。DCS 厂商应用的行业和工程项目越多，解决行业问题的智慧就越多，将其凝练出的方法或算法即为专业化计算方法。多数专用计算方法是 DCS 厂商在用户的协助下不断进行二次开发，并不断总结经验积累起来的。因此，一个 DCS 系统可提供的二次算法的数量和有效性，与其 DCS 工程应用经验的积累有关，工程经验越丰富，所提供的专业算法越多。此外，大多数 DCS 系统都提供用户自定义算法的组态和调试工具，给用户自定义算法提供了便利。

8) 图形化人机界面

图形显示界面是操作人员监控生产过程的人机接口，界面上呈现与生产过程相似的工艺流程，便捷的回路控制操作和设备开关操作，直观或形象的过程参数趋势显示、棒图显示或刻度盘显示，明确的参数汇总显示和报警状态提醒等，给操作人员监控生产过程提供了更为高效的手段。监控软件提供的监控界面主要有工艺流程图显示、报警显示、变量实时趋势、历史显示、参数列表显示或参数总表显示、日志或操作记录跟踪和历史显示、报表记录与打印、SOE 事件与监控、事故追忆显示等。

(1) 工艺流程显示界面。针对具体的生产过程控制工艺，工程师一般会根据系统的管道仪表图(P&ID)将组态设计为若干幅工艺流程界面，或者一个总流程图界面和多个子流程界面。工程师怎么设计的，监控软件就会怎么呈现在操作人员面前。操作人员可以通过自定义按键或屏幕上的切换按钮实现流程图界面的切换。在一幅流程图上可显示平面或立体图形和动态对象，可滚动显示大幅面流程图；可对界面进行无级缩放等，可重叠开窗口，可以实现画中画效果等。切换界面是需要消耗系统时间的，切换时间偏长会让操作人员产生不适感，因此图形界面的切换操作步骤越少越好，重要的界面最好是一键出图，一般性界面最多也不要超过两步，相关联的界面可以在主界面上以弹窗的形式出现。

流程图界面一般由静态工艺图和动态显示数据(或动画对象)两部分组成，数据或动态对象是要动态刷新的，切换界面时，两者都要重新刷新，界面切换时间和动态对象的更新周期是衡量一个系统响应性的重要指标，多数 DCS 系统都可做到在 $1\sim2$ s 内完成界面的切换。工艺流程中的动态对象或数据是按显示周期更新的，一般包括各种工艺对象的动态状态或数值，如以颜色或图例区分的工艺对象的状态、工艺参数的当前值、实时趋势、棒图、饼图、液位填充刻度盘及设备的坐标位置等。

(2) 趋势曲线显示界面。趋势曲线显示界面一般用于显示过程变量(过程点)的变化趋势，常用的是成组显示，每组趋势界面可以显示多点过程变量的变化趋势，有的 DCS 支持一组趋势界面显示多大 32 点过程变量的变化趋势。将同一类或存在关联关系的一组变量纳入同一组趋势界面，便于观察和比较。在趋势曲线显示界面中，就有时间范围选择，曲线缩放和平移，曲线选点显示(标尺)等操作，有的监控软件还支持由表格形式显示选定趋势曲线对应的变量数据，通过复制即可以拷贝趋势曲线对应的数据到 Excel 等数据处理软件中进行其他应用处理。

(3) 工艺报警监视界面。工艺报警监视界面是 DCS 系统监视非正常工况的主要界面，一般具有报警信息的显示和报警确认等功能。报警信息按发生的先后顺序显示，显示的内容包括发生的时间、点名、点描述及报警状态等。不同的报警级别使用不同的颜色显示，报警级别和种类可根据应用需要设置。报警确认包括报警确认和报警恢复确认，一般对报警恢复信息确认后，报警信息才能从监视界面中删除。在事故工况下，可能会发生大量的报警信息，因此，报警监视界面上应提供查询过滤功能，例如按点名、按工艺系统、按报警级别、按报警状态或按报警发生时间等进行过滤查询。报警显示界面的显示区域或窗口总是有限的，无法完整显示不断产生的报警信息，一般的 DCS 系统或其监控软件都是采取滚动显示的做法，且优先级越高的报警信息始终显示在最前面，优先级相同时，最新发生的报警信息显示在最前面。有些 DCS 系统还可配合警铃、声光或语音等警示功能。

(4) 日志显示界面。日志显示界面是 DCS 系统跟踪随机事件的界面，包括变量的报警、开关量状态变化、计算机设备故障、软件边界条件及操作人员的操作记录等。为了快速查找到所要关注的事件信息，日志界面提供过滤查询方法，如按点名查、按工艺系统查或按事件性质查等。此外，针对事件相关的测量点，在日志界面上也应该提供直接查看相关测量点详细信息的界面。

(5) 变量列表显示界面。变量列表显示是为了满足对变量进行编组集中监视的要求。一般可以按工艺系统组或装置单元组列表、用户自定义变量组列表等形式。工艺系统组一般在数据库组态后产生，自定义组可以由组态产生，也可以交由操作员在线定义。

(6) 控制操作界面。控制操作界面是一种特殊的操作界面，除了含有模拟流程图显示元素外，在界面上还包含一些控制操作对象，如 PID 控制、顺序控制、软手动操作等对象。不同的操作对象类型提供不同的操作键或命令。如 PID 控制就可提供手/自动/串级(或 MAN/AUTO/CAS 或 M/A/C)单选按钮或切换按钮、PID 参数输入、给定值及手动控制量输入等。依据系统组态工具生成的控制方案，可以根据系统实时运行参数进行调试，检查方案组态的正确性及方案运行的正确性。一般情况下，控制算法在线调试时的显示界面与其在组态时的显示界面应该是一致的。

2. 监控软件的组成

DCS 的监控软件一般由操作系统、数据库和操作员站软件组成。随着 PC 平台在商业领域的广泛应用，得益于其硬件资源、软件资源、网络资源的普适性和用户资源的广泛性，Windows 已成为 DCS 监控软件首选的操作系统。基于 Windows 下的控制系统软件(或应用程序)与一般环境下的应用程序相比较，一方面其功能已经发生了质的变化，如 DCS 网络下的控制系统软件能够调用、执行 DCS 网络中其他计算机上的一个程序，并与之交互，这是其他环境下的应用程序无法实现的。另一方面，DCS 网络系统将整个系统的任务分散进行，然后集中监视、操作、管理，这些应用程序由于运行在网络环境下，因而分布极广，可以部署在网络中的数百台，甚至数千台机器上运行，因此 Windows 网络操作系统环境为企业实现真正的管控一体化奠定了基础。

DCS 监控软件采用 Windows 操作系统时，为了数据库和操作系统具有更好的兼容性，一般的 DCS 监控软件也选用了微软的 SQL Server 或开源的 MySQL 作为数据库，也有的 DCS 厂家采用自有的数据库及其管理系统。

操作员站软件的主要功能是人机界面的实现，即 HMI 的处理，其中包括图形界面的显示、对操作员操作命令的解释与执行、对现场数据和状态的监视及异常报警、历史数据的存档和报表处理等。为了上述功能的实现，操作员站软件主要由以下几个部分组成。

(1) 图形处理软件。图形处理软件根据由组态软件生成的图形文件进行静态界面(又称为背景界面)的显示和动态数据的显示及按周期进行数据更新。

(2) 操作命令处理软件。操作命令处理软件包括对键盘操作、鼠标操作、界面热点操作的各种命令方式的解释与处理。

(3) 历史数据和实时数据的趋势曲线显示软件。

(4) 报警信息的显示、事件信息的显示、记录与处理软件。

(5) 报表打印软件。

(6) 系统运行日志的形成、显示、打印和存储记录软件。

(7) 对控制器的操作软件。如回路调试、PID 调节、模拟手操和开关手操等。

2.4　霍尼韦尔 PKS 的体系结构

为了有效降低计算机集中控制系统故障时给企业造成的风险，霍尼韦尔公司于 1975 年推出了 TDC2000，即全世界第一套集散控制系统。自此后，霍尼韦尔公司的 DCS 产品大致经历了四代产品更新和技术发展，其发展历程及其标志性产品如图 2-7 所示。

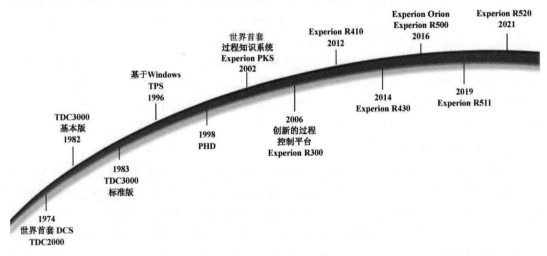

图 2-7　霍尼韦尔公司 DCS 产品的发展历程

2.4.1　PKS 的技术特点

PKS 是霍尼韦尔公司于 2002 年推出的过程知识自动化系统,是一套能使人员与过程、经营和资产管理融合在一起,能帮助流程型生产企业提高利润和生产力的过程自动化系统。PKS 的核心是 Experion 平台,因此,也将 PKS 称为 EPKS。PKS 推出后,经过二十年的不断完善与发展,围绕 Experion 核心平台相继推出 PKS Orion 等新一代 PKS 产品和 PKS HIVE 等新的自动化系统解决方案,PKS 版本也于 2021 年升级到 R520。PKS 集成了霍尼韦尔公司 40 余年的过程控制、资产管理、行业领域专家的丰富经验,融合当今最先进的控制、各种开放的工业标准、最新的计算机网络等技术和自动化项目实施智慧,将所有霍尼韦尔公司和第三方的过程控制和安全仪表系统集成为单一且统一的结构。Experion 为用户提供了远高于集散控制系统的能力,包括嵌入式的决策支持和诊断技术,为决策者提供所需信息;安全组件保证系统安全环境独立于主控系统,提高了系统的安全、可靠性;高度集成的虚拟化环境(Highly Integrated Virtual Environment,HIVE)提升用户实施自动化项目的效果,简化了维护过程和全生命周期管理过程。新一代 EPKS 的技术特点如下:

(1) 高度集成虚拟化环境(HIVE)显著提升自动化项目的实施效率。HIVE 采用了霍尼韦尔公司自动化项目精益执行(Lean Execution of Automation Projects,LEAP)原理,通过软件和网络来解除控制应用程序与物理设备,以及控制器与物理 I/O 之间的联系,从而通过更简单的模块化构建方式在更短的时间内以更低的成本和风险来设计和部署控制系统。将服务器的日常管理转移到一个集中的数据中心,通过协议来降低网络安全风险,使工程师有更多的精力从事更有前瞻性的控制系统优化工作。Experion PKS HIVE 包括 IT HIVE、IO HIVE 和 Control HIVE 三个核心要素,其中 IT HIVE 集中了多达 80%的常用 IT 基础架构,可有效降低项目交付和生命周期运维成本,更好地利用技能,在整个企业中推动一致性的物理和网络安全管理;IO HIVE 提供了灵活的 I/O 和控制分配,使控制系统成为过程设备的自然延伸,有利于实现模块化和项目的并行执行;Control HIVE 独特地采用了控制容器,可实现控制硬件平台、控制位置和控制工程设计的灵活性和标准化,可支持多个物理控制器运行,自动平衡负载,从而大幅简化工程设计。

(2) 三项核心技术支持自动化项目的精益执行(LEAP)。LEAP 只是霍尼韦尔公司推出的自动化项目实施准则,EPKS 通过通用信道技术、虚拟化技术和云工程技术支持 LEAP 的实施。通用信道技术(Universal Channel Technology)允许即时远程配置不同类型信道、标准化输入/输出机柜、减少或清除编组机柜,降低设备需求;虚拟化(Virtualization)技术在控制系统中的使用,摆脱了对功能与物理设计的依赖性,服务器机柜标准化的同时降低了对硬件的需求,从而相应地节省了空间、动力、制冷和重量。云工程(Cloud Engineering)技术允许工程项目在世界任何地点进行执行和测试,通过协同操作技术改善并节省运输成本。

(3) 集成工业物联网技术,提升运营智能化水平。工业物联网通过数字化转型改变了人们的生活,也改变了生产过程的运营方式和盈利模式。例如,借助于工业物联网,通过警报管理软件可以提升企业的盈利能力;使用远程服务器上的数据来提升油田的存储管理能力;通过云端系统开展远程协作以缩减事故处理时间等。霍尼韦尔公司新一代 EPKS 具有先进、开放、安全等特点,能够显著助力自动化设备调试工作工程师们通过云配置循环,将调试时间从几小时缩短至几分钟。Experion 进一步优化了霍尼韦尔公司 LEAP 精益项目实施方法，通过云和虚拟化技术的结合，帮助企业更快地完成项目。霍尼韦尔工业物联网分析平台 Uniformance Suite 将工厂数据转化为可操作的信息，从而实现智能运营。凭借 Uniformance 洞察力解决方案等新产品，可为企业数据采集、可视化、预测和操作提供分析。为了进一步提升了霍尼韦尔工业物联网性能，霍尼韦尔公司还推出了 Control Edge 可编辑逻辑控制器，以确保和第三方供应商设备之间的安全连接和紧密集成，轻松实现系统配置、高效运行以及维护工作的轻量化。

(4) 先进过程控制策略下沉到控制器。将模型预估控制算法(Profit Loop)植入 C300 或 C200 控制器，使得先进控制算法的基础应用变得与组态一个 PID 算法一样简单，从而解决了许多基于 PID 控制效果不好的过程控制问题，例如，纯滞后时间长的控制回路，非线性控制回路等。对于更为复杂的控制策略，可以将其部署到基于服务器和 Windows Server 操作系统的 ACE 中去完成。

(5) 支持电力系统自动化领域唯一的全球通用标准 IEC 61850。该标准将变电站的通信体系分为变电站层、间隔层和过程层三个层次，并且定义了层和层之间的通信接口；使用面向对象的建模技术，定义了基于客户机/服务器结构数据模型；定义了基于设备名、逻辑节点名、实例编号和数据类名建立对象名的命名规则；采用面向对象的方法，定义了对象之间的通信服务；设计了独立于网络和应用层协议的抽象通信服务接口，建立了标准兼容服务器所必须提供的通信服务模型，包括服务器模型、逻辑设备模型、逻辑节点模型、数据模型和数据集模型等。Experion PKS Orion 率先支持 IEC 61850，使其成为全球首个被运用在电力系统控制与管理的分布式控制系统品牌，实现了智能变电站的工程运作标准化，使得智能变电站的工程实施变得规范、统一和透明。

(6) 支持更多的无线通信标准。新一代的 Experion PKS Orion 为 One Wireless 网络带来一系列的增强功能，融入了 Wireless HART 通信技术，支持国际自动化学会(ISA)发布的最新无线通信协议 ISA 100.11a 标准。ISA 100.11a 通过简单的无线基础结构能够支持 HART、Profibus、Modbus 和 FF 等多种协议；支持多种性能水平以满足工业自动化多种不同的应用需求。与 Wireless HART、WIA-PA 标准相比，ISA 100.11a 的优势包括能够便利、简单地通过无线介质传输各种应用协议；通过高效的骨干网更为直接地传递数据信息，以减少数据无线传输的跳数，尤其适用于规模较大的网络；灵活的时隙长度和超帧长度。

(7) 面向未来控制室的 Orion 操作站(控制台)。操作站集成多界面大屏幕高清显示器、触摸屏和移动平板电脑等显示设备。结合人体工学设计，突出更先进的显示技术和更好的显示效果，从而简化控制系统管理，缓解操作人员工作疲劳，并改善对环境的感知。大屏幕显示器具有高清显示效果，不但可以通过单一界面，清晰显示流程运营中的状态评估，帮助操作人员进行更有效的管理，还可以为根据当下流程问题定制所需显示信息。控制台还具备先进的报警管理系统、遥控摄像头和变焦功能，将范围和目标直接集成至总视图界面下，帮助流程运营达到最佳状态。触摸屏显示器提供的操控界面有助于操作人员更快、更准确地响应条件变化，以及更好地预防可能会导致工厂事故和危机的状况发生。可移动平板电脑使得操作人员不再局限于控制室内，大大舒缓了他们长期工作于狭小空间内而导致的工作疲劳。与其他具有无线功能的设备连接后，操作人员即可在工厂的任一区域通过手持设备观看到与控制室相同的显示界面。

(8) 支持微软的最新操作系统和数据库系统。EPKS 引入的分布式系统结构是独特的、集成多个过程系统的解决方案。DSA 是 Experion 多服务器结构的基础，它允许设备、装置内甚至横跨企业的多个 Experion 单服务器集成为多服务器方式，以便安全地运行操作，而且无需增加重复的组态工作，全局数据库可以从多个 EPKS 系统中透明地进行全局数据访问，从而对操作和控制两方面都提供了极大的灵活性。最新版 PKS 系统总是对最新版的微软操作系统和数据系统提供更好的支持和体验。

2.4.2　PKS 的系统架构与通信网络

DCS 的体系结构一般包括拓扑结构(网络体系)、硬件构成(硬件体系)、软件构成(软件体系)和系统功能(功能体系)等内容。

1. PKS 的系统架构

按照 EPKS 系统的系统组成架构，可以将设备分为三个层次，分别对应过程控制网络、高级应用网络和通过防火墙隔离的工厂信息网络，事实上，过程控制网络层包含了现场控制网络，也包含了操作监控层网络，和 DCS 的通用四层架构基本相似，EPKS 系统架构如图2-8 所示。这三层网络及其设备分别实现 EPKS 系统的基本控制功能、高级控制功能和信息管理功能。过程控制网络连接有过程控制类设备和监控操作类设备，其中过程控制类设备包括控制防火墙、Experion 控制器、I/O 模块和现场控制器等；监控操作类设备包括服务器、操作站和工程师站等。高级应用网络连接的设备主要包括 PHD 服务器、APC 服务器、报警管理服务器、操作站、路由器/交换机等。工厂信息网络连接的主要设备包括防火墙、路由器/交换机、生产执行管理系统(MES)和企业资源管理系统(ERP)等。

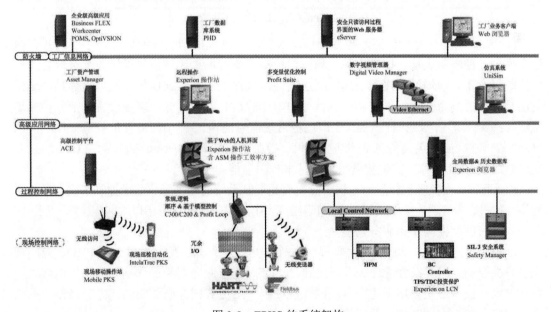

图 2-8　EPKS 的系统架构

2. PKS 的通信网络

1) PKS 通信系统的分层结构

Experion PKS 系统的通信网络采用了分层结构，由四层组成，分别是过程控制层、监控操作层、先进控制层和企业管理层，如图 2-9 所示。

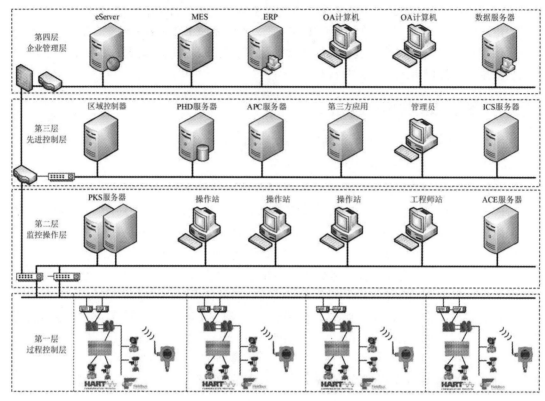

图 2-9　EPKS 通信网络的分层结构

(1) 第一层是过程控制层，包括现场总线层，是过程控制系统的核心。主要设备有网络交换机、控制防火墙、控制器和现场总线控制器或现场总线接口等现场控制级设备和过程控制级设备。现场设备接入现场控制层网络，包括现场总线或现场无线网络等。现场控制层是过程控制系统数据采集和控制信号输出等的重要组成部分，现场设备包括各种现场总线传感器、现场总线执行器等。生产过程常规信号的输入/输出则需要依赖过程控制层的 I/O 设备。过程控制级设备包括网络交换机、控制防火墙、Experion 控制器、I/O 模块以及现场总线接口 FIM 等，实现数据采集与基本控制功能。

(2) 第二层是监控操作层，该层节点主要是控制系统的服务器和显示控制节点，通常由网络交换机、服务器、操作站和 ACE 节点组成。第二层一般通过容错以太网连接第一层，实现控制系统的监控与操作服务功能。

(3) 第三层是先进控制层，主要节点包括路由器/交换器、历史数据管理 PHD、应用程序、先进控制、先进报警管理、区域控制器、DSA 连接服务器和操作站。第三层仍然采用容错以太网技术，主要用于生产过程的先进控制、历史数据存储和归档、先进报警、第三方应用服务等，它同时作为第四层的安全网关。

(4) 第四层是企业管理层，用于实现企业资源规划管理(ERP)，该层主要包括防火墙/路由器、eServer 服务器、MES 和 ERP 等，通过防火墙隔离了企业局域网的广播和多点传送通信。

2) 容错控制网络

PKS 的过程控制网络基于容错以太网(Fault Tolerant Ethernet，FTE)实现。FTE 是高性能 Experion 平台的控制网络，是 EPKS 系统架构的主干网络技术。FTE 不仅提供网络容错功能，而且满足工业控制应用的性能和安全要求。霍尼韦尔将设计鲁棒性控制网络方面的丰富经验与高性能、低成本的开放式以太网技术相结合，推出了具有自主专利技术的先进网络解决方案，即容错以太网。FTE 利用了 IT 网络中的商用以太网技术，使得 FTE 网络基础结构、IT 网络的连接、第三方以太网设备的连接和经常性的运行维护成本显著降低。

FTE 的主要特点包括 FTE 节点之间有 4 条通信路径(A→A、A→B、B→A 和 B→B)；对电缆和电子设备中的各种多重故障具有容错功能；快速检测和恢复；对 PC 应用程序透明；允许非 FTE 以太网节点连接；在线添加/删除节点；COTS(Commercial Off The Shelf)网络硬件；没有重复的信息(最小的管理成本)；完全分布式(没有主节点)；组态简单；高性能 100/1000 Mb/s(甚至更高)；STP 或光纤电缆，具有抗干扰功能；符合 CE 标志；提供网络工程、安装和管理的全套服务；适用于 EPKS、PlantScape、TPS 等当前或以往的各系列霍尼韦尔自动化系统。

尽管 FTE 使用两路常规以太网构成冗余网络，但其和常规冗余以太网有着显著的区别。常规冗余以太网采用两个独立以太网，每个节点分别连接到这两个以太网上，一旦通信网络故障，例如，网络设备或电缆故障，网络节点可以切换到另一个网络，但其切换时间较长，可能需要数秒时间甚至十秒级的时间，取决于网络的复杂程度。FTE 采用单一网络结构，网络故障时，连接在网络上的服务器和操作站不需要重新连接网络，因此，切换时间基本上控制在 1 s 内，降低了运行费用、投资和维护成本。常规冗余以太网中不同网络的单连接节点不能相互通信，而 FTE 的所有节点，不管它们是否直接连接，都可相互通信。常规冗余以太网不具有容错功能，FTE 对单一故障和多个多重故障都具有容错功能，是通过容错交换机和 FTE 容错专用软件实现的。C 系列控制防火墙也是专用 FTE 交换机，该模件可防止黑客入侵，它只允许 C300 控制器信息和一些 FTE 有关的信息通过，自动阻止非控制信息通过，而控制、I/O 通信和对等通信则不受影响，保证系统的安全可靠。

3) 无线通信

Experion PKS 支持多种无线通信协议，包括 Wireless HART、ISA 100.11a 等，同时支持 OPC UA、Modbus TCP 以及多种现场总线通信协议。Experion PKS 通过 One Wireless 无线网络架构支持多种无线通信协议，One Wireless 是符合 ISA 100.11a 标准的无线网络，一般由多功能节点、无线网络管理、诊断平台和 One Wireless 数据库组成。多功能节点可以安装在室外，构成无线 mesh 主干网，从而将过程控制网络以无线方式延伸到工业现场。One Wireless 的多功能节点用作网关，其节点之间的通信距离可达 600 m。

3. PKS 和历代 DCS 产品等的集成

EPKS 不仅可以实现和第三方设备或系统的互联，而且可以互联霍尼韦尔公司历代 DCS 系统，霍尼韦尔 PKS 和历代 DCS 以及 SIS 的集成如图 2-10 所示。通过霍尼韦尔公司统一的 Experion 平台，使用 PKS 的企业用户既可以与现场设备实现互联，又可以融合应用先进过程控制(Advanced Process Control，APC)、制造执行管理系统(MES)及企业资源计划(Enterprise Resource Planning，ERP)，实现管理与控制的一体化，安全地提高生产力，提高产品质量，提升其利润，降低能耗，实现企业的可持续展。PKS 是霍尼韦尔公司的新一代 DCS 系统，在此之前，霍尼韦尔公司还有 TPS、PlantScape、TDC3000 和 TDC2000 等历代 DCS 系统。保留用户已有投资，互联和集成以往的系统，是霍尼韦尔公司推出新一代 DCS 系统时的一贯考虑。PKS 正是贯彻了这一理念，通过 Experion 平台，各类用户均可以将正在使用的历代 DCS 系统连接到 Experion 平台和 FTE 容错网络中，实现新一代 DCS 系统与历代 DCS 系统的互联和集成。此外，PKS 不仅可以集成其以往的历代 DCS 产品，还可以将公司推出的安全仪表系统(Safety Instrument System，SIS)集成到 Experion 平台和 FTE 网络中，以便统一监控和管理安全仪表系统的相关信息，确保企业生产过程的平稳性和安全性。

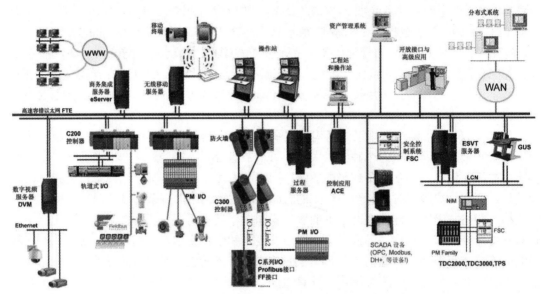

图 2-10　霍尼韦尔 PKS 和历代 DCS 以及 SIS 的集成

2.4.3　PKS 的硬件技术

EPKS 的硬件设备主要包括控制防火墙、C300 控制器、C 系列 I/O 模块、现场总线接口模块、应用控制器(ACE)、仿真控制器(SIM)、Experion 服务器(DCS 服务器)、PHD 服务器、APC 服务器、eServer 服务器、操作站和工程师站等，其中控制防火墙、C300 控制器、C 系列 I/O 模块、现场总线接口模块是 PKS 控制站的组成部件。

1. PKS 控制站柜体内结构

将控制防火墙、C300 控制器、C 系列 I/O 模块、现场总线接口模块等部件安装在一个控制柜中，即可组成 PKS 控制站，控制柜内各个模块的安装及其空间结构布局如图 2-11 所示。和 PKS C200 或其他 DCS 控制器构成的控制柜相比较，基于 C300 控制器构成的 PKS 控制站机柜具有更好的通风效果，每一个模块的四周都有新风流动。与此同时，由于安装结构的改变，每个模块的底板垂直安装，而模块倾斜安装在底板上，通过底板上的接线端子，只需要转弯一个 90° 角度，即可通过模块旁边的线槽入线或出线，降低了线缆弯曲对信号传输的影响。

一个 PKS 控制站至少配置一个控制柜，一对控制防火墙模块、一对 C300 控制器和若干对 C 系列 I/O 控制模块。如果一个控制站需要配置的 C 系列 I/O 模块比较多，无法在一个控制柜体内安装，则可以单独配置一个或多个控制柜，用来单独安装 C 系列 I/O 模块，柜体之间使用 C300 控制器的 I/O 链路总线实现互联。

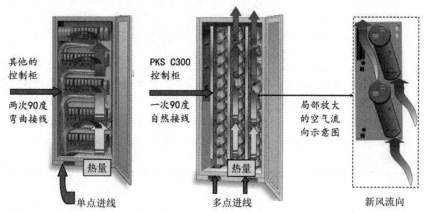

图 2-11　PKS 控制站柜体内各模块的安装及其空间布局

2. PKS 控制器及其功能特点

Experion PKS 支持多种控制器，包括最新的 C300 和原有的 C200/C200E 控制器、PMD 控制器、FCE 控制器、ControlEdge UOC 控制器以及 ACE 等多种类型，如表 2-2 所示。其中 C300 是 PKS 的新一代控制器，ACE 是基于 PC 服务器实现的高级应用控制器，具有更强的算力，但应用组态方法与 C300 控制器基本相同，对用户来说，相当于使用 PC 服务器模拟一套算力超强的 C300 控制器。

表 2-2　Experion PKS 支持的控制器

控制器类别	简 要 说 明
C200/C200E	C200 是 PlantScape R200 发布的控制器，而 C200E 是 PKS 400 发布的控制器，两者的核心软件——控制执行环境(CEE)都经过了现场检验，具有良好的确定性，可以确保工业过程控制的高效、安全和稳定运行。C200E 和 C200 具有相同的功能，但增加更多功能和内存。例如，支持批量控制 ISA S88.1 标准。CEE 驻留在控制处理器，能够提供有效的控制环境，用于访问和控制相关功能模块库。控制器可以冗余配置
C300	C300 是基于独特的空间节省理念设计而成的 C 形结构的控制器。该控制器是运行经过现场验证和确定性的控制执行环境 CEE 核心软件，通过 CEE 引入 C200、C200E 和 ACE 节点。该控制器支持多种输入/输出模块，例如 C 系列 I/O、过程管理的 I/O 和其他协议的 I/O 模块，例如，现场总线 FF、Profibus、DeviceNet、Modbus 和 HART 等
ACE	ACE 即高级应用控制器，它是基于 PC 服务器技术和 Windows 环境，提供一个和 C300 使用方法完全相同的高性能控制器，可达 500 毫秒的控制执行环境 CEE，与过程控制器具有相同的控制算法库，且独自拥有用户算法功能块(CAB)和 OPC 标准的数据访问客户端，适用于直接使用控制器实现复杂控制策略的场合
PMD	PMD 是现场控制器。它支持先进控制算法，如模糊控制、神经网络控制、优化和多变量控制、统计过程控制等。该控制器提供大容量的现场总线接口和功能，并集成有应用管理工具、集中的现场维护和报警及诊断管理等

续表

控制器类别	简 要 说 明
FCE	FCE 现场控制器用于控制基于现场总线的过程和工厂中的工艺设备、机械和驱动机构。对于快速执行控制策略的运动控制等，它可将应用程序的执行周期缩短到 20 ms。控制器可执行多达 3000 个应用程序模块，其执行容量比 PMD 提升 50%。此外，FCE 采用热管冷却技术，提高了它的可靠性和易用性
Control Edge UOC	Control Edge UOC 控制器是一台单元操作控制器，实际上是以紧凑形式提供 DCS 功能的 PLC。该控制器提供内置的 FTE、ModbusTCP 和 Ethernet/IP。经过 ISA Secure 等级 2 认证，可确保其与智能电机、驱动器和 PLC 的安全连接。可选同工业标准的虚拟化技术和云技术，提供 1 个独立的功能齐全的基于类的批量处理系统，而不需要单独的批量控制器

1) C300 控制器

C300 控制器是 PKS 控制站的重要组成部件，一般安装在 PKS 控制站的柜体内，C300 提供一个黄色以太网口、一个绿色以太网口、一个橙色以太网口和两对灰色 I/O 线接口，如图 2-12 所示。黄色网口和绿色网口分别连接控制防火墙的黄色网口和绿色网口，一个橙色网口用于实现两个 C300 控制器之间的互联，组成一对冗余控制器。当然，C300 也可以单个使用，无须配置为冗余形式。C300 控制器提供两对 I/O 链路(或称之为 I/O 总线，也是冗余形式的)用于连接 C 系列 I/O 模块，每条 I/O 链路最多支持 40 对冗余 C 系列 I/O 模块，但两对 I/O 链路最多只能支持 64 对冗余 C 系列 I/O 模块。

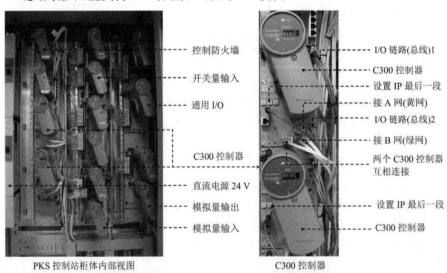

图 2-12 控制柜体内部视图及 C300 控制器接口

尽管 C300 是 EPKS 的最新控制器，但 EPKS 仍然保持对 C200 系列控制器等的支持。C200/C300 等过程控制器与经过长期验证的、具有确定性特点的控制执行环境(Control Execution Environment，CEE)核心软件协调运行，为 Experion 平台提供强大、可靠的控制功能。C200/C300 是将连续控制、逻辑控制、顺序控制和批量控制集于一身的紧凑、高效、低成本的 DCS 控制器，广泛适用于各种工业场合。

C300 控制器的控制功能由控制算法库提供，控制算法库由 FB(Function Blocks)大量算法功能块构成。先进的图形化控制组态工具 Control Builder 简化了控制策略的组态、监控和在线修改。

C300 控制器实现了回路控制和逻辑控制的一体化，允许冗余配置或非冗余配置选择；最快达 50 毫秒级的基本控制执行环境；支持新颖的 C 系列 I/O 模块、紧凑型机架式 A 系列 I/O 和久经考验的 PM 系列 I/O；支持满足危险区域要求的电流隔离/本安型输入/输出子系统；支持低成本的标准导轨安装型 I/O 子系统；支持 Rockwell 的 PLC5、LogiX 5550 系列 PLC；支持 Profibus、DeviceNet 和 FF 等现场总线设备。

2) C300 等控制器的功能特点

Experion 控制器的核心是 CEE，它提供了一个可灵活组态的控制执行环境；可以确保控制应用的确定性、一致性并被可靠地执行。用户可以通过组态的方式对 Experion 控制器进行系统配置，而无需从头开始构建系统。大多数工业过程控制应用需要的许多通用要素，如通信协议和控制算法，均包含在 Experion 的标准框架中。

(1) CEE 的功能块：支持连续控制、逻辑控制、顺序控制、基于模型的控制以及 Foundation Fieldbus、Profibus 和 HART 访问控制等功能。

(2) 控制响应的周期性：CEE 允许每个控制策略选择 50 ms、100 ms、200 ms、500 ms、1000 ms 或 2000 ms 等执行周期。用户改变现有的控制策略或添加新控制策略时不影响控制器执行其他控制策略。

(3) 控制响应的确定性：CEE 保证控制策略的确定性执行，每个控制策略在执行阶段内按指定的执行周期执行，不受控制器下载操作的影响。执行时间并不取决于下载控制模块的数量及其复杂程度。

(4) 控制器的高可靠性：C300 控制器支持非冗余或冗余配置，冗余配置只要加选第二块 C300 控制器即可。

(5) 控制器内嵌的先进控制算法：控制器内嵌 Profit Loop 控制算法，通过使用一个简单的过程模型来预测过去、现在和将来的过程变量的动作，Profit Loop 与 Experion 集成时提供了一个完善的解决方案，以最低的成本提供更高的收益性、可靠性和安全性。更适合于存在噪声过程信号、大滞后或反向响应动态变化的应用场合，在解决大滞后控制上有着良好的表现。Profit Loop 功能块包括了 PID 和 Profit Loop 功能，以简化其间的替换或在线升级。基于 Profit Loop 几乎可以替换所有的常规回路控制，对控制器负载的影响极小。

(6) PID 自整定功能：通过 OperTune 实现 PID 自整定，其实现过程是在控制器输出信号上插入一个测试信号，测试结束后与当前的整定参数比较，给出一个推荐的整定参数范围。通过操作界面上的滑动棒，操作员可根据情况选择"较快"或"较慢"以适应需要，然后将选定的 PID 整定参数下载到控制器，即可完成 PID 控制回路参数整定。

3. 控制防火墙

控制防火墙自动阻断网络上与控制无关的信息，保障控制器网络环境的信息安全。控制器防火墙一般也是成对配置。每个控制防火墙向上分别对接交换机或服务器的黄色网口和绿色网口。一对控制防火墙提供 8 对网口，即 8 个黄色网口和 8 个绿色网口，可以连接

8 对 C300 控制器或现场总线处理器模块等。控制防火墙的基本应用如图 2-13 所示。

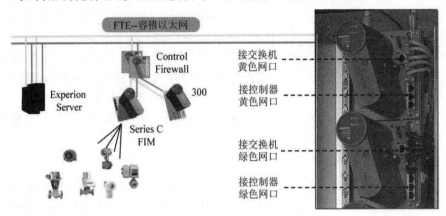

图 2-13　控制防火墙基本应用

4. C 系列 I/O 模块

EPKS 支持 C 系列 I/O(IOM-C)、A 系列机架型 I/O(CIOM-A)、A 系列导轨型 I/O(RIOM-A)、H 系列导轨型 I/O(RIOM-H)和过程管理型 I/O(PMIO)等。各类 I/O 具有的输入/输出功能如表 2-3 所示。

表 2-3　各类 I/O 具有的输入/输出功能

功能(卡件或模块)	IOM-C	CIOM-A	PMIO	RIOM-A	RIOM-H
数字量输入 24 V DC	√	√	√	√	√
数字量输入 110 V DC	√	√	√	√	×
数字量输出 24 V DC	√	√	√	√	√
数字量输出 110 V DC	√	√	√	√	×
数字量输出 220 V DC	√	√	√	×	×
数字量输出继电器	√	×	√	√	√
高电平模拟量输入	√	√	√	√	√
模拟量输出	√	√	√	√	√
低电平输入 RTD/TC	√	√	√	√	√
脉冲量输入	×	√	×	×	×
HART 接口	√	√	√	×	×
FF 现场总线集成	√	√	×	×	×
Profibus 现场总线接口	√	√	×	×	×
霍尼韦尔智能仪表(DE)	×	×	√	×	×
串行接口	×	√	×	×	×
DeviceNet	√	√	×	×	×
I/O 冗余	√	×	√	×	×
为现场仪表供电	√	×	√	×	×

C 系列 I/O 模块是 PKS R300 版本以后推出的 I/O 模块。可高密度模块化安装,两层接线端子,有利于降低安装和维护成本。可选择冗余结构和电池供电,不采用共享背板的结构可提高可用性和延长生命周期。C 系列 I/O 模块有模拟量输入、模拟量输出、开关量输入、开关量输出、脉冲量输入和万能 I/O 模块(即通用 I/O 模块)等,其中通用 I/O 模块能够更好地适应后期 I/O 更改需要,支持远程安装,便于减少安装、机柜和电缆等成本,同时可以减少备件,具有更好的可维护性。通用 I/O 模块具有 32 个通道,可独立组态为 AI、AO、DI、DO 或 PI,支持 I/O 冗余配置等。

A 系列 I/O 包括机架型和导轨型两种。A 系列机架型 I/O(CIOM-A)提供大量 I/O 模块和现场总线网关,基于底板的安装形式,结构紧凑,支持多种现场总线通信协议,如 HART、FF、Profibus、DeviceNet 等,使用确定性的发布方/订阅方进行高速数据通信,支持冗余配置。A 系列导轨型 I/O(RIOM-A)属于分布式紧凑型 I/O 模块,基于导轨的安装形式,占用的安装空间小。网络适配器、I/O 和背板的模块化,可以简化安装过程,独立的终端基座允许更换 I/O 模块,降低维护成本和确保易用性。H 系列导轨型 I/O(RIOM-H)是 RIOM-A 的改进型,适用于较为苛刻的工作环境,如 I 类 1 区环境,支持远程安装。

过程管理型 I/O(PMIO)是经过了长期应用和验证的,鲁棒性极强的机柜安装型 I/O 模块,支持即插即用,提供扩展的故障诊断和报告,具有良好的冗余性能,支持全集成电源系统(可冗余)和 24 V 现场电源,数据通信具有良好的安全性和确定性。

1) 模拟量输入/输出模块

模拟量输入/输出模块的实体形式如图 2-14 所示。C 系列模拟量输入模块有 16 路模拟量输入通道,可以选择支持 HART 协议的 AI 模块,允许生产过程信号以 4～20 mA 电流或通过 HART 协议传输到 C300 控制器。C 系列模拟量输出模块具有 16 路模拟量输出通道,可以选择支持 HART 协议的 AO 模块,允许 PKS 控制站以 4～20 mA 电流连接到执行器,也可以通过 HART 协议将控制信号传输到支持 HART 协议的执行器。模拟量输入/输出模块均支持冗余配置和非冗余配置,但两种使用方式所用的安装底板不同,如表 2-4 所示。

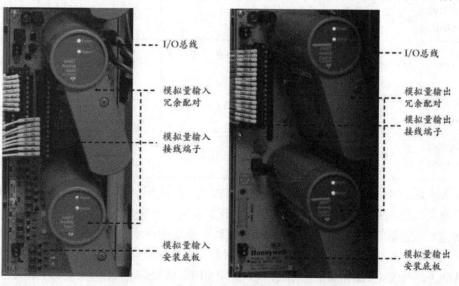

图 2-14　C 系列模拟量输入/输出模块实体图

表 2-4　模拟量输入/输出模块及其安装底板

模块型号	对应库中的块名称	说　明	通道数	安装底板	
				冗余	非冗余
CU-PAIH01 CC-PAIH01	AI-HART	高电平模拟量输入，仅通道 13～16 支持差分输入，支持 HART 协议	16	Cx-TAIX11 Cx-GAIX21	Cx-TAIX01 CC-TAID01 Cx-GAIX11
CC-PAIH02	AI-HART	高电平模拟量输入，所有通道支持差分输入，支持 HART 协议	16	Cx-TAIX11 Cx-GAIX11 CC-TAID11	Cx-TAIX01 Cx-GAIX21
CC-PAIX02	AI-HART	高电平模拟量输入，所有通道支持差分(支持 HART 协议)/单端(不支持 HART 协议)输入	16	CC-TAIX11 Cx-GAIX21 CC-TAID11	CC-TAIX01 Cx-GAIX11 CC-TAID01
CC-PAIX01	AI-HL	高电平模拟量输入，仅通道 13～16 支持差分输入，不支持 HART 协议	16	Cx-TAIX11 Cx-GAIX21	Cx-TAIX01 Cx-GAIX11
CU-PAIN01 CC-PAIN01	AI-HL	高电平模拟量输入，不支持 HART 协议	16	Cx-TAIN11	Cx-TAIN01
CC-PAIH51	AI-HART	高电平模拟量输入，1 路调制解调器，支持 HART 协议	16	Cx-TAIX61	Cx-TAIX51
CU-PAIM01 CC-PAIM01	AI-LMUX	低电平(小信号)模拟量输入，多路复用	64		Cx-TAIM01
CC-PAIM51	AI-LLAI	低电平(小信号)模拟量输入，多路复用	16		Cx-TAIM51
CU-PAOH01 CC-PAOH01	AO-HART	模拟量输出，支持 HART 协议	16	Cx-AOX11 Cx-AOX21	Cx-TAOX01 Cx-GAOX11
CC-PAOH51	AO-HART	模拟量输出，1 路调制解调器，支持 HART 协议	16	Cx-AOX61	Cx-TAOX51
CU-PAON01 CC-PAON01	AO	模拟量输出，不支持 HART 协议	16	Cx-AON11	Cx-TAON01
CU-PAOX01 CC-PAOX01	AO	模拟量输出，不支持 HART 协议	16	Cx-AOX11 Cx-AOX21	Cx-TAOX01 Cx-GAOX11

来自现场的 4～20 mA 模拟量输入信号可以采用两线制、三线制或四线制接入 C 系列模拟量输入模块，采用不同的信号连接方式，现场信号到安装底板的接线方式是不同的。如果现场信号变送器是两线制，则 C 系列模拟量输入模块通过安装底板的 TB1 端子的基数序号端子为两线制变送器提供 +24 V 电源，变送器 4～20 mA 信号负端流入 TB1 端子排的偶数序号端子，形成 4～20 mA 信号回路。以 CC-PAIH02 模拟量输入模块和 CC-TAID11 安装底板为例，两块 CC-PAIH02 为冗余配置，安装底板上布局有 TB1 和 TB2 端子排，其中 TB1 共

有 32 个端子，对应 16 个输入通道，每个通道占用 2 个端子。如果现场变送器是两线制，只需使用 TB1 端子即可。其 1 号端子和 2 号端子为通道 1，3 号端子和 4 号端子为 2 号通道，以此类推。两线制变送器与 C 系列模拟量输入模块的接线方式如图 2-15 所示。当变送器输出信号为电压信号，相应输入通道在安装底板上的短接器应该断开，JP1～JP16 分别对应通道 1～通道 16。

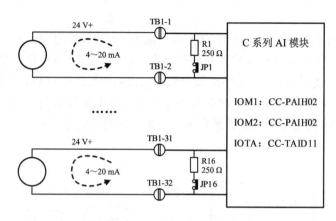

图 2-15　两线制变送器接入到模拟量输入模块

　　如果现场信号变送器是四线制，则变送器输出信号 4～20 mA 的正端通过安装底板 TB1 的偶数序号端子连接到 C 系列模拟量输入模块，4～20 mA 信号流经 C 系列模块后再经安装底板的 TB2 端子流回变送器的负端，形成 4～20 mA 信号回路。TB1 的 16 个偶数序号的端子和 TB2 的 16 个端子分别对应 16 个模拟量输入通道，其中 TB1 的 2 号端子和 TB2 的 16 号端子分别用作通道 1 的 4～20 mA 输入信号正端和负端，TB1 的 4 号端子和 TB2 的 15 号端子分别用作通道 1 的 4～20 mA 输入信号正端和负端，以此类推。四线制变送器与 C 系列模拟量输入模块的连接如图 2-16 所示。当变送器输出信号为电压信号，相应输入通道在安装底板上的短接器应该断开，JP1～JP16 分别对应通道 1～通道 16。

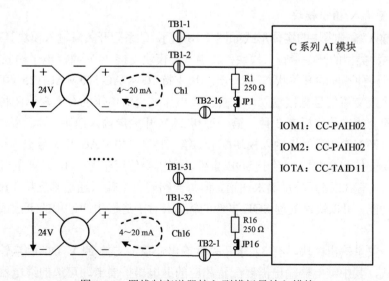

图 2-16　四线制变送器接入到模拟量输入模块

设备的启停、电源的波动、接地不平衡等因素一般会对现场的模拟量信号产生干扰,为了降低环境噪声对模拟量信号的干扰,或是隔离各路模拟量信号之间的相互干扰,有必要在变送器与 I/O 模块之间加入信号隔离栅(信号隔离器)。信号隔离器的输入侧连接变送器,如果变送器是两线制,信号隔离栅还可以为变送器供电。信号隔离器的输出侧连接 DCS 系统的模拟量通道,其接线方式类似于四线制变送器与 DCS 系统模拟量输入通道的连接。

模拟量输出通道使用安装底板的 TB1 端子输出 4~20 mA 电流信号,连接到执行器的控制信号输入端,可以将执行器输入端的等效阻抗视为 4~20 mA 模拟量输出信号回路的负载。以冗余配对使用的 CC-PAOH01 模拟量输出模块和 CC-TAOX11 安装底板为例,TB1 共有 32 个接线端子,其中 1 号端子和 2 号端子分别是模拟量输出通道 1 的电流信号正端和负端,3 号端子和 4 号端子分别是模拟量输出通道 2 的电流信号正端和负端,以此类推,如图 2-17 所示。

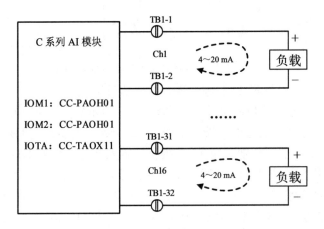

图 2-17　模拟量输出通道与负载的连接

2) 开关量输入/输出模块

开关量输入/输出模块的实体形式如图 2-18 所示。C 系列开关量输入模块具有 32 路输入通道,包括两种类型的开关量输入模块,其中一类模块支持 24 V 直流电平输入,以 24 V 电平的有无表示两种不同的开关状态;另一类模块支持 100 V AC/120 V AC/125 V DC/240 V AC 等直流高电压或交流信号直接输入,以直流高电压或交流电压的有无表示两种不同的开关状态。与此配套的安装底板有 3 种,第一种和 24 V 开关量输入模块配套;第二种与 100 V AC/20 V AC/125 V DC 开关量输入模块配套、第三种和 240 V AC 开关量输入模块配套。开关量输入模块支持冗余配置。对于 SOE 事件,则需要使用带有 SOE 功能的开关量输入模块,该模块也具有 32 路开关量输入通道,但每一路开关量输入通道都支持 1 ms 的 SOE 时间标签记录功能,可以快速处理 SOE 事件的输入,对于追忆生产过程的事故或设备故障时非常有用。

C 系列开关量输出模块具有 32 路开关量输出通道,支持 24 V DC 触点输出和继电器输出两种形式,其中继电器输出需要配置相应的继电器扩展卡,可选的继电器输出扩展卡有 100 V AC、120 V AC、240 V AC、25 V DC、48 V DC 等多种。

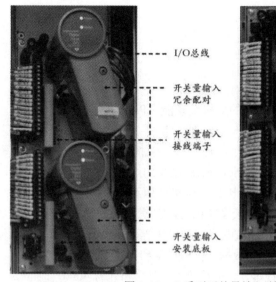
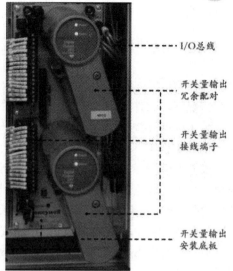

图 2-18 C 系列开关量输入/输出模块实体图

3) 万能 I/O 模块和脉冲量输入模块

C 系列万能(通用)I/O 模块支持 32 路通道,且每一个通道都是通用的 I/O,即每个通道可以根据实际需要任意组态为 AI、AO、DI 或 DO,作为模拟量输入/输出通道时,支持 HART 协议。支持冗余配置,安装设计更有弹性,减少空间占用和卡件数量,仪表变更管理变得更为简单,避免了常规模块的复杂走线,特别适合于远程应用、小型系统应用等。

C 系列脉冲量输入模块支持 8 通道脉冲量输入,高精度脉冲计数和频率测量,支持高达 100 kHz 高速脉冲信号输入,支持脉冲周期和宽度测量,支持冗余配置。

5. 服务器和操作站

标准的 EPKS 均配置冗余服务器,一般将其称之为 DCS 服务器或 Experion 服务器。小规模的 EPKS 可以使用工程师站充当服务器。Experion 服务器可以冗余配置,也可以非冗余配置。基于分布系统结构(DSA)可以构成用于全厂范围或地理上广域分布的 DCS 系统。支持 OPC 接口和多种第三方控制器的通信接口。一个服务器或一对服务器支持多达 64 000点,多台服务器采用 DSA 技术可以组成更大规模的系统。

PKS 的操作站基于 Windows 系统和霍尼韦尔公司的 HMI Web 技术,提供多种类型操作站,具有灵活性强和成本可控等特点,具有可视方案图、控制策略设计图的实时监控等功能。EPKS 有多种类型的操作站,主要包括台式操作站(ES-F)、落地式操作站(ES-C)、落地式扩展操作站(ES-CE)、TPS 操作站(ES-T)、Orion 操作站、Experion 协作站和移动操作站等。ES-F 操作站是应用最为广泛的操作站,基于 PC 系列工作站、Windows 和 Station 客户端的组成特性,使其具有更好的通用性和适应性。Orion 操作站是面向未来控制室的控制台,由多界面大屏幕高清显示器、触摸屏和移动平板电脑等显示设备。结合人体工学设计,突出更先进的显示技术和更好的操控效果,从而简化控制系统管理,缓解操作人员的疲劳,使其具有更好的操控性和可视效果。协作站(Experion Collaboration Station,ECS)用于显示控制系统和业务网信息,改善不同地点业务、维护和其他专家之间的协作。ECS 通过大屏幕显示生产计划、调度、高级应用程序、管道仪表流程图、规格表和视频等信息,以

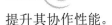
提升其协作性能。

2.4.4　PKS 的软件与功能

1. Experion PKS 系统的软件模型

一般情况下，软件所用的模型决定软件的架构及功能，PKS 软件中有企业模型、资产模型、报警组模型和控制模型。企业模型是一个构架，常被工程师、操作员和应用人员用于建立模型和监视工厂和生产过程，它是一个图形工具，包括一个系统模型、一个资产模型和一个报警组模型等。系统模型表示 Experion PKS 系统的边界，通过定义服务器可建立系统模型，系统模型是 PKS 系统的一部分，因此，也可使用系统模型定义连接到系统的位于系统外的服务器。资产模型组成 PKS 企业模型的核心，它是工厂的固定资产，如设备、控制器、I/O 模块或卡件、采集点、控制模块或顺序控制模块等，用于定义操作员和其他用户的职责范围，操纵 PKS 系统、解决所涉及的数据、管理报警和设置点、显示和报告等。报警组模型用于定义报警组、对报警组的监视等。一个系统资产模型可包含 4000 个独立资产，每个资产分 10 层，一个资产模型可包含 5000 个报警组，每个报警组分 5 层，共 500 个报警子项。PKS 系统提供两种控制模型，即用于连续控制的控制模型(Control Model，CM)和用于顺序控制、批量控制的顺序控制模型(Sequential Control Model，SCM)，两种控制模型还包括它们对应的功能块。

2. Experion PKS 系统的主要软件

PKS 的软件主要包括控制器 CEE、Configuration Studio、Knowledge Builder 和其他应用软件等，其中控制器 CEE 运行在 Experion 控制器上，实现基本的控制功能，其他各部分软件都运行在服务器或操作站的 Windows Server 或 Windows 平台上。

(1) Configuration Studio 是 PKS 的集成组态软件，用于对 Experion PKS 系统进行配置，包括对服务器、操作站和控制器等进行配置。Configuration Studio 集成了 Control Builder、Enterprise Model Builder、Quick Builder、System Display 和 HMIWeb Display Builder 等软件，这些软件在低版本 PKS 系统上以单独软件的形式提供，对于高版本的 PKS，则将其统一集成到 Configuration Studio。

(2) Control Builder 是实现硬件配置和控制策略组态的图形工具，它能够在一个工程师站运行，用于独立地开发，也能够同时运行在多个 PKS 站节点和其他的非 PKS 服务器节点，允许多用户同时组态、监视和调试系统性能，同时组态的用户数与授权有关。Enterprise Model Builder 用于建立资产模型，是 PKS 系统中服务器的图形工具，建立的数据库是企业模型数据库 EMDB。它是用于建立在 PKS 系统中的硬件，如操作站、控制处理器、打印机等和标准点的图形工具。建立的组态数据下载到服务器关系数据库，并成为组态数据库的一部分。System Display 使得用户在组态过程中可以直接调用系统提供的点显示、回路显示、组显示、趋势显示和站配置等功能。HMI Web Display Builder 是基于 HMI Web 技术的人机界面组态工具，用于建立用户的显示界面，并将它用 HTML 格式存储，它是面向对象的全集成用户界面组态工具，提供通用图形库，支持脚本文件编程和 ActiveX 控件调用。

(3) Knowledge Builder 提供全局在线文档，帮助用户快速访问现有系统资料信息，Knowledge Builder 是 HTML 格式的文档资料，为用户提供在线帮助和在线技术支持，避免了用户在各处查找大量资料的不便。PKS 的其他应用软件主要包括批量报告、配方管理、扩展事件归档、ODBC 数据交换，网络工具、输入输出维护工具、数据库管理程序、电子网络浏览器、面向自动化项目解决方案的高度集成虚拟化环境等。

3. 控制功能

PKS 的控制功能通过 Control Builder 组态，下装到 Experion 控制器，通过控制器的 CEE 实现其控制功能。PKS 的 Control Builder 以功能库的形式提供控制功能，各项控制功能以功能块的形式提供给用户组态时选用。PKS 功能库提供的主要控制功能块如表 2-5～表 2-10 所示。

表 2-5　PKS 常规控制功能块一览表

库中模块名	中文名称	功 能 描 述
AUTOMAN	手动自动	串级控制中提供串级初始化、FANOUT 和输出之间的无阻尼输出
ENHREGCALC	增强常规控制计算	提供 8 个用户计算的表达式，积分饱和、超驰反馈和初始化
FANOUT	功能块输出	提供 8 个无阻尼输出
INCRSUMMER	增量加法器	$\text{OUT}(i) = \text{OUT}(i-1) + \sum_{i=1}^{4} k(i)[X_{\text{in}}(i) - X_{\text{in}}(i-1)] + B$
OVRDSEL	超驰控制选择器	用作超驰控制系统的选择器
PID	PID 控制	以 PV 和 SP 为输入，提供比例积分微分(PID)控制输出
PIDER	带重置反馈的 PID	结合重置反馈值(RFB)和 PID 控制输出计算控制量 CV
PID-PL	预测 PID 控制	提供基于 Profit Loop 技术的预测 PID 控制
PIDFF	带前馈的 PID	提供带前馈补偿的 PID 控制输出
POSPROP	位置比例控制	按位置比例输出，控制输出为开关量
PULSECOUNT	脉冲计数	计数脉冲输出，用于数字量输出模块
PULSELENGTH	脉冲长度	根据脉冲长度提供脉冲系列，用于数字量输出模块
RAMPSOAK	斜坡处理	提供 10 个用户可组态、30 个折线段组成的斜坡信号
RATIOBAIS	比值偏置	用于比值系统，为计算比值提供一个偏置信号
RATIOCTL	比值控制	实现比值控制功能
REEOUT	OPC 接口	提供 OPC 与内部常规功能模块之间的连接
REGCIAC	常规控制计算	提供 8 个用户可用的计算表达式
REGSUMMER	通用加法器	$\text{OUT} = K \sum_{i=1}^{4} k(i) X_{\text{in}}(i) + B$，$X_{\text{in}}$ 是输入(4 个)，$k(i)$ 和 K 是增益，B 是偏置
REMCAS	远程串级	用于远程串级控制的设定
SWITCH	开关	接收 8 个初始化输入，根据程序、模块和操作输出 8 个位置单极开关信号

表 2-6 逻辑运算功能块

模块名	功能描述	模块名	功能描述
AND/NAND	8 个输入信号的运算/与非运算	NOT	输入信号的反逻辑输出
CHECKBAD	检查连续输入量的状态(是否为 NAN)	OFFDELAY	断开延时定时器
CHECKBOOL	检查 8 个离散输入信号的状态	ONDELAY	接通延时定时器
DELAY	离散输入信号的延时	PULSE	上升沿出发的固定脉宽输出
EQ/NE	对两个输入量进行相等/不等比较	QOR	带限制的或逻辑输出
GE/GT	对两个输入量进行大于等于/大于比较	ROL/ROR	16 位整数的循环左右/右移
LE/LT	对两个输入量进行小于等于/小于比较	SR/RS	置位/复位优先双稳触发器
LIMIT	将输入限制在 MIN~MAX 之间	RTRIG	上升沿边沿触发
MAX/MIN	输出 8 个输入量的最大值/最小值	FTRIG	下降沿边沿触发
MAXPULSE	根据输入信号输出最大宽度的脉冲	SEL/SELREAL	离散量/连续量(实数)二选一输出
MINPULSE	根据输入信号输出最小宽度的脉冲	SHL/SHR	16 位整数的左移/右移
MUX	输出 8 路输入信号中的其中一路	STARTSIGNAL	CM 的再启动
MUXREAL	输出 8 个实数中的其中一个	TRIG	上升沿或下降沿边沿触发
MVOTE	输出 8 个离散输入中占多数的状态	WATCHDOG	看门狗定时器
NOON	N 个输入中 n 个为 ON,输出为 ON	2oo3	3 取 2 表决器
OR/NOR	8 个输入信号的或运算/或非运算		

表 2-7 输入输出通道功能块

模块名	功能描述	模块名	功能描述
AICHANNEL	模拟量输入通道	PWMCHANNEL	脉宽输出通道(与 DO 结合)
AOCHANNEL	模拟量输出通道	SIFLAGARRCH	从串口设备读/写布尔数组
DICHANNEL	开关量输入通道	SINUMARRCH	从串口设备读/写数值数组
DOCHANNEL	开关量输出通道	SITEXTARRCH	从串口设备读/写字符串

表 2-8 顺序控制功能块

模块名	功能描述	模块名	功能描述
HANDLER	STEP 和 TRANSITION 的执行模块	SYNC	同步模块
STEP	STTEP(步)的执行模块	TRANSITION	转换条件

表 2-9 辅助计算类功能块

模块名	功能描述	模块名	功能描述
AUXCALC	辅助计算功能块	AUXSUMMER	辅助总和计算块
DEADTIME	时滞功能块	ENHAUXCALC	增强型辅助计算功能块
FLOWCOMP	流量补偿功能块	GENLIN	通用线性化块
LEADLAG	超前/迟后功能块	SIGNALSEL	信号选择功能块
TOTALIZER	总计功能块	DEVCTL	设备控制功能块
DATAACQ	数据采集功能块	DIGACQ	状态采集功能块

表 2-10　公用类功能块

模块名	功能描述	模块名	功能描述
FLAG	标志功能块	FLAGARRAY	标志数组功能块
MESSAGE	消息功能块	NUMERIC	数值功能块
NUMERICARRAY	数字数组功能块	PUSH	推送功能块
TEXTARRAY	文本数组功能块	TIME	计时器功能块
TYPECONVERT	类型转换功能块		

1) PID 控制算法

PKS 提供多种 PID 控制功能块，其中基本型 PID 控制的功能块名称即为 PID，该 PID 功能块提供 5 种算式，组态 PID 控制时选择对应的算式类型即可，5 种算式类型分别使用 EQA、EQB、EQC、EQD 和 EQE 表示。

EQA 算式：

$$CV = K \cdot L^{-1}\left[\left(1+\frac{1}{T_1 s}+\frac{T_D s}{1+\alpha T_D s}\right)(PV-SP)\right] \tag{2-1}$$

EQB 算式：

$$CV = K \cdot L^{-1}\left[\left(1+\frac{1}{T_1 s}+\frac{T_D s}{1+\alpha T_D s}\right)PV-\left(1+\frac{1}{T_1 s}\right)SP\right] \tag{2-2}$$

EQC 算式：

$$CV(s) = K \cdot L^{-1}\left[\left(1+\frac{1}{T_1 s}+\frac{T_D s}{1+\alpha T_D s}\right)PV-\frac{1}{T_1 s}SP\right] \tag{2-3}$$

EQD 算式：

$$CV = K \cdot L^{-1}\left[\frac{1}{T_1 s}(PV-SP)\right] \tag{2-4}$$

EQE 算式：

$$CV = K(PV-SP)+OP_{\text{BAIS.FIX}}+OP_{\text{BAIS.FLOAT}} \tag{2-5}$$

式中：L^{-1} 是拉普拉斯反变换；CV 是控制器输出；K 是比例增益，可以是线性的，也可以是非线性的；PV 是测量值，SP 是设定值；T_I 是积分时间，单位为 min；T_D 是微分时间，单位是 min；α 是微分增益，其值为 1/16；$OP_{\text{BIAS.FIX}}$ 是用户设置的固定偏置值；$OP_{\text{BIAS.FIX}}$ 是根据计算获得的偏置值，便于获得无阻尼的响应过程。

2) PIDER 控制算法

PIDER 功能块采用的算式与追踪开关 S_1 有关，如果 S_1 关闭，控制量 CV 的算式为

$$CV = CV_{\text{PID}}+CV_{\text{RFB}} \tag{2-6}$$

其中，CV_{PID} 是 PID 控制的输出，如果组态 PID 控制选择了算式 EQA、EQB 或 EQC，则

CV_{RFB} 的计算式为

$$CV_{RFB} = K \cdot L^{-1} \left[K_1 \frac{rfb(s) - CV(s)}{T_1 s} \right] \tag{2-7}$$

如果组态 PID 控制选择了算式 EQD，则 CV_{RFB} 的计算式为

$$CV_{RFB} = L^{-1} \left[K_1 \frac{rfb(s) - CV(s)}{T_1 s} \right] \tag{2-8}$$

如追踪开关S_1开启，PIDER控制促使CV跟踪追踪值(TRFB)输入，CV的计算式为

$$CV = \frac{TRFB - CVEULO}{CVEUHI - CVEULO} \times 100\% \tag{2-9}$$

式(2-6)至式(2-9)中：CV是PIDER的控制量输出，以百分比表示；CV_{PID}是PID算法块的控制量输出；K是增益；K_1是外部重置反馈增益，用作RFB的比例因子，取值范围为0.0～1.0之间；s是拉普拉斯算子；L^{-1}是拉普拉斯反变换；S_1是追踪控制开关；$TRFB$是追踪值(输入信号)；T_1是PID控制算法的积分时间常数(单位为分钟)；$CVEUHI$是控制量CV的量程上限；$CVEULO$是控制量CV的量程下限；RFB为重置反馈值，以工程量表示；rfb依据RFB按下式进行计算，并以百分比表示。

$$rfb = \frac{RFB - CVEULO}{CVEUHI - CVEULO} \times 100\% \tag{2-10}$$

3) PID-PL 控制

PID-PL 功能块是 Experion PKS 系统提供的基于 Profit Loop 技术的 PID 控制，采用了模型预测控制算法。根据用户输入的设定值和预测模型估计值之差，经过优化计算出当前周期的控制量输出。PID-PL 主要包括四个主要的处理步骤，即预测模型、模型校正、控制输出和优化计算。

第一步是预测模型，采用阶跃响应模型，其模型一般形式为

$$G(s) = K \frac{b_5 s^4 + b_4 s^3 + b_3 s^2 + b_2 s + b_1}{a_5 s^4 + a_4 s^3 + a_3 s^2 + a_2 s + a_1} e^{-\tau s} \tag{2-11}$$

式中，K 为增益，a_i 和 $b_i (i=1,2,\cdots,5)$ 是模型系统数，τ 为系统时滞常数。

第二步是模型校正，实际工程中，受模型精度、策略噪声、外部过程扰动以及未建模型动态因素等的影响，模型输出和系统实际输出之间是存在偏差的，为此，需要对模型进行校正处理，如图 2-19 所示。

第三步是控制输出，一旦未来的控制轨迹被计算，控制作用就可以执行，促使过程测量值强行向控制目标的反向运行，使控制系统的偏差最小化。预测控制的输出示意图如图 2-20 所示。

第四步是优化计算，基于 Profit Loop 的 PID-PL 采用了范围控制技术，允许稳态操作条件在一定范围内浮动，没有唯一的最终静止值。虽然这对于动态控制来说是可以接受的，但对于规划和长期运营并不合适。当设定值 SP 超出规定的 SPHI 和 SPLO 时，PID-PL 将设

定值 SP 到合适的限位值。为了定义稳态操作，PID-PL 自带一个小型优化器，允许用户指定所需的稳态操作条件。根据控制目标，用户可以针对用户输入的控制目标或针对一个较窄的 PV 值范围，使过程变量最大化或最小化。系统接近稳态运行的速率通常比解决动态约束的速率慢，因此，PID-PL 可以配置为两个控制目标，即以快速方式解决动态偏差，以慢速方式实现最佳操作。PID-PL 功能块继承了 PID 功能块的所有技术特征，在任何控制回路的设计中，可以直接使用 PID-PL 功能块替换 PID 功能块。正因如此，PID-PL 既可以用于单回路控制，也可以用于串级控制或其他控制。

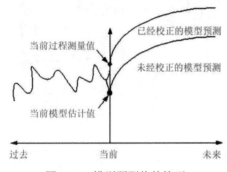

图 2-19　模型预测值的校正

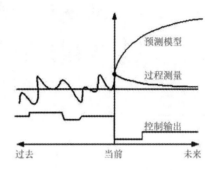

图 2-20　预测控制的输出

2.5　国内外典型 DCS 系统

除了霍尼韦尔公司以外，国外还有日本横河公司、美国的艾默生公司、瑞典的 ABB 公司、法国的施耐德公司和德国的西门子公司等都有 DCS 系统，国内的中控公司、和利时公司、科远公司、新华公司等也都有 DCS 系统。

2.5.1　横河公司 DCS

日本横河电机(Yokogawa)于 1975 年发布了第一套 DCS 系统，在其后的 40 多年的发展历程中，已从第一代 DCS 系统发展到第九代 DCS 系统。1975 年发布 CENTUM，采用 F-BUS 控制网络，通信速率仅 250 kb/s；1983 年和 1988 年分别发布了 CENTUM V 和 CENTUM-XL，两者都是基于 HF-BUS 控制网络，通信速率已达 1 Mb/s；1993 年和 1998 年分别发布了 CENTUM CS 和 CENTUM CS3000，两者都是基于 Vnet 控制网络，其网速已经达到 10 Mb/s；2005 年、2008 年、2011 年和 2015 年分别发布了 Vnet/IP、CENTUM VP、CENTUM VP R5 和 CENTUM VP R6，都是基于千兆级 Vnet/IP 控制网络；2021 年发布的 CENTUM VP R6.09 是横河公司最新一代 DCS 系统。CENTUM VP 包括现场控制站(FCS)、控制网络和操作站(HIS)三部分，其系统架构如图 2-21 所示。

(1) CENTUM VP 现场控制站的核心是控制器和 I/O 模块，控制器具有出色的处理性能和强大的应用存储能力，同时继承了 CENTUM 系列一贯的品质和稳定性。处理器模块、电源、I/O 模块和通信总线都支持冗余配置。最新版的控制器进行了优化，充分利用现场数字技术的进步，极大提高了工厂的操作效率和稳定性。远程高速 I/O 单元可通过光纤电缆连接到 50 公里内的远程站点上的控制站。

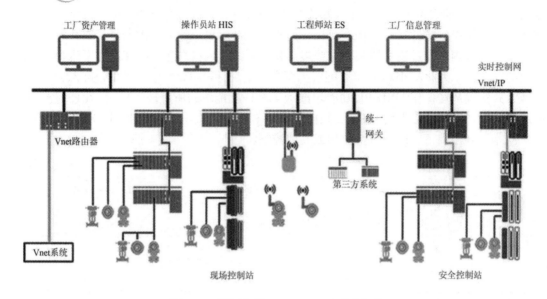

图 2-21　横河公司 CENTUM VP 系统架构

(2) CENTUM VP 控制网络支持多种通信接口和数字现场网络，例如 FF 现场总线，PROFIBUS-DP，Modbus RTU，Modbus CP/IP 和 Device Net 等。现场控制站既可以配置 I/O 模块，也可通过各种现场总线形成分布式 I/O 系统。如图 2-22 所示。

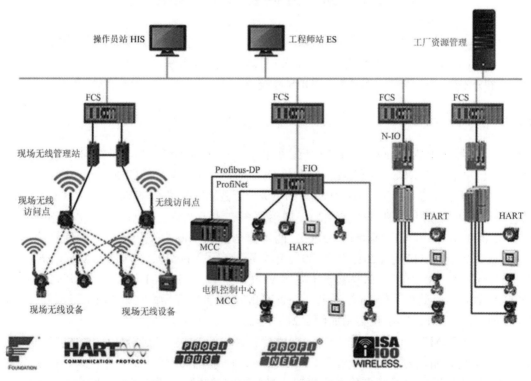

图 2-22　横河 CENTUM VP 连接现场总线设备

(3) CENTUM VP 操作员站(HIS)提供基于人机工程学、知识工程且易于理解的图形界面。例如，数据显示器具有很高的可视性，可以直观地了解情况。使用合适的颜色让中央控制室的对比度和环境达到最佳状态，并且显示器的配置结合了经验丰富的操作员的专业知识。凭借这些功能，CENTUM VP 能够帮助操作员在运营过程中快速做出决策，提高运营效率。

CENTUM VP 采用横河电机的新型工程环境自动化设计套件进行应用开发或组态，设计阶段，调试和现场操作中保留了工厂的整个工程历史；确保在每个扩展中保持最新的工厂知识，或者在整个工厂生命周期中改变硬件和软件。自动化设计套件采用模块化方法进行自动化设计和执行，其中将过程循环，警报设计原理，图形等作为设计模式进行部署，在整个企业中作为标准下载、共享和重复使用，从而节省时间和资源。横河 DCS 凭借其在过程自动化方面的悠久历史和丰富的专业知识，提供标准化，行业认可的工程模块，涵盖了生产，安全和资产优化等各种流程和功能。

20 世纪 80 年代开始，国产 DCS 还是空白，但工业发展十分迅速，控制系统需求强劲，横河公司的 DCS 开始进入我国，并广泛应用于化工、电力、环保等行业。例如，我国的刘家峡水电站使用了横河的 CENGTUM-XL 系统，中石化普光净化厂使用了横河的 CENTUM 3000 R3 系统。随着国产 DCS 的发展，横河 DCS 在国内的市场占比出现较大萎缩，2020 年在国内市场的占比已降至 4.9%。

2.5.2 西门子公司 DCS

PCS7 是德国西门子公司 DCS，其最新系统架构如图 2-23 所示。西门子(Siemens)是全球著名的自动化系统供应商，其 S7 系列 PLC 系统在全球工业界获得了广泛的应用，在国内的应用也极其广泛。西门子早期的 DCS 系统其实就是基于 S7 系列 PLC 系统、ET200 系列远程分布式 I/O 和 Win CC 组态软件的集成控制系统。PCS7 的最新版是 PCS7 V9.1，支持 Windows 10 和 Windows Server 2019 操作系统。

西门子倡导全集成自动化(Totally Integrated Automation，TIA)，西门子 PCS7 可以无缝集成到 TIA 中，包括企业管理级、控制级和现场级，实现所有生产、过程和交叉行业的多领域可定制的统一自动化系统。PCS7 过程控制系统具有如下设计特点：

(1) 根据客户要求组态设备和控制器，从而完美匹配工厂规模大小。将来如果工厂产品提升或需要进行工艺更改，则可以对控制系统随时进行扩展或重新组态。

(2) PCS7 系统网络结构既支持单站结构(操作员站可直接与控制器通信)，也支持服务器/客户端的结构，而且在 PCS7 系统中这两种结构可以混合使用。增加了系统的灵活性，用户可以依据工厂生产规模及运行要求最经济地规划过程控制系统架构，提高工厂投资收益率。

(3) PCS7 工程师站提供集成化的工程组态工具，一体化的工程组态数据库，符合 IEC 61131-3 标准的自动化组态工具及功能极其强大的算法库，可帮助用户高效、高质量地完成系统组态工作。PCS7 提供的高级工程组态(AdvEs)选件包可帮助用户根据预制模板，高效完成批量的工程组态，实现系统组态的快速生成，显著降低组态成本。PCS7 还提供了卓越的行业库，在行业库里有针对一些特殊的行业设计的功能块，如水泥，造纸，水处理行业功能块。行业库集成了西门子丰富行业工程经验，帮助用户实现专业化工程组态。

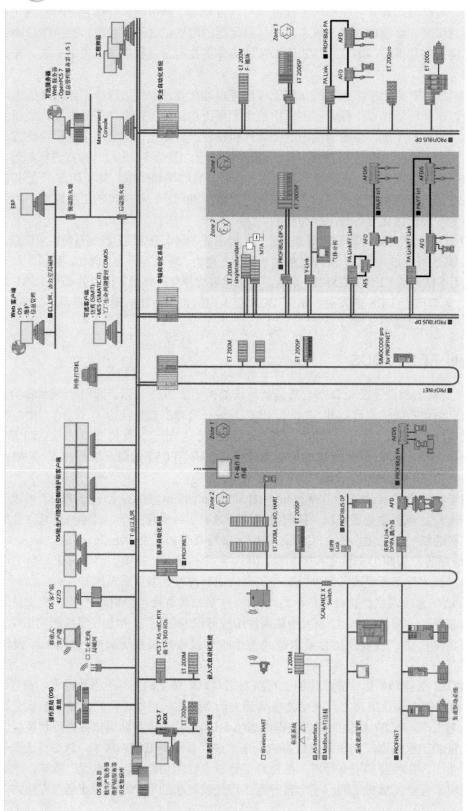

图 2-23 西门子 PCS7 完整系统架构

(4) PCS7 使用单一的控制器平台 AS 410 系列(CPU 410-5H)，CPU 410-5H 通过创新的硬件和固件设计使得一款 CPU 可以覆盖 PCS7 自动化系统的全部性能范围(AS412H、AS414-3、AS416 和 AS417H)。性能最终由过程对象(PO)的数目确定。CPU 类型的减少不仅简化了备件库存，而且有利于过程控制系统整个生命周期的管理。控制器的系统扩展卡的 PO 数量可在线升级。这样不仅显著简化了自动化系统的选型和组态，而且降低了备件库存和工厂扩展的工作量。

(5) CPU 410 配套的控制软件库功能同样融合着西门子的创新成果。随着工艺的不断复杂深入，基于 PID 控制的控制方案往往会迅速达到极限。PCS7 提供包括多变量控制、预测控制、超驰控制在内的先进过程控制(APC)功能，且这些 APC 解决方案已包含在标准库中，可直接在 CPU 中运行，从而帮助客户实现以最简单、最经济、最安全的方式实现复杂的 APC 应用。

西门子的 PCS7 以行业应用为主，借助于其 PLC 在国内的用户资源，其 PCS7 也在国内得到了一定的应用，主要用于冶金、化工、轻工和电力等行业。2020 年，西门子的 DCS 系统在国内市场占比为 6.9%。

2.5.3　艾默生公司 DCS

美国艾默生公司是全球领先的自动化方案提供商，其产品广泛用于冶金、化工、石油天然气、纸浆与造纸、电力、食品与饮料、制药、能源等行业。艾默生过程控制系统包括用于电力行业、水和废水处理行业的 Ovation 系统，用于油气田和管线输送领域的 SCADA 系统以及用于炼油、化工、油气、制药、冶金、生命科学等领域企业生产过程的 DeltaV 系统。2020 年，艾默生的 DCS 系统在国内市场占比为 16.5%。

艾默生的 DeltaV 系统是其典型的 DCS 系统之一，该系统通过简洁、直观的交互操作方式将人员和生产过程连接在一起，采用先进的预诊断技术，提高客户对运营状况的可见性，从而避免生产损失、提高利用率并改善运营状况。通过 DeltaV 系统的 I/O 按需配置功能，用户可以轻松添加或删除 I/O，包括传统硬接线 I/O，FF、Profibus-DP 和 DeviceNet 等现场总线型 I/O 甚至无线 I/O 设备。无须考虑所需 I/O 类型，同时能够显著减少工程、设计和现场工作量。

艾默生的 DeltaV 系统是 1996 年推出的新型 DCS 系统，该系统充分利用了近年来的计算机技术、网络技术、数字通信技术的最新成就。DeltaV 系统一投入市场立即受到过程工业界的欢迎，到目前为止已有 5000 多套系统在全球范围内使用。DeltaV 系统是 Emerson 公司在 RS3 和 PROVOX 两种 DCS 系统的基础上，融合现场总线技术设计出的新一代 DCS 系统，支持 FF 和 HART 等现场总线技术，其系统结构如图 2-24 所示。

DeltaV 的控制网络是以 10 M/100 M 以太网为基础的局域网(LAN)，其以太网又称为快速以太网，具有广播风暴可控、网络整体安全性高、网络管理简单、性能优良等特点。DeltaV 系统控制网络的设备主要包括交换机、以太网线及光缆等，其主要节点是工作站和控制器，各节点到交换机的距离小于 100 m 时，用以太网线连接各节点到交换机上，不需要增加任何额外的中间设备；各节点到交换机的距离大于 100 m 时，需要用光缆进行扩展。为了提高控制网络的可靠性，DeltaV 系统采用冗余的方式实现控制网络，链路冗余既可以提高可靠性，又可以均衡负载。DeltaV 的控制网络是一个相对独立的局域以太网，在开发的全过程中都融入了安全的设计思路，用户权限的设定以及专门认证的防病毒软件等，支持网络工程、安装和管理的全套服务。

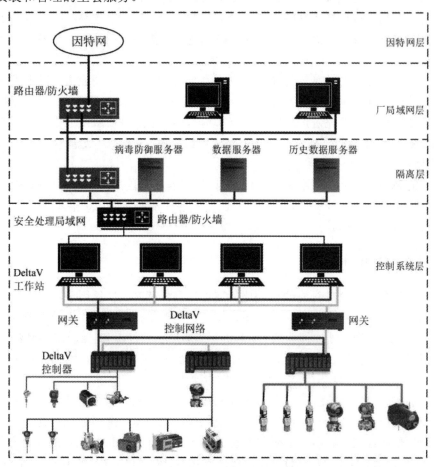

图 2-24　艾默生 DeltaV 系统的体系结构

　　DeltaV 系统融合高级管理、先进控制与基础控制，直观的一体化工程软件，集中式的组态数据库和内置的智能化设备管理系统(AMS)等，可以实现设备诊断信息和报警信息的统一以及 Web Server 应用的交互。DeltaV 系统的控制器通过了 Achilles Level 1 认证，是高安全性和高可靠性的工业用控制系统。DeltaV 系统控制网络采用以太网技术，实现控制网中各工作站之间、各工作站与控制器之间、各控制器之间的点对点通信，使实时数据可以在所有站点之间调用，避免某个站点故障对系统的影响。DeltaV 系统已将先进控制基本功能内嵌到控制器，包括增强的 PID 控制、可变性自动检测、自整定、模糊控制、模型预估控制以及神经元网络控制在内的全系列应用，使系统的监控、分析、调节达到最佳性能，使先进控制的实现变得更加方便。提供的仿真软件可以用于离线状态下的培训、组态及仿真运行。DeltaV 系统支持完整的信息交换与信息系统集成，基于 OPC、SQL Server、XML 等标准提供开放的可互操作的信息交换，包括实时过程数据、实时报警和事件数据、实时批量处理数据、过程数据的历史纪录、系统组态数据等。借助于 OPC 技术，DeltaV 系统可以和其他支持 OPC 的系统之间进行数据交换，为企业信息化提供数据源。

2.5.4　和利时公司 DCS

和利时(Hollysys)公司创建于 1993 年,是中国领先的自动化与信息技术解决方案供应商。自创立以来,坚持自主研发可靠、先进、易用的技术和产品,并提供一体化的解决方案和全生命周期服务。二十多年来,公司在各个领域和行业积累了近万家用户,成功实施了两万多个控制系统项目。公司可以为石化、化工等行业提供 DCS + SIS + ITCC 为核心的一体化过程控制和过程安全保护系统,向下集成公司的安全栅和仪表,向上集成公司的 Batch、APC、SCADA、MES、AMS 和 OTS 产品,并可与工业云平台连接,形成全厂一体化解决方案,推动工厂的自动化、数字化、网络化、信息化和智能化。

和利时公司的历代 DCS 系统包括 HS1000、HS2000、SmartPro 和 MACS,其中 MACS 是其第四代 DCS 系统,也是其最新一代 DCS 系统,最新版本为 MACS6 系统。MACS 系统采用四层网络结构,其系统结构如图 2-25 所示。过程控制网采用 Profibus-DP 现场总线,操作监控网采用冗余以太网,生产管理网和企业经营网采用以太网。MACS 系统采用冗余设计提高其可靠性,控制电源、控制器和 I/O 模块均可选择冗余配置。MACS 通过支持多域技术实现更大规模的控制系统,最大支持 16 个域;每个域支持 64 个控制站和 64 个操作站,总容量可达 65 535 点;每个控制站可以配置 126 个 I/O 模块,支持 300 个控制回路,物理点数可达 2000 点。

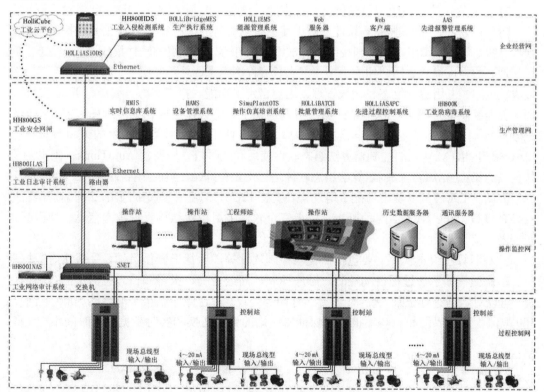

图 2-25　和利时 MACS 系统结构

HOLLiAS 是和利时公司自主研发的集成工业自动化系统,MACS 是 HOLLiAS 的基础自动化系统或过程控制系统(PCS)或集散控制系统(DCS), HOLLiAS 各子系统覆盖了企业经营管理层、企业生产管理层和装置与过程控制层。MACS 是由以太网和现场总线技术连接的各工程师站、操作员站、现场控制站、数据服务器组成的综合自动化系统。该 DCS 系统的硬件主要包括工程师站、操作站、现场控制站(主控单元设备和 I/O 单元设备等)、系统服务器、系统网络、监控网络、控制网络等。

服务器运行相应的管理程序,对整个系统的实时数据和历史数据进行管理。工程师站运行相应的组态管理程序,对整个系统进行集中控制和管理。工程师站负责硬件设备、数据库、控制算法、图形、报表等的组态和相关系统参数的设置,现场控制站的下装和在线调试,服务器和操作员站的下装等。如果在工程师站上运行操作员站实时监控程序,也可以将工程师站用作操作员站。操作员站运行相应的实时监控程序,对整个系统进行监视和控制,提供各种监视信息的显示、查询和打印,包括工艺流程图显示、趋势显示、参数列表显示、报警监视、日志查询、系统设备监视等。操作人员可以在操作站上通过键盘、鼠标或触摸屏等实现对系统的人工干预,如在线参数修改、控制调节阀等。现场控制站运行实时控制程序,对现场进行控制和管理。现场控制站主要运行工程师站所下装的控制程序,进行工程单位变换、数据采集、控制运算和控制输出等。控制站的核心设备是 K 系列控制器(包括 K-CU01、K-CU02 和 K-CU03)和 K 系列 I/O 模块(模拟量输入模块、模拟量输出模块、开关量输入模块、开关量输出模块、脉冲量输入模块和万能输入模块等)。

MACS 的软件包括操作员站软件、工程师站软件、控制站软件、IDM 智能设备管理软件、防病毒软件、OPC 服务器软件、防火墙组态软件等。工程师站软件主要包括系统组态软件、图形界面编辑组态软件和控制器算法组态软件等。系统组态软件集成了工程管理、项目管理、数据库编辑、用户组态、节点组态、流程图组态、总貌图组态、控制分组组态、参数成组组态、专用键盘组态、区域管理、用户自定义功能、报表组态、编译、下装等功能。图形界面编辑软件属于工程师站,用户可通过该工具生成在线操作的流程图和界面模板,该软件针对不同行业提供了丰富的符号库,以方便用户绘制美观实用的人机界面。自MACS6 开始,MACS 的控制器算法组态软件使用和利时自主研发的 AutoThink 取代以往系统集成的第三方软件。控制器算法组态软件运行于工程师站,集成了控制器算法的编辑、管理、仿真、在线调试以及硬件配置等功能,支持 IEC61131-3 中规定的全部 5 种编程语言中的 ST、LD、SFC、CFC 四种语言。以上三个软件采用树状结构管理组态信息,使得其界面清晰,简单易用。

控制器算法组态软件主要包括监视与控制软件等,运行于操作员站,完成实时数据采集、动态数据显示、过程自动控制、顺序控制、高级控制、报警和日志检测、监视和操作等,可以对数据进行记录、统计、显示、打印等处理。每台操作站至少能容纳 5000 个位号,500 幅流程显示界面和 100 幅报表,保证操作站的界面切换和实时数据更新时间小于 1 s。

2.5.5　中控公司 DCS

浙江中控的前身是浙大中控,成立于 1993 年,目前的浙江中控是浙江中控技术股份有限公司的简称,组建于 1999 年。中控公司是中国领先的智能制造产品与解决方案供应商,旨在赋能用户提升自动化、数字化、智能化水平,实现工业生产自动化、数字化和智能化管

理。除 DCS 系统外，中控公司已形成了以实时数据库(RTDB)为基础、先进过程控制
(APC)、制造执行系统(MES)和仿真培训软件(OTS)为主体的四大类软件产品体系，包括设
备管理、能源管理、生产管控、供应链管理、质量管理、安全管理等各领域的应用系统。2020
年，公司的核心产品 DCS 系统在国内的市场占有率达到 28.5%，连续十年蝉联国内 DCS 市
场占有率第一名。

浙江中控的 DCS 系统包括 Webfield JX 和 ECS 两大系列，其最新系统分别是 Webfield
JX-300XP 和 ECS-700XP。1993 年浙江中控推出了 Webfield JX-100，2005 年推出了 Webfield
JX-300XP，2000 年推出了 ECS-100，2007 年推出了 ECS-700 并投入使用。截至 2019 年，在
全球应用的中控公司 DCS 系统已经达到 2900 余套系统，广泛地应用于石化、化工、电力、
冶金、建材、食品等各种工业领域。ECS-700 经过多年的实际运行考验，被公认为最成熟
的过程控制系统之一。ECS-700 系统具有管理大型联合装置的一体化能力，系统充分考虑
了大型工厂信息共享与协同工作的需求，其一体化的系统结构和系列应用软件可帮助用户
及时获得决策信息，协同不同部门的工作人员提升生产效率。ECS-700 的系统结构如图 2-26
所示。

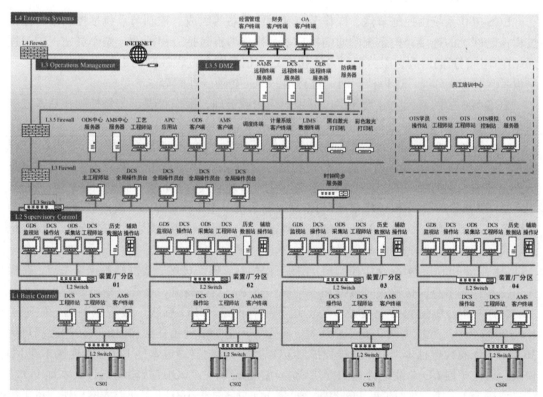

图 2-26 中控 ECS-700 系统结构

ECS-700 融合了各种标准化的软、硬件接口，兼容现场总线标准和传统的模拟信号，支
持 Modbus、Hart、FF、Profibus、ProfiNet 和 EtherNet/IP 等标准协议。ECS-700 的系统安
全性和抗干扰性符合国际标准，适合于工业使用环境，系统的电源模块、控制器、I/O 模
块和通信总线等全部支持冗余配置。I/O 模块具有通道级的故障诊断功能，具有故障安全
功能；系统支持单点组态的在线下载或在线更改，确保现场稳定可持续运行。ECS-700 的

控制站采用双面垂直结构和标准化的组合方式，柜内布局兼顾了混装灵活性、I/O 容积率和维护便捷性，I/O 模块功能选择可以通过软件配置实现。系统具有强大的处理性能，提供快速逻辑控制功能和回路控制功能，高速扫描周期可达 20 ms，顺序事件记录可达 1 ms。系统具有强大的联合控制能力，具有矩阵式的分域控制和实时数据跨域通信管理功能，使域间数据共享、域间控制和域内控制具有相同的控制效果，便于实现全工艺过程的整体控制和管理。支持多人协调从事工程组态工作，分布式组态平台允许多个工程师在各自权限范围内同时管理一个项目，从而提高工作效率和缩短工程周期，保证设计的一致性和安全性。系统具有完备的监控功能，具有强大的报警功能和丰富的故障诊断功能，可以全面地实时监控超量程、强制、禁止、开关量抖动和故障等各种状态信息。所有状态信息记录在历史数据库中，支持多种查询模式，有效服务于生产过程的追溯、分析和诊断。ECS-700 支持在线升级、扩容和并网，通过分域管理、协同多人组态、单点在线下载和在线发布等关键技术实现了系统的无扰动在线扩容。在不停车的情况下，可以在线扩展新类型模块，以便在现有系统中使用最新的技术，帮助用户持续提升竞争力。

1. ECS-700 系统的构成

ECS-700 系统由控制节点、操作节点和网络设备等组成。控制节点包括控制站、挂在过程控制网上的连接异构系统的通信接口等，操作节点包括工程师站、操作员站、主工程师站(组态服务器)、数据服务器以及连接在过程信息网和过程控制网上的人机站点等，网络设备包括 I/O 总线、过程控制网、过程信息网、企业管理网等。

ECS-700 的网络大致分为四层，分别对应企业管理、操作管理、监督控制和基本控制四个层次。

(1) 企业管理层网络(企业信息网)连接各管理节点，通过管理服务器从操作管理层(过程信息网)中获取控制系统信息，对生产过程进行管理。这一层网络是将装置的生产指标信息送到企业的信息化部门和生产管理部门，便于生产管理层人员获取所有装置的实时生产数据。

(2) 操作管理层网络(过程信息网)连接控制系统中主工程师站点、数据服务器、先进控制服务器或工程师站、设备管理系统等节点，在节点间传输历史数据、报警信息、操作记录、设备管理信息和先进控制信息等。

(3) 监督控制层网络(操作控制层)连接工程师站、操作员站、数据站等操作节点，在操作节点和控制节点间传输实时数据和各种操作指令，具备高速、可靠、稳定等特点。

(4) 基本控制层包括连接操作层的过程控制网络和 I/O 总线。过程控制网一般基于100/1000 Mb/s 工业以太网，支持总线型、星型、环型等多种拓扑结构，最大传输距离可达20 km。I/O 总线包括本地 I/O 总线和扩展 I/O 总线，控制器通过本地 I/O 总线连接本地 I/O模块，通过扩展 I/O 总线连接通信模块或者 I/O 连接模块。I/O 连接模块通过其本地 I/O 总线再连接 I/O 模块，从而扩展 I/O 容量。扩展 I/O 总线基于 100 M 工业以太网构建，可采用光纤等传输介质，最大传输距离可达 20 km。通过 I/O 总线，可以安装通信模块，以便支持主流的现场总线。

2. ECS-700 系统的硬件

ECS-700 的硬件主要包括工程师站(ES)、操作员站(OS)、控制站等。

(1) 工程师站分为主工程师站和扩展工程师站，一套系统必须配置一个主工程师站，用于统一存放全系统的组态文件，通过主工程师站可进行多人组态、组态发布、组态网络同步、组态备份和组态还原等操作。当需要多个工程师协同组态时，可配置扩展工程师站，扩展工程师站能够对一个或多个域进行硬件组态、位号配置和程序编写等操作。

(2) 操作员站直接从控制站获得实时数据，以流程图、趋势图、控制回路等形式对生产过程进行监控与操作。

(3) 控制站是采样生产过程数据、进行控制运算和控制输出的核心单元，完成整个工业过程的实时控制任务。

控制站硬件主要包括机柜、机架、I/O 总线、供电单元、交换机及远程光纤模块、基座、控制器模块、I/O 连接模块、I/O 模块等。

每个控制站只能配置一对冗余控制器，可通过 I/O 连接模块扩展到 8 个机柜，每个机柜内最多可安装 64 个 I/O 模块。ECS-700 的控制器为 FCU700 系列，最新控制器为 FCU713-S。控制器单元由一对冗余控制器和 1 个 MB712-S 基座构成。控制器依据用户组态的控制策略，对现场对象进行实时控制，包括连续控制、顺序控制、逻辑控制等，并可实现数据采集、运算输出、故障检测与报警、信息传送等功能。FCU700 系列控制器内置逻辑运算、逻辑控制、算术运算、连续控制等 200 余种功能块，并嵌入预测控制、模糊控制、史密斯控制器等先进控制算法。ECS-700 系统的 I/O 模块采用模块化封装和免螺钉快速装卸结构，I/O 模块采用免跳线设计，通过灵活的组态和多样的接线方式即可实现各类现场设备的接入。I/O模块具备完全的 1∶1 冗余功能，单个 I/O 模块还具备供电和通信的冗余功能，所有 I/O 模块支持热插拔，支持即插即用。ECS-700 系统的 I/O 模块包括模拟量输入模块、模拟量输出模块、数字量输入模块、数字量输出模块、脉冲量输入模块和通用输入/输出(通用 I/O)模块等。

3. ECS-700 系统的软件

ECS-700 的软件包括系统组态软件和实时监控软件两大部分，统称为 VisualField。系统组态软件包含结构组态软件和组态管理软件。结构组态软件(VFSysBuilder)用于系统结构框架的搭建，安装在系统组态服务器，由具有管理权限的工程师构建和维护，主要用于控制和操作区域划分、工程师组态权限分配与管理，以及全局工程组态管理等。组态管理软件安装在主工程师站和扩展工程师站，是系统组态的管理平台，完成整个系统组态。平台提供硬件组态、位号组态、功能块图编程、梯形图编程和监控组态(HMI)等功能，支持离线/在线下载、多人组态、组态发布、用户程序页调度和运行状态监控等功能。实时监控软件安装在各操作节点中，通过各软件的相互配合，实现控制系统的数据显示、控制操作及历史信息管理等功能。系统监控软件可根据操作者的权限访问与调用工艺流程图、过程参数、数据记录、报警处理以及各种可用数据，并能有效地调整控制回路的输出与设定参数。实时监控软件还包括系统状态诊断软件，用于操作域、控制域系统状态等的查看，包括操作域节点、过程控制网、控制站、控制器、通信节点、I/O 模块等系统部件的运行状态和通信状况等。

除上述两大类软件外，ECS-700 还提供有报表管理软件、虚拟控制器软件和系统增值软件等。报表管理软件既可从系统历史数据库获取数据，也可从实时数据库获取数据，支持日志报表、统计报表和批次报表的编辑和打印，支持灵活多样的报表格式，包括 Excel格式报表、模板类报表、统计图类报表以及通过脚本控制的各类报表。虚拟控制器软件允许在工程师站上虚拟控制器功能,使得用户在未连接实际控制器的情况下可通过该软件进行组态下载和调试,该软件预留操作员培训系统 OTS 接口,便于通过虚拟控制器培训员工。系统增值软件包括 AMS 软件、高级应用软件(OPC、APC、MES 等),服务于全厂的自动化、信息化和智能化,促进资源优化、管理优化和控制优化,实现提质增效和节能降耗,推动企业绿色发展。

思 考 题

2-1　DCS 的体系结构一般包括哪些方面?

2-2　DCS 是如何实现集中管理和分散控制的?

2-3　DCS 一般分为哪四个层级,各层次对应的网络是什么,各层级的主要设备有哪些?

2-4　为什么 DCS 发展到第三阶段后,各 DCS 系统基本上都在使用工业以太网作为过程控制网?

2-5　现阶段的国产 DCS 系统和国外 DCS 系统相比较,其技术水平如何? 主要差距表现在哪些方面?

2-6　DCS 的现场控制级和过程控制级的主要功能是什么?

2-7　DCS 控制站采用模块化结构有何优势?

2-8　DCS 的控制器、I/O 模块和通信网络等,为何要采用冗余配置?

2-9　PKS 的容错以太网是如何实现网络容错的,节点 A 和节点 B 之间采用 FTE,可以形成几条通路?

2-10　PKS 的通用输入输出模块有何特点? 可以配置为哪些信号的输入/输出?

2-11　简述 PKS 支持的 I/O 类型。

2-12　PKS 的一对 C300 控制器最多支持多少个 C 系列 I/O 模块?

2-13　冗余使用和非冗余使用 C 系列 I/O 模块时,其安装底板是相同的吗?

2-14　C 系列模拟量输入模块如何连接现场 4~20 mA 两线制变送器和四线制变送器?

2-15　PKS 的回路控制是由控制器实现的还是由组态软件实现的?

2-16　DCS 控制器的扫描周期对控制性能有何影响?

2-17　查阅文献,简述施耐德公司 Evo 系统的结构和技术特点。

2-18　查阅文献,简述 ABB 公司 Ability 系统的结构和技术特点。

第 3 章　PKS 组态软件与硬件组态

为了高效实现 PKS 的组态、运行和监控,霍尼韦尔公司将控制组态软件(Control Builder)、人机界面组态软件(HMIWeb Display Builder)、企业资源组态软件(Quick Builder)和企业资产组态软件(Enterprise Model Builder)等集成到统一的 Experion 平台,称之为 Experion 组态工作室(Configuration Studio)。通过组态工作室,可以高效实现 PKS 的硬件、控制策略、人机界面、资产和 SCADA 系统等的组态与监控等。

3.1　组态工作室与 ERDB 初始化

Experion 组态工作室是一种全新的控制系统工程组态环境,单一化、集成化的组态工作室消除了以往不同的组态工具而导致的组态工作效率低下、管理困难等问题。通过组态工作室,用户可以任意开启各种组态工具来便捷地完成工程组态工作。组态工作室对用户展示的是一个多任务窗口而不单是一个工具窗口,已集成了工程组态所需要的各种组态工具。当选定一个任务后,用户需要的各种工具便会出现在组态工作室内的相应位置。Configuration Studio 可以让组态工程师工作在系统层级,能够在同一地点对所有的服务器进行组态,解决了必须到某个服务器所在地进行组态的难题。

3.1.1　组态工作室

Configuration Studio 是全英文的控制系统组态软件,原则上只能使用英文版 Windows Server 操作系统,当版本高达 R500 时,也可以使用 Windows 10 操作系统。在服务器或操作站的桌面上,双击"Configuration Studio"即可以启动组态工作室,也可以通过 Windows 的 Start→ All Programs→Honeywell Experion PKS 找到组态工作室所在的程序组,单击"Configuration Studio"也可启动组态工作室。如果直接使用已经制作成虚拟机的组态工作室,则需要先运行 VMWare 等虚拟机支持软件,后续操作过程则与在服务器上运行"Configuration Studio"的操作过程相同。

启动"Configuration Studio"时,会弹出连接服务器的窗口,如图 3-1 所示。PKS 的组态信息存储在 PKS 服务器的 ERDB(Engineering Repository Database)数据库中,但组态操作则通过客户端或工作站进行,所以需要连接客户端和服务器,才能实现组态信息的存储。在弹出的会话窗口中，需要选择是要连接到 PKS 服务器还是 PKS 系统。如果只是进行 PKS 硬件组态、控制策略组态和人机界面组态等，则选择连接服务器即可(例如，选择图中的 SERVER_T440 后再点击"Connect"按钮)。如果除上述组态以外，还要进行企业资产组态等工作，则应该选择连接到 PKS 系统(例如，选择图中的"SystemName"后点击"Connect 按钮")。如果 PKS 服务器采用单一配置(即非冗余配置)，且 PKS 所在的网络中仅有一台 PKS 服务器，则"Experion PKS Server"下方仅显示一个服务器名称。如果 PKS 服务器采用冗余配置，或者 PKS 服务器所在网络还有其他服务器，则"Experion PKS Server"下方可能会列出多个服务器名称，必须选择 PKS 服务器之一再点击"Connect"按钮，才能连接到 PKS 服务器。连接成功后即可通过组态工作室集成的各类组态软件开展相应的组态工作。

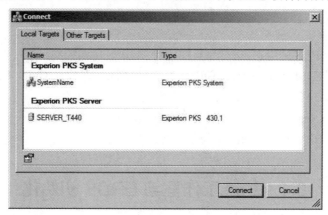

图 3-1　连接服务器窗口

　　如果选择连接到 PKS 服务器，启动后的组态工作室主界面如图 3-2 所示。组态工作室主界面的顶部为菜单栏，一般很少使用菜单栏，偶尔使用"File"菜单"Connect…"功能，以便重新连接客户端到 PKS 系统或 PKS 服务器。工作室主界面的左侧以目录树的形式显示组态工作室的大类功能，并以服务器名称(如 SERVER_T440)作为目录树的根节点，右侧则详细显示大类功能对应的各项具体功能。左侧列出的大类功能主要包括"Control Strategy""Displays""Trends and Groups""Alarm and event Management""History"和"Report"等，其中，"Control Strategy"和"Displays"最为常用，对应 DCS 的基本功能需求。主界面的右下角显示 PKS 服务器对应的计算机名称(图示中的"DEMOPKS")、登录的用户名(图示中的"ExperionAdmin")和操作权限(图示中的"Mngr")。

　　选中主界面左侧的某个大类功能选项后，右侧会列出详细的具体功能选项，单击右侧的某个具体功能选项，则可以运行具体的功能软件。例如，选中左侧的"Control Strategy"，则右侧列出与控制组态相关的各组态功能选项。此时，单击"Configure process control strategy"功能选项，则可以启动"Control Builder"控制组态软件，利用该软件即可实现 PKS 系统的硬件和控制策略等的组态、下装与运行。单击右侧的"Administer the control strategy database"功能选项，则启动 ERDB 数据管理工具，此时可以进行 ERDB 数据库的备份、恢复或初始化等操作。单击右侧 SCADA Control 列出的三个功能选项，则可以完成 SCADA 系统的组态工作，包括采用 OPC 通信、Modbus 通信等第三方控制设备的组态等。选择左侧的"Displays"，则可以通过选择右侧列出的功能选项，启动人机界面组态软件(HMIWeb Display Builder)，完成控制系统人机界面的组态工作。

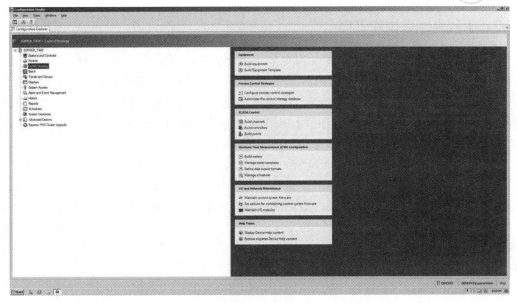

图 3-2　连接到 PKS 服务器的组态工作室主界面

如果选择连接到 PKS 系统，启动后的组态工作室主界面如图 3-3 所示。工作室主界面左侧仍然以目录树的形式显示组态工作室的大类功能，但目录树的根节点变为"System Name"。选中"SystemName"，界面右侧列出服务器组态、企业资产组态等功能选项。例如，单击右侧的"Configure Assets for this system"，则启动企业资产组态软件，通过该软件即可完成企业资产的组态、下装与运行。展开左侧的服务器名称(图示的"SERVER_T440")，该节点下列出的大类功能选项和对应的右侧功能选项，与图 3-2 展示的目录树及其功能选项完全相同，其操作方法也完全相同。选中左侧的"Network"，则可以配置 PKS 系统的网络，包括配置 FTE，增加或删除计算机节点、交换机等。

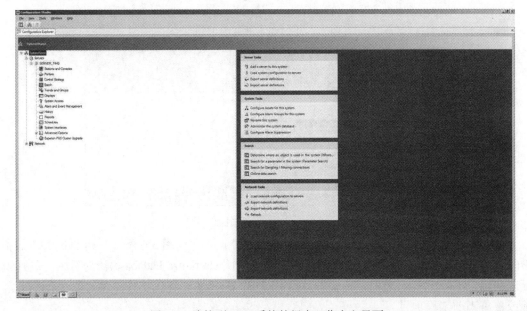

图 3-3　连接到 PKS 系统的组态工作室主界面

3.1.2　工程组态数据库管理

对于实际的 DCS 控制系统工程，有可能采用全新的组态方式实现，也有可能基于某一个类似的工程进行再设计而实现。PKS 的工程组态信息存储在工程组态数据库(ERDB)，开始一个项目的工程组态时，可能会涉及工程组态数据库(ERDB)的相关操作，例如 ERDB 的备份、恢复和初始化等操作。在进行 ERDB 的恢复和初始化操作之前，应该养成备份 ERDB 的习惯，避免不小心清除或覆盖当前工程组态。

在图 3-2 中，选择左侧的"Control Strategy"，单击右侧的"Administer the control strategy database"功能选项即可启动 ERDB 数据库管理工具。展开 DbAdmin 节点再展开 Server Node 节点后的界面如图 3-4 所示。Server Node 节点下有 6 个功能选项，其中 ERDB Admin Tasks 最为常用，用于备份、恢复和初始化 ERDB。此外，由于误操作或违规操作，ERDB 有可能被锁定，如果出现这种情况，可以通过鼠标右击"ERDB Active Locks"，选择弹出选项"Clear All Locks"解除所有的锁定，如图 3-5 所示。如果 ERDB 出现了被锁定，解除锁定之前，相关对象(Objective Name)的误操作将在图 3-5 中的显示窗口一一列出，也可以通过鼠标右击某一个锁定项选择执行清除该项锁定的操作。完全清除锁定之后，图 3-5 的锁定项显示区域将会提示没有被锁定的项。

图 3-4　ERDB 管理工具界面

图 3-5　ERDB 解锁操作

ERDB 任务管理(ERDB Admin Tasks)有 6 个功能选项，如图 3-6 所示，其中 ERDB 的备份(Backup Dadabase)、恢复(Restore Database)和初始化(Initialize Database)较为常用。进行恢复或初始化 ERDB 操作之前，建议先备份 ERDB，并将备份作为工作习惯，避免不小心清除或覆盖当前工程项目。

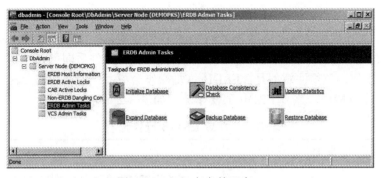

图 3-6　ERDB 任务管理窗口

1. 备份 ERDB

备份 ERDB 的操作流程如表 3-1 所示，用户可以随意指定存放 ERDB 备份文件的路径和文件夹，生成的 ERDB 备份文件为 ps_erdb.bak 和 versioncontrol.bak。

表 3-1　备份 ERDB 操作流程

操 作 步 骤	操 作 截 屏
第 1 步，单击"Backup Database"功能选项，弹出 ERDB 数据库备份文件的存储路径和文件夹选择窗口，用户可以随意指定存储路径或文件夹，截屏示例展示的文件夹为"SysBak"。选中存储文件夹后单击"Select"按钮进入下一步	
第 2 步，提示用户确认所选择的存储路径和文件夹，单击"OK"按钮进入到下一步	
第 3 步，如果指定的路径和文件夹曾经备份过 ERDB，则提示用户进行确认。选择"OK"按钮则会覆盖以前的备份文件。点击"Cancel"按钮可以重新选择路径和文件夹备份 ERDB	
第 4 步，等到弹出窗体给出提示信息"Successful backed up the Database"，即表明已经完成 ERDB 备份，点击"OK"按钮结束操作	

2. 恢复 ERDB

在实际的 DCS 控制系统工程组态工作中，往往要借用已有工程项目的组态来最大限度地降低重复工作量。通过 ERDB 恢复已有工程项目的备份文件后即可在此基础上开展新项目的工程组态工作。值得注意的是，ERDB 恢复操作会覆盖当前项目的工程组态，应谨慎从事 ERDB 的恢复操作。恢复 ERDB 的操作流程如表 3-2 所示。

表 3-2　恢复 ERDB 操作流程

操作步骤	操作截屏
第 1 步，单击"Restore Database"功能选项，给出警告提示信息：恢复操作将影响当前组态的工程，且要求使用同一版本的 ERDB 备份文件，需要确认是否恢复 ERDB，单击"Yes"按钮将转入下一步，单击"No"按钮则退出恢复 ERDB 的操作	
第 2 步，告知用户：禁止数据库复制操作，数据库服务将停止。再次要求用户确认是否继续进行恢复 ERDB 的操作。单击"Yes"按钮转入下一步，单击"No"按钮则退出恢复 ERDB 的操作	
第 3 步，弹出对话框，要求用户选择存储 ERDB 备份文件的路径和文件夹，选中用户指定的文件夹(图例为"SysBak")后，单击"Select"按钮转入下一步，单击"Cancel"按钮则退出操作	
第 4 步，提示用户确认恢复 ERDB 时所用备份文件的存储路径和文件夹，单击"OK"按钮转入下一步，单击"Cancel"按钮则退出	
第 5 步，提示用户：ERDB 恢复成功，单击"OK"按钮结束操作	

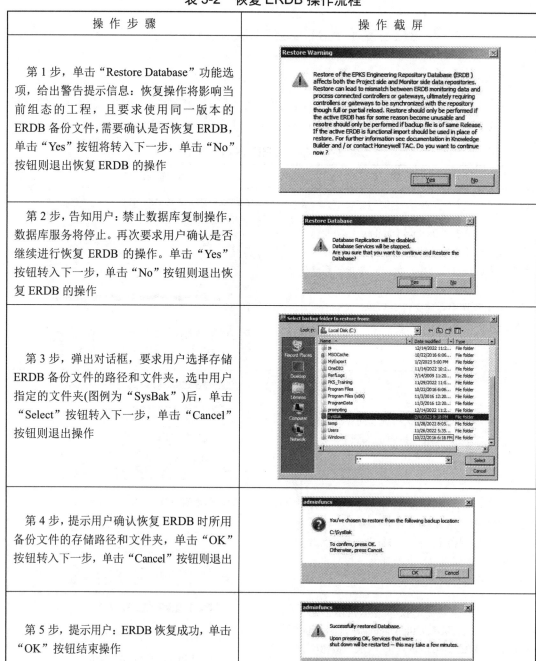

3. 初始化 ERDB

在实际工程中，一般仅在首次启用 Control Builder 或 ERDB 出现问题时才进行 ERDB 初始化操作。值得注意的是，ERDB 初始化操作要清除当前项目的工程组态，应谨慎从事。初始化 ERDB 的操作流程如表 3-3 所示。

表 3-3　初始化 ERDB 操作流程

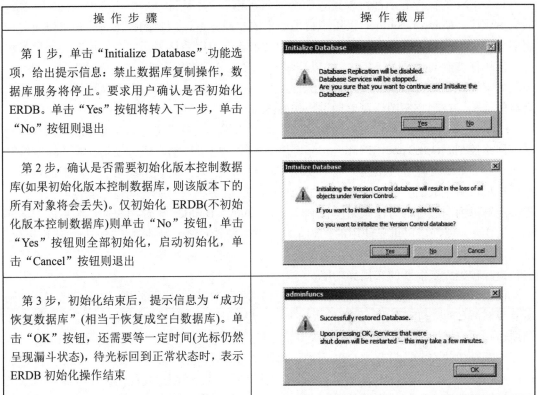

操 作 步 骤	操 作 截 屏
第 1 步，单击"Initialize Database"功能选项，给出提示信息：禁止数据库复制操作，数据库服务将停止。要求用户确认是否初始化 ERDB。单击"Yes"按钮将转入下一步，单击"No"按钮则退出	
第 2 步，确认是否需要初始化版本控制数据库(如果初始化版本控制数据库，则该版本下的所有对象将会丢失)。仅初始化 ERDB(不初始化版本控制数据库)则单击"No"按钮，单击"Yes"按钮则全部初始化，启动初始化，单击"Cancel"按钮则退出	
第 3 步，初始化结束后，提示信息为"成功恢复数据库"(相当于恢复成空白数据库)。单击"OK"按钮，还需要等一定时间(光标仍然呈现漏斗状态)，待光标回到正常状态时，表示 ERDB 初始化操作结束	

3.2　控制组态软件及其界面

控制组态软件(Control Builder)是组态工作室集成的核心组态软件之一，其作用是生成 Experion PKS 的控制策略等。Control Builder 是一个图形化、面向对象的控制策略组态和维护工具，该软件工作在控制执行环境(CEE)下，支持 Experion 的 C200/C300 控制器、应用控制器(ACE)和仿真控制器(SIM)。通过图形用户界面和预先定义的功能模块，使用 Control Builder 可以设计控制策略，生成控制策略的文档，在线监控控制策略的运行。

3.2.1　Control Builder 的功能特点

Control Builder 提供全面的 I/O 的处理系统，包括 FF 现场总线、Profibus、HART、Device-Net 等。Control Builder 以功能块 FBs(Function Blocks)的形式提供各类算法库，支持所有连续控制、逻辑控制、电机控制、顺序控制、批量控制和先进控制功能。每一个功能块都带有参数，通过参数设置发挥该功能块的作用。功能块之间可以通过软接线的方式实现互联，以针对需求构建控制策略或应用。功能块的有机组合可以构成控制模块 CMs(Control Modules)或顺序控制模块 SCMs(Sequential Control Modules)。SCM 可以简化批量逻辑的设计，能够针对存在指定逻辑顺序的一组过程设备，通过一系列指定步骤执行一个或多个过程任务。CM 和 SCM 正是创建、组织和验证控制策略强有力的工具。

每个 CM 的执行周期都可以组态为 5～2000 ms 不等，且每个功能块都可以指定其执行的先后顺序。Control Builder 采用了自上而下的实施方案，创建的控制策略是可以重复使用的，极大提高了工程组态的效率。Control Builder 使用图标表示各功能块，使用鼠标将各功能块拖拽到 CM 或 SCM 中，并以连线的方式将各功能块连接起来，形成控制方案图。控制方案图运行时可以在线监控，在运行和监控中可以修改控制参数，从而显著简化控制策略的检验。控制方案图还可以通过操作站(Station)在系统细目显示界面中调用。

Control Builder 拥有强大的控制算法库，支持各种控制算法。标准的算法包括过程变量、回路控制、OperTune、Profit Loop、现场总线、电机控制、逻辑控制和顺序控制等。Control Builder 支持分层结构，能够实现控制模块的嵌入，无须考虑它们所分配的控制器和所在项目中生成的参数。这些参数被用来在控制模块和功能块之间建立连接。据此，工程师能够以面向过程的方法来组织控制组态。Control Builder 允许用户通过简单的剪切和粘贴操作，方便创建可重复使用的控制策略。如果需要创建大量控制策略，则可运用模板、批量创建和批量编辑等附加功能，以提高工程效率和改善维护工作。用户可将控制策略制成模板，预先设定需要的布局和功能。

模板具有强大的功能，由模板生成的每一个事例均与模板保持链接。如果修改模板，则所有事例都会随之自动更改。这些模板出现在用户程序库下的库标签上。可以用具体程序来调用这些用户模板，并将它们装载到控制执行环境(CEE)中，快速生成并复制控制策略。为保证更新操作的安全，只有用户确认并下载到控制器后，更改才能生效。模板定义参数的传送是无条件的，非模板定义参数的传送是有条件的。批量创建功能用来生成或重新生成大批量控制策略，比如从仪表数据库中进行创建。只需在事例中指定预先确定的经典控制策略，并定义特定参数，批量创建工具就会在工程数据库内建立大批量控制策略。批量创建工具也支持模板创建，使通过模板创建的事例更加快捷和方便。批量编辑功能用于日常工程工作和系统维护。该功能可以通过用户定义参数列表，完成对大量参数的修改。通过Excel、Access 或文本编辑器等标准工具生成表格文件或用逗号分隔的文本文件，进而依据表格文件或文本文件创建此列表。用户可选择进行离线或在线修改。当然每次修改都必须遵从限制和访问等级。

Control Builder 支持多用户控制策略开发和调试环境，允许通过 TCP/IP 和 UDP/IP 通信协议实现对工程数据库的远程访问。为了保证最大的安全性，访问是有口令保护的。多个用户可以同时在不同的操作站上创建和组态控制策略。多个用户可以打开同一个控制策略方案图，而第一个打开图形的用户可以写入。当多用户打开同一个控制策略方案图用以监控时，所有的用户都可以根据自己的安全级别改变控制器的数据。控制策略一旦创建并下载至控制器，工程师就可以对策略进行在线监控。监控时，图形界面将显示功能模块的实时运行数值或使用不同的颜色显示离散信号的状态。控制策略方案图的监控有利于确认控制策略或排除过程故障。控制或维护工程师可直接从工程环境中修改实时参数，而无须使用操作员界面。

Control Builder 通过 SCM 来简化批量逻辑的实施过程，SCM 遵循批处理控制国际标准 ANSI-ISA-S88.01。该标准包括异常处理能力，当用户规定的异常条件发生时，程序转去执行一个替换的处理序列。异常处理器支持重启动能力，从中断点或任意需要的步骤重新启动顺控程序的执行。异常处理器包括检查、中断、重启、保持、停止和中止等。每个 SCM 支持 50 个配方参数和 50 个历史数据参数。SCM 的模式跟踪功能支持各种不同的操作规程，诸如电机、泵、控制器等设备，对跟踪 SCM 的模式改变，既可由操作员控制，也可由程序进行控制。设备还可预先组态为执行相应的动作，从而适应 SCM 启动、异常情况发生和新启动等不同要求，以减少 SCM 的组态工作量。使用公共 SCM 功能，可以减少 SCM 的组态、测试及维护工作量。一个公共 SCM 可以用来控制几个设备单元，一次控制其中一个选定的单元。被选的单元可以在组态时确定或在运行时动态地改变。SCM 包括公共 SCM 功能，完全集成在霍尼韦尔公司的 TotalPlant Batch 软件包中，为批量应用提供更加灵活的选择。

除上述主要功能外，Control Builder 还提供了一些比较重要的辅助功能，有利于提升工程组态的效率。导入/导出(Import/Export)功能用于对所选择的控制策略和硬件配置进行导入/导出，以实现系统数据库的转移。此功能允许项目组态工作可以共享和按需要分配给多人进行。

Control Builder 的项目数据库和监视数据库是分离的，前者是离线的，后者是在线的，这样可以支持在线组态和离线组态。上传数据可以在线进行，以便把在线变化的部分数据传送到项目数据库备用。快照(Snapshot)保存和恢复功能用于保存和快速恢复控制处理器数据库。智能拷贝和粘贴功能用于提供高效的智能复制处理能力，可以复制单个控制模块到整个工厂的控制方案中。数据库维护工具用于保证安全性和提供系统备份功能。现场总线设备管理器用于将通过基金会注册的基金会现场总线(FF)产品集成到 Experion 的数据库。Control Builder 直接读取制造商设备描述(DD)文件和能力(CF)文件，在 Experion 的功能块算法库中创建现场总线设备的模板。然后，通过调用模板对这些总线设备进行组态，并在 Experion 的控制方案中调用设备中的 FF 功能块。控制处理器和 FF 的功能块可以在同一个控制模块(CM)使用，所有的组态工作均在 Control Builder 中进行。所有设备块中的参数都能被 Experion 系统(包括较高层的应用)访问。

3.2.2　Control Builder 主界面功能分区

在图 3-2 中选中左侧目录树中的"Control Strategy"，单击右侧的"Configure process control strategy"功能选项，即可启动 Control Builder 控制组态软件。如果重新初始化了系统或者首次启用"Control Buildre"，则启动后的主界面如图 3-7 所示，如果系统初始化后已经进行过硬件组态和控制策略组态，则启动"Control Buildre"出现的主界面如图 3-8 所示。界面顶部区域的前三行分别是"Control Builder"的软件标识、菜单栏和快捷按钮，快捷按钮实现的功能都能通过菜单栏找到对应的功能选项，但快捷按钮更为常用。单击"View"→"Toolbar"(单击"View"菜单中的"Toolbar"功能选项，以此类推)可以交替显示或隐藏快捷按钮。

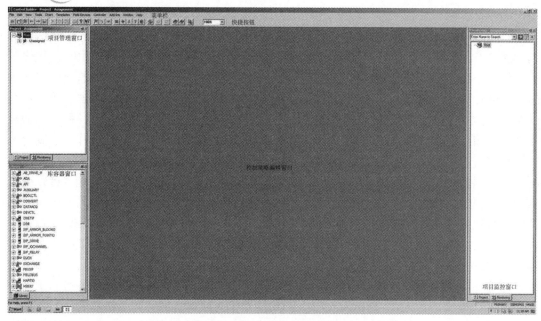

图 3-7　尚未组态项目的 Control Builder 主界面

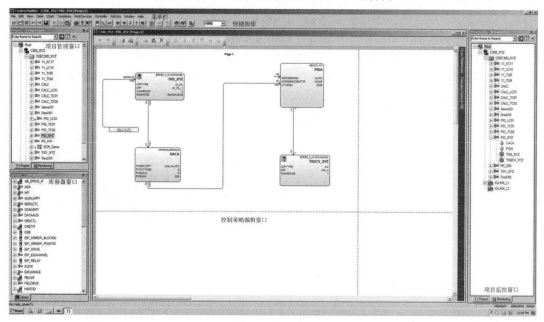

图 3-8　已组态项目后的 Control Builder 主界面

　　界面顶部三行以下的区域分为左侧、中部和右侧三部分窗口,各窗口具有磁性粘连特性,可以使用鼠标拖拽各窗口位置和重新布局各部分窗口。左侧上半部分为项目管理窗口,右侧为项目监控窗口,项目管理窗口和项目监控窗口为同一个窗体,可以通过窗口底部的"Project"和"Monitoring"标签进行切换,即左侧上半部分的项目管理窗口也可以切换为项目监控窗口。单击窗口右上角的"×"可以随时关闭项目管理窗口或项目监控窗口。单击"View"→"Project/Monitor Tree"可以打开项目管理窗口或项目监控窗口。如果已经组态项目，项目管理窗口将以目录树的形式显示已组态的控制器、I/O 模块、控制模块(CM)和顺序控制模块(SCM)等。项目监控窗口同样以目录树的形式显示已下装的控制器、I/O 模块、CM 和 SCM 等，蓝色图标表示控制器、I/O 模块、CM 和 SCM 等已下装但没有运行，绿色图标表示正常运行，红色图标表示有故障，必须使用 Checkpoint 文件使其恢复到蓝色或绿色图标才能运行或激活。

控制策略编辑窗口通过蓝色(默认)虚线将其分为 5 行、5 列，形成 25 个控制策略编辑方格，每个方格表示一页控制策略(或者称之为控制程序)。打印组态的控制策略时，将以方格进行分页，所以在进行控制策略组态时，应当尽量将功能块放置在方格内，不要覆盖或压住虚线，否则打印时可能造成一个功能块分割在不同的打印页面上。由于一个 CM 或 SCM 的控制策略编辑窗口只有 25 个方格，因此一个 CM 或 SCM 的控制策略不能超过 25 页。如果在项目管理窗口打开一个 CM 或 SCM，则在控制策略编辑窗口进行控制策略的组态，包括插入或拖拽 I/O 通道、CM、SCM 或功能块到编辑窗口，配置各功能块的参数或引脚，功能块之间的连接、CM 或 SCM 块之间的参数连接等。以 C300 控制器为例，每个项目可以组态多个控制器，每个控制器的两条 I/O 链可以组态 64 个 I/O 模块，但每条 I/O 链最多能组态 40 个 I/O 模块。每个控制器可以组态多个 CM 或 SCM，CM 和 SCM 的名字必须唯一。如果在项目监控窗口打开 CM 或 SCM，则在控制策略编辑窗口显示 CM 或 SCM 的运行状态，功能块相关参数、功能块之间的连线旁边有数值或状态显示。在监控状态下，可以修改相关参数。例如，手动输入一个数据采集通道的测量值，控制回路的设定值、PID 控制参数等。如果出现报警等异常，则相关功能块的左框线和上框线显示为红色。

Control Builder 主界面右下角是 PKS 服务器的状态信息行，包括两台 PKS 服务器的同步状态 "SYNC" (仅针对冗余服务器配置)，当前连接的是主服务器(PRIMARY)还是从服务器(SECONDARY)，对应的计算机名称和操作权限(MNGR)。单击 "View" → "StatusBar" 可以显示或隐藏状态信息行。一般情况下，PKS 设置了操作员(Oper)、值长(Supv)、工程师(Engr)和经理(Mngr)四级操作权限，其中操作员的权限级别最低，经理的权限级别最高。由于 Control Builder 用来组态控制策略，所以，其访问权限始终是最高级(Mngr)。而启动 Station(操作站)时，默认的权限是操作员(Oper)。输入相应的密码，才能将身份分别切换为值长、工程师或经理。

3.3　PKS 硬件组态

PKS 硬件组态包括 PKS 控制站硬件组态和 PKS 系统硬件组态，其中 Control Builder 用于组态 PKS 控制站的控制器和 I/O 模块，Quick Builder 用于组态操作站、打印机、第三方控制器或 RTU 等，或对 RTU 中相应的标准点进行组态，并通过组态工作室将这些组态信息传至 Experion 数据库。本节仅介绍如何使用 Control Builder 实现 PKS 控制站的控制器和 I/O 模块的组态、下装和运行监控。

3.3.1　组态 C300 控制器

一个实际的 PKS 系统至少需要配置(组态) 1 对控制器(冗余系统)或 1 个控制器(非冗余

系统),C300 是 PKS R300 以后推出的控制器,在没有特别注明的情况下,本书讨论的控制器都是指 C300 控制器。在组态 PKS 的控制器之前,必须确保 PKS 网络的 IP 基地址不为零(初始化 ERDB 后,IP 基地址默认为 0),否则,插入 C300 控制器时会给出图 3-9 所示的报错信息。在 Control Builder 中,单击"System Preferences…",弹出容错以太网(FTE)的配置窗口,切换到"Embedded FTE"标签页,如图 3-10 所示。勾选"Edit Network Parameters",输入 IP 基地址(可以理解为最小 IP 地址)和掩码。例如,某 PKS 服务器(也是本书所用的虚拟机)的 IP 地址为"10.0.1.35",可以将 IP 基地址设为"10.0.1.30"或低于"10.0.1.35"的其他 IP 均可,掩码可以输入 1~3 段,当 PKS 系统的规模较大时,一般输入一段掩码即可。完成 IP 基地址输入后,单击"OK"按钮,如果输入无误则设置的 IP 基地址生效。单击"Cancel"按钮则取消 IP 基地址的更改操作。

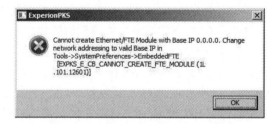

图 3-9　IP 基地址为 0 导致的报错信息

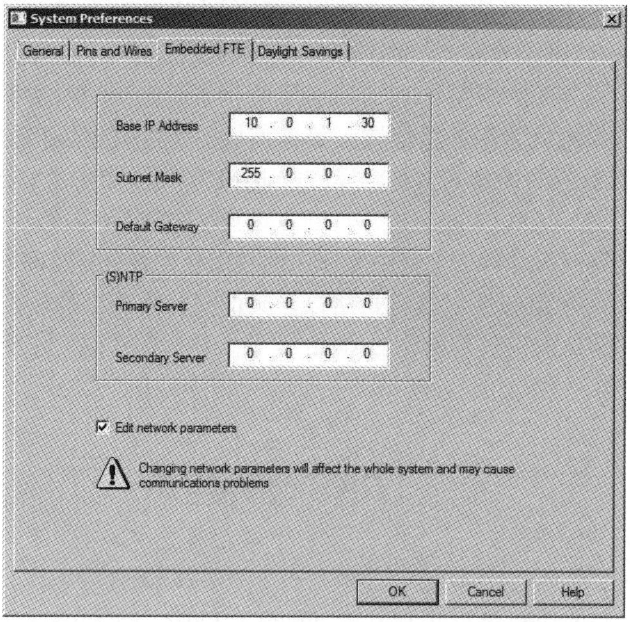

图 3-10　设置 IP 基地址

在 Control Builder 中,使用鼠标按照图 3-11 所示的顺序找到插入 C300 控制器的功能选项,即单击"File"→"New"→"Controllers"→"C300-Controller(2 I/OLinks)"即可插入一个 C300 控制器,随即弹出 C300 控制器配置对话框。对话框有多个标签页,仅需对"Main"标签页的相关参数进行配置,其他标签页相关参数保留默认值即可完成 C300 控制器的基本参数配置。需要配置的参数包括"Tag Name""Item Name #""Associated Asset

#""Device Index""Redundancy Configuration""Load to Simulation Environment""Host IP Address"和"Host Name",如图 3-12 所示。在实际工程中,"Tag Name""Item Name #"等一般由设计院或 DCS 工程的项目负责人统一规划,使其具有指向性含义,便于维护和管理。"Host IP Address"和"Host Name"需要和网络中的所有设备统一规划,确保 IP 和主机名称不存在冲突。在配置"Associated Asset #"之前,必须先使用企业资产组态工具先组态企业资产。C300 控制器组态说明与示例如表 3-4 所示。配置"Host Name"等参数时需要下拉滚动条,如图 3-13 所示。

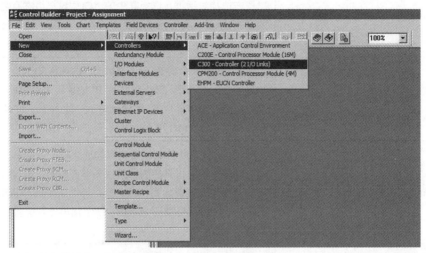

图 3-11　插入 C300 控制器

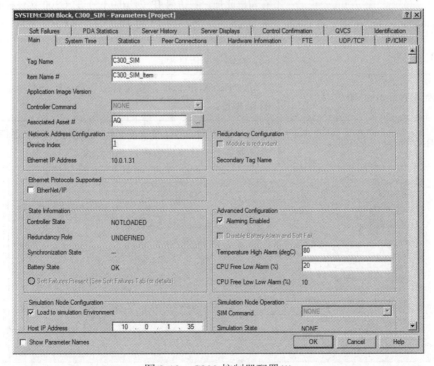

图 3-12　C300 控制器配置(1)

表 3-4　C300 控制器组态说明与示例

参数及配置示例	操 作 说 明
Tag Name：C300_SIM	在"Tag Name"输入框中输入"C300_SIM"(新建控制器时自动分配的名称一般为"C300_xxx")
Item Name #：C300_SIM_Item	在"Item Name #"输入框中输入"C300_SIM_Item"
Associated Asset #：AQ	单击"Associated Asset #"输入框右侧的浏览按钮"▆"，弹出资产选择对话框，选择其中的 AQ(假设已组态有名为"AQ"的资产)即可。实际系统的资产组态和分配一般由项目负责人确定
Device Index：1	输入 C300 控制器 IP 地址最后一段的偏移量(只能为奇数，偶数自动分配给冗余控制器)，实际 IP 地址等于基地址 + 偏移量。例如，输入偏移量为 1，基地址最后一段为 30，IP 最后一段为 31，所以"Ethernet IP Address"显示为"10.0.1.31"
Redundancy Configuration：不勾选	配置冗余 C300 控制器时需要勾选此项，使用单控制器时不勾选此项。使用仿真控制器时视为单控制器，不勾选此项。实际的系统即使配置为冗余控制器并勾选了此项，在勾选仿真控制器后，此选项自动变为灰色，便于使用仿真模式进行调试或测试
Load to Simulation Environment：勾选	使用仿真控制器，按仿真模式工作时需要勾选此项。如果没有勾选此项，则访问 IP 为 10.0.1.31 的 C300 实体控制器；如果勾选此项，则访问 IP 为 10.0.1.31 的 C300 仿真控制器。因此，调试实际的 PKS 系统，只需勾选此项，即可进行仿真调试。此例使用仿真模式
Host IP Address：10.0.1.35	可以不输入 IP 地址，输入 Host Name 后会自动填写其对应的 IP 地址
Host Name：demopks	输入 PKS 服务器的计算机名称，此处使用 PKS 虚拟机举例，PKS 服务器的计算机名称为"demopks"

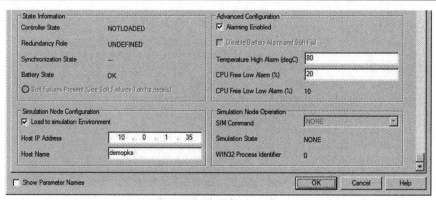

图 3-13　C300 控制器配置(2)

按照表 3-4 完成 C300 控制器基本属性配置后，单击"OK"按钮，Control Builder 的项目管理窗口的"Root"节点下会出现一个名称为"C300_SIM"节点，展开该节点，分别列出控制器"C300_SIM"的 CEE 名称和两条 I/OLink 的名称，系统自动分配的名称一般是"CEEC300_xxx""IOLINK_yyy"和"IOLINK_zzz"(xxx、yyy 和 zzz 是一串数字，一般是 3 位数)。使用鼠标双击"CEEC300_xxx""IOLINK_yyy"或"IOLINK_zzz"，分别弹出控制器执行环境(CEE)的参数配置窗口和 I/O 总线的参数配置窗口，C300 控制器 CEE 和 I/O 总线组态说明如表 3-5 所示。

表 3-5　C300 控制器 CEE 和 I/O 总线组态说明

操作对象	参数及配置示例	操作 截 屏
控制执行环境 CEEC300_xxx	Tag Name：CEEC300_SIM Item Name：CEEC300_SIM_Item 单击该窗口的"OK"按钮则保存修改并退出；单击"Cancel"按钮则取消修改并退出	SYSTEM:CEEC300 Block, CEEC300_SIM - Parameters [Project] Peer Communications｜Exchange Communications｜Display Communications EtherNet/IP Stats｜Server History｜Server Displays Main｜Peer Configuration｜Statistics｜CPU Loading Tag Name　CEEC300_SIM Item Name #　CEEC300_SIM_Item Base Execution Period　50mS
I/O 总线 IOLINK_yyy	Tag Name：IOLINK_L1 Item Name：IOLINK_L1_Item I/O Family：SERIES_C_IO_TYPE 单击"OK"按钮保存修改并退出；单击"Cancel"按钮则取消修改并退出。 注：此处必须选择 C 系列 I/O，才能使用 C 系列 I/O 模块	SYSTEM:IOLINK Block, IOLINK_L1 - Parameters [Project] Main｜Memory Statistics｜Statistics｜I/O Link Status｜I/O Status Summary Tag Name　IOLINK_L1 Item Name #　IOLINK_L1_Item Description # I/O Family　SERIES_C_IO_TYPE I/O Link Command　NONE
I/O 总线 IOLINK_zzz	Tag Name：IOLINK_L2 Item Name：IOLINK_L2_Item I/O Family：SERIES_C_IO_TYPE 单击"OK"按钮保存修改并退出；单击"Cancel"按钮则取消修改并退出。 注：此处必须选择 C 系列 I/O，才能使用 C 系列 I/O 模块	SYSTEM:IOLINK Block, IOLINK_L2 - Parameters [Project] Main｜Memory Statistics｜Statistics｜I/O Link Status｜I/O Status Summary Tag Name　IOLINK_L2 Item Name #　IOLINK_L2_Item Description # I/O Family　SERIES_C_IO_TYPE I/O Link Command　NONE
至此，从项目管理窗口看到的视图		Project - Assignment Enter Name to Search Root 　C300_SIM 　　CEEC300_SIM 　　IOLINK_L1 　　IOLINK_L2 　Unassigned

完成 C300 控制器的组态后，需要将控制器组态结果下装到 C300 控制器或 C300 仿真控制器中才能启动运行。使用鼠标选中"C300_SIM"，单击下装快捷按钮"⬇"则启动下

装过程，此时弹出警示对话窗口如图 3-14 所示，单击"Cancel"则取消下装过程，单击"Continue"则继续执行下装过程，弹出对话窗口要求用户再次确认下装操作，如图 3-15 所示。单击"Cancel"按钮则取消下载操作，单击"OK"按钮则启动下装过程。如果控制器组态无误，则动态显示下装进度直至结束；如果组态有误，则弹出报错提示窗口。注意排错之前是不能执行下装操作的。

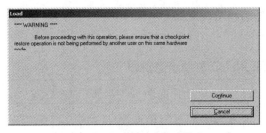
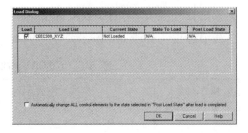

图 3-14　下装控制器警示对话窗口　　　　图 3-15　下装控制器再次确认对话窗口

下装结束后，从项目监控窗口看到的视图如图 3-16 所示。如果从项目监控窗口只能看见节点"Root"，使用鼠标右击"Root"，在弹出的选单中选择"Assignment View"即可显示出所下装的 C300 控制器，如图 3-17 所示。

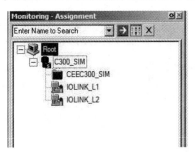

图 3-16　在监控窗口中看到的控制器　　　　图 3-17　项目监控窗口显示视图切换

在图 3-16 中，用鼠标右击"CEE300_SIM"，弹出如图 3-18 所示的菜单，选择(单击)"Change State…"，弹出控制器运行状态切换窗口，如图 3-19 所示。下拉"CEE Command"出现"IDLE""COLDSTART""WARMSTART"和"NONE"4 个选项。"IDLE"用于将控制器从运行状态切换到停止状态(空闲状态)，"NONE"表示没有任何操作或改变。"COLD START"为冷启动，根据组态的参数重新启动控制器运行。"WARMSTART"为热启动，依据上次运行时的参数启动控制器继续运行。如果只是组态了控制器，冷启动和热启动运行基本没有区别，但如果组态了控制模块(CM)和顺序控制模块(SCM)等，冷启动和热启动就有区别了。例如，在控制器运行过程中修改了 PID 控制参数和设定值等，热启动控制器则保持这些参数不变，冷启动控制器则按照组态的 PID 参数和设定值重新运行。完成控制器的运行方式选择后，单击"OK"按钮则启动控制器运行，在项目监控窗口看到控制器的颜色由蓝色变为绿色，表示控制器已经处于运行状态。至此，完成了 C300 控制器的组态、下装和运行，从监视窗口看到的效果如图 3-20 所示。

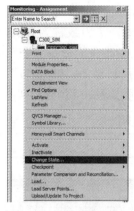

(a) 可选运行方式

(b) 选定运行方式

图 3-18　右击"CEE300_
　　　　SIM"弹出菜单　　　　图 3-19　改变控制器运行状态　　　图 3-20　监控窗口的控制器
　　　　　　　　　　　　　　　　　　　　　　　　　　　　　　　　　　　　　　视图

3.3.2　组态 C 系列 I/O 模块

为了兼容以往的 DCS 系统，PKS 支持多种 I/O 模块，其中 C 系列 I/O 模块是 PKS 的最新一代 I/O 模块，因此新投运的 PKS 系统一般选用 C 系列 I/O 模块。使用 Control Builder 组态 C 系列 I/O 模块主要有两种方法，其一是通过菜单插入 C 系列 I/O 模块，其二是从库中拖拽 C 系列 I/O 模块并将其挂接在指定控制器的 I/O 总线上。相比较而言，后者更为方便，前者无法将 C 系列模块组态到指定控制器的 I/O 总线上，需要通过分配命令将其分配到指定控制器的 I/O 总线上。

(1) 使用菜单插入 I/O 模块。单击"Flie"→"New"→"I/O Modules"→"SERIES_C_IO"→"AI-HL-High Level Analog Input，16 Channel"，如图 3-21 所示，即表示要组态 1

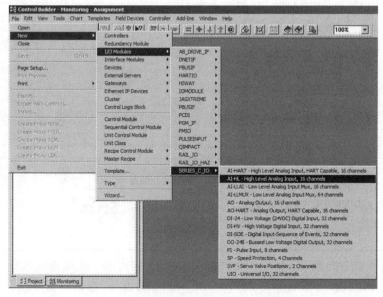

图 3-21　通过菜单插入 C 系列 I/O 模块

块高电平 C 系列模拟量输入模块，此时弹出对话窗口要求用户输入 I/O 模块的"Tag Name"

"Associated Asset#"和"IOM Number"，用户也可以选择输入"Item Name#"。完成上述参数输入后，单击"OK"即可看见在项目管理窗口的"Unassigned"节点(或称为目录)下已经加入一个名为"AI_HL_1"的 C 系列高电平模拟量输入模块。单击分配命令"■"快捷按钮，通过弹出的对象分配对话出口即可将"AI_HL_1"分配到控制器"C300_SIM"的"IOLINK_L1"I/O 总线上。C 系列高电平模拟量输入模块组态说明如表 3-6 所示。

表 3-6　C 系列高电平模拟量输入模块组态说明

操 作 说 明	操 作 截 屏
第 1 步，配置模块的参数名称 TagName：AI_HL_1 ItemName#：AI_HL_1_Item Associated Asset #：AQ IOMNumber：1 项目管理窗口"Unassigned"节点下出现"AI_HL_1"	
第 2 步，单击快捷按钮"■"进行对象分配，选中"AI_HL_1"，通过中间的选择框可选分配到"IOLINK_L1"或"IOLINK_L2"，按钮"Assign"有效	
第 3 步，单击"Assign"按钮，按钮"Assign"失效，右侧框出现"AI_HL_1"，表示"AI_HL_1"已分配到"IOLINK_L1"。选择右框中的"AI_HL_1"，"Unassign"有效，可以取消分配，此后可重新进行分配	
第 4 步，单击"Close"按钮，从项目管理窗口的"IOLINK_L1"节点可见"AI_HL_1"模块	

(2) 从库容器中拖拽 I/O 模块。下面以组态 C 系列高电平模拟量输入模块和模拟量输出模块为例，介绍拖拽方式组态 C 系列 I/O 模块的主要过程。在库容器中，有一个 SERIES_C_IO 的目录(节点)，单击其左侧的"+"号即可展开该节点，并从中找到高电平模拟量输入模块和模拟量输出模块。将其拖拽到主控制器"C300_SIM"的"IOLINK_L1"和

"IOLINK_L2"即可实现 I/O 模块的组态，拖拽方式组态 I/O 模块操作说明如表 3-7 所示。

表 3-7　拖拽方式组态 I/O 模块操作说明

操 作 说 明	操 作 截 屏
第 1 步，在库容器中按照字母排列顺序找到"SERIES_C_IO"，展开该节点，选中 C 系列高电平模拟量输入模块"AI_HL"，按住鼠标左键将其拖拽到"IOLINK_L1"上释放	
第 2 步，在弹出的对话窗口中输入 C 系列高电平模拟量输入模块的名称，如"AI_HL_2"，单击"Finish"按钮保存修改并退出，单击"Cancel"按钮则取消修改并退出	
第 3 步，在项目管理窗口中，双击刚加入的 I/O 模块"AI_HL_2"，弹出其参数配置窗口(如果第 2 步没有修改模块名称，则该模块的名称是默认的，进入参数配置窗口后也可以修改名称)	
第 4 步，在模块的参数配置窗口中输入以下参数： Tag Name：AI_HL_2 Item Name#：AI_HL_2_Item Associated Asset #：AQ IOM Number：2	
第 5 步，在库容器中按照字母排列顺序找到"SERIES_C_IO"，展开该节点，选中 C 系列模拟量输出模块"AO"，按住鼠标左键将其拖拽到"IOLINK_L1"上释放	

操 作 说 明	操 作 截 屏
第6步，在弹出的对话窗口中输入C系列高电平模拟量输入模块的名称，如"AI_1"，单击"Finish"按钮保存修改并退出，单击"Cancel"按钮则取消修改并退出	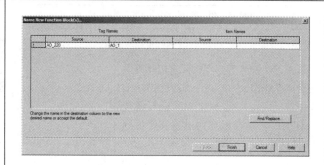
第7步，在项目管理窗口中，双击刚加入的I/O模块"AO_1"，弹出其参数配置窗口(如果第6步没有修改模块名称，则该模块的名称是默认的，进入参数配置窗口后也可以修改名称)	
第8步，在模块的参数配置窗口中输入以下参数： TagName：AO_1 ItemName#：AI_1_Item Associated Asset #：AQ IOMNumber：3	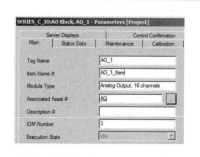

(3) 运行和停止 I/O 模块。按照表 3-7 所示的操作组态后，从项目管理器窗口可以看到组态的"AI_HL_1""AI_HL_2"和"AO_1"共计 3 块 I/O 模块。接下来需要下装才能运行所组态的 I/O 模块。一次可以单独下装 1 个 I/O 模块，也可以装多个 I/O 模块。从项目管理窗口选中"AI_HL_1""AI_HL_2"和"AO_1"(按住"Shift"键使用鼠标可以连续选中多个 I/O 模块，按住"Ctrl"键使用鼠标可以选中 1 个或多个指定的 I/O 模块，类似 Windows 的文件选中操作)，单击下装快捷按钮"🔽"即可启动下装过程。在下装过程中，弹出如图 3-22 所示的警示对话窗口，要求用户确认是否要继续进行下装操作，单击"Cancel"按钮可以取消下装操作，单击"Continue"按钮则继续进行下装操作，弹出对话窗口和待下装的对象，要求用户进行确认，如图 3-23 所示。初次学习和组态 I/O 模块时，暂时不勾选自动运行选项"Automatically Change ALL control component to…"，便于体验自己手动运行 I/O 模块的过程。单击"Cancel"按钮则可以取消下装操作，单击"OK"按钮则启动下装操作并给出下装进度的动态显示。下装结束后，可以在项目监控窗口的"IOLINK_L1"节点上看到"AI_HL_1""AI_HL_2"和"AO_1"模块。下装的模块没有运行，其图标是蓝色的。

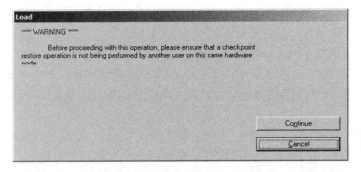

图 3-22　下装 I/O 模块警示对话窗口

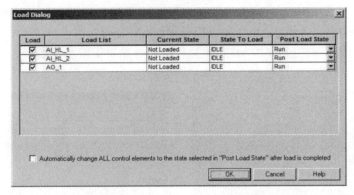

图 3-23　下装 I/O 模块再次确认对话窗口

在项目监控窗口，可以激活(运行)下装的 I/O 模块。选中已下装的"AI_HL_1""AI_HL_2"和"AO_1"模块(一次可以激活 1 个或多个，取决于选中的数量)，单击鼠标右键弹出如图 3-24 所示的菜单，选择"Active"后弹出第二级菜单，再选择"Selected Item(s)"，弹出如图 3-25 所示的对话窗口。在用户确认待激活的 I/O 模块后，单击"No"按钮则取消激活操作，单击"Yes"按钮则激活所选的全部 I/O 模块。I/O 模块成功激活后，从项目监控窗口所见的 I/O 模块的图标应该是绿色的，如图 3-26 所示。

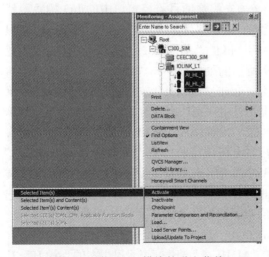

图 3-24　激活 I/O 模块的弹出菜单

图 3-25　确认所选的 I/O 模块

图 3-26　I/O 模块激活状态

如果要使某个 I/O 模块停止运行，则需要进行反向激活操作。在项目监控窗口中，选中要停止运行的 I/O 模块，单击鼠标右键弹出如图 3-27 所示的菜单，选择"Inactive"后弹出第二级菜单，再选择"Selected Item(s)"，弹出如图 3-25 所示的对话框。在用户需确认待停止(反激活)的 I/O 模块后，单击"No"按钮则取消反激活操作，单击"Yes"按钮则停止所选的全部 I/O 模块。I/O 模块停止运行后，从项目监控窗口所见的 I/O 模块的图标应该再次变为蓝色。

已经运行的 I/O 模块必须先停止才能重新下装。Control Builder 支持下装前的自动停止和下装后的自动运行，勾选相应的选项即可简化停止、下装和运行操作。例如，重新下装已经运行的"AI_HL_1""AI_HL_2"和"AO_1"模块，启动下装操作后则弹出图 3-28 所示的对话窗口，勾选"Automatically Change ALL highlighted control component to…"选项表示下装前自动停止，勾选"Automatically Change ALL control elements to…"选项表示下装后自动运行。重新下装过程中，从项目监控窗口可见 I/O 模块的图标先变为蓝色，下装结束后再次变为绿色。

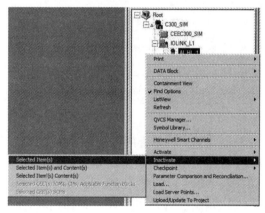

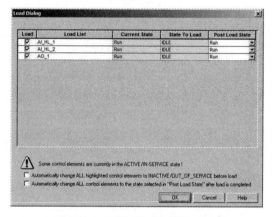

图 3-27　反激活 I/O 模块弹出菜单　　　　图 3-28　重新下装 I/O 模块对话框

(4) 删除 I/O 模块。删除 I/O 模块之前，必须先停止其运行状态，即在项目监控窗口只能删除已下装但没有运行的 I/O 模块。同理，必须先删除项目监控窗口中的 I/O 模块，然后才能在项目管理窗口中删除已组态的 I/O 模块，即在项目管理窗口中只能删除已组态但没有下装的 I/O 模块。以删除"AI_HL_2"为例，停止"AI_HL_2"后，其图标将变为蓝色，使用鼠标右击"AI_HL_2"弹出如图 3-29 所示的菜单，单击"Delete…"功能选项即可启动删除操作。在出现的警示信息对话窗口后，单击"Cancel"按钮则取消删除操作，单击"Continue"按钮则继续执行删除操作并弹出要求用户确认删除对象的对话窗口，此时单击"Cancel"按钮则仍然可以取消删除操作，单击"Delete Selected Object(s)"按钮则继续启动删除操作，如图 3-30 所示。删除操作结束后，可在项目监控窗口中查看到"AI_HL_2"模块已经不存在。在项目监控窗口删除"AI_HL_2"后，该模块就变为了已组态但尚未下装的 I/O 模块。在项目管理窗口中，使用鼠标右击"AI_HL_2"弹出如图 3-31 所示的菜单，选择"Delete…"功能选项后弹出如图 3-32 所示的对话窗口，要求用户确认所要删除的对象，此时单击"Cancel"按钮则可以取消删除操作，单击"Delete Selected Object(s)"按钮则启动删除操作。删除操作结束后，项目管理窗口的"AI_HL_2"消失，表示已组态的"AI_HL_2"模块已经被删除。

图 3-29　删除下装 I/O 模块弹出菜单

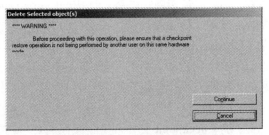

(a) 删除已下装 I/O 模块警示对话窗口

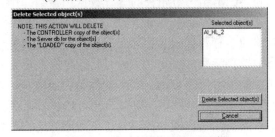

(b) 删除已下装 I/O 模块确认对话窗口

图 3-30　删除已下装 I/O 模块对话窗口

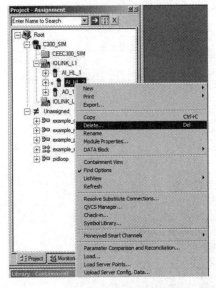

图 3-31　删除已组态 I/O 模块弹出菜单

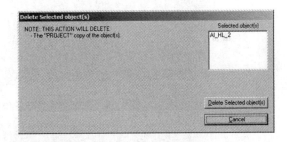

图 3-32　删除已组态 I/O 模块对话窗口

3.4　Checkpoint 文件的备份与恢复

前面介绍的控制器、I/O 模块以及后续将要介绍到的 CM 和 SCM 组态，都要涉及到下装操作才能在系统中生效并使其运行。所有组态的内容并非只是下装到了 C300 控制器，实际上 C300 控制器只是下装的目的地之一，此外，下装操作还将传向三个目的地。一是传向实时监控窗口，下装指定对象后能够从监控窗口看见所下装的对象(控制器、I/O 模块、CM

和 SCM 等)。二是传向实时数据库(Real Time Database，RTDB)，包括所有的组态信息、动态数据、报警、趋势等都包含在 RTDB 中。三是将项目组态涉及到的所有数据和参数设置都传向 Checkpoint 存储为一个文件。C300 控制器、RTDB 和实时监控窗口三者之间的数据都是实时传输和自动更新的，而 Checkpoint 文件中的数据和其他三者之间无数据传输和自动更新，需要人为操作进行更新和保存。

Checkpoint 文件是基于控制器的数据库文件，以控制器为单位，即一个控制器对应于一个独立的 Checkpoint 文件，里面保存了 C300 控制器组态、I/O 模块组态、通道组态、CM 组态和 SCM 组态等相关的运行数据和参数。用户可随时将项目下装后的所有数据和参数的设置保存到 Checkpoint 文件中，控制器停电后再次上电或 PKS 虚拟机重新启动后，C300 控制器的运行数据和参数都会丢失，此时就只能通过 Checkpoint 文件恢复 C300 控制器的运行数据和参数，因此，PKS 的运行维护人员应妥善保存 Checkpoint 文件，做好定期备份工作。如果备份的 Checkpoint 文件丢失或被损坏，只要还有项目组态备份或系统备份，重新初始化系统和全部重新下装，也可以再次恢复系统，但需要较长的时间，且只能使用项目组态的初始数据或参数，无法找回原有运行过程中修改的数据或参数。

在项目监控窗口中，使用鼠标右击需要进行 Checkpoint 文件备份或恢复操作的控制器名称(如"C300_SIM")，在弹出的菜单中选择"Checkpoint"后则弹出第二级菜单，如图 3-33 所示。单击相应的功能选项即可对 Checkpoint 文件进行备份或恢复操作。

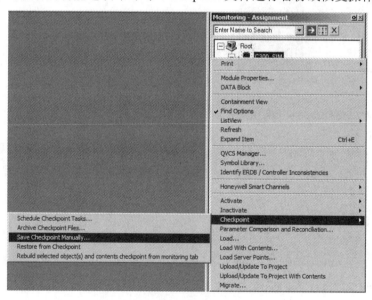

图 3-33　操作 Checkpoint 弹出菜单

3.4.1　备份 Checkpoint 文件

1. 定期备份

备份 Checkpoint 文件包括手动和定期两种备份形式。在第二级菜单中，单击选项"Schedule Checkpoint Tasks…"则启动 Checkpoint 文件自动备份操作。如果是首次启用定期备份操作或尚未建立一个定期备份任务，则弹出如图 3-34(a)所示的设置窗口。如果已经建立过定期备份任务，一般直接弹出如图 3-35 所示的定期备份任务管理窗口。在图 3-34(a) 中，"Task Name" 右侧输入框中要求输入定期备份任务的名称，如 "Auto_Checkpoint"。选中 "Available Project Node" 下方列表框中的控制器名称(多个控制器则会显示出多项名称，此例选中 "C300_SIM")，单击 " >> " 按钮，使选中的 "C300_SIM" 成为待备份 "Checkpoint" 文件的控制器，出现在 "Assigned Project Node" 下方的列表框中，如图 3-34(b)所示。选中该控制器名称，单击 " << " 按钮，则可以将其从待备份 "Checkpoint" 文件的控制器中移除。

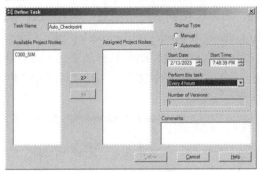
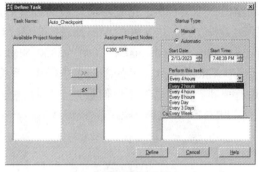

(a) 选择控制器前　　　　　　　　　　　(b) 选择控制器后

图 3-34　Checkpoint 定期备份设置窗口

勾选 "Automatic" 则视为定期备份，此时，可以设置定期备份的起始日期和时间以及间隔时间。有效的间隔时间分为 2 小时、4 小时、8 小时、1 天、3 天和 1 周，表示系统将每间隔 2 小时、4 小时、8 小时、1 天、3 天和 1 周后执行一次 "Checkpoint" 文件的自动备份工作。相关参数设置完成后，单击 "Define" 按钮以结束 "Auto_Checkpoint" 任务的建立操作，并弹出定期备份任务管理窗口。在图 3-35 中，单击 "New" 按钮则可以再次建立或新建 Checkpoint 文件定期备份任务。选中任务列表中的一项任务并单击 "Edit" 按钮则可以对该任务进行再次修改，单击 "Delete" 按钮则删除相应的定期备份任务。单击 "Refresh" 按钮则刷新列表中显示的定期备份任务，单击 "Clsoe" 则关闭该任务管理窗口。

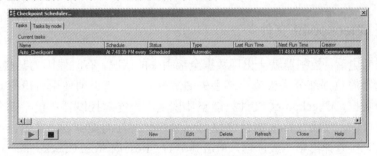

图 3-35　Checkpoint 定期备份管理窗口

Checkpoint 定期备份文件有相对固定的存储路径为，其存储路径为 "C:\ProgramData\ Honeywell\Experion PKS\Checkpoint\C300_SIM"，其中 "C300_SIM" 是控制器的名称，随控制器名称而变化。Checkpoint 自动备份文件名称一般为 "C300_SIM_LATEST.CP"，其中 "C300_SIM" 是控制器名称。该文件可以拷贝，也可以通过 Checkpoint 文件归档功能将其复制到其他目录或存储介质上。

2. 手动备份

在第二级选单中单击"Save Checkpoint Manually…"则启动 Checkpoint 文件的手动备份操作，弹出如图 3-36 所示的窗口。选中"Available"下方列表框中的控制器名称，例如"C300_SIM"，单击" >> "按钮，将其指定为需要手动备份 Checkpoint 文件的控制器并出现在"To be Saved"下方列表框中。在此列表框选中某控制器名称，" << "按钮变为有效，单击该按钮则可以移除相应的控制器。在"File Name"下方输入框中，可以输入Checkpoint 手动备份文件的名称。如果不输入文件名，系统按控制器名称、日期和时间，自动给出一个文件名。完成各项参数的设置后，单击"Save"按钮后则会生成一个 Checkpoint手动备份文件。该文件的存储路径一般为"C:\Program Data\Honeywell\Experion PKS\Checkpoint\C300_SIM\Manual"，其中"C300_SIM"是控制器名称，随控制器名称而变化。每当进行一次 Checkpoint 文件的手动备份操作，系统也会对自动备份文件"C300_SIM_LATEST.CP"进行更新。控制器发生任何数据下载时也会更新这个文件。

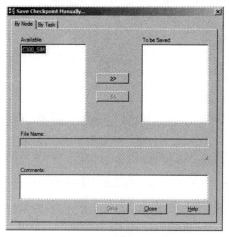
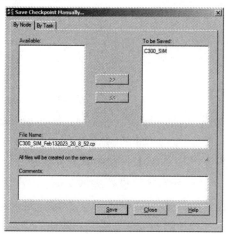

(a) 选择控制器前　　　　　　　　　　　　　(b) 选择控制器后

图 3-36　Checkpoint 手动备份操作窗口

3.4.2　恢复 Checkpoint 文件

当控制器断电后，控制器就会出现数据全部丢失的情况，有时候因为某些其他因素，也可能出现控制器的数据部分丢失或全部丢失的情况。这时就必须使用备份的 Checkpoint 文件来恢复运行数据。Checkpoint 文件只能整体恢复，不能对控制器中的一部分内容进行恢复。在监控窗口中，使用鼠标右击待恢复 Checkpoint 文件的控制器，在弹出的选单中选择"Checkpoint"，接着弹出第二级选单，单击其中的"Restore from Checkpoint"功能项即可启动 Checkpoint 文件的恢复过程，并弹出如图 3-37 所示的对话窗口。图中的列表框列出了可用的 Checkpoint 备份文件及其状态。选中某个备份文件后单击"Restore"按钮启动 Checkpoint文件的恢复过程并给出恢复过程的进度提示。控制器的数据有问题时(如控制器断电或重启PKS 虚拟机)，从项目监控窗口看到的控制器等对象的图标是红色的，恢复 Checkpoint 文件后，项目监控窗口中的控制器图标变为蓝色(需要启动才能运行)，其他对象的图标是变为蓝色还是绿色，取决于备份 Checkpoint 时各对象的运行状态。在图 3-37 中，单击"Details"

按钮,弹出指定 Checkpoint 备份文件的详细信息显示窗口,如图 3-38 所示。如果该 Checkpoint 备份文件没有任何问题,则"Modules with Entirely other than Complete"下方的列表框将没有任何显示项。如果 Checkpoint 备份文件有问题,则有问题的模块名称(包括控制器、CEE、CM 和 SCM 等)及其状态将一一显示在列表框中。

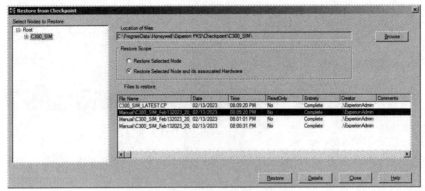

图 3-37　恢复 Checkpoint 对话窗口

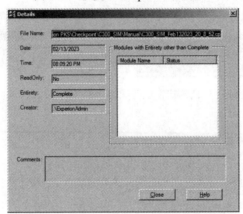

图 3-38　Checkpoint 文件详细信息显示窗口

3.4.3　归档和重构 Checkpoint 文件

1. 归档 Checkpoint 文件

PKS 系统生成的 Checkpoint 文件有着固定的存储路径。通过归档 Checkpoint 文件,我们可以将指定的 Checkpoint 文件复制到指定的文件夹。在监控窗口中,使用鼠标右击待归档 Checkpoint 文件的控制器,在弹出的菜单中选择"Checkpoint",再单击第二级菜单中的"Archive Checkpoint Files…"功能项即可启动 Checkpoint 文件的归档过程。指定控制器可用的 Checkpoint 文件以列表形式显示出来,如图 3-39 所示。单击"Source"或"Destination"右侧的"Browse"按钮,用户可以修改源路径和目的路径(已给出默认的源路径)。选中列出的一个或多个 Checkpoint 文件,单击"Archive"按钮(单击"Cancel"按钮则取消归档操作)则对选定的一个或多个 Checkpoint 文件执行归档,并弹出如图 3-40 所示的确认窗口。如果是对单个 Checkpoint 文件进行归档,单击"Yes"或"Yes to All"按钮都表示对归档进行确认。如果是对指定的多个 Checkpoint 文件进行归档,单击"Yes"按钮则会多次弹出确认窗口要求用户逐一进行确认；如果单击"Yes to All"按钮，则表示对所有指定的 Checkpoint 文件进行了确认。所以，对多个 Checkpoint 文件进行归档时，单击"Yes to All"按钮进行确认更为方便。在归档进行过程中，动态显示归档的进度，如图 3-41 所示。归档结束后，单击"OK"按钮退出归档操作。

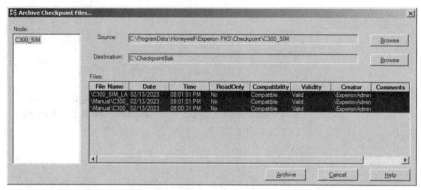

图 3-39　Checkpoint 归档操作窗口

图 3-40　Checkpoint 归档确认窗口

图 3-41　Checkpoint 归档进度显示

2. 重构 Checkpoint 文件

重构 Checkpoint 文件是指根据下装的对象、数据或参数，重新构造出一个 Checkpoint 文件。当某个控制器实在无法找到备份的 Checkpoint 文件时，可以使用重构方法来构造一个文件。重构的文件不包括下装后运行过程中修改的数据或参数，例如，回路设定值、整定的 PID 控制参数等，只能是项目组态时给出的数据和参数。在监控窗口中，使用鼠标右键点击待重构 Checkpoint 文件的控制器，在弹出的菜单中选择"Checkpoint"，再单击第二级菜单中的"Rebuild selected object(s) and contents checkpoint from monitoring tab"功能项即可启动 Checkpoint 文件的重构过程。此时弹出如图 3-42 所示的操作窗口，要求用户确认参与重构 Checkpoint 的对象。单击"Continue"按钮(单击"Cancel"按钮则取消重构操作)则针对指定的控制器启动 Checkpoint 文件的重构过程。重构的 Checkpoint 文件的存储路径及其文件名与系统自动生成的初始文件或定期自动备份的 Checkpoint 文件相同。

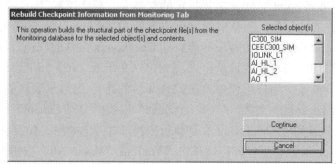

图 3-42　Checkpoint 重构操作窗口

3.5　项目的导入/导出

在一个 DCS 系统的组态过程中，一定要充分利用已有项目的资源，才能提高组态工作的效率，做到事半功倍。项目的导入/导出功能不仅可以有效利用现有 DCS 项目的工程资源，还可以作为备份工程文件的一种重要手段。导入/导出的内容包括控制器、I/O 模块、控制模块(CM)和顺序功能控制模块(SCM)等对象及其数据和参数。假设某项目的组态对象包括控制器"C300_SIM"，I/O 模块"AI_HL_1""AI_HL_2"和"AO_1"，CM 模块"PID_Demo"和"CALC"。以此项目为例，介绍项目导入/导出的操作过程。

3.5.1　项目的导出

在 ControlBuilder 中，单击"File"→"Export…"即可启动项目的导出过程，弹出如图 3-43 所示的操作窗口。单击其中的"Browse"按钮可以指定一个存放项目导出文件的路径(如"MyExport")。"Available Objects for Export"下方的列表框列出了可选的导出对象，这些对象可能包括了多个控制器、I/O 模块和 CM 块及其相关数据和参数等，每一个对象都有唯一的名称。选中该列表框中的单个或多个对象，单击"Select"按钮，即可将其加入到"Selected Objects for Export"下方的列表框，表示将要导出的对象。单击"Select All"按钮则将控制器"C300_SIM"的所有对象加入到右边列表框中，表示要导出所有对象及其数据和参数，如图 3-44 所示。选中"Selected Objects for Export"下方列表框中的单个对象或多个对象，单击"Remove"按钮，则取消指定的导出对象。

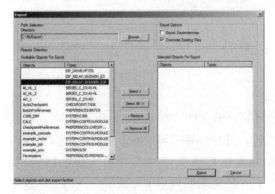
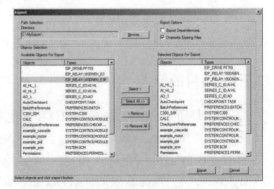

图 3-43　添加导出项前项目导出操作窗口　　　　图 3-44　添加导出项后项目导出操作窗口

单击图 3-44 中的"Remove All"按钮则取消选中的所有导出对象。单击"Export"按钮则启动导出操作，弹出图 3-45 所示的窗口并给出导出过程的进度显示。导出操作结束后，该窗口自动关闭。如果在图 3-44 中勾选了"Export Dependencies"选项，则每一个对象的导出文件中都要多一个表示从属关系的文件(文件后缀为"dep")。图 3-46(a)是没有勾选"Export Dependencies"选项时所有导出文件的列表情况，图 3-46(b)是勾选了"Export Dependencies"选项时所有导出文件的列表情况。由于每一个对象都要多一个表示从属关系的文件，当对象很多时，导出的文件数量将急剧增加，所以在导出操作的默认情况下，该选项是没有勾选的。如果执行的文件夹已经有导出文件，且未勾选"Overwrite Existing Files"选项(导出操作的默认情况下，该选项是勾选的)，将无法执行导出操作，并给出报错提示。

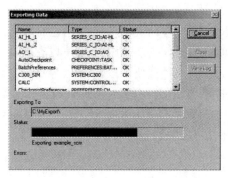

图 3-45　项目导出进度动态显示

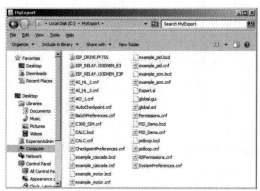

(a) 无从属关系

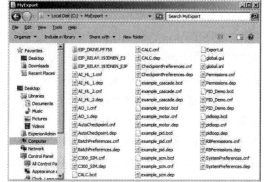

(b) 有从属关系

图 3-46　项目导出文件列表

3.5.2　项目的导入

导入项目的前提是必须有本项目和其他项目的导出文件。在 Control Builder 中，单击"File"→"Import…"即可启动项目的导入过程，弹出如图 3-47 所示的操作窗口。单击其中的"Browse"按钮可以指定一个已经存有本项目或其他项目导出文件的路径(如"MyExport")。"Available Objects for Import"下方的列表框列出了可选的导入对象，这些对象可能包括了多个控制器、I/O 模块和 CM 块及其相关数据和参数等，每一个对象都有唯一的名称。选中该列表框中的单个对象或多个对象，单击"Select"按钮，即可将其加入到"Selected Objects for Import"下方的列表框，表示将要导入的对象。单击"Select All"按钮则将其控制器"C300_SIM"的所有对象加入到右边列表框中(此例中只有一个控制器)，表示要导入所有对象及其数据和参数，如图 3-48 所示。在实际过程中，全部导入其他项目的硬件配置、CM 和 SCM 的情况很少，所以都是选择性地导入。选中"Selected Objects for Import"下方列表框中的单个或多个对象，单击"Remove"按钮，则取消指定的导出对象。单击"Remove All"按钮则取消选中的所有导入对象。

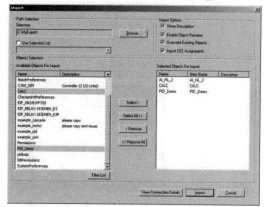

图 3-47　添加导入项前项目导入操作窗口　　　　图 3-48　添加导入项后项目导入操作窗口

在图 3-48 中，勾选"Overwrite Existing Objects"选项，导入的对象直接覆盖当前项目的相同对象(包括 I/O、CM 和 SCM 等)。如果没有勾选该选项且导入对象和当前项目中的对象相同，则无法执行导入操作并给出报错提示。勾选"Enable Object Rename"选项，则"Selected Objects for Import"下方列表框中的对象增加一列"New Name"，双击指定对象的新名称可以进行修改。如果将指定对象修改为新名称，将以新名称导入该对象，且该对象的其他属性不变。勾选"Show Description"选项，则两边列表框的对象说明信息予以显示，反之不显示。选定要导入的对象后，单击"Import"按钮则启动导入操作，弹出图 3-49所示的窗口并给出导入过程的进度显示。项目导入过程比项目导出过程慢。如果导入过程中没有任何错误，导入过程结束后进度显示窗口自动关闭。如果导入过程存在错误，则进度显示窗口"Error"下方将出现一个列表框，分别显示相关对象的出错信息。

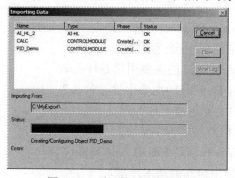

图 3-49　项目导入进度显示

为了演示导入过程，先针对控制器"C300_SIM"导出了所有对象，接着删除 I/O 模块"AI_HL_2"，CM 块"PID_Demo"和"CALC"，然后又导入这 3 个对象。导入前和导入后的项目管理窗口可见的对象如图 3-50 所示。由此表明，通过导入操作，从项目导出文件中恢复了删除的对象。

在项目的导入过程中有关注意事项：

(1) CM 块等对象都使用了过程通道，分配通道号，如果导入的 CM 块占用的通道号和当前项目已有 CM 块占用的通道号相同，则导入的 CM 块的通道号自动变为无效(通道号变为 0)，需要重新分配。

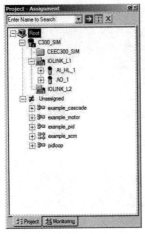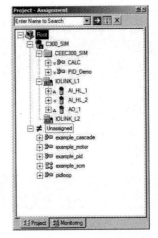

(a) 项目导入前的项目管理窗口　　　　(b) 项目导入后的项目管理窗口

图 3-50　项目导入前后的项目管理窗口

(2) CM 块和 CM 块之间使用了参数连接，但导入的 CM 块找不到连接参数对应的 CM 块(例如 CM 块名称不相同)，则导入的 CM 块的连接参数被取消，需要重新连接。

(3) 导入的 CM 块等对象原来对应的控制器、CEE 或 I/O 总线名称与当前项目的名称不相同，则导入后将被放在项目管理窗口的"Unassigned"节点下，需要用户手动将其分配到(或拖拽到)指定控制器的 CEE 或 I/O 总线上。

思　考　题

3-1　PKS 的 Configuration Studio(组态工作室)集成了哪些主要的软件？

3-2　Control Builder 的主要用途是什么？

3-3　Enterprise Model Builder 的主要用途是什么？

3-4　HMIWeb Display Builder 的主要用途是什么？

3-5　Quick Builder 的主要用途是什么？

3-6　简述组态 C300 控制器和 I/O 模块的基本步骤。

3-7　简述初始化、备份和恢复 ERDB 的逻辑顺序。

3-8　简述项目导入/导出操作的基本步骤。

3-9　举例说明无法进行项目导入操作的情形，并给出解决对策。

第 4 章   PKS 基本控制策略组态

PKS 控制策略是指使用 PKS 控制器实现设备、单元或流程工业的过程控制、逻辑控制、顺序控制或批量控制等的控制程序。一套控制系统无论其规模大小，都是由若干个数据采集点、控制回路和控制逻辑等部分组成。本章介绍 PKS 系统数据采集点(简称点)、控制回路(简称回路)、逻辑控制等基本控制策略的组态方法。

4.1   数据采集点的组态

在组态一个点之前，首先必须确保项目监控窗口看到各个对象的图标是蓝色或绿色的，否则应该使用 Checkpoint 恢复控制器的运行数据。

4.1.1   点的组态过程

在 Control Builder 中，组态一个点和组态一个控制回路都需要插入空白的 CM(Control Module)模块。插入空白 CM 块主要有两种方式。一是通过单击菜单"Flie"→"New"→"Control Module"来插入一个空白的 CM 块，如图 4-1 所示，这种方式插入的 CM 放在项目管理窗口的"Unassigned"节点下，需要使用"▤"快捷按钮将其分配到控制器的 CEE 节点或直接将其拖拽到控制器的 CEE 节点处。二是从库容器中找到"SYSTEM"节点并展开，出现对象"CONTROLMODULE"，如图 4-2 所示。选中对象"CONTROLMODULE"，一直按住鼠标左键并移动鼠标将其拖拽到控制器的 CEE 节点处释放。展开控制器的 CEE 节点则可以看到组态的数据采集点。双击新建的点，在控制策略编辑窗口显示一个空白的编辑页面。双击 CM 的空白区域，弹出该点的参数设置窗口，需要设置资产和"Server Displays"等参数。组态一个数据采集点还要用到库容器中的"AICHANNEL"和"DATAACQ"。从库容器中找到这两个对象，直接将其拖拽到 CM 块的编辑区，完成相应的参数设置后再将两个功能块连接起来就完成了点的组态过程。

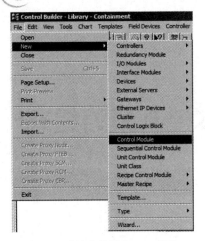

图 4-1　通过菜单插入 CM 模块

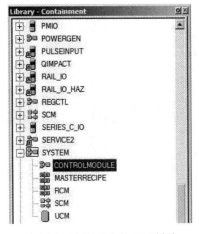

图 4-2　库容器中的 CM 模块

1. 控制模块 CM 的主要参数

控制模块的常用参数包括"TagName""Item Name #"(可选)"Parent Asset #""Engr Units"和"Point Detail Display",其中前四个参数在"Main"标签页,最后一个参数在"Server Displays"标签页。参数"Point Detail Display"默认值为"sysDtlCDA",其中的"sysDtl"表示要利用系统提供的详细信息显示画面。对于数据采集点,参数"Point Detail Display"需要设置为"sysDtlDACA",其中"DACA"表示数据采集点 CM 中的"DATAACQ"功能块的名称。此即意味着如果参数"Point Detail Display"设置为"sysDtlDACA",功能块"DATAACQ"的"Tag Name"必须设置为"DACA"。

2. 功能块 AICHANNEL 的主要参数

AICHANNEL 是实现模拟量输入和转换的功能块,必须和组态的模拟量输入 I/O 模块的类型一致。如果拖拽的 AICHANNEL 和组态的 I/O 模块不一致,则在分配 AICHANNEL 功能块的通道时将无法列出其可选的通道。功能块"AICHANNEL"的常用参数包括"Sensor Type""PV Characterization""PV Low Range""PV High Range""PV Extended Low Range""PV Extended High Range""CHANNUM""PV Source Option"和"PV Source"等,分别表示输入信号类型、测量值属性、量程下限、量程上限、超量程下限、超量程上限、通道号、测量信号源选项和测量值来源。超量程上限应该大于量程上限,超量程下限应该小于量程下限。模拟量输入信号可选的类型包括 0~5 V、1~5 V 和 4~20 mA,对应的"Sensor Type"的可组态选项依次为"0_5_V""1_5_V"和"P4_2_V"。参数"PV Characterization"的可选组态项有"Linear"和"Sqrroot"两种,分别表示输入信号和测量值量程之间采用线性变换或均方根变换。例如,某温度输入信号为 4~20 mA,量程为 0~300℃,选择线性变换且输入信号为 12 mA 时,该温度信号对应的温度值为 150℃。

参数"PV Source Option"的可组态选项有"ONLYAUTO"和"ALL"两种,如果该参数选择为"ONLYAUTO",则无须选择"PV Source"。如果该参数选择为"ALL",则"PV Source"的可组态选项有"SUB""AUTO"和"MAN"三种。如果该参数选择为"MAN",则允许手动修改"AICHANNEL"功能块的"PV"值,以便调试或验证组态的控制策略。选项"SUB"表示功能块"AICHANNEL"可以通过"SIMVALUE"引脚输入其他功能块或其他 CM 块给出的仿真值。

3. 功能块 DATAACQ 的主要参数

功能块"DATAACQ"主要用于数据变换处理和报警处理。此处介绍数据处理相关的参数，下一节再介绍报警处理相关的参数。功能块"DATAACQ"与数据处理相关的参数主要有"PV Format""PV Character""PVEU Range HI""PVEU Range Lo""PV Extended HI Limit"和"PV Extended Lo Limit"等，分别表示 PV 值的格式(小数点位数)、输入与输出数据量程变换关系、量程上限、量程下限、超量程上限和超量程下限。

参数"PV Format"的可组态选项有"D0""D1""D2"和"D3"，分别表示输出数据的小数点位数分别为 0、1、2 和 3。参数"PV Character"的可组态选项有"NONE""LINEAR"和"SQUAREROOT"，分别表示输入/输出之间为零变换(输出 = 输入)、线性变换和均方根变换。"PV Source Option"可选为"ONLYAUTO"或"ALL"，默认情况下一般选择为"ONLYAUTO"，且参数"PV Source"自动变为"AUTO"且不能修改。如果该参数选择为"ALL"，参数"PV Source"的可组态选项有"AUTO""MAN"和"SUB"。

4. 点组态基本步骤

假设某温度采集点的名称"TI001"，该点输入信号接入 I/O 模块"AI_HL_1"的 1 号通道，量程为 0～300℃。数据采集点"TI001"的详细组态步骤及其说明如表 4-1 所示。

表 4-1　数据采集点"TI001"的组态步骤及其说明

操 作 步 骤	操 作 截 屏
第 1 步，从库容器中找到节点"SYSTEM"，展开该节点后选中"CONTROLMODULE"，按住鼠标左键将其拖拽到项目管理窗口的"CEEC 300_SIM"节点处释放，弹出窗口要求用户输入新建点的名称，如"TI001"。单击"Finish"按钮进入下一步	
第 2 步，在项目管理窗口中，展开节点"CEEC300_SIM"，双击"TI001"，在弹出窗口的"Main"标签页设置如下参数： Tag Name：TI001(已设置) Item Name#：TI001_Item Parent Asset #：AQ Engr Units：DegC(℃)	
第 3 步，为便于通过 Station 站利用系统显示画面监控"TI001"，继续在弹出窗口的"Server Displays"标签页并设置如下参数： Point Detail Display #：sysDtlDACA 单击"OK"按钮关闭"TI001"弹出窗口	

操 作 步 骤	操 作 截 屏
第 4 步，展开库容器的"SERIES_C_IO"节点，再展开其中的"AI-HL"（需和 I/O 模块的组态对应），拖拽"AICHANNEL"功能块到控制策略的编辑窗口。功能块的默认名称为"AICHANNELA"	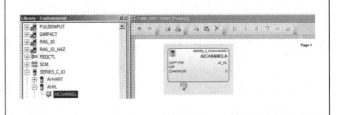
第 5 步，展开库容器的"SERIES_C_IO"节点，再展开其中的"DATAACQ"（数据采集功能块），拖拽"DATAACQ"功能块到控制策略的编辑窗口。在编辑窗口中，可以随意拖拽其中的功能块，使其布局尽量合理，便于功能块之间的连线。该功能块的默认名称为"DATAACQA"	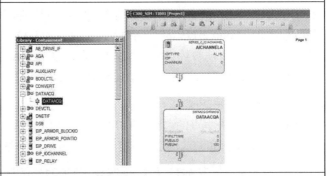
第 6 步，双击功能块"AICHANNELA"，弹出参数设置窗口要求用户配置相关参数，在其"Main"标签页仅需修改通道的名称即可。参数设置如下： Name：AI1_Ch1	
第 7 步，切换到"Configuration"标签页，设置的参数如下(其他参数取默认值)： PV Source Option：ALL PV Source：MAN 注：① 在此标签页还可以设置输入信号的类型、量程下限/上限、欠/超量程限等参数。 ② 将"PV Source"设置为"MAN"，便于手动改变输入信号以演示采集值的变化。 单击"OK"按钮确认参数设置并退出	
第 8 步，选中功能块"AI1_Ch1"框内的参数"CHANNUM"（通道号），右击鼠标弹出选单，选择其中的"Function Block Assign"为"AI1_Ch1"分配或选择通道号，弹出可选的通道号列表窗口	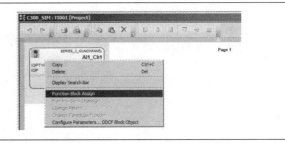

操 作 步 骤	操 作 截 屏
第 9 步, 在列表的通道号中选择一路通道, 例如, 勾选第一行表示将名为 "AI_HL_1" 的 I/O 模块的 1 号通道分配给 "AI1_Ch1"。单击 "Assign" 按钮确认并退出。 注: 如果第 4 步使用的 "AICHANNEL" 与 I/O 模块硬件组态的类型不匹配, 则此列表无法显示出可用的通道号	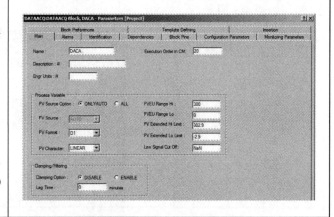
第 10 步, 双击功能块 "DATAACQA", 弹出参数设置窗口, 在其 "Main" 标签页输入如下参数: Name: DACA PV Character: LINEAR PVEU Range HI: 300 PV Extended HI Limit: 302.9 单击 "OK" 按钮确认修改并退出。 注: PV 属性选择为 "LINEAR" 则将 0~100 的输入量线性地转化为 0~300 的输出量	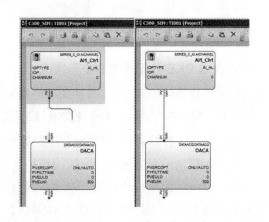
第 11 步, 连接功能块 "AI1_Ch1" 的 "PV" 引脚和功能块 "DACA" 的 "P1" 引脚。 方法一: 单击 " " 快捷按钮, 移动鼠标到 "TI001" 的 "PV" 引脚, 出现引脚选中符号(小方框)后单击鼠标引出可拖拽的连线, 再拖拽连线到 "DACA" 的 "P1" 引脚单击鼠标结束连线。 方法二: 直接使用鼠标双击 "AI1_Ch1" 的 "PV" 引脚出现引出可拖拽的连线, 再拖拽连线到 "DACA" 的 "P1" 引脚单击鼠标结束连线	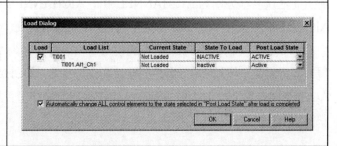
第 12 步, 关闭编辑区的 "TI001"。在项目管理窗口选中 "TI001", 单击 " " 下装, 待弹出警示对话窗口后单击 "Continue" 按钮, 再次弹出对话窗口, 确认下装的对象是 "TI001", 勾选 "Automatically change All..." 选项, 单击 "OK" 按钮确认	

完成表 4-1 列出的操作步骤后，从项目监控窗口可以看到点"TI001"已处于运行状态，该点占用的通道"AI1_Ch1"也被激活，各对象的图标变为绿色，如图 4-3 所示。默认采样周期为 1 s，每隔 1 秒动态更新采样值。在项目监控窗口，双击"TI001"，则在控制策略编辑窗口显示出控制策略的运行状态和参数值，如图 4-4 所示。此时功能块"DACA"的左边框和上边框为红色，表示其输入存在异常(输入值显示为 NaN)，这是由于"TI001"的模拟量输入通道没有施加任何信号所致。双击"AI1_Ch1"的"PV"引脚，弹出的"Request Value Change"对话窗口，在"Process Value"输入框中入 50，单击"OK"按钮确认，接着弹出"Change Online Value"对话框，单击"Yes"按钮确认。上述操作相当于给模拟量输入通道"AI1_Ch1"施加的输入信号为 50，功能块"DACA"的量程变换后，其"PV"显示值为 150，如图 4-5 所示。

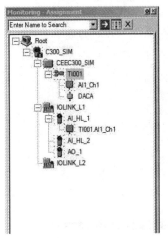

图 4-3　TI001 运行状态

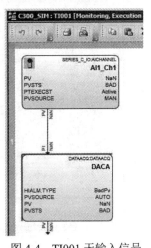

图 4-4　TI001 无输入信号

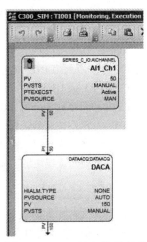

图 4-5　TI001 输入信号有效

5. 不同版本 PKS 分配通道的差异性

无论是组态数据采集点还是控制回路，都要涉及过程通道的分配，不同的 PKS 版本在处理过程通道的分配时略有不同。对于 PKSR 4.31 及其以前的版本，组态一个 I/O 模块后，系统将根据组态的 I/O 模块类型自动完成通道的分配。图 4-6 展示了模拟量输入模块完成组态后，系统将该模块所有通道自动分配为模拟量输入通道。图 4-7 展示了模拟量输出模块完成组态后，系统将该模块所有通道自动分配为模拟量输出通道。例如，组态的高电平模拟量输入模块名为"AI_HL_2"，点击"AI_HL_2"左侧的"+"展开即可看见该模块 16 个通道的默认名称分别为 AICHANNEL_01，AICHANNEL_02，…，AICHANNEL_16。如果在 AICHANNEL 功能块中分配了某个通道，则相应的通道名称将跟随"AICHANNEL"功能块中的"NAME"变化。又如，组态的模拟量输出模块名为"AO_2"，点击"AO_2"左侧的"+"展开即可看见该模块 16 个通道的默认名称分别为 AOCHANNEL_01，AOCHANNEL_02，…，AOCHANNEL_16。如果在 AOCHANNEL 功能块中分配了某个通道，则相应的通道名称将跟随 AOCHANNEL 功能块中的 NAME 变化。

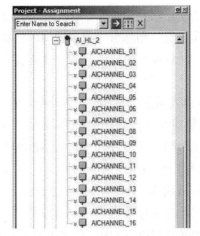
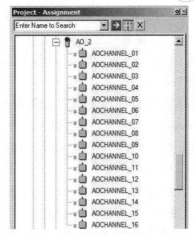

图 4-6 组态 AI 模块后自动配置为 AI 通道   图 4-7 组态 AO 模块后自动配置为 AO 通道

对于 PKSR432 及其以后的版本，组态一个 I/O 模块后，系统不会根据组态的 I/O 模块类型自动完成通道的分配。以一个名为 "AI_HL_1" 的模拟量输入模块为例，该模块完成组态后，系统将该模块所有通道视为 "SPARE" 类型，即备用状态，如图 4-8 所示。该模块的 16 个通道类型分别表示为 01:SPARE_01，02:SPARE_02，…，16:SPARE_16。此时，如果在 AICHANNEL 功能块中进行通道分配操作，将无法列出可用的通道，即表 4-1 的第 9 步操作中，Compatible Function Blocks 下方的列表为空，从而无法选择指定的通道。在图 4-8 中，选中该模块的某个备用通道(或所有备用通道)，单击鼠标右键，在弹出的选单中选择 "Channel Type Setting"，再选择 "AI"，即可将选中的某个通道(或所有通道)指定为模拟量输入通道，如图 4-9 所示。全部通道都指定通道类型后，则该模拟量输入模块的 16 个通道的名称分别变为 01:AICHANNEL_01，02:AICHANNEL_02，…，16:AICHANNEL_16。如果仅指定了某个通道或某几个通道的类型，则只有某个通道或某几个通道变为对应的名称。在图 4-9 中，选中某个通道、某几个通道或全部通道，单击鼠标右键，在弹出的菜单中选择

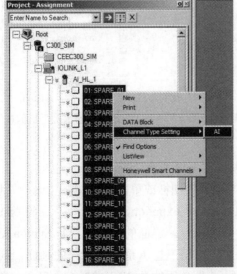
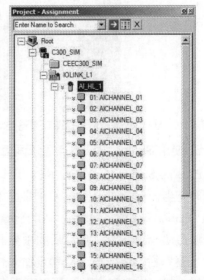

图 4-8 AI 模块备用通道视图及通道类型的设置   图 4-9 AI 模块设置通道类型后的视图

"Delete"，则选择的某个通道、某几个通道或全部通道重新恢复成备用状态，即"SPARE"状态。如果某个通道已经使用，则需要先从 Monitor 窗口删除引用某个通道的点和某个通道，再从"Project"窗口删除引用某个通道的点，最后再删除某个通道，才能使其恢复到"SPARE"状态。

模拟量输出通道的类型设置和模拟量输入通道的类型设置步骤相似。以一个名为"AO_2"的模拟量输出模块为例，该模块完成组态后，系统也将该模块所有通道视为"SPARE"类型，如图 4-10 所示。该模块的 16 个通道类型分别表示为 01:SPARE_01，02:SPARE_02，…，16:SPARE_16。在图 4-10 中，选中该模块的某个备用通道(或所有备用通道)，单击鼠标右键，在弹出的选单中选择"Channel Type Setting"，再选择"AO"，即可将选中的某个通道(或所有通道)指定为模拟量输出通道，如图 4-10 所示。全部通道都指定通道类型后，则该模拟量输出模块的 16 个通道的名称分别变为 01:AOCHANNEL_01，02:AOCHANNEL_02，…，16:AOCHANNEL_16，如图 4-11 所示。同理，在图 4-11 中，选中某个通道、某几个通道或全部通道，单击鼠标右键，在弹出的菜单中选择"Delete"，则选择的某个通道或某几个通道或全部通道将重新恢复成"SPARE"状态。如果某个通道已经使用，恢复到"SPARE"状态的步骤和模拟量输入通道类似。

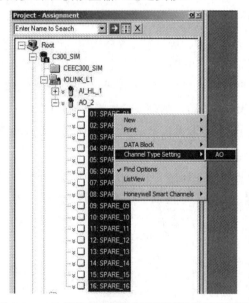

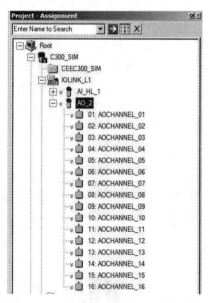

图 4-10　AO 模块备用通道视图及通道类型的设置　　图 4-11　AO 模块设置通道类型后的视图

6. 使用 Station 站调出点显示画面

PKS 的 Station 站是一种 Flex 操作站，其硬件可以是普通的计算机，也可以使用服务器同时充当一台 Station 站。双击桌面上的"Station"图标或单击 Windows Start 快捷菜单中的"Station"或单击程序组"All Programs\Honeywell Experion PKS\Server"中的"Station"都可以启动 Station 站，启动后的主界面如图 4-12 所示。界面的顶部分别是 Station 站的标题栏、菜单栏、快捷按钮栏和点输入栏，中间区域用于显示系统或用户的画面，底部是状态栏。状态栏右侧分别显示 PKS 服务器名称(此例使用的是 PKS 虚拟机，只有一台服务器，即 demopks)、操作站编号(此例为 Stn01)和操作级别。如果资产权限是按操作站分配的，启动 Station 站时自动登录并连接到 PKS 服务器，且默认的权限是操作员。如果资产权限是按用户分配的，启动 Station 站时不会自动登录，只有输入正确的用户名和密码才能登录。

图 4-12　Station 站启动主界面

Station 站支持四种操作权限，分别是操作员、值长、工程师和经理，对应的登录用户名分别是"Oper""Supv""Engr"和"Mngr"，默认密码一般是"oper""supv""engr"和"mngr"。任何一台操作站都允许切换这 4 种操作权限。当操作权限是操作员时，双击右下角的"Oper"，直接输入密码"supv""engr"或"mngr"，就可以将操作权限由操作员分别切换为值长、工程师或经理，右下角的显示也由"Oper"分别变为"supv""engr"或"mngr"，双击这些名称可以再次切换操作权限。

单击点查找快捷按钮"🔍"，在点查找栏弹出一个输入框，如图 4-13 所示，在其中输入点的名称，即点对应的 CM 模块的名称"TI001"，单击"OK"按钮，Station 站即可调出"TI001"的详细显示界面，如图 4-14 所示。该界面有"Main""Alarm"和"Chart"三个标签页，其中"Main"标签页为"TI001"的详细显示界面，包括了测量值、量程、测量值来源和报警状态等参数，并且给出了该点的棒图显示。对于液位或位移等工业过程参数，棒图的动态变化能更为直观地表达出测量值的变化。棒图中的"Simulation"表示该点值是仿真的，"M"表示该点的值是手动修改的。只有设置了报警功能，系统才会检测并给出报警信息，红色"●"表示有相应的报警状态产生。

图 4-13　通过 Station 站查找点

图 4-14　TI001 详细显示界面

　　单击"Chart"标签页，Station 站即可显示出"TI001"的控制策略组态流程图(简称流程图)及其运行状态，和在项目监控窗口双击"TI001"打开的流程图是一致的，如图 4-15所示。在此图中，双击功能块"AI1_Ch1"的"PV"引脚仍然可以修改模拟量通道的输入值，和在项目监控窗口的操作完全相同，且修改的值可以随时从左侧的棒图中观察到，更方便调试。

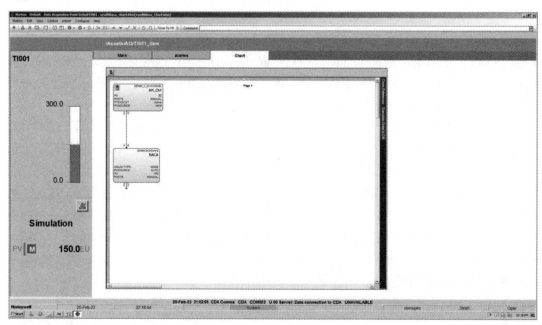

图 4-15　TI001 组态图监控界面

4.1.2　报警类型与报警参数

报警处理是计算机控制系统的基本功能之一。报警类型主要有上限报警(或称之为高限报警)、上上限报警(或称之为高高限报警、上限报警加深或第二级上限报警)、下限报警(或称之为低限报警)、下下限报警(或称之为低低限报警、下限报警加深或第二级下限报警)等。在某些工况下，也可以设置偏差报警、变差变化率报警等。相应地，与报警处理相关的参数有报警上限、报警上上限、报警下限、报警下下限、报警死区(包括上上限报警死区、上限报警死区、下限报警死区和下下限报警死区)、报警延时(包括上上限报警生效延时、上限报警生效延时、下限报警生效延时、下下限报警生效延时；上上限报警解除延时、上限报警解除延时、下限报警解除延时、下下限报警解除延时)、报警时间、报警优先级和报警严重性等级等。一个变量的报警的产生与报警的解除逻辑关系如图 4-16 所示，该变量的数值可以是通过 I/O 模块采集而得的测量值，也可以某些变量经过某种运算而得的计算值。图中的"HHL"和"HL"分别是报警上上限和报警上限，"LL"和"LLL"分别是报警下限和报警下下限；"DB1"～"DB4"分别是解除上限报警、解除上上限报警、解除下限报警和解除下下限报警的死区。"t_1"和"t_2"分别是产生上限报警和上上限报警的延时时间；"t_3"和"t_4"分别是解除上限报警和上上限报警的延时时间；"t_5"和"t_6"分别是产生下限报警和下下限报警的延时时间；"t_7"和"t_8"分别是解除下下限报警和下限报警的延时时间。

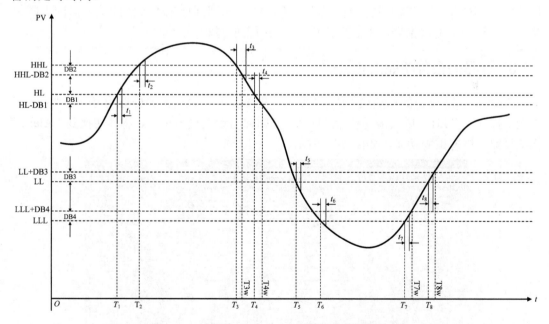

图 4-16　功能块 DATAACQ 报警限及其逻辑关系

产生报警取决于变量的值是否越过报警限位值和产生报警延时时间是否到达两个因素。以图 4-16 为例，如果没有设置产生上限报警、上上限报警、下限报警或下下限报警的延时时间，则变量将分别在 T_1 时刻、T_2 时刻、T_5 时刻或 T_6 时刻后产生上限报警、上上限报警、下限报警或下下限报警。如果设置了产生上限报警、上上限报警、下限报警或下下限报警的延时时间，则变量在 T_1 时刻、T_2 时刻、T_5 时刻或 T_6 时刻后均不会立即产生报警，而是要分别等待 "t_1""t_2""t_5" 和 "t_6" 延时时间后才会分别产生上限报警、上上限报警、下限报警或下下限报警。

解除报警取决于变量的值是否回归报警限位值以内、是否越过报警死区和解除报警延时时间是否到达三个因素。同样以图 4-16 为例，如果没有设置解除上限报警、上上限报警、下限报警或下下限报警的死区以及解除相应报警的延时时间，则变量将分别在 T_3 时刻、T_4 时刻、T_7 时刻或 T_8 时刻后将分别解除上上限报警、上限报警、下限报警或下下限报警。如果设置了解除报警的延时时间或报警死区，或者同时设置了解除报警的延时时间和报警死区，则变量在 T_3 时刻、T_4 时刻、T_7 时刻或 T_8 时刻后均不会解除相应的报警状态。以解除上限报警为例，如果只设置了解除上限报警的延时时间，则变量在 T_3 时刻不会解除报警，需要等待 "t_3" 延时时间后再解除上限报警。如果只设置了解除上限报警的死区 "DB1"，则在 T_3 时刻后同样不会立即解除上限报警，而是要等到变量的值低于报警上限 "HL" 再回落一个死区 "DB1" 后才会解除上限报警，即变量的值要低于 "HL-DB1" 才会解除上限报警。正因为如此，报警死区又称之为报警回差。如果同时设置了解除上限报警的延时时间和死区，则需要两个条件都满足才会解除上限报警。即变量在 T_3 时刻后不会立即解除报警状态，要等待 "t_3" 延时时间到达且变量越过上限报警死区 "DB1" 后才会解除上限报警。也就是说，即使 "t_3" 延时时间到达而变量回落的值没有越过死区 "DB1" 是不会解除上限报警状态的；同理，即使变量回落的值已越过死区 "DB1"，而解除上限报警的延时时间 "t_3" 未到同样也不会解除该变量的上限报警状态。解除上上限报警、下限报警和下下限报警的过程与此相似。

4.1.3　变量的报警功能组态

Control Builder 中的功能块 "DATAACQ" 能够实现强大的报警处理功能。以 "TI001" 为例，打开 "TI001" 后双击功能库 "DACA" 则弹出参数设置窗口，将其切换到 "Alarm" 标签页即可组态报警功能，如图 4-17 所示。

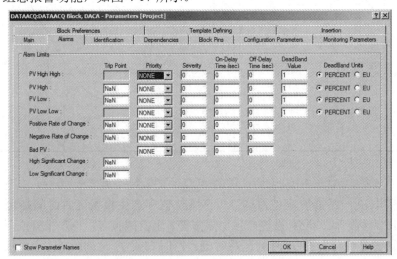

图 4-17　DATAACQ 的报警功能

标识了"Alarm Limits"的框线内列出了与报警组态相关的报警限和报警属性等参数。

(1) 第 1 列为报警名称，其对应的中文名称或含义如表 4-2 所示。

表 4-2　DATAACQ 报警类型及其含义

Alarm Limits	中文名称或含义	Alarm Limits	中文名称或含义
PV High High	报警上上限	Positive rate of Change	正向变化率，即往增大方向变化的速率
PV High	报警上限	Negative rate of Change	负向变化率，即往减小方向变化的速率
PV Low	报警下限	High Significant Change	产生上限报警后重新给出警示的增加量
PV Low Low	报警下下限	Low Significant Change	产生下限报警后重新给出警示的减小量
Bad PV	测量值异常		

(2) 第 2 列用于设置报警限，设置报警上上限之前，必须先设置报警上限，否则报警上上限输入框是灰色的(禁止输入)；同理，设置报警下下限之前，必须先设置报警下限，否则报警下下限输入框是灰色的(禁止输入)。标有"Trip Point"的第 2 列是报警限输入框，每个输入框与其左侧的报警名称一一对应。

(3) 标有"Priority"的第 3 列是报警优先级输入框，单击输入框右侧的"▼"按钮会弹出报警优先级选项，可选的报警优先级有"JOURNAL""LOW""HIGH"和"URGENT"，其中"JOURNAL"级别最低，"URGENT"级别最高。

(4) 标有"Severity"的第 4 列用于设置报警严重性程度，当不同的变量具有相同报警优先级时，通过赋予该参数不同的值则可以更好地细分各个变量之间的报警优先级。

(5) 标有"On Delay Time(sec)"的第 5 列用于设置产生各类报警的延时时间。

(6) 标有"Off Delay Time(sec)"的第 6 列用于设置解除各类报警的延时时间。

(7) 标有"Dead Band Value"的第 7 列用于设置解除各类报警的死区。

(8) 标有"Dead Band Units"的第 8 列用于选择报警死区的单位，其中"PERCENT"为百分数，"EU"为工程量。

假设"TI001"的报警上限为 220℃，报警优先级为"High"；报警上上限为 240℃，报警优先级为"URGENT"；报警下限为 180℃，报警优先级为"Low"；报警下下限为 160℃，报警优先级为"URGENT"。产生上上限报警的延时时间为 5 s，解除上上限报警的延时时间为 5 s，产生下下限报警的延时时间为 5 s，解除下下限报警的延时时间为 5 s。解除上限报警的死区为 5℃，解除下限报警的死区为 5℃。

依据上述报警参数完成的报警组态结果如图 4-18 所示。此时，单击"OK"按钮则可以使组态的报警功能生效，单击"Cancel"按钮则放弃组态的报警参数。

完成了报警参数设置后，关闭"TI001"并执行下装操作。为了简化过程，下装"TI001"弹出确认窗口时可以勾选"Automatically change ALL highlighted control elements…"和"Automatically change ALL control elementsto…"，便于下装前自动停止"TI001"，下装后自动运行"TI001"。下装结束后，可以从项目监控窗口看到"TI001"仍然处于运行状态。

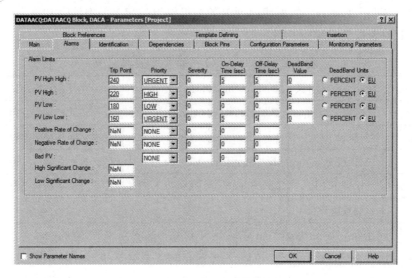

图 4-18　DATAACQ 的报警组态示例

　　启动 Station 站，调出"TI001"的详细显示画面，切换到"Chart"标签页，便于仿真验证报警信号的产生和解除过程。双击功能块"AI1_Ch1"的"PV"引脚并将模拟量输入通道的值修改为 70，功能块"DACA"经过量程变换后的值为 210℃，该值没有越过任何报警限，因此没有任何报警信号产生，如图 4-19 所示。将"AI1_Ch1"的输入值修改为 75，对应的"TI001"的工程量为 225℃，等待 5 s 后可以看到"TI001"发生了上限报警，如图 4-20 所示。界面的左侧为"TI001"的显示面板，右侧为"TI001"的详细信息。显示面板上呈现了"TI001"的棒图指示和数字显示，并使用不同的符号和名称表示不同的报警。闪烁的、带黄色背景的"△"符号连同字符串"PvHi"表示产生了上限报警；闪烁的、带红色背景的"▮"符号连同字符串"PvHiHi"表示产生了上上限报警；闪烁的、带淡蓝色背景的"▼"符号连同字符串"PvLo"表示产生了下限报警；闪烁的、带红色背景的"▮"符号连同字符串"PvLoLo"表示产生了下下限报警。界面右侧的详细显示信息同样包括了报警状态的显示，并在标识有"Alarm enable and summary"的下方区域以指示灯图标的形式显示出"TI001"的不同报警状态。没有相应的报警产生时，对应的指示灯是黑色的，提示符为"off"。有报警信号产生时，对应的报警指示灯变为红色，提示符为"on"。例如，当图 4-14 的"PV high-high"的报警指示灯变为红色，提示符为"on"时，表示"TI001"产生了上限报警。只要有任何一类报警产生，CM 块也会给出报警信息，即"Control module in alarm"的指示灯也变为红色，提示符也是"on"。

　　根据图 4-18 中的报警参数，"TI001"测量值的大小与其报警状态的变化如表 4-3 所示。当"TI001"的值上升到 225℃时，立即产生上限报警；当"TI001"的值继续上升到 246℃时，延时 5 s 后才产生上上限报警(上限报警仍然有效)。当"TI001"的值回落到 219℃，延时 5 s 后解除上上限报警。尽管此时的测量值已经低于报警上限，但由于尚未穿越上限报警死区，因此不会解除上限报警。当"TI001"的值继续回落到 213℃时，已穿越报警死区，解除上限报警。当"TI001"的值降到 174℃时，立即产生下限报警；当"TI001"的值继

续降到 159℃时，延时 5 s 后产生下下限报警(下限报警仍然有效)。当"TI001"的值回升
到 183℃时，延时 5 s 后解除下下限报警。尽管此时的测量值应大于报警下限，但由于尚未
穿越下限报警死区，因此不会解除下限报警。当"TI001"的值继续回升到 186℃时，已穿
越下限报警死区，解除下限报警，呈现正常状态。

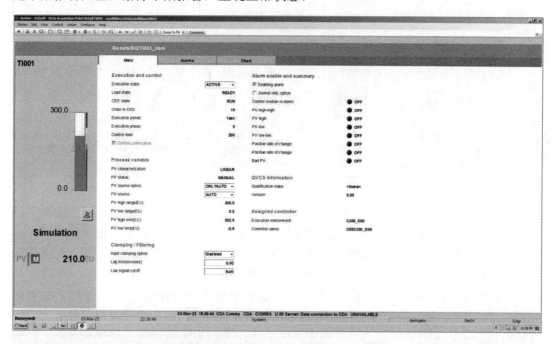

图 4-19　TI001 没有报警时的详细显示界面

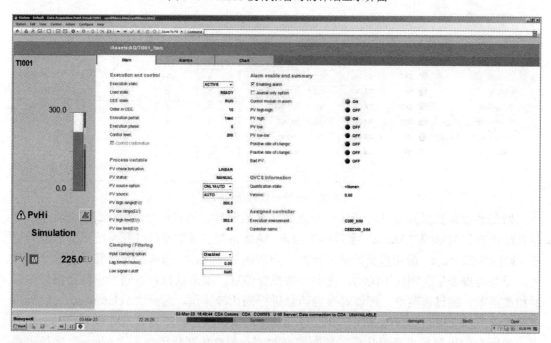

图 4-20　TI001 发生上限报警时的详细显示界面

表 4-3　TI001 测量值的大小与其报警状态

TI001 PV	225℃	246℃	219℃	213℃	174℃	159℃	183℃	186℃
报警状态	产生上限报警	产生上上限报警	仅解除上上限报警	解除上限报警	产生下限报警	产生下下限报警	解除下下限报警	解除下限报警
报警状态截屏	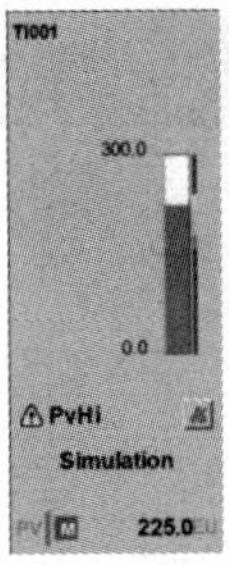	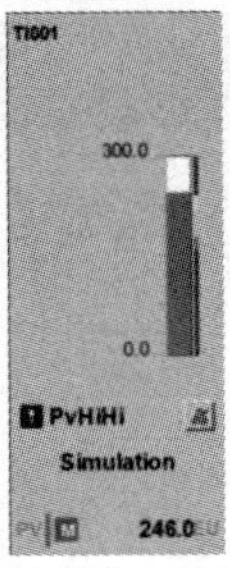	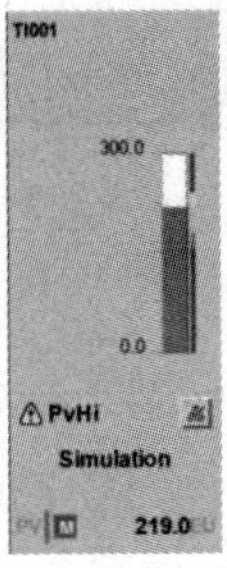	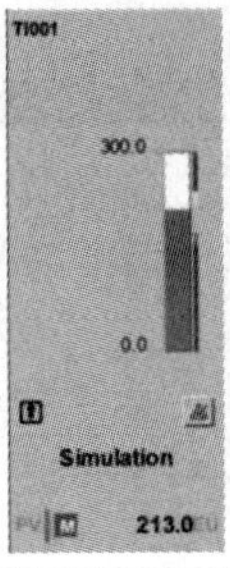	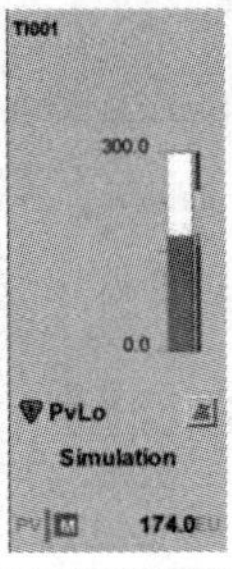	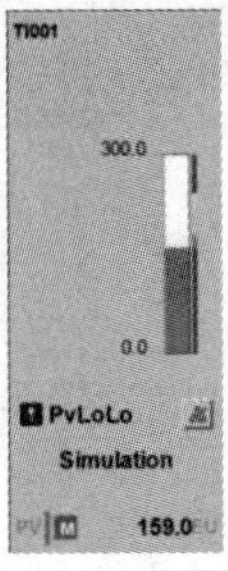	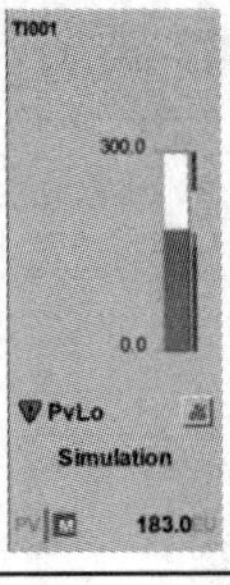	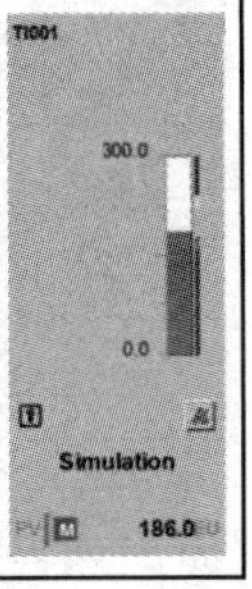

报警参数既可以在项目组态时进行设置，也可以在项目运行后进行在线修改。在"TI001"的详细显示界面中，切换到"Alarm"标签页即可在线修改报警参数，如图 4-21 所示。启动 Station 站时，默认的操作权限是"Oper"，该权限是不能修改报警参数的。双击界面右下角的"Oper"，在弹出的对话窗口输入密码"engr"或"mngr"，则可将操作权限修改为工程师或经理级操作权限。使用这两种权限都可以在线修改报警参数。不过，在运行状态修改的报警参数，当重新下装项目或重新恢复"Checkpoint"后，这些参数可能会丢失。应该通过相应的操作流程将其传至项目中或直接在项目中修改报警参数。

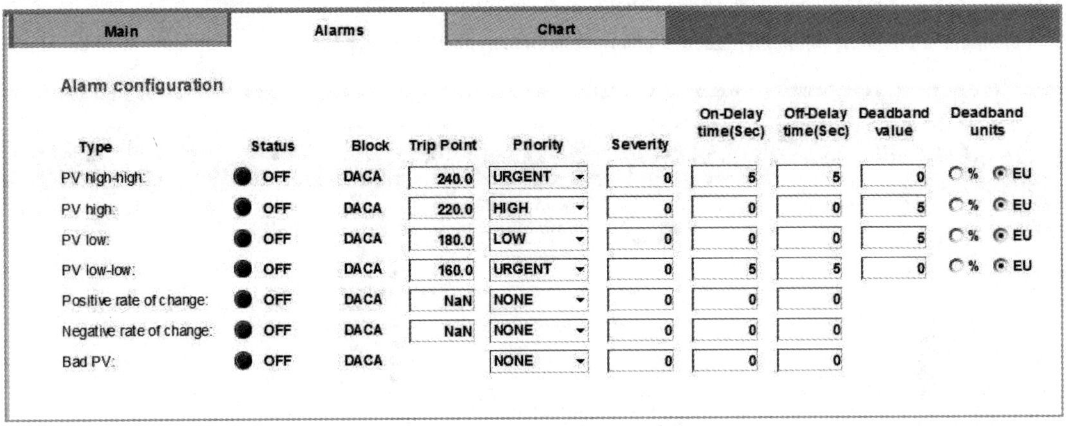

图 4-21　报警参数的在线修改

如果系统存在报警信息，任何一个点的详细显示界面的状态行(界面底部)会显示一个带有红色背景闪烁的"Alarm"字符串，双击"Alarm"字符串即可打开系统报警信息一览表，如图 4-22 所示。最新报警始终显示在一览表的第一行，并随着最新报警信息的不断产生，原有的报警信息则往下滚动。选中一条报警信息，单击鼠标右键则弹出操作报警信息的相关菜单，通过该菜单，可以对报警信息进行确认等操作。选择"Acknowledge Alarm"则对选中的报警信息进行确认操作，已经确认后的报警信息将不再显示在报警信息一览表中。当所有的报警信息都确认后，界面底部状态行带红色背景闪烁的"Alarm"字符串将自动消除。

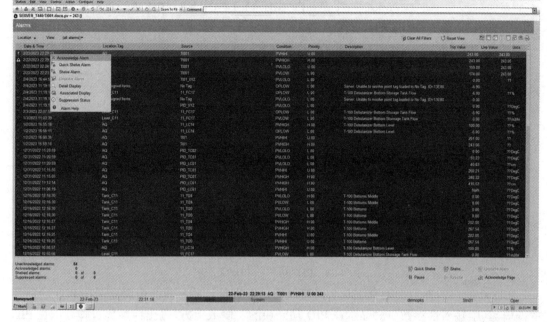

图 4-22　系统报警信息一览表

4.2　单回路 PID 控制组态

单回路控制是过程控制系统的基本单元，即使是复杂生产过程的控制系统，也可以将其分解为若干个单回路控制和若干个多回路控制。本质上，多回路控制仍然可以分解为单回路控制，因此各类 DCS 系统一般只提供单回路常用的算法功能块，例如 PID 功能块。在各类回路控制算法中，PID 控制算法的应用最为广泛，90%以上的回路都采用了 PID 控制算法，因此，单回路 PID 控制是 DCS 系统的基本控制策略之一。

4.2.1　PID 功能块的主要参数

一个单回路控制系统的基本结构如图 4-23 所示，$D(s)$ 为控制器，可以是广泛使用的 PID 控制器等，$G(s)$ 是控制对象，例如水箱、加热炉、精馏塔、吸收塔、再生塔等。一个闭环控制系统至少需要一个模拟量输入通道采集控制对象的过程参数，例如温度、压力、液位或流量等，至少需要一个模拟量输出通道输出 4～20 mA 控制信号，通过控制调节阀的开度，进而改变物料流量或能量，促使被控变量逼近设定值，将其偏差控制在允许范围内。$R(s)$ 是设定值，DCS 系统常用"SP"或"SV"表示，$Y(s)$ 是测量值，DCS 系统常用"PV"表示，$E(s)$ 是控制系统偏差，即设定值与测量值之间的差值，$U(s)$ 是控制量，也是控制器的输出，DCS 系统中常用"OP"或"MV"表示(或称之为操作变量或操纵变量)。在 PKS 系统的 Control Builder 的库容器中，提供了一个名为"REGCTL"的节点，该节点汇集了常规控制(Regular Control)功能块，包括常用的 PID 功能块，如图 4-24 所示。

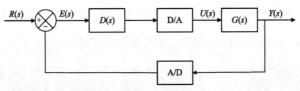

图 4-23　单回路控制方框图

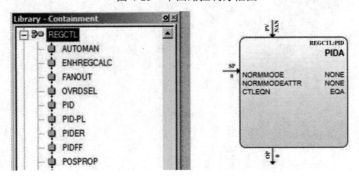

图 4-24　PKS 提供的 PID 算法块

PID 功能块的参数大约有 230 个,可以通过组态使这些参数的引脚显示在 PID 功能块的四周,其中输入性参数引脚显示在 PID 功能块的左侧或上方,输出性参数引脚显示在 PID 功能块的右侧或下方。这些参数中,大约有 130 个参数还可以组态为不带引脚的参数。带有引脚的参数可以通过功能块与功能块之间的连线实现参数传递,不带有引脚的参数,只能在组态时设置或通过程序或 HMI 进行修改。默认情况下,PID 功能块仅有设定值"SP"、测量值"PV"和控制量"OP"(操作变量)三个参数的引脚是可见的,其他参数则根据需要增加或删除。PID 功能块的主要参数及其含义如表 4-4 所示。

表 4-4　PID 功能块常用参数

参数名称	简 要 说 明
PVMANOPT	即 Manual PV Option。用来指明当 PVSTS 变为手动时功能块所采取的模式及输出,可供的选择如下。 NO_SHED:没有变化。 SHEDHOLD(缺省):将模式置为手动,模式属性置为操作员,禁止外部模式切换(ESWPERM)并将输出保持在上一个好的值
SHEDLOW	将模式置为手动,模式属性置为操作员,禁止外部模式切换(ESWPERM)并将输出置为扩展下限值(OPEXLOLM)
SHEDHIGH	将模式置为手动,模式属性置为操作员,禁止外部模式切换(ESWPERM)并将输出置为扩展上限值(OPEXHILM)
SHEDSAFE	将模式置为手动,模式属性置为操作员,禁止外部模式切换(ESWPERM)并将输出置为组态的安全值(SAFEOP)
NORMMODE	即 Normal Mode。当在 Station 站显示界面中,切换控制到正常功能(Control to Normal)时,PID 功能块将要切换到的工作模式。可能的选择为 MANual(手动)、AUTOmatic(自动)、CAScade(串级)、BackupCAScade(备用串级)、NONE(无)和NORMAL(正常)。对于特定的功能块,并非所有的选择均适用,缺省选择为 NONE

参数名称	简　要　说　明
MODE	用来指定功能块的当前模式。可能的选择为 MANual(手动)、AUTOmatic(自动)、CAScade(串级)、BackupCAScade(备用串级)、NONE(无)和 NORMAL(正常)。并非所有的选择都适用于某个特定的功能，缺省选择为 MANual
MODEATTR	即 Mode Attribute。设置功能块的模式属性，可能的选择为 NONE(无)、OPERATOR(操作员)ROGRAM(程序)和 NORMAL(正常)，缺省选择为 OPERATOR。MODEATTR 用来确定是操作员还是程序可以修改功能块中的参数
MODEPERM	即 Permit Operator Mode Changes。用来确定是否允许操作员改变模式，缺省为禁止(不选择)，改变 MODE 不会影响 NORMMOD
ESWPERM	即 Permit External Mode Switch。用来确定是否允许通过用户组态的联锁来进行外部模式切换，至少需要具有工程师访问权限才能修改，缺省为禁止(不选择)
ESWENB	即 Enable External Mode Switching。用来确定选择 ESWPERW(允许)时，是否只能利用用户组态的联锁来进行外部模式切换
SECINITOPT	即 Enable Secondary Initialization Option。用来确定是否此功能块忽略来自次级的初始化和超驰请求，缺省选择为允许(选择，不忽略)
SIOPT	即 Safety Interlock Option。用来确定当出现安全联锁报警时，功能块将采取的模式及输出值 OP，可能的选择为 NO_SHED、SHEDHOLD、SHEDLOW、SHEDHIGH 和 SHEDSAFE，缺省选择为 SHEDHOLD
BADCTLOPT	即 Bad Control Option。用来确定如果 CV 值变为坏值，功能块将采取的模式及输出值，可能的选择为 NO_SHED、SHEDHOLD、SHEDLOW、SHEDHIGH 和 SHEDSAFE，缺省选择为 NOSHED
CTLEQN	即 Control Equation Type。用来指定功能块所使用的控制公式，可供选择的为 EQA、EQB、EQC、EQD 和 EQE，有关细节请见 PID 功能块的"PID 公式"这一节，缺省选择为 EQA
CTLACTN	控制作用。用来指定功能块是提供正向控制作用(DIRECT)还是反向控制作用(REVERSE)，缺省选择为 REVERSE，表示当输入增加时输出则减少
T1	用来指定控制算式中的积分项所使用的积分时间，单位为 min
T1HILM	即 TI High Limit，用来指定积分时间的上限值，以分钟表示，缺省值为 1440
T1LOLM	即 TI Low Limit，用来指定积分时间的下限值，以分钟表示，缺省值为 0
T2	用来指定控制算式中的微分项所使用的微分时间，单位为 min
T2HILM	即 T2 High Limit，用来指定微分时间的上限值，以分钟表示，缺省值为 1440
T2LOLM	即 T2 Low Limit，用来指定微分时间的下限值，以分钟表示，缺省值为 0
GAINHILM	即 High Gain Limit，用来指定增益(K)的上限值。如果 K 超出这个值，它被钳位在这个值，缺省值为 240

参数名称	简 要 说 明
GAINLOLM	即 Low Gain Limit，用来指定增益(K)的下限值。如果 K 小于这个值，它被钳位在这个值，缺省值为 0
GAINOPT	即 Gain Options，用来指定在 PID 公式中所使用的增益项的类型。缺省选择为 LIN(线性)，可能的选择为： LIN：线性增益选项提供的比例控制作用为一个常量 K 乘以偏差(PV-SP)，此选项适用于公式 A、B 和 C。 GAP：当 PV 处于设定值周围一个用户指定的窄带 GAP 内时，GAP 增益选项可以降低控制作用的灵敏度，此选项适用于公式 A、B 和 C。 NONLIN：非线性增益选项提供的比例控制作用为偏差的平方而不是偏差，此选项适用于公式 A、B 和 C。 EXT：外部增益选项利用来自过程、其他功能块或用户程序的输入值来修改增益值 K，利用此选项可以补偿非线性的过程增益，也就是可以不依赖于过程的通常工作点来调整 PID 的增益
K	即 Overall Gain，用来指定在 PID 公式中用于进行比例计算的增益值
GAPHILM	即 Gap High Limit，用来指定在计算窄缝增益时窄缝的上限值，以工程单位表示
GAPLOLM	即 Gap Low Limit，用来指定在计算窄缝增益时窄缝的下限值，以工程单位表示
KMODIFGAP	即 Gap Gain Factor，用来指定当 PV 输入处于用户指定的窄带范围内，计算增益 K 所使用的一个系数，取值范围为 0.0～1.0
KLIN	即 Linear Gain Factor，用来指定在使用窄带(GAP)、非线性(NONLIN)或外部(EXT)增益选项时用来计算增益 K 的一个数值
NLFORM	即 Non-Linearity Form，用来指定在按照 Gain Option 这一部分的 Non Linear Gain 中给出的公式计算增益(K)时所使用的非线性形式(0 或 1)。缺省值为 1
NLGAIN	即 Non-Linear Gain Factor，用来指定在按照 Gain Option 这一部分的 Non Linear Gain 中给出的公式计算增益(K)时所使用的非线性增益值。缺省值为 0
KMODIFEXT	即 External Gain Factor，用来指定一个来自过程、其他功能块或用户程序的输入值，它用来按照如下的公式修正增益(K)的计算：$K=KLIN\times KMODIFEXT$
SPHILM	即 High Limit，用来指定 SP 的上限值，如果 SP 超出这个值，功能块将 SP 钳位在此限值并设置 SP 的高标志(SPHIFL)。缺省值为 100
SPLOLM	即 Low Limit，用来指定 SP 的下限值，如果 SP 低于此限值，功能块将 SP 钳位在此限值并设置 SP 的低标志(SPLMFL)。缺省值为 0
TMOUTMODE	如果一个可初始化的输入超时，也就是说在一个指定的超时时间内输入信号没有被更新，该参数用来指定功能块将采用的模式。可能的选择为 AUTOMATIC、BACSCADE、CASCADE、MANUAL(手动)、NONE 和 NORMAL，缺省的选择为 MANUAL

续表三

参数名称	简　要　说　明
TMOUTTIME	用来指定一个时间，单位为 s，只有到达这个时间功能块才会认定其输入的更新已经超时。如果监视此功能块的初级输入是否超时，它必须处于 CASCADE(串级)模式。缺省值为 0，它表示超时功能被禁止。如果输入是来自点对点结构中另一个控制器中的连接，实际的超时时间为组态的 TMOUTTIME 加上 CDA 超时时间。CDA 超时时间为组态的 CEE 接收率的四倍。例如，如果 CEE 的接收率为 100 ms 其 TMOUTTIME 为 5 s，则功能块的实际超时时间为 4 × 100 ms + 5 s，即 5.4 s
ADVDEVOPT	即 Enable Advisory SP Processing，用来指定当 PV 偏离用户指定的 "advisory" SP 值时，功能块是否要产生偏离报警，缺省选择为禁止
ADVSP	即 Advisory SP Value，用来指定一个 advisory SP 值，以工程单位表示。如果 Advisory SP Processing 被允许，当 PV 与 Advisory SP 的偏差超过该值时，功能块就会产生 advisory 偏差报警
PVTRACKOPT	即 Enable PV Tracking，用来指明此功能块是否使用 PV 跟踪功能。当串级回路的运行被初始化、操作员或程序操作(如将模式设置为手动)中断时，此选项会将 SP 的值设置为与 PV 相等。串级回路中的 PID 功能块通常要使用此功能。缺省选择为进展，有关更多的细节请见 PID 功能块的 "PV 跟踪" 这一部分
SPTVOPT	即 Enable SP Ramping，用来指明操作员是否可以启动设定值爬升功能，这种功能可以将设定值从一个当前值平缓变化到一个新值。缺省选择为不选择选择框(禁止)
SPTVNORRATE	即 Normal Ramp Rate，用来确定 SP 爬升功能所使用的爬升率，以工程单位每分钟来表示。如果使用此功能的话，利用此选项操作员无需指定爬升时间就可以启动 SP 爬升功能
SPTVDEVMAX	即 Max Ramp Deviation，用来指明 SP 爬升功能的最大爬升偏离值，以工程单位每分钟米表示，如果使用此功能的话。此功能通过停止 SP 的爬升直至 PV 输入赶上 SP 值，从而对于一个正在爬升的 SP，将 PV 保持在指定的偏离范围内。缺省选择为 NaN，这表示不进行爬升偏离检查。缺省选择为非数字(NaN)
OPHILM	即 High Limit(%)，用来指定输出的上限值，以计算变量范围(CVEUHI～CVEULO)的百分数表示。例如，如果 CV 范围为 50～500 且输入的上限为 90%，则以工程单位表示的上限值为 90% × 450 + 50，即 455。对处于 MANUAL(手动)模式的功能块，不作此项检查。缺省值为 105%
OPLOLM	即 Low Limit(%)，用来指定输出下限，以计算变量范围(CVEUHI～CVEULO)的百分数表示。例如，如果 CV 范围为 50～500 且输入的下限为 10%，则以工程单位表示的下限值为 10% × 450 + 50，即 95。对处于 MANUAL(手动)模式的功能块，不作此项检查。缺省值为 -5%
OPEXHILM	即 Extended High Limit(%)，用来指定输出的扩展上限值，以计算变量范围(CVEUHI～CVEULO)的百分数表示，对处于 MANUAL(手动)模式的功能块，不作此项检查，缺省值为 106.9%

参数名称	简 要 说 明
OPEXLOLM	即 Extended Low Limit(%)，用来指定输出的扩展下限值，以计算变量范围(CVEUHI～CVEULO)的百分数表示，对处于 MANUAL(手动)模式的功能块，不作此项检查，缺省值为 -6.9%
OPROCLM	即 Rate of change Limit(%)，用来指定输出的正向和反向变化的最大变化率，以每分钟的百分数来表示。此参数可避免输出变化过快，从而使控制元件的转换速度与动态控制相匹配。对处于 MANUAL 模式的功能块，不做此项检查。缺省值为 NaN，表示没有变化率的限制
OPMINCHG	即 Minimum Change(%)，用来指定输出的最小变化限，以计算变量范围(CVEUHI～CVEULO)的百分数表示。此参数用来定义 OP 必须变化多大后，功能块才会输出一个新的值，此参数可以将变化太小而使最终控制元件无法响应的变化量滤掉。对处于 MANUAL 模式的功能块，不做此项检查。缺省值为 0，这表示没有变化大小的限制
SAFEOP	即 Safe OP(%)，用来指定安全输出值，以计变量范围(CVEUHI～CVEULO)的百分数表示。缺省值为 NaN，表示 OP 保持前一个有效的数据
CVEUHI	即 CVEU Range High(%)，用来指定功能块的 100%，满量程 CV 输出范围所对应的输出上限，以工程单位表示，缺省值为 100
CVEULO	即 CVEU Range Low(%)，用来指定功能块的 0%，满量程 CV 输出范围所对应的输出下限，以工程单位表示，缺省值为 0
OPBIAS.RATE	即 Bias Rate(%)，用来指定以每分钟内工程单位表示的输出浮动偏置的变化率，仅当浮动偏置非零时此偏置率才适用，缺省值为 NaN，表示不计算浮动偏置
OPBIAS.FIX	即 Output Bias(%)，用来指定一个以工程单位表示的固定偏移量，这个值要加到计算变量(CV)的输出值中。有关细节请见此功能块的输出偏置部分。其缺省值为 0，表示不加入任何值
OPHIALM FL OPLOALM FL DEVHIALM.FL DEVLOALM.FL ADVDEVALM.FL SIALM.FL BADCTLALM.FL	用来指明功能块所支持的报警类型，指定报警类型时需要与 SIOPT(安全联锁选项)和 BADCTLOPT(坏控制选项)等选项交互作用。可选的报警类型如下： OPHIALM.FL 为输出高报警，OPLOALM.FL 为输出低报警。 DEVHIALM.FL 为偏差高报警，DEVLOALM.FL 为偏差低报警。 ADVDEVALM.FL 为建议性偏差报警。 SIALM.FL 为安全联锁报警。 BADCTLALM.FL 为无效或坏的控制报警
ADVDEVOPT	用来允许或禁止 Advisory 偏离报警，缺省选择为 Advisory 偏离报警被禁止，也可以将 ADVDEVOPT 参数组态为功能块引脚或参数，便可在 Project 和 Monitoring 视窗内看到功能块引脚或参数
SIALM.OPT	用来允许或禁止安全联锁报警。缺省选择为安全联锁报警被允许。也可以将 SIAM.OPT 参数组态为功能块引脚或参数，便可在 Project 和 Monitoring 视窗内看到功能块引脚或参数

参数名称	简　要　说　明
OPHIALM.TP OPLOALM.TP DEVHIALM.TP DEVLOALM.TP ADVDEVALM.TP	用来指定如下的报警触发点，缺省值为 NaN，表示不设报警触发点。 OPHIALM.TP 用于设置输出高报警触发点，OPLOALM.TP 用于设置输出低报警触发点。 DEVHIALM.TP 用于设置偏差高报警触发点。 DEVLOALM.TP 用于设置偏差低报警触发点。 ADVDEVALM.TP 用于设置偏离报警触发点
OPHIALM.PR OPLOALM.PR EVHIALM.PR DEVLOALM.PR ADVDEVALM.PR SIALM.PR BADCTLALM.PR	用来为每类报警分别指定希望具有的优先级别，缺省为低，可供选择的级别如下： NONE：报警既不做记录也没有声音提示。 JOURNAL：报警被记录下来，但不会出现在报警汇总显示画面中。 LOW：报警优先级低，报警有声音提示且出现在报警汇总显示画面中。 HIGH：报警优先级高，报警有声音提示且出现在报警汇总显示画面中。 URGENT：报警优先级最高(紧急)，报警有声音提示且出现在报警汇总显示画面中
OPHIALM.SV OPLOALM.SV DEVHIALM.SV DEVLOALM.SV ADVDEVALM.SV SIALM.SV ADCTLALM.SV	用数字 0~15 为每种报警类型分别指定一个相对严重程度，15 表示最严重。此参数用来确定相对其他报警的报警处理顺序，其缺省值为 0。 OPHIALM.SV：对应输出高限报警。OPLOALM.SV：对应输出低限报警。 DEVHIALM.SV：对应偏差高限报警。DEVLOALM.SV：对应偏差低限报警。 ADVDEVALM.SV：对应建议偏差报警。SIALM.SV：对应安全联锁报警。 BADCTLALM.SV：对应无效或坏的控制报警
ALMDB	即 Deadband Value，用来指定所有的模拟量报警都使用的死区值，它用来避免由触发点附近的噪声所造成的报警状态的反复变化，其缺省值为 1。注意，当下载 CM 时，这个参数被下载到各个报警参数中(如 OPHIALM.DB 和 OPLOALM.DB)。如果将功能块的各个报警参数组态为监控参数，就可以在 Control Builder 中监视已下载的功能块时改变各个报警数据
ALMTM	即 Deadline Time，用来指定一个时间，单位为 s，它来确定一个模拟报警必须存在多长时间才会被认定为有效的报警，其缺省值为 0，表示一旦数据超出死区值就立刻被认定为报警。注意，当下载 CM 时，这个值被下载到各个报警参数中(如 PHIALM.TM 和 OPLOALM.TM)。如果将功能块的各个报警参数组态为监控参数，就可以在 Control Builder 中监视已下载的功能块时改变各个报警数据
ALMDBU	即 Deadband Units，用来指明死区值的单位，可以是工程单位或百分数表示，缺省为百分数。注意，当下载时，这个值被下载到各个报警参数中(如 PHIALM.DBU、OPLOALM.DBU)，如果将功能块的各个报警参数组态为监控参数，就可以在 Control Builder 中监视已下载的功能块时改变各个报警数据

4.2.2　仿真控制对象 G(s)的组态

　　如果 DCS 尚未接入实际的生产过程，那么 PID 控制回路因缺少具体的控制对象，其需要的测量值无法获取，PID 控制器的输出信号也无法作用于控制对象。为了使 PID 控制回路按采样周期循环运行，需要设计一个仿真控制对象来模拟实际控制对象，以形成闭环控制系统。大量的工程实践证实，实际的控制对象一般可以近似等效于一阶环节或二阶环节，或者带有纯滞后的一阶环节或二阶环节。此处采用一阶环节来模拟 PID 控制回路所需的控制对象 $G(s)$。

假设控制对象的传递函数为

$$G(s) = \frac{Y(s)}{U(s)} = \frac{K_m}{1 + T_m s} \tag{4-1}$$

式(4-1)的等效形式为

$$(1 + T_m s) Y(s) = K_m U(s) \tag{4-2}$$

式(4-2)对应的后向差分离散算式为

$$\left(1 + T_m \frac{1 - z^{-1}}{T_s} \right) Y(z) = K_m U(z) \tag{4-3}$$

式(4-3)的等效形式为

$$(T_s + T_m) Y(z) = T_m z^{-1} Y(z) + K_m T_s U(z) \tag{4-4}$$

整理式(4-4)可得控制对象的输出 $Y(z)$ 为

$$Y(z) = \frac{T_m}{T_s + T_m} z^{-1} Y(z) + \frac{K_m T_s}{T_s + T_m} U(z) \tag{4-5}$$

由式(4-5)可得控制对象当前时刻的输出 $y(k)$ 为

$$y(k) = \frac{T_m}{T_s + T_m} y(k-1) + \frac{K_m T_s}{T_s + T_m} u(k) \tag{4-6}$$

式(4-6)中，$y(k)$ 为控制对象在 k 时刻的输出，$y(k-1)$ 为控制对象在 $k-1$ 时刻的输出，T_m 为控制对象的时间常数，T_s 为控制回路的采样周期(CM 的执行周期 "FF Execution Period" 的默认值为 1 s)，K_m 为控制对象的增益，$u(k)$ 为控制对象的输入，也是控制器的输出。式(4-6)是一个递推计算式，计算控制对象 k 的输出 $y(k)$ 需要使用到 $k-1$ 时刻的输出 $y(k-1)$，每一次按式(4-6)计算 $y(k)$ 后，都必须对 $y(k-1)$ 进行递推，即使用 $y(k)$ 实时更新 $y(k-1)$。

要实现式(4-6)的计算功能，需要用到 PKS 提供的辅助计算块和数值输入块。辅助计算块的名称为 "AUXCALC"，位于库容器中的 "AUXILIARY" 节点，如图 4-25 所示。数值输入块的名称为 "NUMERIC"，位于库容器中的 "UTINITY" 节点，如图 4-26 所示。辅助计算块 AUXCALC 具有较强的计算能力，允许 6 个输入变量(分别使用 P[1]～P[6]表示)、8 个用户可编辑的计算表达式和 8 个输出变量(分别使用 C[1]～C[8]表示)。实现式(4.6)的计算和 $y(k-1)$ 的实时更新，需要用到 1 个 AUXCALC 块和 6 个 NUMERIC 块，其中 AUXCALC 块用于计算，6 个 NUMERIC 块分别用于输入或存放 T_s、T_m、K_m、$u(k)$、$y(k-1)$ 和 $y(k)$。

下面以组态一个名称为 "CALC" 的 CM 为例介绍仿真控制对象的组态过程。从库容器中找到 "SYSTEM" 节点并展开，将对象 "CONTROLMODULE" 拖拽到控制器的 CEE 节点处释放，在弹出的窗口中，输入 CM 块的名称 "CALC"。展开控制器的 CEE 节点则可以看到刚组态的 "CALC"，双击 "CALC" 则打开编辑控制策略的空白页面。从库容器中的 "AUXILIARY" 节点拖拽 1 个 "AUXCALC" 块到 "CALC" 的控制策略编辑页面，每个

CM 块的第一个"AUXCALC"自动名为"AUXCALCA"。双击"AUXCALCA"块打开其参数配置界面，如图 4-27 所示。将"Main"标签页中的参数"PV Selection"配置为"C[2]"，表示"AUXCALCA"块的输出对应第 2 个标签页中表达式的输出。参数"PV Status Selection"配置为"CSTS[1]"，表示"AUXCALCA"的状态输出和第 1 个计算表达式的输出"C[1]"的状态对应。参数"Execution Order in CM"设置为 70，该值越大，该功能块在 CM 中的执行顺序越靠后。

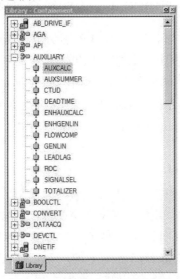

图 4-25　库容器中的辅助计算块

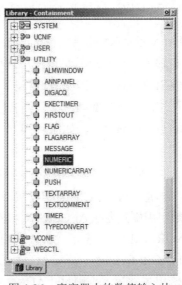

图 4-26　库容器中的数值输入块

切换到"Block Pins"标签页，增加 5 个输入引脚，即 P[1]～P[5]，分别用于输入 T_s、T_m、K_m、$u(k)$ 和 $y(k-1)$ 的值。下拉列表框"Parameters"选择其中的参数"P"，下拉列表框"Array Indices"选择"1"，选择参数"Left/Right"和"Input"，单击"Add"按钮则将参数及其引脚"P[1]"添加到"AUXCALCA"块的左侧。按照同样的方法，下拉列表框"Array Indices"分别选择 2～5，选择参数"Left/Right"和"Input"，单击按钮"Add"则将参数及其引脚 P[2]～P[5]添加到"AUXCALCA"块的左侧，如图 4-28 所示。

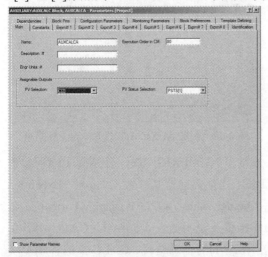

图 4-27　配置 AUXCALC 的 Main 标签页

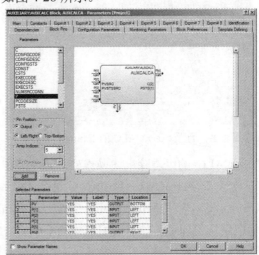

图 4-28　配置 AUXCALC 的 Block Pins 标签页

切换到"Expm#1"标签页，该标签页用于输入计算表达式。由于输入引脚 P[1]～P[5] 分别表示 T_s、T_m、K_m、$u(k)$ 和 $y(k-1)$，再依据参数引用格式为"CM 名称.功能块名称.参数名称或引脚名称"，则式(4.6)所求 $y(k)$ 的计算表达式为

$$
\begin{aligned}
&\text{(CALC.AUXCALCA.P[2]/(CALC.AUXCALCA.P[2]+CALC.AUXCALCA.P[1]))}\\
&\text{*CALC.AUXCALCA.P[5]+(CALC.AUXCALCA.P[3]*CALC.AUXCALCA.P[1]/}\\
&\text{(CALC.AUXCALCA.P[2]+CALC.AUXCALCA.P[1]))*CALC.AUXCALCA.P[4]}
\end{aligned} \quad (4\text{-}7)
$$

在"Expression Result ="下方的输入框中输入式(4-7)，如图 4-29 所示，字符和数字可以使用键盘输入，计算符号可以使用该标签页提供的符号按钮。如果输入变量出现不确定状态或式(4-7)的计算结果出现溢出等，直接输出上述结果在实际工程中一般是不允许的。为此，需要再增加一个判断表达式，当式(4-7)的计算结果有效时则输出该结果，否则输出 0。切换到标签页"Expm#2"，如图 4-30 所示，在"Expression Result ="下方的输入框中输入下列表达式：

$$\text{CALC.AUXCALCA.CSTS[1]=2? CALC.AUXCALCA.C[1] : 0} \quad (4\text{-}8)$$

式(4-7)对应"Expm#1"的计算结果，同时对应输出变量"C[1]"，其状态信号为"CSTS[1]"，对应的参数引用格式为"CALC.AUXCALCA.CSTS[1]"。当参数"CALC.AUXCALCA.CSTS[1]"为 2(即 NORMAL)时，表示"CALC.AUXCALCA.C[1]"是有效的，"AUXCALCA"功能块为 2(即 NORMAL)时，表示"CALC.AUXCALCA.C[1]"是有效的，"AUXCALCA"功能块直接输出该结果，否则将"AUXCALCA"功能块的输出结果置为"0"。

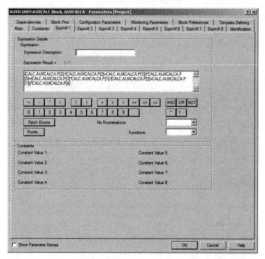
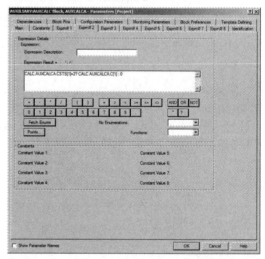

图 4-29　配置 AUXCALC 的 Expm#1 标签页　　　　图 4-30　配置 AUXCALC 的 Expm#2 标签页

CALC 的组态除上述操作外，还需要组态 6 个"NUMERIC"块，分别用于输入参数 T_s、T_m、K_m、$u(k)$、$y(k-1)$ 和 $y(k)$。每个"NUMERIC"块都要配置其参数"Name""Execution Order in CM""PV High Limit""PV Low Limit""Actual Value"和"PV Display Format"，其他取默认值即可。除算式编辑外的 CALC 的操作步骤及说明如表 4-5 所示。CALC 中各功能块的执行顺序有先后，为了保证控制对象输出 $y(k-1)$ 的正确迭代，CALC 中的各功能块

需要赋以不同的执行顺序，使用参数"Execution Order in CM"设置其执行顺序，赋值越小，执行顺序越靠前。由于 $y(k-1)$ 需要通过 $y(k)$ 更新，所以 $y(k)$ 应该最先执行，即功能块"Yk"最先执行。功能块"AUXCALCA"需要用到输入信号 P[1]～P[5]，其分别来自功能块"Ts"、功能块"Tm"、功能块"Km"、功能块"Uk"和功能块"Yk_1"，这些功能块的执行顺序可以相同，也可以不同。

表 4-5　仿真控制对象 CALC 的组态步骤及说明

操 作 步 骤	操 作 截 屏
第 1 步，从库容器的 SYSTEM 节点拖拽 CONTROLMODULE 到控制器的 CEE 节点，以组态一个 CM，其参数如下： Tag Name：CALC Item Name#：CALC_Item 或 CALC Parent Asset #：AQ	
第 2 步，从库容器的 AUXILIARY 节点拖拽 AUXCALC 功能块到 CALC 的控制策略编辑区，功能块的默认名称为 AUXCALCA	
第 3 步，双击 AUXCALCA，在其标签页 Main 设置参数如下： Name：AUXCALCA PV Selection：C[2] PV Status Selection：CSTS[1] Execution Order in CM：70 其他参数：默认值	
第 4 步，切换到 BlockPins 标签页，添加 AUXCALCA 的 5 个输入引脚，参数选择如下： Parameters：选择 P。 Pin Position：输入/输出选择 Input。 Pin Position：引脚位置选择 Left/Right。 Array Indices：选择 1。 单击 Add 按钮，添加 P[1]引脚。 Array Indices 分别选择 2～5。 Pin Position：输入/输出选择 Input。 Pin Position：引脚位置选择 Left/Right。 单击 Add 按钮，分别添加 P[2]～P[5]引脚	

操 作 步 骤	操 作 截 屏
第 5 步，从库容器的 UTINITY 节点拖拽一个 NUMERIC 功能块到 CALC 的控制策略编辑区，参数配置如下： Name：Ts Execution Order in CM：20 PV High Limit：100 PV Low Limit：0.1 Actual Value：1 PV Display Format：D3	Main / Identification / Dependencies / Template Defining Name: Ts Execution Order in CM: 20 Description: Access Lock: OPERATOR PV High Limit: 100 PV Low Limit: 0.1 Actual Value: 1 PV Display Format: D3
第 6 步，继续拖拽一个 NUMERIC 功能块到控制策略编辑区，参数配置如下： Name：Tm Execution Order in CM：30 PV High Limit：100 PV Low Limit：0 Actual Value：10 PV Display Format：D3	Main / Identification / Dependencies Name: Tm Execution Order in CM: 30 Description #: Access Lock: OPERATOR PV High Limit: 100 PV Low Limit: 0 Actual Value: 10 PV Display Format: D3
第 7 步，继续拖拽一个 NUMERIC 功能块到控制策略编辑区，参数配置如下： Name：Km Execution Order in CM：40 PV High Limit：1000 PV Low Limit：0 Actual Value：10 PV Display Format：D3	Main / Identification / Dependencies Name: Km Execution Order in CM: 40 Description #: Access Lock: OPERATOR PV High Limit: 1000 PV Low Limit: 0 Actual Value: 10 PV Display Format: D3
第 8 步，继续拖拽一个 NUMERIC 功能块到控制策略编辑区，参数配置如下： Name：Uk Execution Order in CM：50 PV High Limit：100 PV Low Limit：0 Actual Value：0 PV Display Format：D3	Main / Identification / Dependencies Name: Uk Execution Order in CM: 50 Description #: Access Lock: OPERATOR PV High Limit: 100 PV Low Limit: 0 Actual Value: 0 PV Display Format: D3

操 作 步 骤	操 作 截 屏
第 9 步，继续拖拽一个 NUMERIC 功能块到控制策略编辑区，参数配置如下： Name：Yk_1 Execution Order in CM：60 PV High Limit：99999 PV Low Limit：0 Actual Value：0 PV Display Format：D3	Main　Identification　Dependencies Name　Yk_1 Execution Order in CM　60 Description # Access Lock　OPERATOR PV High Limit　99999 PV Low Limit　0 Actual Value　0 PV Display Format　D3
第 10 步，继续拖拽一个 NUMERIC 功能块到控制策略编辑区，参数配置如下： Name：Yk Execution Order in CM：10 PV High Limit：99999 PV Low Limit：0 Actual Value：0 PV Display Format：D3	Main　Identification　Dependencies Name　Yk Execution Order in CM　10 Description # Access Lock　OPERATOR PV High Limit　99999 PV Low Limit　0 Actual Value　0 PV Display Format　D3

按照表 4-5 所述的组态操作后，从 CALC 控制策略编辑区看到的视图如图 4-31 所示。使用功能块连线快捷按钮 "🔳" 或使用鼠标双击待连接的功能块引脚，将功能块 "Ts"、功能块 "Tm"、功能块 "Km"、功能块 "Uk" 和功能块 "Yk_1" 的 "PV" 输出引脚分别连接到功能块 "AUXCALCA" 的 P[1]引脚、P[2]引脚、P[3]引脚、P[4]引脚和 P[5]引脚。功能块 "Yk" 的 "PV" 输出引脚连接到功能块 "Yk_1" 的 "PV" 输入引脚，"Yk" 的 "PV" 输入引脚连接到功能块 "AUXCALCA" 的 "PV" 输出引脚。完成功能块连线后，CALC 控制策略编辑区看到的视图如图 4-32 所示。

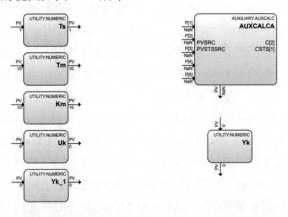

图 4-31　各功能块未连线的 CALC 控制策略视图

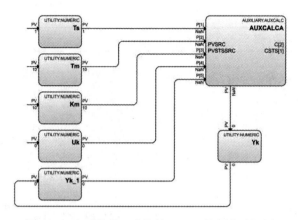

图 4-32　各功能块已连线的 CALC 控制策略视图

至此，已完成 CALC 的组态，通过人机界面或其他方式改变功能块"Tm"和"Km"的"PV"输入值，即可改变控制对象的特性。改变功能块"Ts"的"PV"输入值，即可改变采样周期，但采样周期应该和控制回路的采样周期一致(CM 执行周期"FF Execution Period"的默认值为 1 s)。通过 PID 控制器的输出连接到功能块"Uk"的"PV"输入，即可改变控制对象的输出，从而使控制对象的输出跟踪其设定值，形成一个闭环控制回路。

4.2.3　单回路 PID 控制器的组态

图 4-23 所示的单回路控制系统通过 4.2.2 节中的组态操作，已经完成了仿真控制对象 $G(s)$ 的组态。为了完成整个单回路控制系统的组态，还需要进行 PID 控制器、相关的输入/输出通道及其数据处理模块的组态。

1. PID 控制器的组态

作为 PID 控制器的 CM 组态示例，此处将其命名为"DemoPID"。为了调用系统界面监控"DemoPID"，需要将其参数"Point Detail Display#"设置为"sysDtlPIDA"。组态"DemoPID"需要用到"AICHANNEL"功能块、"AOCHANNEL"功能块、"DATAACQ"功能块和"PID"功能块。"AICHANNEL"功能块和"AOCHANNEL"功能块位于库容器中的"SERIES_C_IO"节点，"DATAACQ"功能块位于库容器中的"DATAACQ"节点，"PID"功能块位于库容器中的"REGCTL"节点。"DemoPID"中的"AICHANNEL"功能块的组态和 4.1.1 小节介绍的数据采集点的组态过程有所不同，除了需要设置其通道名称、量程变换和通道分配等操作外，还需要配置该功能块的相关参数，以允许其接收来自仿真控制对象的输入值。即需要添加一个"SIMVALUE"引脚和"SIMMODE"参数，"SIMVALUE"引脚通过参数连接器将其连接到仿真控制对象(CALC)的"Yk"功能块的"PV"输出引脚。为了使"AICHANNEL"使用另一个 CM 块的参数值，需要将其"SIMMODE"参数设置为"SIMVALSUB"，此即为使用仿真值替换实际的 A/D 采集值(Simulation Value Substitution)。"AOCHANNEL"功能块的组态操作包括设置通道名称和通道分配，其他参数维持默认值即可。"DATAACQ"功能块的组态过程和数据采集点组态过程相同，包括名称、量程变换和报警组态(可选)等。"PID"的组态包括设定值范围、测量值范围、输出控制量范围、控制算法类型和回路工作模式等。"DemoPID"的组态步骤及说明如表 4-6 所示，其他所有参数取默认值，采样周期默认值为 1 s。

表 4-6　"DemoPID"的组态步骤及说明

操 作 步 骤	操 作 截 屏
第 1 步，从库容器的 SYSTEM 节点拖拽 CONTROLMODULE 到控制器的 CEE 节点，组态一个 CM，"Main"标签页参数如下： Tag Name：DemoPID Item Name#：DemoPID_Item Parent Asset #：AQ	(截屏：SYSTEM:CONTROLMODULE Block, DemoPID - Parameters [Project]，Main 标签页，Tag Name: DemoPID，Item Name: DemoPID_Item，Extend TPS Point: NO，Parent Asset: AQ，Engr Units: DegC，Logic Block Initialization Option: PULSEEXPIRED)
第 2 步，切换到"Server Displays"标签页，设置以下参数： Point Detail Display#：sysDtlPIDA	(截屏：SYSTEM:CONTROLMODULE Block, DemoPID - Parameters [Project]，Server Displays 标签页，Point Detail Display#: sysDtlPIDA)
第 3 步，首先从库容器的"SERIES_C_IO"分别拖拽"AI_HL"所属的"AICHANNEL"功能块和"AO"所属的"AOCHANNEL"功能块到"DemoPID"的控制策略编辑窗口；其次从库容器的"DATAACQ"节点拖拽"DATAACQ"功能块到"DemoPID"的控制策略编辑窗口；最后从库容器的"REGCTL"节点拖拽"PID"功能块到"DemoPID"的控制策略编辑窗口	(截屏：AICHANNELA、PIDA、DATAACQA、AOCHANNELA 功能块图)
第 4 步，双击"AICHANNELA"(默认名称)功能块，在其"Main"标签页，设置以下参数： Name：TI02	(截屏：SERIES_C_IO:AICHANNEL Block, TI02 - Parameters [Project]，Main 标签页，Name: TI02，Channel Number: 2，Associated IOM: AI_HL_1，Associated IOM Type: AI_HL)
第 5 步，切换到"Configuration"标签页，设置"TI02"的量程等参数如下： PV Extend High Range：302.9 PV High Range：300 PV Low Range：0(默认值) PV Extend Low Range：−2.9(默认值)	(截屏：SERIES_C_IO:AICHANNEL Block, TI02 - Parameters [Project]，Configuration 标签页，Sensor Type: 0-5 V，PV Characterization: Linear，Input Direction: Direct，PV Temperature Scale: DEGREES_CELSIUS，Channel PV Range: PV Extended High Range: 302.9，PV High Range: 300，PV Low Range: 0，PV Extended Low Range: −2.9)

操 作 步 骤	操 作 截 屏
第6步，切换到"BlockPins"标签页，下拉"Parameters"列表框，选择其中引脚参数"SIMVALUE"；在"Pin Position"处选择"Input"和"Left/Right"，单击"Add"按钮，将在"TI02"功能块的左侧添加一个"SIMVALUE"输入引脚。"Selected Parameters"下方列表框列出该参数。选中"Selected Parameters"下方列表框的任意参数，单击"Remove"按钮，则删除选中的参数。下拉"Location"列出的选项，可以改变引脚的方向。单击"OK"按钮确认	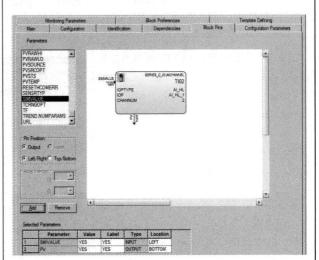
第7步，切换到"Configuration Parameters"标签页，下拉"Parameters"列表框，选中参数"SIMMODE"；单击"Add"按钮则给"TI02"功能块添加一个"SIMMODE"参数，该参数出现在"Selected Parameters"下方的列表框中。如果选中"Selected Parameters"下方列表框中的任意参数，单击"Remove"按钮，则删除选中的参数。在列出的参数中，改变"Label"列出的"Yes"和"No"选项，可以显示或隐藏所选择的参数	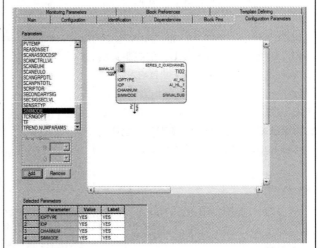
第8步，双击"TI02"功能块的"SIMMODE"参数，弹出仿真模式设置对话框。下拉"Simulation Mode"右侧的选项，选择其中的"SIMVALSUB"	

操 作 步 骤	操 作 截 屏
第 9 步，使用鼠标右击"TI02"功能块的参数"CHANNUM"，在弹出的选单中，选择"Function Block Assign"选项，则弹出"Function Block Assignment Dialog"对话框，"Compatible Function Block(s)"下方列出了可选的模拟量输入通道。此处勾选其中的一个通道即可。实际的工程中应该按照控制系统硬件设计图纸分配模拟量输入通道。如果没有列出可选的通道，说明硬件组态和第 2 步拖拽的"AICHANNEL"不匹配。后者是使用 PKSR432 及其后续版本组态 I/O 模块后尚未设置其通道类型	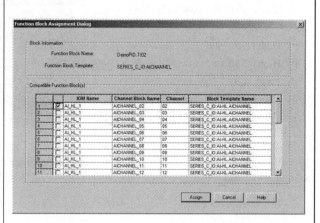
第 10 步，双击"AOCHANNELA"功能块，修改其"NAME"为"CV02"，该功能块变为"CV02"。使用鼠标右击"CV02"功能块的"CHANNUM"参数，选择"Function Block Assign"选项，则弹出"Function Block Assignment Dialog"对话框，"Compatible Function Block(s)"下方列出了可选的模拟量输出通道。此处勾选其中的一个通道即可。同理，实际的工程中应该按照控制系统硬件设计图纸分配模拟量输出通道。如果没有列出可选的模拟量输出通道，和第 9 步的原因类似	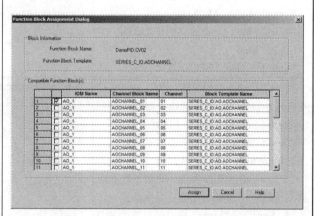
第 11 步，双击"DemoPID"控制策略编辑区的"DATAACQA"(默认名称)功能块，在弹出的属性设置窗口的"Main"标签页中设置以下参数： Name：DACA PV Character：NONE PVEU Range Hi：300 PVEU Range Lo：0 PV Extend Hi Limit：302.9 PV Extend Lo Limit：−2.9 Engr Units #：DegC(℃)	

操 作 步 骤	操 作 截 屏
第 12 步，切换到"Alarms"标签页，设置以下报警参数： PV High High：290 PV High：280 PV Low：220 PV Low Low：200 还可设置报警延时、死区和优先级等参数	
第 13 步，双击"DemoPID"控制策略编辑区的"PIDA"功能块，在其"Main"标签页设置以下参数： Name：PIDA Engineering Units #：DegC PVEU Range Hi：300，同量程上限 PVEU Range Lo：0，同量程下限 Normal Mode：AUTO Normal Mode Attribute：OPERATOR Mode：Man Mode Attribute：OPERATOR	
第 14 步，切换到"PIDA"的"Algorithm"标签页，设置 PID 算法的相关参数： Control Equation Type：EQB Overall Gain：0.4 T1(minutes)：0.2 T2 为 0，相当于 PI 算法。其他参数维持其默认值。在 Station 站的点显示画面中，使用"Engr"或"Mngr"权限可以修改 PID 参数，实现 PID 控制器的参数整定	
第 15 步，切换到"PIDA"的"SetPoint"标签页，输入 PID 算法设定值相关的参数： High Limit：300，同量程上限 Low Limit：0，同量程下限 实际的设定值"SP"为 0，可以在显示画面中输入，此处也可以先给出常用的设定值。实际工程中的"SP"取决于工艺要求	
第 16 步，切换到"BlockPins"标签页，修改"PIDA"的"PV"引脚的方向，将"PV"引脚的方向修改为左侧，便于连接"DACA"功能块和"PIDA"功能块	

完成表 4-16 所述的组态操作后，"DemoPID"控制策略编辑区出现的各功能块的视图如图 4-33 所示。使用连线命令或双击相关引脚，连接"TI02"功能块的"PV"输出引脚到"DACA"功能块的"P1"输入引脚；连接"DACA"的"PV"输出引脚到"PIDA"的"PV"输入引脚；连接"PIDA"的"OP"输出引脚到"CV02"的"OP"输入引脚。至此，已完成 DemoPID 的组态操作，完成连线操作后的 DemoPID 各功能块视图如图 4-34 所示。

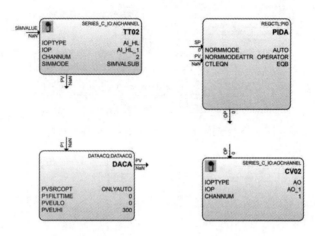

图 4-33　DemoPID 各功能块视图

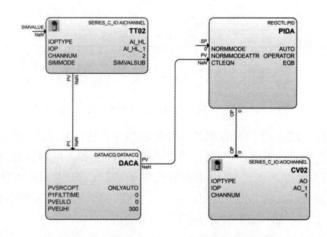

图 4-34　连线后的 DemoPID 各功能块视图

当没有连接实际的控制对象时，一个 PID 控制回路需要同时用到"DemoPID"和"CALC"两个 CM 块，"DemoPID"的周期性执行需要用到仿真控制对象"CALC"的输出，而仿真控制对象"CALC"需要用到"DemoPID"的输出。使用 Control Builder 提供的 CM 参数连接命令将两个 CM 块连接，才能构成一个 PID 闭环控制回路。打开"DemoPID"，单击 Control Builder 的快捷按钮" "，单击"TI02"的"SIMVALUE"引脚，出现可以拖拽的连线，将其拖拽到合适的位置，双击鼠标，出现 CM 连接参数框" "，单击连接参数框右侧的按钮，弹出如图 4-35 所示的点选择对话框。在对话框中，对话框左侧"Points"所在列选择"CALC"，"Block Names"所在列选择"Yk"，对话框右侧列表框中选择参数"PV"。对话框下方的各参数跟随变化，其中"Point Name"右侧的参数框显示"CALC.Yk","Selected Item"右侧的参数框显示"CALC.Yk.PV"。单击"OK"按钮,连接参数框出现指定的参数"CALC.Yk.PV",此时,在控制策略编辑区看到的"DemoPID"视图如图4-36所示。

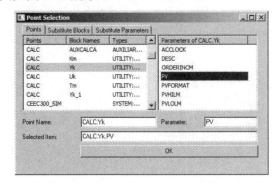

图 4-35　连接 DemoPID 输入的点选择对话框

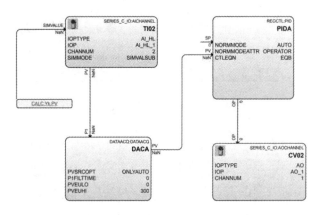

图 4-36　连接 CM 参数输入后的 DemoPID 视图

按照相同的操作方法,将"DemoPID"的输出"OP"连接到"CALC"的"Uk"输入。打开"CALC",单击" ",再单击"Uk"的"PV"输入引脚,拖拽到合适的位置后双击鼠标,出现 CM 连接参数框" ",单击其右侧的按钮,弹出如图4-37所示的点选择对话框。选择"DemoPID.PIDA.OP",单击"OK"按钮,确认点及参数选择操作。此时,在控制策略编辑区看到的"CALC"视图如图4-38所示。

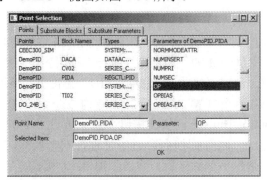

图 4-37　连接 CALC 输入的点选择对话框

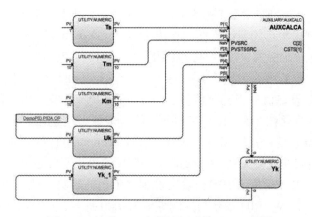

图 4-38　连接 CM 参数输入后的 CALC 视图

2. 单回路 PID 的下装与运行

下装"DemoPID"和"CALC"之前，必须确保"DemoPID"和"CALC"已经关闭。在项目管理窗口选中"DemoPID"和"CALC"，单击快捷按钮"🔽"启动下装过程，待弹出警示对话窗口后单击"Continue"按钮，再次弹出对话窗口，确认下装的对象是"DemoPID"和"CALC"，勾选"Automatically change All……"选项，单击"OK"按钮确认下装操作。下装过程结束后，可以从项目监控窗口的 CEE 节点看到"DemoPID"和"CALC"已经运行。

由于在组态"DemoPID"时通过设置"Point Detail Display#：sysDtlPIDA"选择了 PKS 系统提供的控制点详细监控界面，因此，可以使用 Station 站调出"DemoPID"的详细显示界面。双击桌面上的"Station"图标(或单击"Start"→"Station")，启动 PKS 系统的 Station 操作站。待 Station 站启动结束后，单击快捷按钮"🔍"，在弹出的输入框中输入"DemoPID"，单击其右侧的"OK"按钮，即可调出"DemoPID"的详细显示界面，如图 4-39 所示。

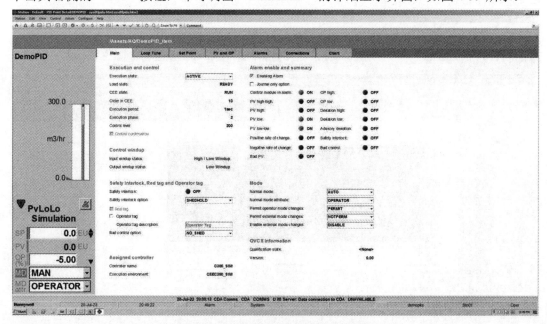

图 4-39　控制回路 DemoPID 显示界面

从 Station 站显示的控制回路监控界面有 7 个标签页，其中"Main""Alarm"和"Chart"这 3 个标签页与数据采集点的监控界面的作用类似，"Loop Tune""Set Point""PV and OP"和"Connections"这 4 个标签页是针对控制回路相关操作和监控的。其中"SetPoint"标签页用于监控或修改与控制回路设定值有关的参数，包括实际的设定限值、设定值的变化范围、设定值的跟踪、设定值的平稳过渡等。"PV and OP"标签页用于监控或修改测量值"PV"的量程范围、变化约束范围、滤波处理、信号来源等，监控或修改输出控制量"OP"的变化范围、输出偏移量、正反作用方式等。"Connections"标签页用于监控该控制回路与顺控模块(SCM)之间的连接关系。"Loop Tune"标签页用于整定 PID 控制器参数，并显示控制回路设定值(SP)、测量值(PV)和输出控制量(OP)的趋势曲线，整定 PID 参数需要"Engr"或"Mngr"权限。PID 参数与控制性能密切相关，不同的 PID 参数具有不同的控制效果，如图 4-40 所示。

图 4-40 展示了两种 PID 控制参数的调节效果。第一段的设定值为 200℃～260℃，PID 控制参数为(组态时给定的)比例增益 LIN = 0.4，积分时间 T1 = 0.2 min，调节过程从 9:45:30AM 开始，到 9:46:00AM 已基本跟踪到设定值，偏差小于 2℃，其调节时间约 30 s。双击屏幕右下角的"Oper"图标，在弹出的对话框中输入"engr"(对应工程师权限)或"mngr"(对应经理权限)，获得工程师或经理权限后才可以修改 PID 控制参数。为了试验 PID 控制参数对调节效果的影响，假设第二段的设定值仍然为 200℃～260℃。PID 控制参数改为比例增益 LIN = 0.2，积分时间 T1 = 0.4 min。其调节过程从 9:47:25AM 开始，直至 9:49:30AM 已基本跟踪到设定值，偏差小于 2℃，其调节时间约为 125 s。由此可见，PID 控制器取不同的参数可以获得不同的控制性能，因此，实际工程中的 PID 控制参数整定极其重要。对于复杂的工业过程，PID 控制参数的整定也是一项富有挑战性的工作，需要理论的支撑，也需要工程经验的积累。

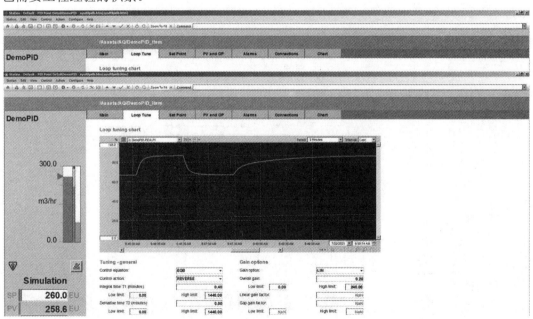

图 4-40　不同 PID 参数的控制效果

4.3 逻辑控制组态

企业生产过程总是与设备的启停、联锁和状态的监测密切相关，对生产过程状态的监控往往通过逻辑控制来实现。逻辑控制主要用于需要实时监控设备状态、运动状态、数据处理状态、过程运行状态或物料状态等，按照一定的逻辑要求输出开关量信号，通过开关量输出通道和功率放大环节连接到电动、气动或液动机构或开关阀，去执行设备的启停或开关动作，实现物料输送、物件运动、联锁保护等功能。展开 PKS 库容器的"LOGIC"节点，可以看见 PKS 支持逻辑控制的相关功能块，利用这些功能块，进行一定的逻辑组合，一般可以实现基本的逻辑控制系统。此外，库容器"DEVCTL"节点下的"DEVCTL"功能块具有强大的设备控制功能，专用于设备启/停或开/关控制，组态的点可以通过系统提供的设备监控界面予以监控。

4.3.1 自锁逻辑的组态

对于某些设备的启停或开关逻辑操作，一般仅考虑其输出动作的控制，没有考虑设备实际状态的反馈。例如，现场操作人员希望按下启动按钮则启动电机运行，按下停止按钮则停止电机运行。由于没有电机运行状态的反馈，因此，操作人员给出启动信号后，电机是否运行是未知的。尽管没有电机运行状态的反馈，但可以通过获取输出信号或接触器的开/闭状态，间接显示电机的运行状态。这类逻辑控制需求一般使用自锁逻辑来实现。

使用 PLC 系统的梯形图编写自锁逻辑如图 4-41 所示。点按启动按钮"Run"，控制电机运行的线圈"Motor"输出为 ON，当释放按钮"Run"后，线圈"Motor"仍然为 ON，形成自锁。只有点动停止按钮"Stop"后，控制电机运行的线圈"Motor"才变为 OFF。那么图 4-41 所示的自锁逻辑如何使用 PKS 提供的功能块来实现呢？

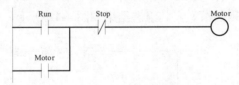

图 4-41 自锁逻辑图

图 4-41 涉及或运算、与运算和输出线圈，对照其逻辑关系，使用 PKS 提供的 DICHANNEL 功能块、DOCHANNEL 功能块、"AND"功能块、"OR"功能块即可实现等同逻辑。实现步骤如下：

(1) 如果没有组态开关量输入模块和开关量输出模块，则需要组态一个 DI 模块和一个 DO 模块。从库容器的"SERIES_C_IO"节点分别拖拽一个"DI-24"和"DO-4B"到项目管理窗口的"IOLINK_L1"节点，将其"Tag Name"分别命名为"DI_4_1"和"DO_24B_1"，在"Associated Asset #"处选择有效的资产，如"AQ"等，其他参数取默认值。如果已组态 DI 模块和 DO 模块，则忽略此步。

(2) 从库容器的"SYSTEM"拖拽"CONTRLMODULE"到"CEE300_SIM"节点，弹出对话框，在"Tag Name"的"Destination"所在栏下方输入"Self_Logic"，在"Item Name"的"Destination"所在栏下方输入"Self_Logic_Item"。打开"Self_Logic"，在"Parent Asset#"处选择有效的资产，如"AQ"等，其他参数取默认值即可。

(3) 打开"Self_Logic"，展开库容器的"SERIES_C_IO"节点，再展开"DI-24"节点，拖拽 2 个"DICHANNEL"功能块到"Self_Logic"的编辑区，打开其中一个"DICHANNEL"功能块的属性编辑窗口，将其"Tag Name"命名为"Run"，切换到"Configuraion"标签页，将其中的"PV Source Option"选择为"All"，"PV Source"选择为"MAN"。退出属性编辑窗口，鼠标右击"Run"功能块的"CHANNUM"，按提示操作为其分配有效的通道。再打开另一个"DICHANNEL"功能块的属性编辑窗口，将其"Tag Name"命名为"Stop"，切换到"Configuraion"标签页，将其中的"PV Source Option"选择为"All"，"PV Source"选择为"MAN"。退出属性编辑窗口，鼠标右击"Stop"功能块的"CHANNUM"，为其分配有效的通道。

(4) 展开"SERIES_C_IO"节点下的"DO-24B"节点，拖拽 1 个"DOCHANNEL"功能块到"Self_Logic"的编辑区，打开"DOCHANNEL"功能块的属性编辑窗口，将其"Tag Name"命名为"Motor"，退出属性编辑窗口，鼠标右击"Motor"功能块的"CHANNUM"，为其分配有效的通道。

(5) 展开库容器的"LOGIC"节点，从中分别拖拽 1 个"AND"功能块、1 个"OR"功能块和 1 个"NOT"功能块到"Self_Logic"编辑区，保留其默认名称"ANDA""ORA"和"NOTA"。

(6) 连接各功能块组成自锁逻辑。连接"Run"的"PV"输出引脚到"ORA"的"IN[1]"输入引脚；连接"Motor"的"SO"输出引脚到"ORA"的"IN[2]"输入引脚；连接"Stop"的"PV"输出引脚到"NOTA"的"IN"输入引脚；连接"NOTA"的"OUT"输出引脚到"ANDA"的"IN[2]"输入引脚；连接"ORA"的"OUT"输出引脚到"ANDA"的"IN[1]"输入引脚；连接"ANDA"的"OUT"输出引脚到"Motor"的"SO"输入引脚。

至此，已完成自锁逻辑的组态，其组态结果如图 4-42 所示。

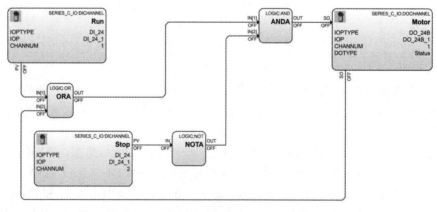

图 4-42 自锁逻辑的组态结果

在项目管理窗口，选中并下装"Self_Logic"，在下装过程中弹出对话框，选择下装后自动运行。下装过程结束后，在项目监控窗口可见"Self_Logic"的图标为绿色，表示该点已经运行。在项目监控窗口打开"Self_Logic"，其视图如图 4-43 所示，可见自锁逻辑的初始运行状态为 OFF，即开关量输出信号"Motor"的状态为 OFF(其"PV"对应线条为红色)，开关量输入信号"Run"和"Stop"的状态也是 OFF(红色)，"Stop"的反逻辑是 ON(其"PV"对应线条为红色)。

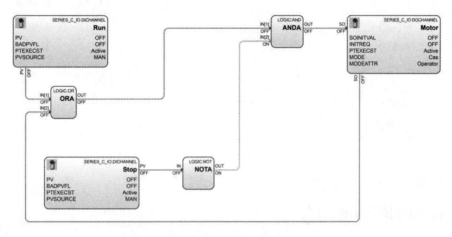

图 4-43　自锁逻辑的运行初始状态视图

　　双击"Run"的"PV"输出引脚，弹出"Request Value Change"对话框，勾选"Process Value"，弹出"Change Online Value"对话框，单击"Yes"按钮则可将开关量输入信号置为"ON"并回到"Request Value Change"对话框。如果取消勾选"Process Value"，弹出"Change Online Value"对话框，单击"Yes"按钮则可将开关量输入信号复位为"OFF"。两次操作实现了开关量输入信号"Run"的点动操作，其操作过程模拟了一个按钮的点动过程。此时，开关量输出信号"Motor"为 ON。即使开关量输入信号"Run"已经变为 OFF，"Motor"依然保持 ON，说明该逻辑具有自锁功能。如果此时双击"Stop"的"PV"输出引脚，施加一个点动的停止信号，从项目监控窗口见到的视图如图 4-44 所示，即施加停止信号后，其输出也变为 OFF。

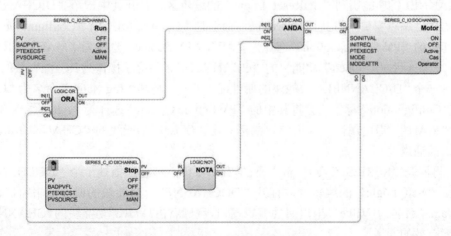

图 4-44　自锁逻辑启动运行输出视图

如果开关量输入信号"Stop"没有复位，此时，即使开关量输入信号"Run"已经为ON，开关量输出信号依然为OFF，这说明自锁逻辑是停止优先逻辑，如图4-45所示。

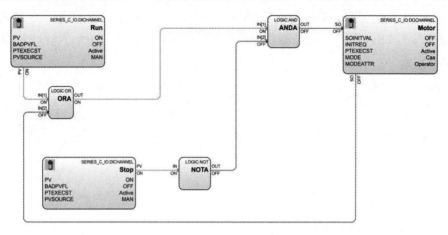

图4-45　自锁逻辑禁止启动输出视图

4.3.2　置位/复位逻辑的组态

置位/复位逻辑包括复位优先逻辑和置位优先逻辑两类，其逻辑关系分别使用RS触发器和SR触发器实现，其中复位优先逻辑可以实现和自锁逻辑相似的功能。对于复位优先逻辑，当其置位输入信号和复位输入信号同时有效时，输出为OFF；对于置位优先逻辑，当其置位输入信号和复位输入信号同时有效时，输出为ON。置位/复位逻辑的组态步骤如下：

(1) 从库容器的"SYSTEM"拖拽"CONTRLMODULE"到"CEE300_SIM"节点，弹出对话框，在"Tag Name"的"Destination"所在栏下方输入"SetReset_Logic"，在"Item Name"的"Destination"所在栏下方输入"SetReset_Logic_Item"。打开"SetReset_Logic"，在"Parent Asset#"处选择有效的资产，如"AQ"等，其他参数取默认值即可。

(2) 展开库容器的"SERIES_C_IO"节点，进而展开"DI-24"节点，拖拽2个"DICHANNEL"功能块到"SetReset_Logic"的编辑区，打开其中一个"DICHANNEL"功能块的属性编辑窗口，将其"Tag Name"命名为"Open"，切换到"Configuraion"标签页，将其中的"PV Source Option"选择为"All"，"PV Source"选择为"MAN"。退出属性编辑窗口，鼠标右击"Open"功能块的"CHANNUM"，按提示操作为其分配有效的通道。再打开另一个"DICHANNEL"功能块的属性编辑窗口，将其"Tag Name"命名为"Close"，切换到"Configuraion"标签页，将其中的"PV Source Option"选择为"All"，"PV Source"选择为"MAN"。退出属性编辑窗口，鼠标右击"Close"功能块的"CHANNUM"，为其分配有效的通道。

(3) 再展开"SERIES_C_IO"节点下的"DO-24B"节点，拖拽1个"DOCHANNEL"功能块到"Self_Logic"的编辑区，打开"DOCHANNEL"功能块的属性编辑窗口，将其"Tag Name"命名为"Valve"，退出属性编辑窗口，鼠标右击"Valve"功能块的"CHANNUM"，为其分配有效的通道。

(4) 展开库容器的"LOGIC"节点，从中分别拖拽 1 个"RS"功能块到"SetReset_Logic"的编辑区，保留其默认名称"RSA"。

(5) 连接各功能块组成置位/复位优先逻辑。连接"Open"的"PV"输出引脚到"RSA"的"S"输入引脚；连接"Close"的"PV"输出引脚到"RSA"的"R"输入引脚；连接"RSA"的"Q"输出引脚到"Valve"的"SO"输出引脚。

至此已完成置位/复位优先逻辑的组态，其结果如图 4-46 所示。关闭并在项目管理窗口选中"SetReset_Logic"，将其下装到 C300 控制器，等下装弹出对话框时选择下装后自动运行，下装结束后，从项目监控窗口看到的"SetReset_Logic"的图标是绿色的，表示其已经运行。从项目监控窗口打开"SetReset_Logic"，其初始状态如图 4-47 所示，此时置位输入、复位输入和输出均为 OFF。双击"Open"功能块的"PV"输出引脚，在弹出的对话框中勾选"PV Value"，此时"RSA"的置位输入信号变为 ON，其输出也变为 ON，如图 4-48 所示。取消勾选"PV Value"，"RSA"的置位输入信号变为 OFF，但其输出仍为 ON，如图 4-49 所示。说明 RS 触发器一旦置位其输出是保持的，只能通过复位输入信号使其复位。双击"Close"的"PV"输出引脚，在弹出的对话框中勾选"PVValue""RSA"的复位输入信号变为 ON，其输出变为 OFF，如图 4-50 所示。维持"RSA"的复位输入信号为 ON，双击"Open"的"PV"输出引脚使"RSA"的置位输入信号再变为 ON，此时，"RSA"的输入信号均为 ON，其输出为 OFF，体现了复位优先逻辑的功能，如图 4-51 所示。

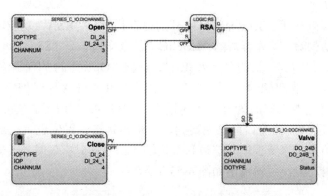

图 4-46　置位/复位优先逻辑的组态

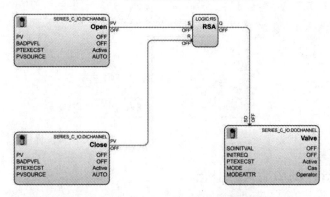

图 4-47　复位优先逻辑的运行初始状态

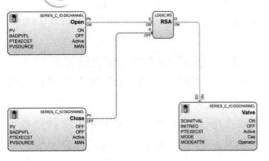

图 4-48　置位输入 ON，复位输入 OFF，
输出为 ON

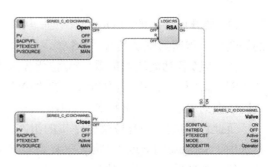

图 4-49　置位输入 OFF，复位输入 OFF，
输出保持 ON

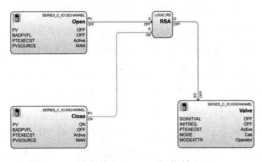

图 4-50　置位输入 OFF，复位输入 ON，
输出为 OFF

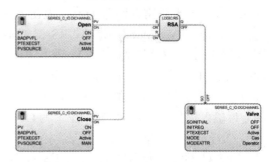

图 4-51　复位优先逻辑，输入同为 ON，
输出为 OFF

从项目管理窗口打开"Set Reset_Logic"，删除其中的"RSA"功能块，其与各功能块之间的连线也自动删除。从库容器的"LOGIC"节点拖拽 1 个"SR"功能块到"Set Reset_Logic"的编辑区，保留其默认的名称"SRA"，连接"Open"的"PV"输出引脚和"SRA"的"S"输入引脚，连接"Close"的"PV"输出引脚和"SRA"的"R"输入引脚。至此，已将原有的复位优先逻辑修改为置位优先逻辑，如图 4-52 所示。重新下装并运行"Set Reset_Logic"，从项目监控窗口可以观察到，其初始状态、置位逻辑、复位逻辑和修改前是相同的。不同的是，当置位输入信号和复位输入信号同时有效时，其输出为 ON，体现了置位优先的逻辑功能，逻辑输出如图 4-53 所示。

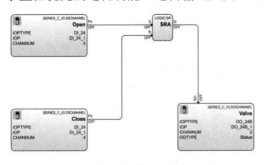

图 4-52　置位优先逻辑

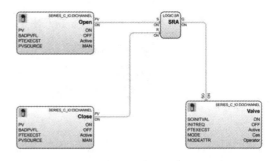

图 4-53　置位优先逻辑功能的输出

4.3.3　基于设备控制功能块的组态

PKS 提供的设备控制功能块"DEVCTL"专门用于设备的启/停、开/关等逻辑控制，具

有逻辑控制、状态反馈、诊断报警和画面监控等功能。设备控制功能块最多支持 4 个状态反馈输入信号、3 个控制输出信号和 3 个状态。设备控制功能块常用于两类设备的启/停或开/关控制。一类设备的启/停或开关控制只需要 1 个控制输出信号，输出 1 则启动设备，输出 0 则停止设备，反之亦然；只需要 1 个状态反馈输入信号识别设备的运行，输入为 1 表示设备处于启动或运行状态，输入为 0 表示设备处于停止状态，反之亦然。另一类设备的运行需要 2 个控制输出信号，例如油缸的前进和后退控制，1 个控制输出信号用于油缸前进控制，另 1 个控制输出信号用于油缸后退控制，两个控制输出信号的有效输出是互斥的；同时需要 2 个状态反馈输入信号，其中 1 个输入信号为 1 表示油缸前进到位，另 1 个输入信号为 1 表示油缸后退到位。两个输入信号无效表示油缸处于中间某个位置，两个输入信号都为 1 则是互斥的。

1. 单输入单输出类设备控制逻辑的组态

下面以阀的开关控制为例，介绍单输入单输出类设备控制的组态步骤。此例需要用到 1 个 "DICHANNEL" 功能块，1 个 "DEVCTL" 功能块和 1 个 "DOCHANNEL"，组态步骤如下：

(1) 从库容器的 "SYSTEM" 拖拽 "CONTRLMODULE" 到 "CEE300_SIM" 节点，弹出对话框，在 "Tag Name" 的 "Destination" 所在栏下方输入 "DevCtrl_I1O1"，在 "Item Name" 的 "Destination" 所在栏下方输入 "Dev Ctrl_I1O1_Item"。打开 "Dev Ctrl_I1O1"，在 "Parent Asset#" 处选择有效资产，如 "AQ" 等。切换到 "Server Displays" 标签页，在参数 "Point Detail Display #" 右侧输入框中输入 "sysDtlDEVCTLA"，便于通过 Station 站调用系统提供的设备监控画面。其他参数取默认值即可。

(2) 展开库容器的 "SERIES_C_IO" 节点，进而展开 "DI-24" 节点，拖拽 1 个 "DICHANNEL" 功能块到 "DevCtrl_I1O1" 的编辑区，打开其属性编辑窗口，将该功能块的 "Tag Name" 命名为 "Valve_Status"，切换到 "Configuraion" 标签页，将其中的 "PV Source Option" 选择为 "All"，"PV Source" 选择为 "MAN"。退出属性编辑窗口，鼠标右击 "Valve_Status" 功能块的参数 "CHANNUM"，按提示操作为其分配有效的通道。

(3) 展开 "SERIES_C_IO" 节点下的 "DO-24B" 节点，拖拽 1 个 "DOCHANNEL" 功能块到 "DevCtrl_I1O1" 的编辑区，打开 "DOCHANNEL" 功能块的属性编辑窗口，将其 "Tag Name" 命名为 "Valve"，退出属性编辑窗口，鼠标右击 "Valve" 功能块的 "CHANNUM"，按提示操作为其分配有效的通道。

(4) 从库容器的 "DEVCTL" 节点拖拽 1 个 "DEVCTL" 功能块到 "DevCtrl_I1O1" 的编辑区，保留其默认的名称 "DECCTLA"。至此，所用功能块全部就绪，如图 4-54 所示。双击 "DECCTLA" 打开其属性编辑窗口，按表 4-7 所列步骤设置 "DECCTLA" 的相关参数。

表4-7 "DECCTLA"用于单输入单输出类设备控制的参数配置步骤

操 作 步 骤	操 作 截 屏
第1步，在"Main"标签页设置以下参数： Number Of Inputs：1 Number of Outputs：1 Number of States：2 State 1 Name：Open State 0 Name：Close 其他参数：默认值	
第2步，切换到"Inputs"标签页，设置与"Inputs"相关参数： Open：勾选第1个输入。 Close：不勾选第1个输入。 备注：勾选表示输入逻辑"1"。 其他参数：默认值	
第3步，切换到"Outputs"标签页，设置与"Outpus"相关参数： Open：勾选第1个输出。 Close：不勾选第1个输出。 备注：勾选表示输出逻辑"1"。 其他参数：默认值	
第4步，切换到"Alarms"标签页，设置如下参数： Command Disagree Time to Close：10 Time to Open：10 Priority Command Disagree：HIGH Command Fail：JOURNAL Uncommand Change：High Bad PV：High 其他参数：默认值	

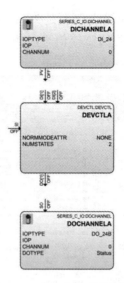

图 4-54 DevCtrl_I1O1 所用功能块

(5) 连接"Valve_Staus"的"PV"输出引脚到"DEVCTLA"的"DI[1]"输入引脚,连接"DEVCTLA"的"DO[1]"输出引脚到"Valve"的"SO"输入引脚。

至此,已完成单输入单输出设备的控制组态,其组态结果如图 4-55 所示。在项目管理窗口选中并下装"DevCtrl_I1O1",下装弹出对话框时选择下装后自动运行,下装结束后,项目监控窗口可见"DevCtrl_I1O1"的图标是绿色的。在监控窗口打开"DevCtrl_I1O1",其运行的初始状态如图 4-56 所示。

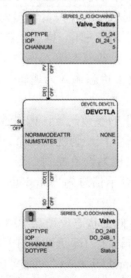
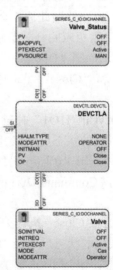

图 4-55 单输入单输出设备控制组态   图 4-56 单输入单输出设备控制初态

打开 Station 站,调出"DevCtrl_I1O1"的设备控制监控界面,如图 4-57 所示。PKS 提供的设备控制监控画面有 6 个标签页,分别是"Main""Input States""Output States""Alarms""Maintenance""Connections"和"Chart",一般情况下,使用"Main"标签页基本上即可完成常规的操作与监控。每个标签页的左侧都是操作面板,通过操作面板可以对设备进行开/关或启/停等操作，同时将当前状态是开还是关，是启动还是停止等状态信息反馈到面板上。每个标签页的右侧显示相关的监控信息，例如"Main"标签页的右侧主要显示"Execution & Control""Current Alarms"等信息。

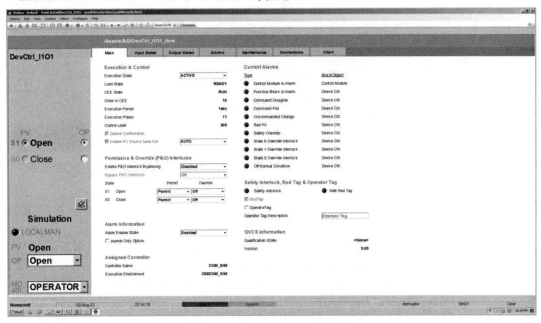

图 4-57　DevCtrl_I1O1 监控界面

操作面板的"OP"右侧有下拉框，下拉选择相应的动作指令(此例为 Open 和 Close)，则给出相应的执行输出。针对此例，选择"Open"，则相应的开关量输出为"1"，阀将被打开；选择"Close"则相应的开关量输出为"0"，阀将被关闭。面板上方显示设备状态反馈的输入信息，"S1"和"Open"呈选中状态，表示设备状态输入为逻辑"1"，此例表示阀已开启；"S0"和"Close"呈选中状态，表示设备状态输入为逻辑"0"，此例表示阀已关闭。

根据组态"DevCtrl_I1O1"时对"DEVCTRLA"的参数配置，如果选择"Open"执行打开阀的动作，且阀的状态反馈在 10 s 内变为逻辑"1"，则视为正常；如果阀的状态反馈在 10 s 内仍然为逻辑"0"(即仍然是关闭的)，则视为设备控制命令与实际执行结果不匹配，报警信息为"Command Disagree"，面板上的警示信息为"CmdDisagree"，如图 4-58所示。

同理，如果选择"Close"执行关闭阀的动作，且阀的状态反馈在 10 s 内变为逻辑"0"，则视为正常；如果阀的状态反馈在 10 s 内仍然为逻辑"1"(即仍然是打开的)，则视为操作命令与实际执行结果不匹配，报警信息仍为"Command Disagree"，面板上的警示信息也是"CmdDisagree"。如果没有执行"Open"动作，但阀的状态反馈信息却由逻辑"0"变为逻辑"1"，或者没有执行"Close"动作，但阀的状态反馈信息却由逻辑"1"变为逻辑"0"，都会给出报警，相应的报警信息是"Uncommand Change"，面板上的警示信息是"UnCommand"，如图 4-59 所示。所有已产生的报警信息都将记录在报警信息库中，界面底部的"Alarm"呈闪烁状态，双击闪烁的"Alarm"可以打开报警界面，通过确认相关报警记录可消除报警提示。

图 4-58　设备控制结果不匹配报警

图 4-59　设备控制的非法动作报警

当动作命令与状态反馈相互匹配时，从项目监控窗口看到的"DEVCTLA"功能块的左边框和上边框不带红色报警提示，如图 4-60 所示。如果出现"Command Disagree"报警，例如执行了打开阀的动作，10 s 内并未反馈阀已打开的信息，则从项目监控窗口可见"DEVCTLA"的左边框和上边框呈现红色的报警提示，如 4-61 所示。同理，如果出现"Uncommand Change"报警，例如没有执行打开阀的动作，阀的状态却由逻辑"0"变为了逻辑"1"，则"DEVCTLA"的左边框和上边框也会呈现红色报警提示，如图 4-62 所示。CM 中的任何功能块出现报警，画面上的"Function Block in Alarm"和"Control Module in Alarm"均被点亮。

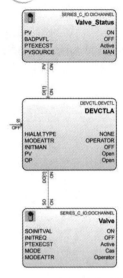
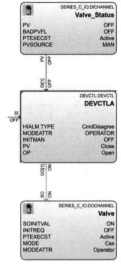
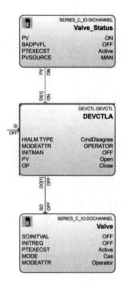

图 4-60　阀打开并反馈　　　　图 4-61　阀打开未反馈　　　　图 4-62　阀未打开却反馈打开

2. 双输入双输出类设备控制逻辑的组态

此处以油缸的前进和后退控制为例,介绍双输入双输出类设备的控制逻辑组态步骤。此例需要用到 2 个"DICHANNEL"功能块,1 个"DEVCTL"功能块和 2 个"DOCHANNEL"功能块,其组态步骤如下:

(1) 从库容器的"SYSTEM"拖拽"CONTRLMODULE"到"CEE300_SIM"节点,弹出对话框,在"Tag Name"的"Destination"所在栏下方输入"DevCtrl_I2O2",在"Item Name"的"Destination"所在栏下方输入"DevCtrl_I2O2_Item"。打开"DevCtrl_I2O2",在"Parent Asset#"处选择有效资产,如"AQ"等。切换到"Server Displays"标签页,在参数"Point Detail Display #"右侧输入框中输入"sysDtlDEVCTLA",便于通过 Station 站调用系统提供的设备监控画面。其他参数取默认值即可。

(2) 展开库容器的"SERIES_C_IO"节点,进而展开"DI-24"节点,拖拽 2 个"DICHANNEL"功能块到"DevCtrl_I2O2"的编辑区。打开其中一个"DICHANNEL"功能块的属性编辑窗口,将该功能块的"Tag Name"命名为"FW_SW"(即前进到位,Foreward Switch),切换到"Configuraion"标签页,将其中的"PV Source Option"选择为"All","PV Source"选择为"MAN"。退出属性编辑窗口,鼠标右击"FW_SW"功能块的参数"CHANNUM",按提示操作为其分配有效的通道。再打开另一个"DICHANNEL"功能块的属性编辑窗口,将该功能块的"Tag Name"命名为"BW_SW"(即后退到位,Backward Switch),切换到"Configuraion"标签页,将其中的"PV Source Option"选择为"All","PV Source"选择为"MAN"。退出属性编辑窗口,鼠标右击"BW_SW"功能块的参数"CHANNUM",按提示操作为其分配有效的通道。

(3) 展开"SERIES_C_IO"节点下的"DO-24B"节点,拖拽 2 个"DOCHANNEL"功能块到"DevCtrl_I2O2"的编辑区。打开其中一个"DOCHANNEL"功能块的属性编辑窗口,将其"Tag Name"命名为"FW_Valve",退出属性编辑窗口,鼠标右击"FW_Valve"功能块的参数"CHANNUM",按提示操作为其分配有效的通道。再打开另一个"DOCHANNEL"功能块的属性编辑窗口,将其"Tag Name"命名为"BW_Valve",退出属性编辑窗口,鼠标右击"BW_Valve"功能块的"CHANNUM",按提示操作为其分配有效的通道。

（4）从库容器的"DEVCTL"节点拖拽 1 个"DEVCTL"功能块到"DevCtrl_I2O2"的编辑区，保留其默认的名称"DECCTLA"。双击"DECCTLA"打开其属性编辑窗口，按表 4-8 所列步骤设置"DECCTLA"的相关参数。

表 4-8　"DECCTLA"用于双输入双输出类设备控制的参数配置步骤

操 作 步 骤	操 作 截 屏
第 1 步，在"Main"标签页设置以下参数： Number of Inputs：2 Number of Outputs：2 Number of States：2 State 1 Name：Foreward State 0 Name：Backward 其他参数：默认值	
第 2 步，切换到"Inputs"标签页，设置与"Inputs"相关的参数： Foreward：勾选第 1 个输入。 Backward：勾选第 2 个输入。 第 1 和 2 未勾选：选 Inbet(InBetween)。 第 1 和 2 均勾选：选 Bad	
第 3 步，切换到"Outputs"标签页，设置与"Outputs"相关的参数： Foreward：勾选第 1 个输出。 Backward：勾选第 2 个输出。 勾选表示输出逻辑"1"。 其他参数：默认值	
第 4 步，切换到"Alarms"标签页，设置如下参数： Command Disagree Time to Close：10 Time to Open：10 Priority Command Disagree：HIGH Command Fail：JOURNAL Uncommand Change：High Bad PV：High 其他参数：默认值	

（5）连接"FW_SW"和"BW_SW"功能块的"PV"输出引脚到"DEVCTLA"功能块的"DI[1]"和"DI[2]"输入引脚，分别连接"DEVCTLA"功能块的"DO[1]"和"DO[2]"输出引脚到"FW_Valve"和"BW_Valve"功能块的"SO"输入引脚。

以油缸进退控制为例的双输入双输出设备控制组态结果如图 4-63 所示。在项目管理窗口选中并下装"DevCtrl_I2O2"，下装时选择下装后自动运行，下装结束后从项目监控窗口看到"DevCtrl_I2O2"的图标是绿色的，表示已经运行。从项目监控窗口打开"DevCtrl_I2O2"，其运行初始状态如图 4-64 所示。由表 4-8 的第 3 步可知，油缸后退动作同时作为安全动作，因此，"DevCtrl_I2O2"一旦运行即启动油缸后退动作。由于并未从 Station 站的操作面板给出任何命令却有后退动作，此时"DEVCTLA"功能块的左边框和右边框变为红色，即出现了"Uncommand Change"报警。

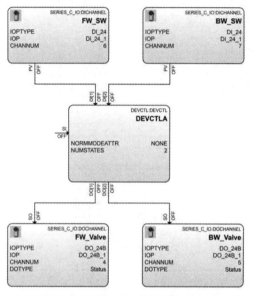

图 4-63　油缸进退控制逻辑的组态　　　　图 4-64　油缸进退控制的运行初态

打开 Station 站，调出"DevCtrl_I2O2"的设备控制监控界面，如图 4-65 所示。因为安全动作为后退操作，所以面板上的"OP"默认操作为"Backward"，由于并没有通过面板

图 4-65　DevCtrl_I2O2 监控界面

操作，所以给出"Uncommand"的警示信息，右侧的"Uncommand Change""Function Block in Alarm"和"Control Module in Alarm"报警指示均被点亮。面板上的状态反馈输入"PV"显示为"Inbet"，表示"In Between"，即进到位开关和退到位开关均未接通。通过面板的"OP"下拉选择"Foreward"可控制油缸前进，如果 10 s 内进到位开关由"0"变为"1"，则前进正常，如图 4-66 所示。

图 4-66　油缸前进正常执行监控界面

同理，通过面板的"OP"下拉选择"Backward"可控制油缸前进，如果 10 s 内退到位开关由"0"变为"1"，则后退正常，如图 4-67 所示。

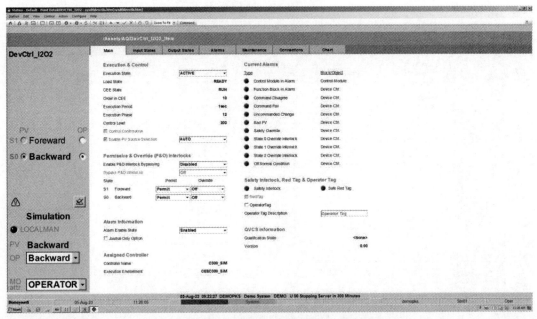

图 4-67　油缸后退正常执行监控界面

如果选择了"Foreward"控制油缸前进，但 10 s 内油缸进到位开关仍然为逻辑"0"，则给出"Command Disagree"报警信息，如图 4-68 所示。同理，如果选择了"Backward"控制油缸后退，但在 10 s 内，油缸退到位开关仍然为逻辑"0"，也会给出"Command Disagree"报警信息。只要出现"Command Disagree"报警信息，"Function Block in Alarm"和"Control Module in Alarm"报警信息也会同时给出。如果选择"Foreward"控制油缸前进的过程中，进到位和退到位开关都由逻辑"0"变为逻辑"1"(出现同时接通的情况)，则给出"Bad PV"报警信息，如图 4-69 所示。如果选择"Backward"控制油缸后退的过程中，进到位和退到

图 4-68　油缸前进无到位信号监控界面

图 4-69　油缸前进进退到位都有效监控界面

位开关同时接通，就会给出"Bad PV"报警信息。只要有"Bad PV"报警信息，"Function Block in Alarm"和"Control Module in Alarm"报警信息就会同时给出。

　　从项目监控窗口也可以监控设备控制逻辑的执行情况。当选择"Foreward"控制油缸前进，且在规定的 10 s 内进到位开关由"0"变为"1"，则"FW_SW"功能块、"DEVCTLA"功能块和"FW_Valve"功能块之间的连线为绿色，"DEVCTLA"功能块边框无红色警示，如图 4-70 所示。当选择"Backward"控制油缸后退，且在规定的 10 s 内进到位开关由"0"变为"1"，则"BW_SW"功能块、"DEVCTLA"功能块和"BW_Valve"功能块之间的连线为绿色，"DEVCTLA"功能块边框无红色警示，如图 4-71 所示。

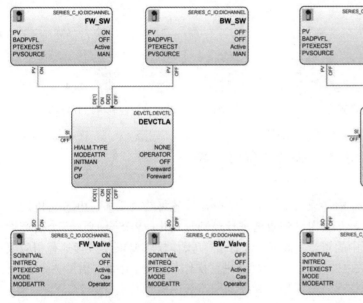

图 4-70　油缸前进控制且进到位有效　　　　图 4-71　油缸后退控制且退到位有效

　　当选择"Foreward"控制油缸前进，而在规定的 10 s 内未检测到进到位开关由"0"变为"1"，则"FW_SW"功能块和"DEVCTLA"功能块之间的连线变为红色，"DEVCTLA"功能块的左边框和上边框也变为红色，给出警示信息，如图 4-72 所示。同理，当选择"Backward"控制油缸后退，而在规定的 10 s 内未检测到退到位开关由"0"变为"1"，则"BW_SW"功能块和"DEVCTLA"功能块之间的连线变为红色，"DEVCTLA"功能块的左边框和上边框也变为红色。当选择"Foreward"控制油缸前进的过程中，如果出现进到位和退到位开关同时接通的情况，"DEVCTLA"功能块的左边框和上边框变为红色，表示出现了"BadPV"，如图 4-73 所示。此时"FW_SW""BW_SW"与"DEVCTLA"之间的连线为绿色，表示进到位开关和退到位开关均为接通状态，"FW_Valve"与"DEVCTLA"之间的连线也是绿色，表示当前执行的是油缸前进动作。控制油缸后退过程中出现进到位和退到位开关同时接通的情况时，"DEVCTLA"功能块的左边框和上边框也会变为红色。

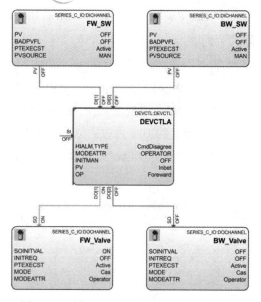

图 4-72　油缸前进控制且 10 s 内进到位无效

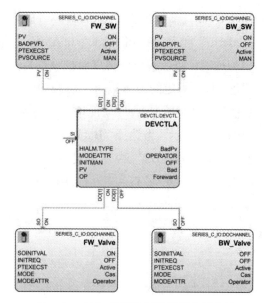

图 4-73　油缸前进控制进退到位都有效

4.4　资 产 的 组 态

PKS 的资产(Asset)是指工厂中的设备、仪器、传感器等各种物理设备，PKS 可以通过与这些资产的连接来获取数据，并利用这些数据进行控制与优化。PKS 集成了一个资产管理系统，用于监控和管理工厂中的资产。每个 Asset 都有操作权限要求，只有具有相应权限的操作人员才能对该 Asset 关联的设备、点或回路进行操作与监控。因此，借助 Asset，可以实现检测仪表、控制装置、执行器、采集点和控制回路等的管理与责任划分。

4.4.1　服务器中的资产组态

控制策略组态数据和资产组态数据分别存储在不同的数据库中。控制策略组态数据存储在 ERDB(Engineering Repository Database)中，资产组态数据存储在 EMDB(Enterprise Model Database)中。使用 PKS 组态软件(Configuration Studio)组态控制策略时，要求连接到 Experion PKS Server(即 PKS 服务器)；使用 PKS 组态软件组态资产时，要求将其连接到 Experion PKS System(即 PKS 系统)。既可以在启动 Configuration Studio 时选择连接目标，也可以在 PKS 组态软件启动后重新选择连接目标。启动 PKS 组态软件时，弹出如图 4-74 所示的对话框，此时如果选中列出的"Experion PKS System"选项(此例只有一项，即"System Name")，单击"Connect"按钮即可连接到 PKS 系统。在图 4-74 所示的对话框中，如果选中"Experion PKS Server"列出的选项(此例仅 1 项，即"SERVER_T440"，多个 PKS 服务器则会出现多个名称)，单击"Connect"按钮则连接到 PKS 服务器。如果选择连接 PKS 服务器且已经启动 Configuration Studio 环境，单击"File"菜单的"Connect…"选单，则可以重新弹出如图 4-74 所示的对话框，选中列出的"Experion PKS System"选项，可连接到 PKS 系统和进行后续的资产组态操作，如图 4-75 所示。

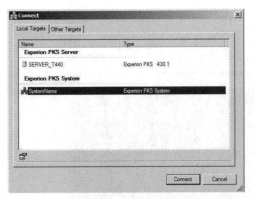

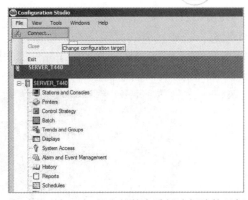

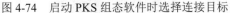

图 4-74　启动 PKS 组态软件时选择连接目标　　　　图 4-75　在 PKS 组态软件中重新选择连接目标

如果选择连接到 PKS 系统，那么 Configuration Studio 启动后的界面如图 4-76 所示，其左侧导航栏的根节点为 System Name，在其下有 Servers 和 Networs 两个节点，其中 Servers 下的所有节点及其功能和连接到 PKS 服务器对应的节点及其功能完全相同。例如，选中左侧的"Control Strategy"，在界面的右侧也会有"Configure process control strategy"选项，单击此选单同样可以启动 Contro Builder 进行控制策略的组态。

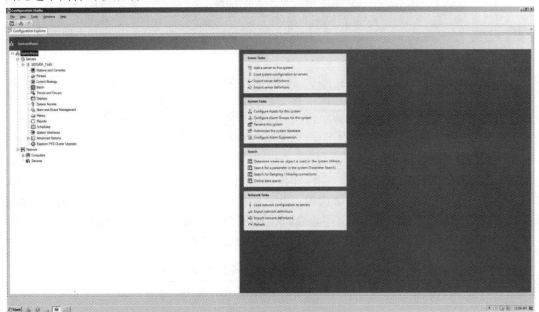

图 4-76　连接到 PKS 系统时的组态软件界面

在图 4-76 中，选中左侧导航栏的根节点"System Name"，在单击界面右侧的"Configure Asset for this System"选项，即可启动资产组态软件(Enterprise Model Builder)，其界面如图 4-77 所示。和控制策略组态软件的界面相比较，资产组态软件的界面部署的功能和内容相对较少。界面的第 1 行为菜单栏，第 2 行为快捷按钮栏，最末行为状态栏，界面中间为资产组态工作区。默认情况下，工作区的左侧和右侧均为资产管理窗口，以树形的方式展示已组态的资产；中间为空白区域，仅用作组态资产时显示相关的弹窗。左侧和右侧的资产管理窗口可以关闭，关闭后通过"View"菜单的"Tree"选项可以再次开启。资产管理窗口为磁性窗口，可以拖动和重新布局窗口的相对位置。在左侧管理窗口中，选择根节点"Asset"，按鼠标右键，选择

"NewASSET"则弹出组态新资产的对话框,输入 Tag Name 和 TagItem 即可完成一项资产的组态。选中已有的某项资产,按鼠标右键,选择"New ASSET"也能弹出组态新资产的对话框,输入 Tag Name 和 Tag Item 即可组态一项隶属于某项资产的子项资产。

图 4-77　资产组态软件界面

组态到根节点下的各项资产,选项"Directly Assignable(scope of responsibility, alarm enable/disable)"是默认的且无法修改,属于根节点下某项资产的子项资产,该选项需要用户确定是否勾选。勾选该选项意味着将该 ASSET 直接分配给某个操作人员,该人员将对该 ASSET 的操作和报警管理负有责任,意味着该操作人员有权对隶属于该 ASSET 的设备进行操作、监视和警报启用/禁用的权限,同时对其负有责任。不勾选该选项意味着不会将该 ASSET 直接分配给操作人员,责任和报警管理将由其他系统或策略来处理。一般情况下,组态子项资产时,都要勾选该选项。此处给出根节点资产及其子项资产的示例。假设根节点资产的名称为"MyAsset",子项资产隶属于"MyAsset",其名称分别为"MyAsset1"和"MyAsset2"。资产的组态与下装步骤及其说明如表 4-9 所示。

表 4-9　资产的组态与下装步骤及其说明

操 作 步 骤	操 作 截 屏
第 1 步,在资产管理窗口选中"Asset",按鼠标右键,在弹出的选单中选择"New ASSET"。在弹出的资产组态对话框中,输入 Tag Name 和 Item Name。 Tag Name:MyAsset Item Name:MyAsset 单击"OK"按钮确认并退出对话框,从资产管理窗口可见组态的根节点资产"MyAsset"	

操 作 步 骤	操 作 截 屏
第 2 步，在资产管理窗口找到刚才组态的"MyAsset"，点击鼠标右键，在弹出的选单中选择"New ASSET"。在弹出的资产组态对话框中，输入 Tag Name 和 Item Name。 　Tag Name：MyAsset1 　Item Name：MyAsset1 　单击"OK"按钮确认并退出对话框，从资产管理窗口可见组态的子项资产"MyAsset1"	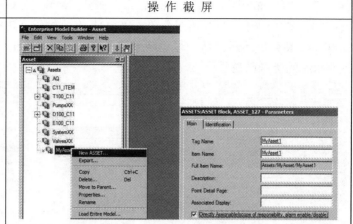
第 3 步，鼠标再次点击"MyAsset"，在弹出的选单中选择"New ASSET"。在资产组态对话框中输入如下参数： 　Tag Name：MyAsset2 　Item Name：MyAsset2 　单击"OK"按钮确认并退出对话框，从资产管理窗口可见组态的子项资产"MyAsset2"	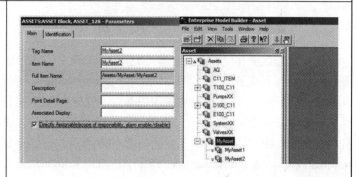
第 4 步，在资产管理窗口选中组态的资产"MyAsset"，单击快捷按钮" "，弹出对话框提示资产即将装入 PKS 服务器。此例只有一个服务器，即 SERVER_T440，如果有多个 PKS 服务器，则需要勾选下装到哪个 PKS 服务器。如果是再次下装，建议勾选"Fore Load (Will Override existing system and repository name)"选项。单击"OK"按钮，启动下装过程，弹出对话框显示其下装进度。下装结束后，对话框下方以列表形式显示下装的服务器名称、下装状态、详情或出错信息等。如果下装过程完全正确，那么下装状态应该是"Completed"	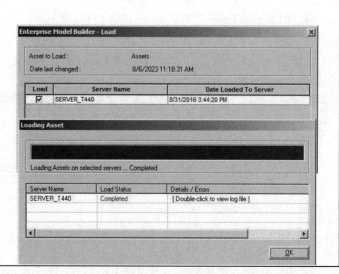

　　按照表 4-9 所示的步骤，即可在 PKS 系统中生成名称为"MyAsset"及隶属于"MyAsset"的子项资产"MyAsset1"和"MyAsset2"。退出资产组态软件，选中组态工作室左侧的"Control Strategy"，单击其右侧的"Configure process control strategy"选项，启动控制策略组态软

件以检验新建资产"MyAsset""MyAsset1"和"MyAsset2"的有效性。以"DemoPID"为例,打开"DemoPID"的属性编辑窗口,在其"Main"标签页中可见"DemoPID"原有的资产为"AQ",如图4-78所示。单击"AQ"右侧的资产选择按钮"■",弹出可选资产对话框,如图4-79所示。从中可见新建的资产项"MyAsset""MyAsset1"和"MyAsset2",说明组态的资产已在系统中。

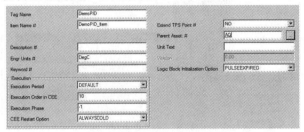

图4-78　DemoPID原有的资产

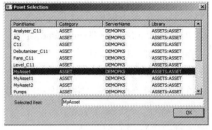

图4-79　可选资产中列出新建的资产

4.4.2　资产数据库的备份、恢复和初始化

资产组态数据存储在企业模型数据库(EMDB)中,既然是数据库,就会有数据库备份、恢复和初始化等相关操作。选中左侧的"System Name",单击右侧的"Administer the sytem database"选单,弹出对话框要求用户确认,单击"Yes"按钮,即可启动EMDB企业模型数据库管理工具(EMDB管理器)。EMDB管理器和ERDB管理器的界面布局很相似,只是功能设计是针对EMDB数据库的,其界面如图4-80所示。在"Server Node"节点下设有"EMDB Host Informatiopn""EMDB Active Locks"和"EMDB Admin Tasks"等3项功能。其中"EMDB Host Informatiopn"仅用于显示服务器主机信息及其状态,此例为"DemoPKS",且当前状态是"Running"。"EMDB Active Locks"用于解除EMDB中出现的被锁操作。当对EMDB存在违规操作时,为了防止操作对EMDB的破坏性,可能会引起EMDB的操作被锁住。通过"EMDB Active Locks"可以对EMDB进行解锁操作。此时,选中"EMDB Active Locks",右侧则列出所有被锁住的操作,可以针对被锁住的某项操作进行解锁。如果使用鼠标右击"EMDB Active Locks",在弹出的选单中选择"Clear All Locks",则同时解除全部被锁住的操作,如图4-81所示。

图4-80　EMDB管理器

图4-81　EMDB解锁

和ERDB相关操作类似,对EMDB进行恢复或初始化操作之前,必须先对EMDB进行备份操作。选中左侧的"EMDB Admin Tasks",界面的右侧显示的各项功能即为EMDB的备份、初始化和恢复等,如图4-82所示。

图 4-82 EMDB 的备份、初始化和恢复等

1. EMDB 的备份

单击"Backup Database"功能项即可备份 EMDB 数据库到指定的文件夹。当启动 EMDB 备份操作时，弹出 EMDB 备份文件存储路径和文件名选择窗口，此时需要选择指定的路径并输入备份文件名。图 4-83 所示为将 EMDB 备份到"C:\PKS_Trianing\EMDB Backup"路径下，且备份文件名为"MyEMDB.bak"。单击"Save"按钮即可启动备份操作，当弹出"Successfully backed up the Database"的提示信息窗时，表示已经成功备份 EMDB 数据库。通过资源管理器切换到"C:\PKS_Trianing\EMDB Backup"路径下，可见一个名为"MyEMDB.bak"的文件，该文件即为 EMDB 的备份文件。

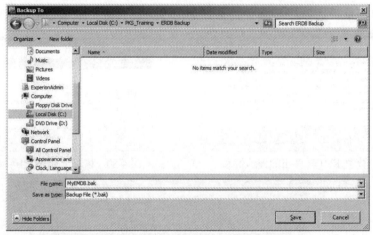

图 4-83 指定 EMDB 备份文件名及其存储路径

2. EMDB 的初始化

在实际工程中，务必要有在初始化 EMDB 之前先备份 EMDB 的意识，以免工程设计成果丢失。单击图 4-82 中的"Initialize Database"即可初始化 EMDB，清除 EMDB 原有的资产组态数据等内容。此时，弹出提示信息窗口，如图 4-84 所示，要求用户予以确认，单击"Yes"按钮则启动 EMDB 的初始化操作。初始化操作结束后，弹出如图 4-85 所示的提示信息窗口。由于 EMDB 被初始化后，系统中没有任何资产组态数据，所以系统自动给出警示信息，如图 4-86 所示，提示用户应该重新进行资产组态操作。由于 EMDB 初始化操作清空了原有的资产组态数据，因此从 EMDB 管理器看到的资产项为空，如图 4-87 所示。

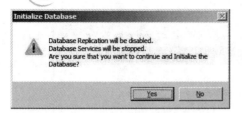

图 4-84 初始化 EMDB 提示信息

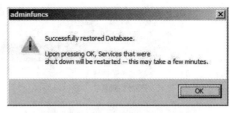

图 4-85 EMDB 初始化完成

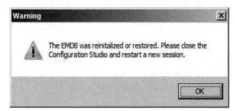

图 4-86 EMDB 初始化后的警示

图 4-87 EMDB 初始化后资产为空

3. EMDB 的恢复

EMDB 的恢复操作同样对 EMDB 的现有信息具有破坏性，因此在实际工程中，也应该养成在恢复 EMDB 之前先备份 EMDB 的工作习惯。单击图 4-82 中的"Restore Database"即可启动 EMDB 的恢复操作，此时弹出如图 4-88 所示的警示信息窗口，单击"Yes"按钮，再次弹出如图 4-89 所示的提示信息窗口，单击"Yes"按钮，则启动 EMDB 的恢复操作。在后续的过程中，还会弹出一个对话框，要求用户选择存储 EMDB 备份文件的路径和文件名，如图 4-90 所示。选择 EMDB 文件后，单击"Open"按钮即可打开 EMDB 备份文件，

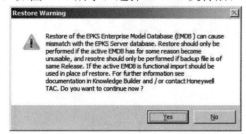

图 4-88 恢复 EMDB 弹出的警示信息

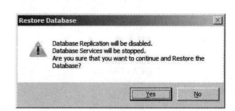

图 4-89 恢复 EMDB 的再次提示信息

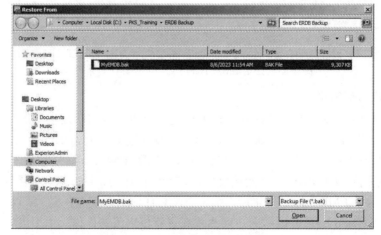

图 4-90 选择 EMDB 的备份文件的路径

并将其恢复到 EMDB 数据库。完成恢复操作后，弹出如图 4-91 所示的 EMDB 恢复完成提示信息窗口。恢复 EMDB 后，从 EMDB 管理器中可看到已组态的资产项，如图 4-92 所示。

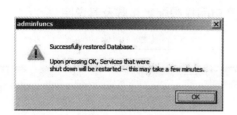

图 4-91　EMDB 恢复完成的提示信息　　　　图 4-92　EMDB 恢复后可见已组态资产项

4.4.3　操作站上的资产权限配置

如果在控制策略的组态中使用了某资产项，且该资产项尚未通过 Staion 站配置其访问权限，当我们通过 Station 站调用或访问关联该资产的点或回路时，则无法在 Station 站上调出该点或回路的监控界面，并提示"Location not assigned to operator/station"。例如，将"DemoPID"的"Parent Asset #"修改为新建的"MyAsset"，单击快捷按钮"🔍"调用"DemoPID"的监控界面，出现如图 4-93 所示的提示信息。为此，控制策略组态中用到的资产项都必须通过 Station 站配置其访问权限。

图 4-93　未设置资产权限时调用监控界面的提示

操作站上的资产访问权限分为两种模式：一是基于操作站的资产访问模式，也是 PKS 系统默认的访问模式；二是基于用户账户(用户名和用户密码)的资产访问模式。如果是基于操作站的资产访问模式，只要给该操作站分配了访问某资产项的权限，则无论是哪一位用户登录该操作站，都可以访问该资产项关联的设备或点。未获得该资产访问权限的操作站则不能访问其关联的设备或点。如果是基于用户账户的资产访问模式，则具有某项资产访问权限的用户登录任何一台操作站都可以访问该资产关联的设备或点，而没有获得该资产访问权限的用户登录任何一台操作站都不能访问该资产关联的设备或点。基于操作站的资产访问权限配置步骤及其说明如表 4-10 所示。完成配置后重新调"DemoPID"监控界面，图 4-93 提示消失，显示正常。

表 4-10　基于操作站的资产访问权限配置步骤及其说明

操　作　步　骤	操　作　截　屏
第 1 步，通过 Station 站完成资产访问权限的配置操作。单击"Configure"菜单后弹出第一级子菜单，选择其中的"System Hardware"子菜单项，弹出第二级子菜单，选择其中的"Flex Stations"子菜单项，即可启动 Flex 操作站(Flex Station 是 PKS 常用的操作站之一)的配置界面	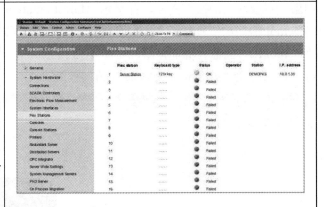
第 2 步，配置 Flex Stations 的界面如右侧所示。界面的右侧列出了 PKS 的所有操作站，此例中仅有 PKS 服务器自带的操作站，即 Server Station。实际的工程系统一般配有多台 Flex 操作站，所有的操作站都会在右图中列出。所有操作站都会列出其 Flex Station、Key Board、Status、Operrator、Station 和 IP Address 等信息。单击"Server Station"转入第 3 步	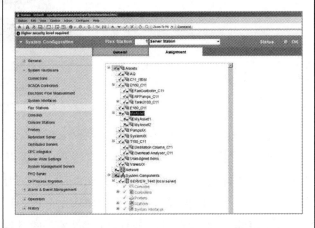
第 3 步，操作站"Server Station"的资产权限分配界面包括"General"和"Assignment"两个标签页。切换到"Assignment"标签页，可见 EMDB 中组态的所有资产项。如某资产项的左侧标识为☑，表示其全部访问权限已经分配给该操作站，如其标识为☒，表示其访问权限尚未分配给该操作站。例如，图中的"MyAsset"及其子资产项左侧标识为☒，表示"Server Station"不能访问"MyAsset"关联的设备或点	

续表

操 作 步 骤	操 作 截 屏
第 4 步，选中尚未分配权限的资产项，例如"MyAsset"，右击鼠标弹出一个权限分配选单，有效的选项包括 Full Access、View and acknowledge、View only、View without alarms 和 Noaccess。各选项分别表示具有全部访问权限、监视和确认报警、只能监视、监视没有报警的情况、无权访问。默认选项是 Noaccess。基于操作站的资产访问模式，一般选择"Full Access"，便于通过该操作站访问某资产项关联的设备或点的所有情况	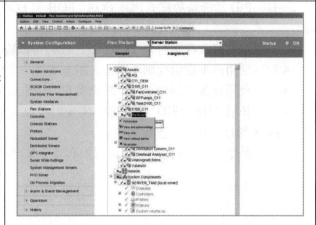
第 5 步，资产项"MyAsset"左侧的标识为☑，表示该操作站具有全部权限访问该资产项关联的设备或点。鼠标再次右击"MyAsset"，通过弹出的选单选"No access"可以再次禁止该台操作站访问"MyAsset"关联的设备或点，或者重新分配其他类型的权限，例如，只能监视、不能操控等。 备注：修改资产项的权限分配时需要使用"Mngr"操作权限	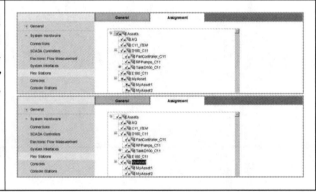

思 考 题

4-1 在数据采集点的组态中，参数"sysDtlDACA"的作用是什么？

4-2 在数据采集点的组态中，使用的 AICHANNEL 功能块和硬件组态的模拟量输入模块不一致，遇到的问题是什么？如何解决？

4-3 在数据采集点的组态中，AICHANNEL 功能块和 DATAACQ 功能块都具有量程变换的功能，各有什么特点？前者可以进行非线性运算吗？

4-4 假设 TI001 的量程为 0～600℃，分别使用 AICHANNEL 功能块和 DATAACQ 功能块的量程变换功能进行量程转换，并实现相同的效果。

4-5 以解除上限报警为例，阐述报警延时和报警死区的含义、两者之间的关系及其与报警解除的逻辑关系。

4-6 组态一个单回路控制器至少要用到哪些功能块？

4-7 PKS 库容器提供的 PID 功能块常用的参数有哪些？

4-8 调用 PKS 系统提供的监控界面时，参数 sysDtlDACA 和 sysDtlPIDA 有何不同？

4-9 控制器"DemoPID"和控制对象"CALC"分别对应单回路控制方框图的哪些环节？

4-10　如果某液位控制系统的量程为 0～5000 m，应该如何修改控制对象"CALC"，才能使得控制对象的最大输出达到 5000 m？

4-11　PID 功能块的算式选择 EQA、EQB 和 EQC，其功能有何不同？分别适用于何种场合？

4-12　如何修改控制对象"CALC"，使其可以输入一路扰动信号(数字信号)？

4-13　使用基本逻辑控制功能块，组态实现一个电机的正反转控制和互锁保护。

4-14　使用设备控制功能块，组态实现一个电机的正反转控制和互锁保护。

4-15　拓展"DemoPID"的功能，实现当被控变量发生上限报警时，输出 2 路开关量，驱动喇叭和警灯实现声光报警功能。

4-16　基于操作站的(资产)访问权限和基于账户的访问权限有何区别？

第 5 章　PKS 高级控制策略组态

实际工业过程中的某些被控变量总是会受到多个变量的影响，靠单回路控制难以获得良好的控制效果。另一方面，当工业过程中的控制回路数量相对较多时，回路之间可能存在一定的顺序和逻辑关系，依赖操作人员的操作过程则显得极为烦琐，不能充分体现自动控制的优势。面对这样的工况需求，就需要使用更为高级的控制策略，包括串级控制、前馈控制等多回路控制策略，顺序控制策略等。

5.1　串级控制的组态

在实际工程中，一个被控量可能会受到多个因素的影响，如果考虑其中一个因素，将难以满足其控制性能。单回路控制仅使用被控量作为反馈，控制器的输入仅考虑了测量值与设定值之间的偏差，相当于一个因素对被控变量的影响，因此，单回路控制难以克服多个因素对被控变量的影响。为了消除多因素对被控变量的影响，需要设法将其影响因素考虑在闭环回路中，通过闭环控制消除其对被控变量的影响。串级控制就是基于这一思路实现的多回路控制律。常用的串级控制有两个回路，分别是主控回路和副控回路；有两个控制器，分别为主控制器 $D_1(s)$ 和副控制器 $D_2(s)$；控制对象分为两个部分，分别为主控对象 $G_1(s)$ 和副控对象 $G_2(s)$；主控回路的被控变量 $Y_1(s)$ 称为主控变量，副控回路的被控变量 $Y_2(s)$ 称为副控变量。串级控制的方框图如图 5-1 所示。

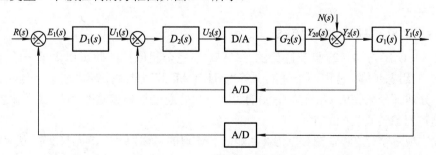

图 5-1　串级控制方框图

副控回路又称为控制内回路，针对多个扰动因素，理论上可以增加一个或多个控制内回路，以消除扰动因素对主控变量的影响。多个回路的串级可能会影响整个系统的稳定性，因此，实际工程中一般多采用双回路串级，少数场合可以使用三回路串级，四回路及其以上的串级控制很少使用。当扰动因素有多个时，一般应该考虑串级控制与前馈控制的配合使用，而不能仅用串级控制来消除系统中的扰动因素。

5.1.1 主控/副控对象的仿真及其组态

1. 主控对象和副控对象的模型

以双回路串级控制为例，其控制对象由 $G_1(s)$ 和 $G_2(s)$ 组成，为了简化控制对象的实现过程，假设 $G_1(s)$ 可以使用一阶惯性环节表示，传递函数为

$$G_1(s) = \frac{Y_1(s)}{Y_2(s)} = \frac{K_{m1}}{1 + T_{m1}s} \tag{5-1}$$

式(5-1)对应的离散算式为

$$y_1(k) = \frac{T_{m1}}{T_{s1} + T_{m1}} y_1(k-1) + \frac{K_{m1}T_{s1}}{T_{s1} + T_{m1}} y_2(k) \tag{5-2}$$

式(5-2)中：$y_1(k)$ 为主控对象在 k 时刻的输出，$y_1(k-1)$ 为主控对象在 $k-1$ 时刻的输出，T_{m1} 为主控对象的时间常数，T_{s1} 为主控回路的采样周期，K_{m1} 为主控对象的增益，$y_2(k)$ 为主控对象的输入。式(5-2)是一个递推计算式，要求使用 $y_1(k-1)$ 实时更新 $y_1(k)$。

设 $G_2(s)$ 和 D/A 转换器组成的广义副控对象也可以使用一阶惯性环节表示，传递函数为

$$G_2(s) = \frac{Y_{20}(s)}{U_2(s)} = \frac{K_{m2}}{1 + T_{m2}s} \tag{5-3}$$

式(5-3)对应的离散算式为

$$y_{20}(k) = \frac{T_{m2}}{T_{s2} + T_{m2}} y_{20}(k-1) + \frac{K_{m2}T_{s2}}{T_{s2} + T_{m2}} u_2(k) \tag{5-4}$$

考虑扰动 $n(k)$ 的作用后，由式(5-4)可得主控对象的输入为

$$y_2(k) = y_{20}(k) + n(k) \tag{5-5}$$

以上是主控对象 $G_1(s)$ 和副控对象 $G_2(s)$ 的离散算式或计算模型，使用 PKS 提供的功能块分别实现式(5-2)和式(5-4)的计算和递推，即可以实现主控对象和副控对象的仿真。在没有连接现场实际控制对象的情况下，也可以使串级控制回路按采样周期连续运行。$G_1(s)$ 和 $G_2(s)$ 既可以分别作为主控对象和副控对象，也可以将其串联，组成一个带有扰动输入的二阶控制对象。

2. 主控对象和副控对象的组态

$G_1(s)$ 和 $G_2(s)$ 与 4.2.2 小节讨论的"CALC"完全相似，因此可以借鉴一阶控制对象"CALC"的组态步骤，使用两个辅助计算"AUXCALC"功能块，赋以若干个"NUMERIC"功能块，分两部分来完成 $G_1(s)$ 和 $G_2(s)$ 的组态。此处通过复制和修改"CALC"来实现主控对象和副控对象仿真功能的组态。

假设实现主控对象和副控对象仿真功能的 CM 块的名称为"CAS_G1G2"。从"Project"管理窗口的"CEE300_SIM"(取决于组态控制器时定义的名称)节点，选中"CALC"，单击鼠标右键，选择"Copy"，弹出"Name New Function Block(s)"信息窗口，可以在此输入"Tag Name"和"Item Names"，也可以直接忽略，如图 5-2 所示。单击"Next"按钮，切换到"Resolve

Indeterminate or Substitute Connections…"信息窗口。由于"CALC"连接了来自"DemoPID"的参数，提示用户确认复制所得的新 CM 块是否保留连接到"DemoPID"，还是需要重新连接到指定的参数，如图 5-3 所示。此处可以直接修改使其连接到指定的参数，也可以再次打开该 CM，使用参数连接快捷按钮实现 CM 块之间的参数连接操作。单击"Finish"按钮，在"Project"的"Unassigned"节点将生成一个名为"CAS_G1G2"的 CM 块，将"CAS_G1G2"拖拽到"CEE300_SIM"节点即可。由于实际工程中可能需要组态多个控制器，因此，复制的 CM 块、I/O 模块等一般都存放在"Unassigned"节点，需要用户将其分配到指定的控制器。

　　图 5-2　复制 CM 块弹出信息窗口(1)　　　　　　图 5-3　复制 CM 块弹出信息窗口(2)

　　打开"CAS_G1G2"，将已有的功能块用于实现 $G_2(s)$ 的功能。双击其中的"AUXCALCA"功能块弹出其属性编辑窗口，切换到"BlockPins"标签页，增加一个"P[6]"输入引脚，用于连接扰动信号 $n(k)$，再增加一个"C[2]"输出引脚，用于将副控对象 $G_2(s)$ 的输出连接到主控对象的输入。切换到"Expm# 1"标签页，输入以下计算式：

$$((CAS\_G1G2.AUXCALCA.P[2]/(CAS\_G1G2.AUXCALCA.P[2]+$$
$$CAS\_G1G2.AUXCALCA.P[1]))*CAS\_G1G2.AUXCALCA.P[5]+$$
$$(CAS\_G1G2.AUXCALCA.P[3]*CAS\_G1G2.AUXCALCA.P[1]/ \qquad (5\text{-}6)$$
$$(CAS\_G1G2.AUXCALCA.P[2]+CAS\_G1G2.AUXCALCA.P[1]))*$$
$$CAS\_G1G2.AUXCALCA.P[4])+CAS\_G1G2.AUXCALCA.P[6]$$

切换到"Expm# 2"标签页，输入以下计算式：

$$CAS\_G1G2.AUXCALCA.CSTS[1]=2? \ CAS\_G1G2.AUXCALCA.C[1]:0 \qquad (5\text{-}7)$$

单击"OK"按钮确认"AUXCALCA"功能块的各项参数设置。"CAS_G1G2"原有的功能块除了"AUXCALCA"外还有 6 个"NUMERIC"功能块，组态"CAS_G1G2"还需要用到更多的"NUMERIC"功能块，为此，先将原有的"NUMERIC"功能块作更名处理。将原有的功能块"T_s"更名为"T_{s2}"；功能块"T_m"更名为"T_{m2}"；功能块"K_m"更名为"K_{m2}"；功能块"U_k"更名为"U_{2k}"；功能块"Y_k"更名为"Y_{2k}"。复制功能块"U_{k2}"并将其更名为"N_k"，用作扰动信号输入。检查各功能块之间的连线，确保"T_{s2}"的"PV"输出引脚连接到"AUXCALCA"的"P[1]"输入引脚；"T_{m2}"的"PV"输出引脚连接到"AUXCALCA"的"P[2]"输入引脚；"K_{m2}"的"PV"输出引脚连接到"AUXCALCA"的"P[3]"输入引脚；"U_{2k}"的"PV"输出引脚连接到"AUXCALCA"的"P[4]"输入引脚；"Y_{2k_1}"的"PV"输出引脚连接到"AUXCALCA"的"P[5]"输入引脚；"N_k"的"PV"输出引脚连接到"AUXCALCA"的"P[6]"输入引脚；"AUXCALCA"的"PV"输出引脚连接到"Y_{2k}"的"PV"输入引脚。副控对象的组态结果如图 5-4 所示。

　　通过复制副控对象的各功能块，继续完成主控对象的组态。将"AUXCALCA"复制为"AUXCALCB",并删除其"P[6]"输入引脚和"C[2]"输出引脚。继续将"T_{s2}"复制为"T_{s1}";将"T_{m2}"复制为"T_{m1}";将"K_{m2}"复制为"K_{m1}";将"U_{2k}"复制为"U_{1k}";将"Y_{2k_1}"复制为"Y_{1k_1}";将"Y_{2k}"复制为"Y_{1k}"。连接各功能块以完成主控对象的组态,其组态结果如图 5-5 所示。

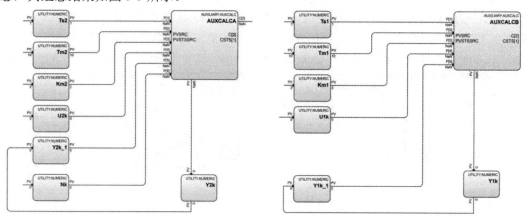

图 5-4　仿真副控对象的功能块及连接　　　　图 5-5　仿真主控对象的功能块及连接

为使"AUXCALCB"实现主控对象的仿真,还需要修改其计算表达式。打开"AUXCALCB"的属性编辑窗口,切换到"Expm# 1"标签页,将算式修改为

$$
\begin{aligned}
&(\text{CAS\_G1G2.AUXCALCB.P[2]}/(\text{CAS\_G1G2.AUXCALCB.P[2]}+\\
&\text{CAS\_G1G2.AUXCALCB.P[1]}))*\text{CAS\_G1G2.AUXCALCB.P[5]}+\\
&(\text{CAS\_G1G2.AUXCALCB.P[3]}*\text{CAS\_G1G2.AUXCALCB.P[1]}/\\
&(\text{CAS\_G1G2.AUXCALCB.P[2]}+\text{CAS\_G1G2.AUXCALCB.P[1]}))*\\
&\text{CAS\_G1G2.AUXCALCB.P[4]}
\end{aligned} \tag{5-8}
$$

再切换到"Expm# 2"标签页,将算式修改为

$$\text{CAS\_G1G2.AUXCALCB.CSTS[1]}=2?\ \text{CAS\_G1G2.AUXCALCB.C[1]}:0 \tag{5-9}$$

至此,实现了仿真主控对象和副控对象的组态。实际使用时,这两部分是连接在一起的,即副控对象的输出作为主控对象的输入,即连接"AUXCALC"的"C[2]"输出引脚到"U_{1k}"的"PV"输入引脚,如图 5-6 所示。"CAS_G1G2"可以用作主控对象和副控对象,其输出

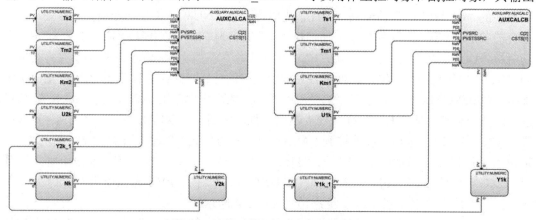

图 5-6　连接后的主控对象和副控对象

分别用作主控回路和副控回路的反馈值；也可以用作一个二阶对象，整个对象的输出用作单回路控制系统的反馈值。

5.1.2　主控制器/副控制器的组态

双回路串级控制有一个主控制器和一个副控制器，无论是主控制器还是副控制器，其组成和单回路控制器都相似。主控制器由"AICHANNEL"功能块、"DACA"功能块和"PID"功能块组成。由于主控制器的输出作为副控制器的设定值输入，因此主控制器不需要"AOCHANNEL"功能块。副控制器由"AICHANNEL"功能块、"DACA"功能块、"PID"功能块和"AOCHANNEL"功能块组成。如果希望使用 PKS 系统提供的回路显示画面分别监控主控回路和副控回路，则必须使用不同的 CM 块分别实现主控制器和副控制器，工程上一般也是如此。如果不需要分别监控主控回路和副控回路，也可以在一个 CM 块中同时实现主控制器和副控制器，这种情况下，系统提供的回路监控界面只能选择其中一个回路。即 CM 块的参数"Point Detail Display #"只能关联到某一个控制器，要么是主控制器，要么是副控制器。

既然主控制器和副控制器的组态过程和单回路控制器的组态过程相似，也就可以采用复制单回路控制器的方法来完成主控制器和副控制器的组态。选中"Project"项目管理窗口的"CEE300_SIM"节点下的"DemoPID"，单击鼠标右键，在弹出的选单中选择"Copy"，弹出"Name New Function Block(s)"信息窗口，可以在此输入"Tag Name"和"Item Names"，也可以直接忽略。单击"Next"按钮，弹出"Resolve Indeterminate or Substitute Connections…"信息窗口。单击"Finish"按钮，则复制的 CM 块出现在"Project"的"Unassigned"节点，其默认名称为"DemoPID_1"，将其拖拽到"Project"的"CEE300_SIM"节点下。按照类似的方法，再次复制"DemoPID"，在"Unassigned"节点下出现默认名称为"DemoPID_2"的 CM 块，再将"DemoPID_2"也拖拽到"Project"的"CEE300_SIM"节点下。

1. 主控制器的参数配置

(1) 将主控制器更名为"CAS_MPID"。双击"CEE300_SIM"节点下的"DemoPID_1"，打开"DemoPID_1"的属性编辑窗口，在"Tag Name"右侧的输入框中输入"CAS_MPID"，在"Item Name"右侧的输入框中输入"CAS_MPID_Item"。

(2) 删除"CV02"模拟量输出功能块。

(3) 修改模拟量输入块的相关属性。将其名称修改为"TI03"，量程维持 0~300℃不变，通道号"CHANUM"选择模拟量输入模块"AI_HL_1"的 4 号通道。

(4) 修改"CAS_MPID"的参数连接器所连接的参数。修改"TI03"功能块的"SIMVALUE"引脚所连接的参数名称，将"CALC.Yk.PV"修改为"CAS_G1G2.Y1k.PV"。

(5) "DACA"功能块、"PIDA"功能块的参数配置和"DemoPID"保持相同，即"DACA"的量程为 0~300℃，"PIDA"的设定值"SP"和测量值"PV"的量程均为 0~300℃，算式类型为"EQB"，增益系数"LIN"为 0.4，积分时间"T1"为 0.2 min，微分时间"T2"为 0.05 min。主控制器采用 PID 控制算法，控制作用强弱适中，响应速度适中即可，以免出现较大的超调量。

主控制器"CAS_MPID"的组态结果如图 5-7 所示。

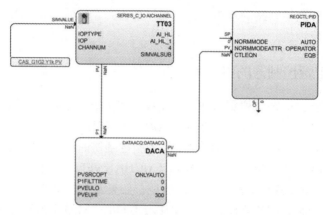

图 5-7　主控制器 CAS_MPID 组态结果

2. 副控制器的参数配置

(1) 将副控制器更名为"CAS_SPID"。双击"CEE300_SIM"节点下的"DemoPID_2"，打开"DemoPID_2"的属性编辑窗口，在"TagName"右侧的输入框中输入"CAS_SPID"，在"Item Name"右侧的输入框中输入"CAS_SPID_Item"。

(2) 修改模拟量输入块的相关属性。将其名称修改为"FT03"，量程修改为 $0\sim200$ m³/hr，通道号"CHANUM"选择模拟量输入模块"AI_HL_1"的 5 号通道。

(3) 修改"DACA"的相关参数，将量程修改为 $0\sim200$，单位修改为"m³/hr"，取消各项报警组态，其他参数维持不变。

(4) 修改"PIDA"的相关参数。"PIDA"设定值量程和测量值量程均修改为 $0\sim200$ m³/hr；控制算法依然选择"EQB"；比例增益"LIN"设置为 2.5，积分时间"T1"设置为 0.2 min(副控制器采用 PI 算法，响应时间快于主控制器)；"Normal Mode"选择为"CAS"，即通过 Station 站切换为"Normal"时，该回路自动切换串级控制，"Normal Mode Attribute"选择为"NONE"；"Mode"选择为"CAS"，即回路运行时即为串级控制，"Mode Attribute"选择为"OPERATOR"。副控制器 PID 的 Mode 设置如图 5-8 所示。当副控制器设置为串级控制时，其"PIDA"的设定值来自主控制器的输出。

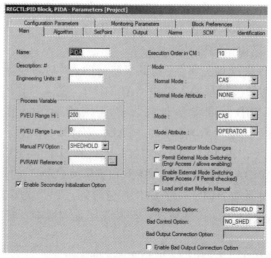

图 5-8　副控制器 PID 的 Mode 设置

（5）修改模拟量输出块的相关参数，将该功能块的名称由"CV02"修改为"CV03"，通道号"CHANNUM"选择模拟量输出模块"AO_1"的 3 号通道。

（6）组态参数连接器并连接相关参数。副控制器既要连接主控制器的输出，又要连接副控对象的输出，因此需要组态两个参数连接器。修改"FT03"功能块的"SIMVALUE"引脚所连接的参数名称，由"CALC.Yk.PV"修改为"CAS_G1G2.Y2k.PV"，使得副控对象的输出连接到副控制器的测量值输入。给"PIDA"的"SP"输入引脚增加一个参数连接器，在其连接参数输入框中输入"CAS_MPID.PIDA.OP"，使得主控制器的输出连接到副控制器的"SP"输入。

副控制器"CAS_SPID"的组态结果如图 5-9 所示。

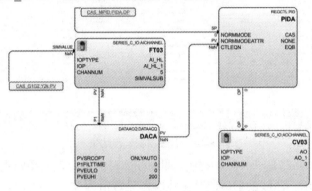

图 5-9 副控制器 CAS_SPID 组态结果

3. 串级回路的下装与运行

在项目管理窗口选中"CAS_MPID""CAS_SPID"和"CAS_G1G2"，单击快捷按钮"⬇"启动下装过程，待弹出警示对话窗口后单击"Continue"按钮，再次弹出对话窗口，确认下装的对象是"CAS_MPID""CAS_SPID"和"CAS_G1G2"，勾选"Automatically change All…"选项，单击"OK"按钮确认下装操作。下装过程结束后，可以从项目监控窗口的CEE 节点看到"CAS_MPID""CAS_SPID"和"CAS_G1G2"的图标为绿色，表示已经运行。

启动 PKS 的 Station 操作站，待其启动结束后单击其快捷按钮"🔍"，在弹出的输入框中输入"CAS_MPID"，单击其右侧的"OK"，即可调出"CAS_MPID"的详细显示界面，切换到"Loop Tune"标签页，便于查看其趋势曲线，如图 5-10 所示。由于组态"CAS_MPID"时的默认控制模式为"MAN"，将其切换到"AUTO"模式以开启自动控制过程。初始设定值为 0，将其设定为 240℃，监控其响应过程，得到其最大值为 260.2℃，超调量为 8.4%。为了进一步观察运行效果，将其设定值修改为 260℃，监控器响应过程得到其最大值为261.7℃，超调量为 0.65%。上述过程反映出，大幅度的设定值变化将导致大幅度的偏差变化，进而导致较大的超调量。实际工程中设定值大幅度变化时，一般采用手动方式先将其控制到设定值附近，再将其切换到自动控制模式。也可以让设定值按照一定的变化速度缓慢变化到新的设定值，减少每一时刻的偏差变化，进而减小超调量。通过整定合适的 PID 控制参数也可以减小超调量，但适合大偏差的 PID 控制参数用于小偏差控制情况时，其控制作用偏弱。所以，一般针对设定值的大幅度变化，不是付出更大的代价去整定一组最优的PID 参数，而是约束设定值的变化率，将手动模式编写为程序，实现程序控制或顺序控制。

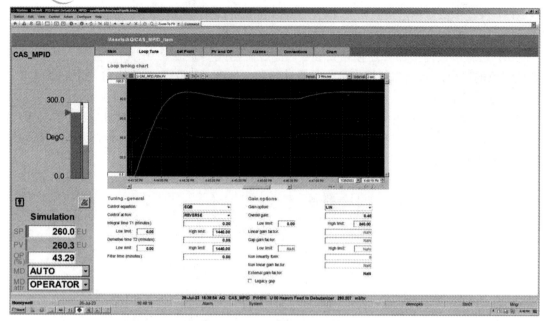

图 5-10　串级控制运行结果

　　串级控制的副控回路是一种随动控制，即副控回路的设定值是跟随主控制器的输出而变化的，如图 5-11 所示。曲线的前一段是主控制器设定值为 0～240℃时，副控制器设定值的跟随情况，曲线的后一段是主控制器设定值为 240℃～260℃交替变化 2 次时，副控制器设定值的跟随情况。为了降低主控制器输出变化对副控回路的影响，工程上多使用纯比例控制(P)、比例积分控制(PI)或微分先行 PID 控制等作为副控制器的控制算法。微分先行 PID 控制算法仅对副控回路的测量值进行微分计算，而对设定值变化引起的偏差不作微分运算，从而有效避免副控回路设定值因跟随主控制器输出的频繁变化而引起副控回路的频繁调节动作。

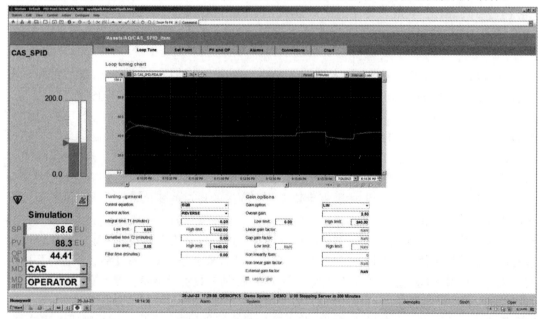

图 5-11　副控回路设定值跟踪曲线

5.1.3　串级控制与单回路控制的比较

　　为了对比串级控制与单回路控制的效果，针对同一个二阶控制对象，再组态一个单回路控制器"G1G2_PID"，以对比单回路控制和串级控制的跟踪性能、抗扰性能等。假设此处使用的单回路控制器的 CM 块名称为"G1G2_PID"，二阶控制对象的 CM 块名称为"G1G2"。通过复制"DemoPID"，将其命名为"G1G2_PID"，给"AICHANNEL"功能块和"AOCHANNEL"功能块重新分配通道，修改"G1G2_PID"的参数连接器，将其连接参数修改为"G1G2.Y1k.PV"，其组态结果如图 5-12 所示。

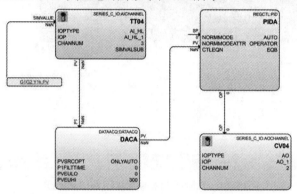

图 5-12　单回路控制器 G1G2_PID 的组态结果

　　通过复制"CAS_G1G2"，将其命名为"G1G2"，修改"G1G2"的参数连接器，将其连接参数修改为"G1G2_PID.PIDA.OP"，其组态结果如图 5-13 所示。

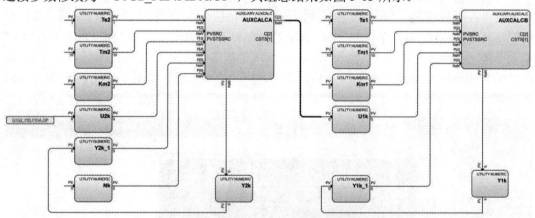

图 5-13　二阶控制对象的组态结果

　　选中"Project"窗口"CEE300_SIM"节点下的"G1G2"和"G1G2_PID"，下装时勾选自动运行，下装结束后，从"Monitor"窗口可以看到"G1G2"和"G1G2_PID"的图标应该是绿色的，表示已经运行。

　　打开 Station 站，调出"G1G2_PID"的回路显示界面，将控制模式切换为"AUTO"，将设定值改为 240℃，该回路开始运行。从"G1G2_PID"的"LoopTune"标签页可以看到趋势曲线，如图 5-14 所示。等待一段时间后，回路的测量值稳定到 240℃左右，观察到其间的测量值最大为 289.2℃，超调量为 20.5%。同样的控制对象，同样的设定值变化和跟踪，串级控制的超调量仅为 8.5%，且调节时间更短。将设定值再次修改为 260℃，等待一段时间后，回路的测量值稳定到260℃左右，观察到其间的测量值最大为264.3℃，超调量为1.65%。前面的串级控制结果表明，当设定值从240℃变化到260℃时，其超调量仅为0.65%，且调节时间更短。

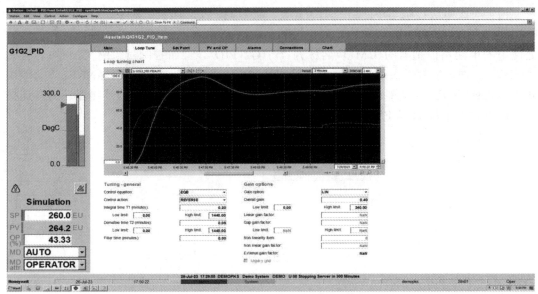

图 5-14　二阶控制对象的单回路控制曲线

　　上述试验表明，针对同一控制对象，串级控制的跟踪性能优于单回路控制，具有更小的超调量和更短的调节时间。

　　串级控制的抗扰性能同样优于单回路控制。为了试验两者的抗扰性能，先让串级控制和单回路控制都稳定在240℃左右，随后施加一个幅值为5、时长大约为5 s的扰动量，分别观察其响应曲线。对于单回路控制，在监控窗口打开"G1G2"，双击"Nk"功能块的"PV"输入引脚，在弹出的对话框中输入5，单击"OK"按钮确认输入；大约5 s后再输入0，单击"OK"按钮确认输入。施加扰动后，单回路控制的响应曲线如图 5-15 所示。对于串级

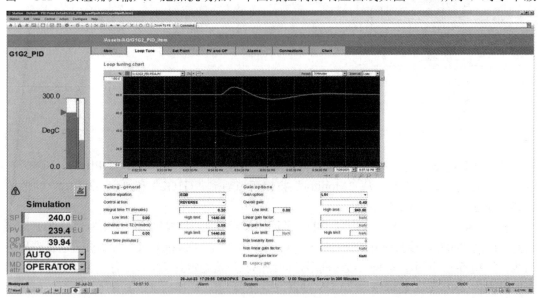

图 5-15　施加扰动后的单回路控制响应曲线

控制，在监控窗口打开"CAS_G1G2"，按照类似的步骤施加幅值为 5、时长大约为 5 s 的扰动信号。施加扰动后，串级控制的响应曲线如图 5-16 所示。

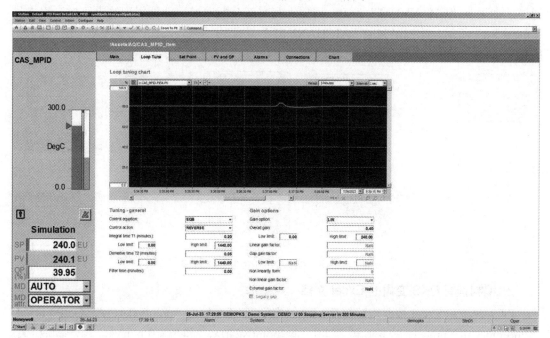

图 5-16　施加扰动后的串级控制响应曲线

在图 5-15 中，观察到的测量值最大为 264.8℃，因扰动产生的超调量为 10.3%；在图 5-16 中，观察到的测量值最大为 249.3℃，因扰动产生的超调量仅为 3.8%，且消除扰动的响应时间更短。

上述实验中，同一控制对象，串级控制的抗扰性能优于单回路控制，同样的扰动作用下，串级控制的超调量更小，恢复时间更短。鉴于此，在实际工程中，对于能测量，能将其包括在副控回路中的扰动，建议使用串级控制策略。

5.1.4　基于 Excel 仿真过程变量

霍尼韦尔 PKS 可以通过 MEDE(Microsoft Excel Data Exchange)与 Excel 交换数据。为此，利用 Excel 读写 PKS 的指定变量，按照用户要求的控制对象模型或计算公式进行运算，再写入 PKS 指定的变量，从而实现控制对象的仿真，进而用于单回路控制或串级控制。使用 PKS 与 Excel 数据交换，必须对 PKS 系统和 Excel 进行相应的配置。不同的 PKS 版本和不同的 Excel 版本，其配置步骤基本相似。对于 PKS R4.3x 和 Excel 2010，其配置步骤可以参考霍尼韦尔公司发布的"Configuring Microsoft Excel Reports for Experion R400(Experion PKS Technical Note # 307)"。下面以串级控制为例，介绍使用 Excel 读写 PKS 变量的方法和步骤。

1. 组态一个串级控制回路

以某液位-流量串级控制系统为例，假设已经完成串级控制回路的组态，其主控回路为"11_LC14"，副控回路为"11_FC17"。如果从其他项目导入该串级控制回路，那么导入后一般出现在项目管理窗口的"Unassigned"节点。将其拖拽到指定的 CEE 节点(例如 CEE300_SIM 节点)后还需要核实所导入的各点(各 CM 块)的模拟量输入通道和模拟量输出通道,如果其"CHANNUM"为 0,需要为其重新分配通道。此处用到的串级控制组态结果如图 5-17 所示。此例用到的"AICHANNEL"功能块不需要添加"SIMVALUE"输入引脚和"SIMMODE"参数,这两个参数可通过 Excel 写入。

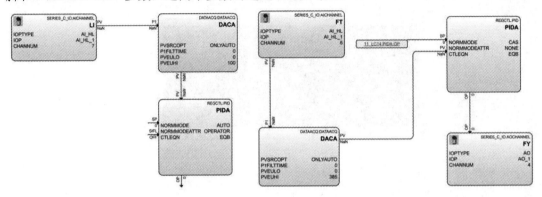

图 5-17　液位-流量串级控制组态示例

2. 编制读写 PKS 变量的 Excel 文档

PKS 系统和 Excel 按要求配置后,Excel 软件即可增加"getpointvalarray""GetPointVal" "PutPointVal_Number"等宏功能。其中"getpointvalarray"和"GetPointVal"用于读取 PKS 的变量或参数,"PutPointVal_Number"用于写 PKS 变量。为便于描述,新建一个 Excel 文档,将其存为"PKS_Excel_SIM_CAS.xls"。Excel 文档的"F1"单元格输入 PKS 服务器的名称,例如"DemoPKS"。第 2 行为标题栏,标识每一列的参数名称,如图 5-18 所示。A 列为点名;B 列为参数名称;C 列为 B 列参数对应的值;D 列为量程下限;E 列为量程上限;F 列为 C 列的线性变换,实际用作对象的仿真输出;G 列和 F 列作用相同(便于扩展);H 列用作限幅处理,结算结果必须限制在量程范围内;I 列用于将 H 列的值写入 PKS 指定 CM 块的"SIMVALUE"输入引脚,例如流量控制回路"11_FC17.FT.SIMVALUE"或液位控制回路"11_LC14.LI.SIMVALUE";J 列反映 M 列的状态,当 M 列的值为"NONE" "DIRECTSUB"或"SIMVALSUB"时,其值分别显示"None""Yes"和"No";K 列取值为"0""1"或"2",分别对应"SIMMODE"的"NONE""DIRECTSUB"和"SIMVALSUB"; L 列用于将 K 列的值写入 PKS 指定 CM 块的"SIMMODE"参数,如"11_FC17.FT.SIMMODE" 或"11_LC14.LI.SIMMODE";M 列用于从 PKS 读取到"SIMMODE"参数值。

A	B	C	D	E	F	G	H	I	J	K	L	M
Enter your Experion PKS server name in Cell F1			DemoPKS									
Points	Parameters	Value	EU LO	EU HIGH	RANGING	CALCULATION	LIMITING	PV INPUT		MODE BY STUDENT	MODE	MODE WRITE	CURRENT MODE

图 5-18　读写 PKS 变量的 Excel 文档标题栏

假设 Excel 文档的第 3 行用于读写副控回路"11_FC17",并将结果写入副控回路的测量值输入通道,用于模拟副控对象的输出;第 4 行用于读写主控回路"11_LC14",并将结果写入主控回路的测量值输入通道,用于模拟主控对象的输出。按照 Excel 各列的约定,则可以得到 Excel 各单元需要填写的内容,如表 5-1 所示。

表 5-1　仿真 PKS 变量的 Excel 各单元格填写的变量或公式示例

单元格	变量或计算公式	单元格	变量或计算公式
F1	DemoPKS(PKS 服务器名称)		
A3	11_FC17	A4	11_LC14
B3	PIDA.OP	B4	PIDA.OP
C3	=getpointvalarray(1,F1,A3,"PIDA.OP","V")	C4	=getpointvalarray(1,F1,A4,"PIDA.OP","V")
D3	=getpointvalarray(1,F1,A3,"DACA.PVEULO","V")	D4	=getpointvalarray(1,F1,A4,"DACA.PVEULO","V")
E3	=getpointvalarray(1,F1,A3,"DACA.PVEUHI","V")	E4	=getpointvalarray(1,F1,A4,"DACA.PVEUHI","V")
F3	=C3/100*(E3-D3)+D3	F4	=C4/100*(E4-D4)+D4
G3	=F3	G4	=F3
H3	=IF(G3>E3, E3, IF(G3<D3, D3, G3))	H4	=IF(G4>E4, E4, IF(G4<D4, D4, G4))
I3	=PutPointVal_Number(F1,A3,"FT.SIMVALUE",IF(C3="NaN",0,H3))	I4	=PutPointVal_Number(F1,A4,"LI.SIMVALUE",IF(C4="NaN",0,(100-H4)))
J3	=IF($M3="None" "Yes" "No")	J4	=IF($M4="None" "Yes" "No")
K3	2(0,1,2 可选)	K4	2(0,1,2 可选)
L3	=IF(J3="YES", PutPointVal_Number(F1,A3,"FT.SIMMODE",K3),IF(J3="NO",PutPointVal_Number(F1,A3,"FT.SIMMODE", 2)))	L4	=IF(J4="YES", PutPointVal_Number(F1,A4,"LI.SIMMODE",K4),IF(J4="NO",PutPointVal_Number(F1,A4,"LI.SIMMODE", 2)))
M3	=GetPointVal(F1,A3,"FT.SIMMODE")	M4	=GetPointVal(F1,A4,"LI.SIMMODE")

3. 运行串级控制回路和 Excel

下装并运行 "11_LC14" 和 "11_FC17"，打开 Station 站并调出 "11_LC14" 和 "11_FC17" 的回路监控界面。在没有启动 "PKS_Excel_SIM_CAS.xls" 之前，回路 "11_LC14" 和 "11_FC17" 的测量值 "PV" 均提示 "BadPV" 和 "NAN"。启动 "PKS_Excel_SIM_CAS.xls"，默认情况下，Excel 每隔 5 s 读写一次 PKS 变量。单击 Excel 的 "Add-ins" 菜单，下拉 "Microsoft Excel Data Excahange" 弹出选单，选择 "Set Recaculation Interval"，弹出 "Set Periodic Recaculation Interval" 对话框，在 "New Interval(Second)" 右侧输入 2，将其刷新时间设置为 2 s，即每隔 2 s Excel 将与 PKS 交换一次数据。Excel 的第 3 行和第 4 行分别显示 "11_FC17" 和 "11_LC14" 的相关参数，如图 5-19 所示。

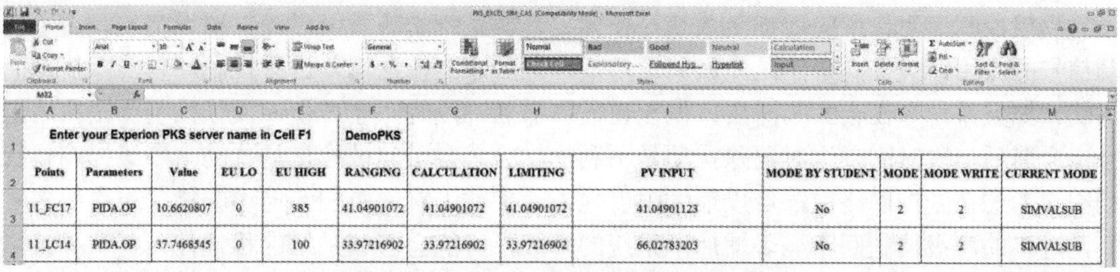

图 5-19　使用 Excel 读写和显示 PKS 变量

读写 PKS 变量的 Excel 文档运行后，主控回路"11_LC14"和副控回路"11_FC17"的测量值根据 Excel 的读写结果变化。主控回路"11_LC14"的响应曲线如图 5-20 所示，副控回路的响应曲线如图 5-21 所示。图 5-21 和图 5-20 的截屏时间不同，仅用于展示 Excel 仿真主控对象和副控对象的效果。

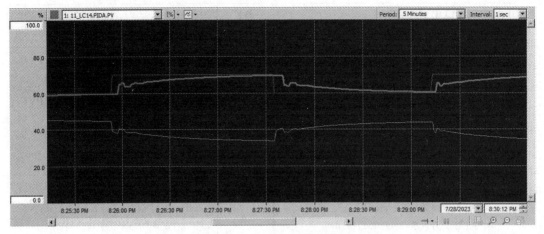

图 5-20　基于 Excel 仿真的主控回路响应曲线

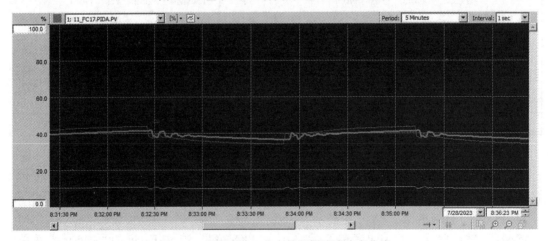

图 5-21　基于 Excel 仿真的副控回路响应曲线

5.2　前馈控制的组态

反馈控制产生作用的前提是系统存在偏差，即系统的测量值已经偏离设定值。由于扰动信号的作用，被控量必然是先偏离设定值，然后才能依据偏差进行控制，以消除扰动的影响。如果系统存在较大的滞后，偏差也需要滞后一段时间才产生，反馈控制产生作用也必定会滞后一段时间，这对消除扰动是不利的，必然会引起被控量的扰动。串级控制将扰动因素考虑在副控回路内，可以最大限度地消除扰动因素的影响，但由于扰动因素的多维性，过多的串级控制回路显著增加了系统的阶数，可能会影响系统的稳定性，甚至显著降低系统的性能。在这种情况下，前馈控制则体现出一定的优势。尽管前馈控制是一种基于扰动量的开环控制，但若将其组成前馈-反馈控制或前馈串级控制，就基本上能解决工程上的大部分扰动问题。

5.2.1　前馈控制的结构及原理

前馈-反馈控制由前馈控制和反馈控制组成，其一般结构如图 5-22 所示。$G(s)$ 是被控对象控制通道的传递函数，$G_n(s)$ 是被控对象扰动通道的传递函数，$D(s)$ 是反馈控制器，$D_n(s)$ 是前馈控制器。$R(s)$ 和 $Y(s)$ 分别为系统的输入(设定值)和输出(测量值)，$E(s)$ 是系统的偏差，是前馈-反馈控制量的代数和，$N(s)$ 为扰动信号。

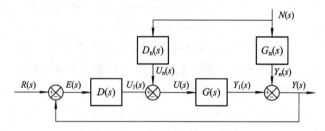

图 5-22　前馈-反馈控制方框图

扰动信号 $N(s)$ 经过两条通路影响系统的输出：一是通过扰动通道作用于系统的输出，二是通过前馈控制器和控制通道作用于系统的输出。理想情况下，希望扰动信号引起的系统输出为零，故有

$$N(s)G_n(s) + N(s)D_n(s)G(s) = 0 \tag{5-10}$$

$$D_n(s) = -\frac{G_n(s)}{G(s)} \tag{5-11}$$

只要扰动信号 $N(s)$ 能够测量，$G(s)$ 和 $G_n(s)$ 是已知的，就可以按式(5-11)设计一个前馈控制器 $D_n(s)$，进而完全补偿扰动信号对输出的影响。然而在实际工程中，即使通过建模或系统辨识获得了 $G(s)$ 和 $G_n(s)$ 的数学模型，但由于设备老化、管路淤堵等多种因素的影响，无法长期获得 $G(s)$ 和 $G_n(s)$ 精确的数学模型。也就是说，通过前馈控制完全补偿扰动对输出的影响一般是不可能的，这就需要通过反馈控制来消除未补偿部分引起的输出扰动。前馈-反馈控制的总控制量 $U(s)$ 为前馈控制器输出控制量 $U_n(s)$ 与反馈控制器输出控制量 $U_1(s)$ 的代数和，即有：

$$U(s) = U_1(s) + U_n(s) \tag{5-12}$$

当前时刻的总控制量为

$$u(k) = u_1(k) + u_n(k) \tag{5-13}$$

在实际工程中，$u_1(k)$ 一般是 PID 控制器的输出，$u_n(k)$ 一般是扰动信号的线性运算。在条件许可的情况下，也可以建立 $u_n(k)$ 和扰动信号 $n(k)$ 之间的模型，构建更好的前馈控制器。在条件受限的条件下，建议依据扰动信号，作适度的前馈补偿，通过反馈控制进一步消除扰动的影响。

当被控变量的扰动因素不止一个时，可以考虑前馈控制与串级控制的组合，将主要扰动包括在副控回路内，将另一扰动因素通过前馈控制予以补偿。前馈-串级控制的一般结构如图 5-23 所示。$D_1(s)$ 为主控制器，$D_2(s)$ 为副控制器，$D_n(s)$ 为前馈控制器，$G_1(s)$ 为主控对象，$G_2(s)$ 为副控对象，$G_n(s)$ 为扰动通道传递函数。

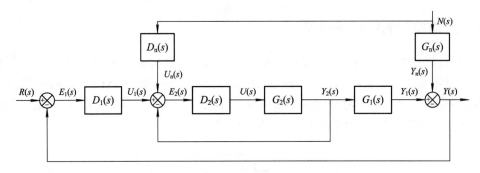

图 5-23　前馈-串级控制的一般结构

　　例如，锅炉汽包水位三冲量控制系统就是典型的前馈-串级控制系统。汽包水位不仅受进水流量的影响，同时受蒸汽负荷的影响。传统的汽包水位检测多使用浮球类传感器，当进水流量减小或蒸汽负荷加大时，水位降低，汽包内的沸腾加剧，反而会使检测的水位偏高，形成虚假水位现象。因此，基于水位的单冲量控制系统无法解决虚假水位问题。基于进水流量和汽包水位组成的双冲量控制系统采用汽包水位-进水流量串级控制策略，能较好地克服进水流量引起的虚假水位现象，却难以克服蒸汽负荷变化引起的虚假水位现象。基于蒸汽负荷与水位组成的双冲量控制系统采用蒸汽流量和包水位组成前馈-反馈控制，能较好地克服蒸汽负荷变化引起的虚假水位现象，却难以克服进水流量变化引起的虚假水位现象。将进水量作为副控变量，蒸汽负荷作为前馈扰动量，汽包水位作为主控变量，通过三个变量组成前馈-串级控制系统(工程上一般将其称为三冲量汽包水位控制系统)，能较好地克服进水流量变化和蒸汽负荷变化引起的虚假水位现象。汽包水位三冲量控制系统的方框图如图 5-24 所示。

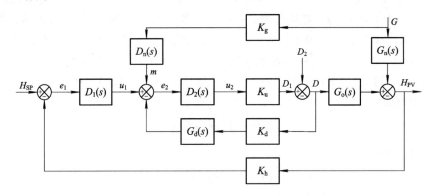

图 5-24　锅炉汽包水位前馈-串级(三冲量)控制系统方框图

　　图中 $G_n(s)$ 为蒸汽流量水位通道传递函数；$G_o(s)$ 为给水流量水位通道传递函数；$G_d(s)$ 为给水流量反馈通道传递函数；$D_n(s)$ 为蒸汽流量前馈补偿环节(前馈控制器)传递函数；$D_2(s)$ 为副控制器(给水控制器)传递函数；$D_1(s)$ 为主控制器(水位控制器)传递函数；K_g、K_d 和 K_h 分别是蒸汽流量、进水流量、锅炉水位等测量装置的传递函数；K_u 为执行机构的传递函数。

5.2.2　前馈-反馈控制的组态

由式(5-12)可知，前馈-反馈控制的总控制量等于前馈控制器输出与反馈控制器输出的代数和，其中反馈控制器的组态过程类似单回路控制器。此处将前馈控制器考虑成简单的比例控制器，其输出与扰动量成比例。因此，前馈-反馈控制器由单回路控制器、比例运算和加法运算组成。为了验证前馈控制，需要将仿真控制对象 "CALC" 增加一个扰动输入量。为了说明前馈-反馈控制的组态过程，将前馈-反馈控制器命名为 "FF_PID"，对应的仿真控制对象命名为 "FF_G"。

1. 前馈-反馈控制器的组态

前馈-反馈控制器的核心组态步骤如下：

(1) 在项目管理窗口中复制 "DemoPID"，在弹出的对话框中将 "Tag Name" 和 "Item Name" 分别命名为 "FF_PID" 和 "FF_PID_Item"。

(2) 将模拟量输入功能块的 "Tag Name" 更名为 "TT05"，为 "CHANNUM" 分配有效的通道号，修改 "SIMVALUE" 输入引脚的参数连接器，将连接的参数改为 "FF_G.Yk.PV"。

(3) 打开 PIDA 的属性编辑窗口，切换到 "Algorithm" 标签页，将比例增益 "LIN" 的值改为 0.5，积分时间的值改为 0.15 min，微分时间的值改为 0.02 min。

(4) 将模拟量输出功能块的 "Tag Name" 更名为 "CV05"，删除 "PIDA" 的 "OP" 输出引脚与 "CV05" 的 "OP" 输入引脚之间的连线。

(5) 从库容器的 "MATH" 节点拖拽一个 "ADD" 功能块和一个 "MUL" 功能块到 "FF_PID" 的编辑区，其 "Tag Name" 分别取其默认值 "ADDA" 和 "MULA"。

(6) 从库容器的 "UTINITY" 节点拖拽一个 "NUMERIC" 功能块到 "FF_PID" 的编辑区，其 "Tag Name" 改为 "Kf"。

(7) 连接 "Kf" 的 "PV" 输出引脚到 "MULA" 的 "IN[1]" 输入引脚，使用参数连接器将参数 "FF_G.Nk.PV" 连接到 "MULA" 的 "IN[2]" 输入引脚。

(8) 连接 "MULA" 的 "OUT" 输出引脚到 "ADDA" 的 "IN[2]" 输入引脚，连接 "PIDA" 的 "OP" 输出引脚到 "ADDA" 的 "IN[1]" 输入引脚。

(9) 连接 "ADDA" 的 "OUT" 输出引脚到 "CV05" 的输入引脚。

至此，已完成前馈-反馈控制器的组态，其组态结果如图 5-25 所示。

2. 前馈-反馈控制的仿真对象组态

前馈-反馈控制的仿真对象的组态结果如图 5-26 所示(也可以使用 PKS 提供的 PIDFF 功能块实现前馈控制)，其核心组态步骤如下：

(1) 在项目管理窗口中复制 "CALC"，在弹出的对话框中将 "Tag Name" 和 "Item Name" 分别命名为 "FF_G" 和 "FF_G_Item"。

(2) 从库容器的 "UTINITY" 节点拖拽一个 "NUMERIC" 功能块到 "FF_G" 的编辑区，其 "Tag Name" 改为 "Nk"，修改其参数变化范围，将其范围设置为 -100～+100。

（3）双击"AUXCALCA"，切换到"Block Pins"标签页，增加一个"P[6]"输入引脚；切换到"Expm# 1"标签页，输入以下计算式：

((FF_G.AUXCALCA.P[2]/(FF_G.AUXCALCA.P[2]+FF_G.AUXCALCA.P[1]))*
FF_G.AUXCALCA.P[5]+(FF_G.AUXCALCA.P[3]*FF_G.AUXCALCA.P[1]/
(FF_G.AUXCALCA.P[2]+FF_G.AUXCALCA.P[1]))*FF_G.AUXCALCA.P[4])+
FF_G.AUXCALCA.P[6]　　　　　　　　　　　　　　　　　　　　　（5-14）

继续切换到"Expm# 2"标签页，输入或核实以下计算式：

$$FF\_G.AUXCALCA.CSTS[1]=2? FF\_G.AUXCALCA.C[1]:0 \qquad (5\text{-}15)$$

（4）连接"Nk"的"PV"输出引脚到"AUXCALC"的"P[6]"输入引脚。

（5）修改"Uk"的"PV"输入引脚的参数连接器，将其连接参数修改为"FF_PID.PIDA.OP"。

至此，已完成前馈-反馈控制的仿真对象的组态。

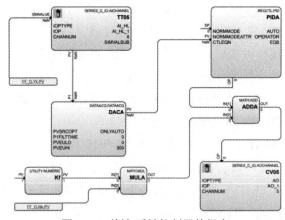

图 5-25　前馈-反馈控制器的组态

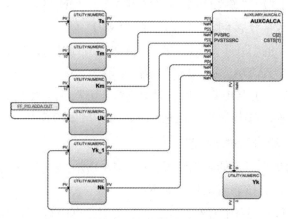

图 5-26　前馈-反馈控制的仿真对象的组态

3. 下装运行与监控

关闭"FF_PID"和"FF_G"，在项目管理窗口中，选中并下装"FF_PID"和"FF_G"，勾选自动运行等选项。下装过程结束后，从监控窗口可以观察到"FF_PID"和"FF_G"的图标为绿色，表示组态的前馈-反馈控制及其仿真对象已经运行。打开 Station 站，调出"FF_PID"回路监控画面。将控制模式由"MAN"改为"AUTO"，将设定值改为220℃，等待其测量值跟踪到220℃左右。从项目监控窗口打开"FF_PID"，双击"Kf"的"PV"输入引脚，将前馈比例系数改为0，相当于不引入前馈控制。从项目监控窗口再打开"FF_G"，双击"Nk"的"PV"输入引脚，输入幅值为 10，时长为 20 s 的扰动量，其响应如图 5-27 中上面一段曲线所示。在调节过程中，系统的最大值为 253.9℃和 187.4℃，对应的超调量分别是 15.4%和 14.8%。

等待响应再次稳定在220℃左右，打开"FF_PID"，双击"Kf"的"PV"输入引脚，将前馈比例系数改为 −0.85(Nk 使系统增加，因此 Kf 为负数)，相当于已投入前馈控制。再次打开或切换到"FF_G"，双击"Nk"的"PV"输入引脚，同样输入幅值为 10、时长为 20 s 的扰动量进行实验，得到的响应曲线如图 5-27 的第二段曲线所示。在调节过程中，系统的最大值为 239.6℃和 200.2℃，对应的超调量分别是 8.9%和 9%。通过整定前馈系数和反馈控制的 PID 参数，或许还可以获得更好的性能。以上分析充分说明，前馈控制对消除扰动具有重要的作用。

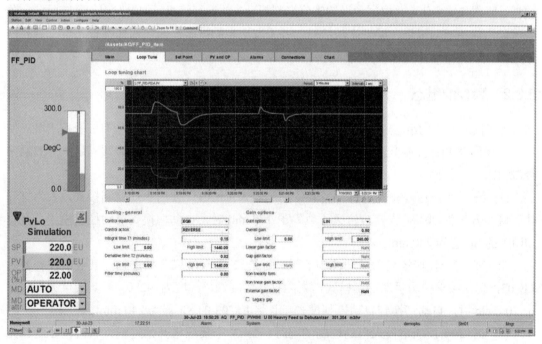

图 5-27　前馈-反馈控制回路监控画面与扰动实验

5.3　顺 控 的 组 态

霍尼韦尔 PKS 的顺控(Sequential Control Module，SCM)主要用于管理和控制连续过程中的顺序操作和事件。顺控本质上是用于实现过程自动化的软件模块，PKS 控制策略组态软件的库容器中含有顺控节点，用于实现顺控策略的组态。

5.3.1　顺控的主要作用

顺控的主要用途是实现过程自动化、处理异常事件、监视设备状态，并确保连续过程的安全、稳定和高效运行。同时顺控提供了一种综合的控制和管理手段，以优化生产流程，提高生产线的可靠性和性能。其应用的主要作用如下。

(1) 过程自动化和控制：顺控负责管理和执行预定义的操作顺序，以确保连续过程的正确运行。它可以按照时间或事件触发，自动执行一系列操作步骤，例如开启或关闭设备、调节阀门、自动切换控制模式、自动赋予控制回路设定值、控制传输等。通过自动化顺序操作，顺控提高了生产效率和一致性，降低操作错误的风险。

(2) 异常事件处理：顺控可以监测和处理异常事件，如报警、设备故障等。一旦出现这些事件，顺控可以采取相应的措施，例如触发警报、切换到备用设备、调整操作步骤等。通过及时处理异常事件，顺控有助于维护连续过程的安全性和稳定性。

(3) 设备状态监视和诊断：顺控可以实时监控设备和过程的状态。它可以获取传感器数据、监测参数变化，并根据预设的阈值来判断设备的运行状况。如果发现异常或故障，顺控可以生成相应的报告、提供诊断信息，并采取适当的措施，例如通知维护人员、调整操作策略，以保持连续过程的高效运行。

5.3.2　顺控的组态

为了演示顺控的组态过程，本小节构建一个虚拟的工艺过程。该过程有三个反应塔，使用 3 个单回路 PID 控制其液位，要求 3 个反应塔的进料及其液位控制必须满足一定的顺序控制要求，具体要求如下：

(1) 第 1 个反应塔首先进料，其液位控制器为 LIC01，使用手动控制模式，人为打开控制阀，开度为 20%，当其液位大于或等于 180 mm 时，自动切换到自动控制模式，且将 LIC01 的 SP 置为 220 mm。

(2) 第 1 个反应塔投入自动控制的同时，第 2 个反应塔开始进料，其液位控制器为 LIC02，仍然要求使用手动控制模式，人为打开控制阀，开度为 42%，当其液位大于或等于 200 mm 时，自动切换到自动控制模式，且将 LIC02 的 SP 置为 240 mm。

(3) 第 2 个反应塔投入自动控制的同时，第 3 个反应塔开始进料，其液位控制器为 LIC03，仍然要求使用手动控制模式，人为打开控制阀，开度为 50%，当其液位大于或等于 240 mm 时，自动切换到自动控制模式，且将 LIC03 的 SP 置为 260 mm。

至此顺控结束，3 个反应塔按各自的设定值进入自动控制过程。

1. 控制回路与控制对象的组态

为了演示 3 个反应塔的顺控过程，需要组态 3 个控制回路 LIC01、LIC02 和 LIC03，3 个反应塔液位控制对象 LIC01_G、LIC02_G 和 LIC03_G，其中 LIC01 和 LIC01_G 的组态已在前面的章节中介绍。此处通过复制 LIC01 分别实现 LIC02 和 LIC03；复制 LIC01_G 分别实现 LIC02_G 和 LIC03_G。

复制 LIC01，在弹出的对话框中修改其 CM 名称为 LIC02，打开 LIC02 修改其 AI 通道名称和通道号，AO 通道名称和通道号。LIC02 的组态结果如图 5-28 所示，其中的模拟量输入通道功能块通过参数连接器连接到第 2 个反应塔液位仿真对象 LCI02_G 的输出，参数名称为 LIC02_G.Yk.PV。再次复制 LIC01，在弹出的对话框中修改其 CM 名称为 LIC03，打开 LIC03 修改其 AI 通道名称和通道号，AO 通道名称和通道号。LIC03 的组态结果如图 5-29 所示，LIC03 的模拟量输入通道功能块通过参数连接器连接到第 3 个反应塔液位仿真对象 LCI03_G 的输出，参数名称为 LIC03_G.Yk.PV。

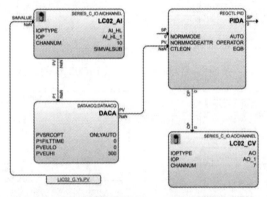

图 5-28　反应塔液位控制器 LIC02 的组态结果

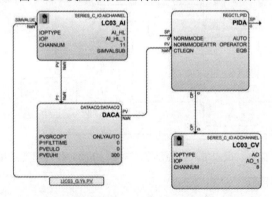

图 5-29　反应塔液位控制器 LIC03 的组态结果

复制 LIC01_G，在弹出的对话框中修改其 CM 名称为 LIC02_G，打开 LIC02_G，将功能块 Km 的实际值改为 5(控制对象 LIC02_G 的稳态增益为 5)。LIC02_G 的组态结果如图 5-30 所示，其中的功能块 Uk 通过参数连接器连接到控制回路 LIC02 的控制量输出，参数名称为 LIC02.PIDA.OP。再次复制 LIC01_G，在弹出的对话框中修改其 CM 名称为 LIC03_G，打开 LIC03_G，依然将功能块 Km 的实际值改为 5(控制对象 LIC03_G 的稳态增益为 5)。LIC03_G 的组态结果如图 5-31 所示，其中的功能块 Uk 通过参数连接器连接到控制回路 LIC03 的控制量输出，参数名称为 LIC03.PIDA.OP。

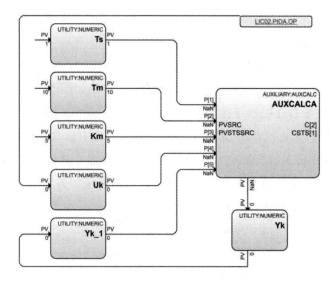

图 5-30　反应塔液位控制仿真对象 LIC02_G 的组态结果

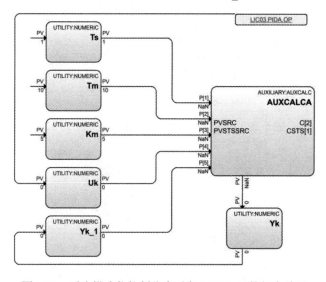

图 5-31　反应塔液位控制仿真对象 LIC03_G 的组态结果

2. 反应塔的 HMI 组态

为了监控 3 个反应塔液位回路的顺控过程，需要组态一个监控界面。打开"Demo HMI05"，将其另存为"DemoHMI08"，将其界面尺寸修改为 1600 × 800。调整反应塔的位置，将其调节阀移到入口管线，出口流量是变化的，通过调节入口流量实现反应塔的液位控制。绘制好第 1 个反应塔及其控制回路后，通过复制得到第 2 个和第 3 个反应塔、入口管线、出口管线和控制回路。由于使用了动态子图，第 2 个反应塔的液位控制回路需要关联 LIC02，第 3 个反应塔的液位控制回路需要关联到 LIC03。同理，第 2 个反应塔的液位刻度指示器需要关联到 LIC02 的 PV 值，第 3 个反应塔的液位刻度指示器需要关联到 LIC03 的 PV 值。3 个反应塔的液位顺控系统监控界面的组态如图 5-32 所示。

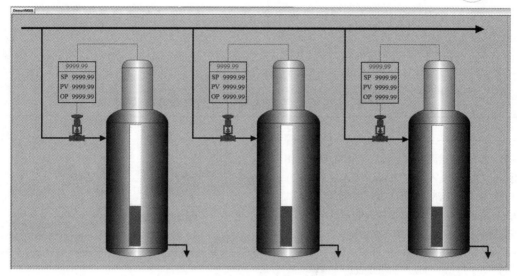

图 5-32　三反应塔液位顺控系统监控界面的组态

3. 反应塔液位顺控的组态

顺控一般由条件块和步骤块组成，前者为执行步骤块设置约束条件，当条件满足时则顺序执行其连接的步骤块，否则不执行。步骤块执行结束后则转到下一步的条件判断，满足条件则继续执行其连接的下一个步骤块，以此类推。顺控组态过程中，要用到类似于脚本的表达式，一般由参数和运算符号组成。条件块和步骤块的编辑界面在一般布局都有相应的快捷按钮，用于输入参数或运算符，也可以直接使用键盘输入参数或运算符。以控制回路 LIC01 为例，用到的参数及使用示例如下：

(1) 回路设定值 SP，表达式示例：LIC01.PIDA.SP:=220，该表达式使控制回路 LIC01 的设定值赋值 220。

(2) 回路测量值 PV，表达式示例：LIC01.PIDA.PV>=180，如果该表达式出现在条件块中，当测量值大于等于 180 时，则视为满足条件。

(3) 回路操作变量(PID 控制量输出)OP，表达式示例：LIC01.PIDA.OP:=50，当控制回路处于手动模式时，该表达式使 LIC01 的控制量输出 50%，即调节阀的开度置为 50%。

(4) 回路参数修改属性 MODEATTR，表达式示例：LIC01.PIDA.MODEATTR:=2，对应程序修改模式(SCM 必须使用程序修改模式)；LIC01.PIDA.MODEATTR:=1，对应操作员修改模式，也是默认模式。原则上，SCM 使用程序修改模式修改回路参数后，应通过程序切回到操作员修改模式，便于操作员操作。

(5) 回路控制模式 MODE，表达式示例：LIC01.PIDA.MODE:=0，对应手动控制模式；LIC01.PIDA.MODE:=1，对应自动控制模式；LIC01.PIDA.MODE:=2，对应串级控制模式等。

SCM 组态的一般流程：新建 1 个 SCM→组态初始条件块→组态第 1 步步骤块→组态第 1 个条件块→组态第 2 步步骤块→组态第 2 个条件块→组态第 3 步步骤块，依次类推。从库容器的 SYSTEM 中拖拽"SCM"到"CEE300_SIM"节点释放即可新建 1 个 SCM。在弹出的对话框中输入 SCM 的名称"SCM_LIC"。打开"SCM_LIC"，将其资产设置为"AQ"。

此例要用到 1 个初始条块，2 个条件块和 3 个步骤块，将初始条件块命名为"StartLIC"，2 个条件块的名称分别命名为"TRANSITION1"和"TRANSITION2"，3 个步骤块的名称分别命名为"STEP1""STEP2"和"STEP3"。反应塔液位控制的顺控组态流程及其说明如表 5-2 所示。

表 5-2　反应塔液位控制的顺控组态步骤及其说明

操 作 步 骤	操 作 截 屏
第 1 步，打开新建的顺控模块"SCM_LIC"，使用鼠标右击初始条件块"InvokeMAIN"，弹出选单，选择"SCM Transition Object"，再弹出选单，选择其中的"Toggle Detail Box ON/OFF"以打开初始条件块的表达式编辑框	
第 2 步，初始条件块左侧出现表达式编辑框或列表框(即 Detail Box)。单击编辑框顶行的"+"添加一行表达式输入框，选中某行表达式输入框，单击"-"则删除	
第 3 步，双击"InvokeMAIN"的表达式编辑框，弹出其编辑界面，默认打开其 Main 标签页，在该标签页中，输入初始条件块的名称"Strat_LIC"，也可以在 Description #右侧输入框输入相关说明，此例忽略	
第 4 步，切换到"Cond #1"标签页，在 Condition Expression 下方的输入框中输入下列表达式(也可用点浏览器输入参数)： LIC01.PIDA.PV>=180.0 当 LIC01 的测量值(即第 1 个反应塔的液位)大于或等于 180 mm，满足条件，将转去执行第 1 步	
第 5 步，切换到"Gates"标签页，选择逻辑门类型，主逻辑(Primary Gate)有 3 个输入，三者之间可以是与、或、非或直连等逻辑关系。此例仅 1 个输入，将 Gate(P1)选为"Connect"。从逻辑仅有 1 个输入，将 Secondary Gate(S)依然选为"Connect"	
第 6 步，完成第 3~5 步后单击"OK"按钮，初始条件块名称变为"Start_LIC"，其表达式编辑框显示条件表达式	

操 作 步 骤	操 作 截 屏
第 7 步，从库容器的 SCM 中拖拽 1 个步骤块 STEP，默认名称为 STEPA，鼠标右击"STEPA"，弹出选单，选择"SCM Transition Object"，再弹出选单，选择其中的"Toggle Detail Box ON/OFF"以打开步骤块的表达式编辑框	
第 8 步，单击"STEPA"表达式编辑框顶行的"+"，添加 1 行空白表达式；继续单击"+"，直至添加 8 行空白表达式。此处的 8 行表达式用于输入 8 个表达式，前 4 个对应 LIC01 的操作，后 4 个对应 LIC02 的操作。选中某行，单击"−"则可以删除多余的表达式空白行	
第 9 步，单击"STEPA"表达式编辑框，弹出步骤块 STEPA 的编辑界面，默认是其 MAIN 标签页，在该标签页中输入步骤块的名称"STEP1"，其他参数使用默认值	
第 10 步，切换到"Out #1"标签页，输入 STEP1 的第 1 个表达式： LIC01.PIDA.MODEATTR:=2； 功能为设置 LIC01 为程序修改模式，便于通过 SCM 程序修改 LCI01 的参数	
第 11 步，切换到"Out #2"标签页，输入 STEP1 的第 2 个表达式： LIC01.PIDA.MODE:=1； 功能为设置 LIC01 为自动控制模式，便于使 LCI01 进入自动控制	
第 12 步，切换到"Out #3"标签页，输入 STEP1 的第 3 个表达式： LIC01.PIDA.SP:=220.0； 功能为设置 LIC01 的设定值为 220.0，LIC01 将根据该设定值，自动控制其测量值跟踪到 220，或许有一定的偏差，其偏差与控制参数、扰动的特性有关	

续表二

操 作 步 骤	操 作 截 屏
第13步，切换到"Out #4"标签页，输入STEP1的第4个表达式： LIC01.PIDA.MODEATTR:=1; 功能为设置LIC01为操作员修改模式，便于操作人员修改LCI01的参数	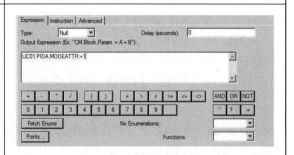
第14步，切换到"Out #5"标签页，输入STEP1的第5个表达式： LIC02.PIDA.MODEATTR:=2; 功能为设置LIC02为程序修改模式，便于SCM通过程序修改LCI02的参数	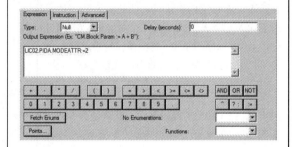
第15步，切换到"Out #6"标签页，输入STEP1的第6个表达式： LIC02.PIDA.MODE:=0; 功能为设置LIC02为手动控制模式，使LCI02进入手动控制，并通过SCM修改LIC02的控制量输出OP，使第2个反应塔手动进料，其液位LIC02.PIDA.PV逐渐增加	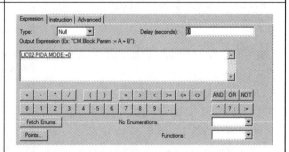
第16步，切换到"Out #7"标签页，输入STEP1的第7个表达式： LIC02.PIDA.OP:=42; 功能为将LIC02的控制量输出置为42%。第15步已让LIC02处于手动控制模式，LIC02_G的稳态增益系数为5，OP为42%时对应的稳态值可达210(200为转移条件，因此能达到)	
第17步，切换到"Out #8"标签页，输入STEP1的第8个表达式： LIC02.PIDA.MODEATTR:=1; 功能为设置LIC02为操作员修改模式，便于操作人员修改LCI02的参数	

操 作 步 骤	操 作 截 屏
第 18 步，完成 "STEP1" 的 8 个表达式的输入后，单击 "OK" 按钮退出 "STEP1" 的编辑界面，步骤块的名称变为 STEP1，左侧的表达式编辑框列出 8 行表达式。其中前 4 行表达式将 LIC01 投入自动控制，且将其设定值改为 220；后 4 行表达式将 LIC02 置为手动，输出控制量置为 42，使其第 2 个反应塔液位增加，为 LIC02 投入自动控制创造条件	
第 19 步，连接初始条件块 "Start_LIC" 和第 1 个步骤块 "STEP1"。使用鼠标双击 "Start_LIC" 下方的引脚，出现连线，将连线拖拽到 "STEP1" 上方的引脚处，引脚端点显示一个小正方形，对准小正方形双击鼠标左键即可实现块与块之间的快速连接。如果出现连线不断（由于连接点未对准所致），按 Esc 键则可结束连线	
第 20 步，从库容器的 SCM 中拖拽一个条件块 "TRANSITION" 到 SCM_LIC 中，默认名称为 "TRANSITIONA"，鼠标右击则弹出选单，选择 "SCM Transition Object"，再次弹出选单，选择 "Toggle Detail Box ON/OFF" 以打开条件块的表达式编辑框	
第 21 步，单击 "TRANSITIONA" 表达式编辑框顶行的 "+"，添加 1 行表达式空白行，用于输入 LIC02 投入自动的条件	
第 22 步，打开 "TRANSITIONA" 的编辑界面，在 Main 界面将该条件块的名称修改为 "TRANSITION1" 切换到 "Cond #1" 标签页，输入如下表达式： LIC02.PIDA.PV>=200.0 即当第 2 个反应塔的液位大于或等于 200 mm 时，自动将其投入自动控制模式	
第 23 步，切换到 "Gates" 标签页，选择逻辑门类型，主逻辑（Primary Gate）有 3 个输入，三者之间可以是与、或、非或直连等逻辑关系。此例仅 1 个输入，将 Gate(P1) 选为 "Connect"。从逻辑仅有 1 个输入，将 Secondary Gate(S) 也选为 "Connect"。单击 "OK" 按钮退出 "TRANSITION1" 编辑界面	

操 作 步 骤	操 作 截 屏
第 24 步，连接第 1 个步骤块"STEP1"和第 1 个条件块"TRANSITION1"。使用鼠标双击"STEP1"下方的引脚，出现连线，将连线拖拽到"TRANSITION1"上方的引脚处，引脚端点显示一个小正方形，对准小正方形双击鼠标左键即可实现块与块之间的快速连接。如果出现连线不断(由于连接点未对准所致)，按 Esc 键则可结束连线	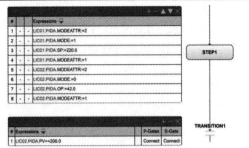
第 25 步，从库容器的 SCM 中拖拽 1 个步骤块 STEP，默认名称为 STEPA，鼠标右击"STEPA"，弹出选单，选择"SCM Transition Object"，再弹出选单，选择其中的"Toggle Detail Box ON/OFF"以打开步骤块的表达式编辑框	
第 26 步，单击"STEPA"表达式编辑框顶行的"+"，添加 1 行空白表达式；继续单击"+"，直至添加 8 行空白表达。此处的 8 行表达式用于输入 8 个表达式，前 4 个对应 LIC02 的操作，后 4 个对应 LIC03 的操作。选中某行，单击"-"则可以删除多余的表达式空白行	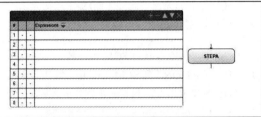
第 27 步，仿第 9～19 步，步骤块的名称改为"STEP2"，通过 8 个标签页输入 8 个表达式，连接"TRANSITION1"和"STEP2"。 LIC02.PIDA.MODEATTR:=2 LIC02.PIDA.MODE:=1 LIC02.PIDA.SP:=240.0 LIC02.PIDA.MODEATTR:=1 LIC03.PIDA.MODEATTR:=2 LIC03.PIDA.MODE:=0 LIC03.PIDA.OP:=50.0 LIC03.PIDA.MODEATTR:=1	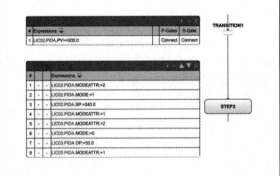
第 28 步，从库容器的 SCM 中拖拽一个条件块"TRANSITION"到 SCM_LIC 中，默认名称为"TRANSITIONA"，鼠标右击它则弹出选单，选择"SCM Transition Object"，再次弹出选单，选择"Toggle Detail Box ON/OFF"以打开条件块的表达式编辑框	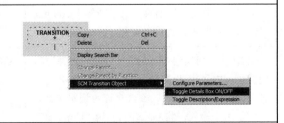
第 29 步，单击"TRANSITIONA"表达式编辑框顶行的"+"，添加 1 行表达式空白行，用于输入 LIC03 投入自动的条件	

操　作　步　骤	操　作　截　屏
第 30 步，打开"TRANSITIONA"的编辑界面，在 Main 界面将该条件块的名称修改为"TRANSITION2"切换到"Cond #1"标签页，输入如下表达式： LIC02.PIDA.PV>=240.0 即当第 3 个反应塔的液位大于或等于 240 mm 时，自动将其投入自动控制模式	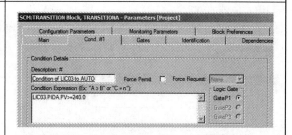
第 31 步，切换到"Gates"标签页，选择逻辑门类型，主逻辑(Primary Gate)有 3 个输入，三者之间可以是与、或、非或直连等逻辑关系。此例仅 1 个输入，将 Gate(P1)选为"Connect"。从逻辑仅有 3 个输入，将 Secondary Gate(S)也选为"Connect"。单击"OK"按钮退出"TRANSITION2"编辑界面	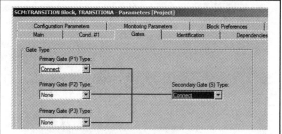
第 32 步，连接第 2 个步骤块"STEP2"和第 2 个条件块"TRANSITION2"。使用鼠标双击"STEP2"下方的引脚，出现连线，将连线拖拽到"TRANSITION2"上方的引脚处，引脚端点显示一个小正方形，对准小正方形双击鼠标左键即可实现块与块之间的快速连接。如果出现连线不断(由于连接点未对准所致)，按 Esc 键则可结束连线	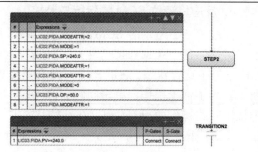
第 33 步，从库容器的 SCM 中拖拽 1 个步骤块 STEP，默认名称为 STEPA，鼠标右击"STEPA"，弹出选单，选择"SCM Transition Object"，再弹出选单，选择其中的"Toggle Detail Box ON/OFF"以打开步骤块的表达式编辑框	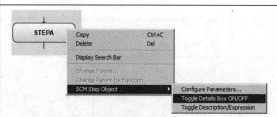
第 34 步，单击"STEPA"表达式编辑框顶行的"+"，添加 1 行空白表达式；继续单击"+"，直至添加 4 行空白表达式。此处的 4 行表达式用于输入 4 个表达式，对应 LIC03 的操作	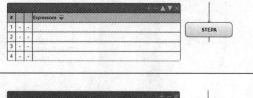
第 35 步，参考第 9～13 和第 19 步，步骤块的名称改为"STEP3"，通过 4 个标签页输入 4 个表达式，连接"TRANSITION2"和"STEP3"。 LIC03.PIDA.MODEATTR:=2 LIC03.PIDA.MODE:=1 LIC03.PIDA.SP:=260.0 LIC03.PIDA.MODEATTR:=1	

按照表 5-2 所示的 35 个步骤,得到的三个反应液位控制 SCM 的完整组态如图 5-33 所示。为便于展示,SCM 策略的上下两部分改为左右两部分展示,即图中 TRANSITION1 和 STEP2 是连通的。

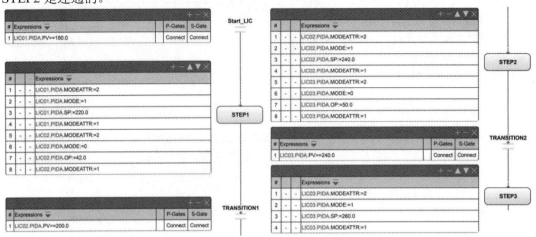

图 5-33　反应塔液位控制 SCM 完整组态

4. 反应塔液位 SCM 的运行与监控

完成表 5-2 所示的 SCM 组态后,保存并关闭"SCM_LIC"后将其下装到控制器,在监控窗口激活"SCM_LIC",当从监控窗口看到 SCM_LIC 的图标变为绿色时,表示 SCM_LIC 已处于运行状态。通过 Station 打开监控界面"DemoHMI08",看到的运行界面如图 5-34 所示。为了便于操作,单击回路名称"LIC01""LIC02"和"LIC03",将 3 个反应塔的液位控制回路操作面板都打开。在初始状态时,3 个反应塔的进料调节阀的开度均为 0。由于第 1 个反应塔的液位不满足大于或等于 180 mm 的初始条件,所以顺控初始条件不具备,顺控不运行。

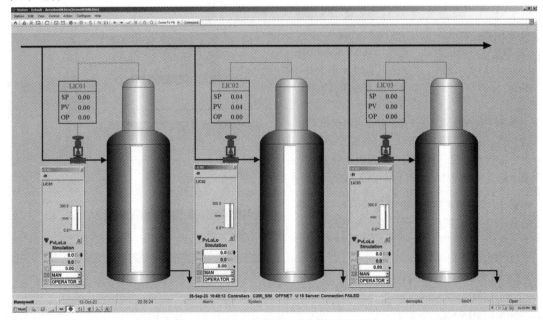

图 5-34　SCM 未启动时反应塔运行界面

将 LIC01 的"OP"置为 20%，此时，液位控制回路 LIC01 的测量值不断增加，当其大于或等于 180 mm(即 LIC01.PIDA.PV>=180.0)时，满足 SCM 的初始条件(即 LIC01 投入自动控制的条件)。此时，从操作界面可以观察到，LIC01 的控制模式已经切换为自动控制(AUTO)，其设定值已经通过 SCM 程序修改为 220.0 mm。同时将 LIC02 的控制量置为 42%，第 2 个反应塔开始进料，液位不断增加，即 LIC02.PIDA.PV 的值不断增大。这是顺控执行STEP1 的效果，此时的运行界面如图 5-35 所示。

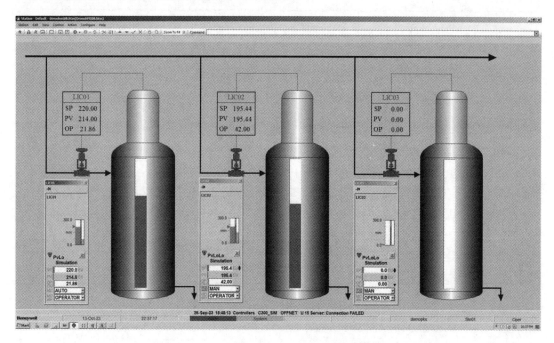

图 5-35　顺控执行完 STEP1 的界面显示情况

随着第 2 个反应塔液位的增加，当其大于或等于 200 mm 时(即 LIC02.PIDA.PV>=200.0)，满足 TRANSITION1 的条件(即 LIC02 投入自动控制的条件)。此时，从界面上可以看到LIC02 自动切换到自动控制模式(AUTO)，其设定值 SP 由 SCM 程序将其置为 240.0 mm。同时，SCM 程序已经第 3 个反应塔的调节阀开度置为 50%，第 3 个反应塔开始进料，液位开始增加，即 LIC03.PIDA.PV 的值开始增大，这是顺控执行 STEP2 的效果，其运行界面如图 5-36 所示。

当第 3 个反应塔的液位值大于或等于 220.0 mm(LIC03.PIDA.PV>=220.0)时，满足转移条件 TRANSITION2(即 LIC03 投入自动控制的条件)。SCM 将 LIC03 投入自动控制，并将其设定值 SP 置为 260.0 mm，这是顺控执行 STEP3 的效果，其运行界面如图 5-37 所示。至此，三个反应塔的液位控制系统全部投入自动控制，控制模式的切换、SP 的赋值和反应塔进料顺序等逻辑关系，全部通过 SCM 实现。

与此同时，也可以从 Control Builder 的监控窗口观察到 SCM_LIC 的运行情况。当初始条件或某个条件满足时，其表达式所在行背景变为绿色，条件块变为蓝色。当步骤块处于当前执行状态时，步骤块和对应的表达式所在行的背景均为蓝色，已执行过的步骤块，仅步骤块的背景色为蓝色，表达式所有行不再显示蓝色背景。如图 5-38 所示。如果步骤块的某个表达式不能执行，例如控制回路处于手动控制模式时，不能修改设定值 SP 等，步骤块对该表达式所在行的背景色将变为红色，表示出错或不能执行。

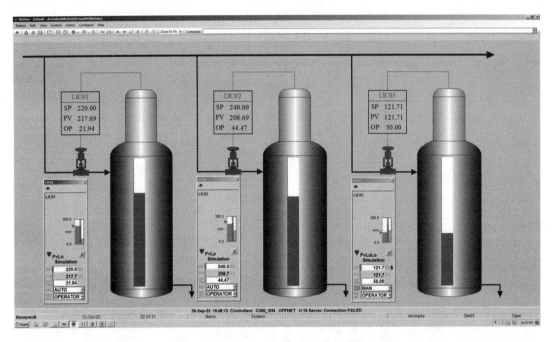

图 5-36　顺控执行完 STEP2 的界面

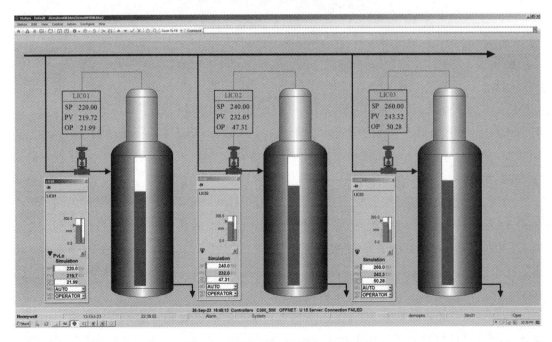

图 5-37　顺控执行完 STEP3 的界面

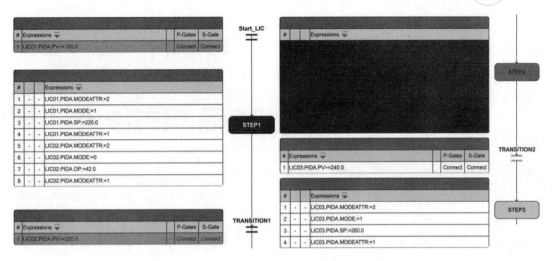

图 5-38　反应塔液位 SCM 的监控窗口视图

思 考 题

5-1　串级控制和前馈控制都可以克服扰动,其克服扰动的机理有何不同?

5-2　串级控制的副控制器的设定值来自主控制器的输出,副控制器显示出的设定值和主控制器的输出为什么不一致?

5-3　参考 CAS_G1G2、CAS_MPID 和 CAS_SPID 的组态方法,将其扩展为三回路串级控制系统。

5-4　借鉴串级控制和前馈-反馈控制的组态方法,组态一个前馈-串级控制系统。

5-5　使用 PKS 提供的前馈 PID 功能块(PIDFF),实现图 5-25 所示的前馈-反馈控制器。

第 6 章　PKS 人机界面组态技术

DCS 的人机界面是操作人员与控制系统进行交互和控制的界面。它通过图形化显示、交互式操作、实时监控、数据分析、报警和记录等功能，使操作人员能够直观地了解和控制工艺过程，提高控制系统的可靠性和自动化生产的效率。PKS 人机界面融合了霍尼韦尔公司在工业自动化领域数十年的经验和先进技术，为操作人员提供了一个功能强大、易于使用的人机交互平台。本章主要介绍 PKS 的 HMI 组态工具，基于 HMIWeb Display Builder 的工艺流程图、弹出子图、顺序子图和动态子图等的组态技术，脚本应用技术，系统内置组界面和趋势界面的组态技术等。

6.1　PKS 人机界面组态工具

HMIWeb Display Builder 是霍尼韦尔公司 PKS 系统的人机界面组态软件，早期的 Display Builder 是一个独立的软件，新版本的 PKS 系统已将 Display Builder 集成到 Configuration Studio 中，既可以将其当成一个独立软件使用，也可以通过 Windows 程序组或桌面图标启动该软件。

6.1.1　HMIWeb Display Builder 的功能特点

HMIWeb Display Builder 是用于创建和定制 HMIWeb 显示页面的工具，其功能特点如下：

(1) 页面布局和设计。HMIWeb Display Builder 提供了丰富的布局选项、部件库、控件和设计工具等，使用户能更为方便地自定义页面的外观和布局。用户可以轻松添加图表、趋势图、报警列表、状态指示器等元素，并自由调整它们的位置和大小。

(2) 实时数据显示。允许用户将实时数据显示在 Web 页面上。用户可以选择并展示来自霍尼韦尔公司 PKS 系统的实时数据，包括设备状态、过程变量、报警信息等。这样，操作员可以通过 Web 页面实时追踪和监控生产过程。

(3) 图表和趋势分析。HMIWeb Display Builder 内置了丰富的图表和趋势分析工具。用户可以通过相应的选择和配置来展示和分析历史数据、实时数据及其趋势。这些工具可用于可视化数据、比较不同时间段的数据、检测异常等，有助于操作员进行生产过程的分析和优化。

(4) 报警管理和显示。使用户可以管理和显示来自系统的报警信息。用户可以设置报警规则、筛选报警类型和级别，并将关键的报警信息显示在 Web 页面上，以便操作员可以随时了解系统中的报警状态，及时采取相应措施。

(5) 远程访问和跨平台支持。HMIWeb Display Builder 支持远程访问和跨平台使用。用户可以通过互联网浏览器从 PC、平板电脑和手机等任何设备上访问 Web 页面。这使得操作员可以远程监控和操作生产过程，无论何时何地都能获取生产过程的关键信息。

霍尼韦尔公司 PKS 系统的 HMIWeb Display Builder 提供了页面布局和设计、实时数据显示、图表和趋势分析、报警管理和显示、远程访问等多种功能。借助于这些功能，操作员可以创建定制的 Web 显示页面，提高对生产过程的监控能力。

6.1.2　HMIWeb Display Builder 基本操作

1. 启动 HMIWeb Display Builder

可以通过多种途径启动 PKS 的人机界面组态软件，一是选中 Configuration Studio 左侧的 Display 节点，再选择其右侧的不同选单启动该软件，如图 6-1(a)所示；二是通过双击 Windows 桌面上 "HMIWeb Display Builder" 启动该软件，如图 6-1(b)所示；三是通过单击 Windows 程序组 "Honeywell Experion PKS\Server" 下的 "HMIWeb Display Builder" 启动该软件，如图 6-1(c)所示。

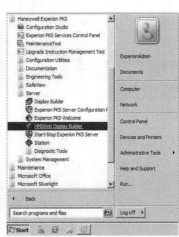

(a) 从组态工作室启动　　　　(b) 从桌面图标启动　　　(c) 从程序组启动

图 6-1　启动 HMIWeb Display Builder 的途径

2. HMIWeb Display Builder 的界面

HMIWeb Display Builder 主界面由标题行、HMIWeb Display Builder 主界面菜单行、快捷按钮行、对象属性浏览/工具箱浏览/点浏览窗口、界面编辑窗口、状态行等部分组成，如图 6-2 所示。标题行位于界面的顶行，显示内容包括两部分，即 "HMIWeb Display Builder" 标识和界面的文件名称。菜单栏位于界面的第二行，主菜单包括 "File" "Edit" "View" "Arrange" "Transformations" "Tools" "Windows" 和 "Help"。大部分菜单实现的功能一般和快捷按钮实现的功能等同。首次启动 HMIWeb Display Builder 时，快捷按钮布局在界面的第 3～5 行和倒数第 2 行，并以分组形式进行排列。用户可以重新布局快捷按钮，例如，为了最大限度地增大用户界面的编辑区域，可将全部快捷按钮布局在第3和第4行。对象属性浏览、工具箱浏览、点浏览窗口和界面编辑窗口位于界面的中部，界面左侧用于布局对象属性浏览、工具箱浏览、点浏览窗口，右侧布局界面编辑窗口。对象属性浏览、工具箱显示和点浏览等共用同一窗口，分为不同的标签页，切换其下方的"Object Explorer""ToolBox"和"Point Browser"标签页即可分别切换为对象属性浏览窗口、工具箱显示窗口和点浏览窗口。对象属性窗口和用户界面编辑窗口均为磁性窗口，可以自由移动位置并实现窗口拼接。

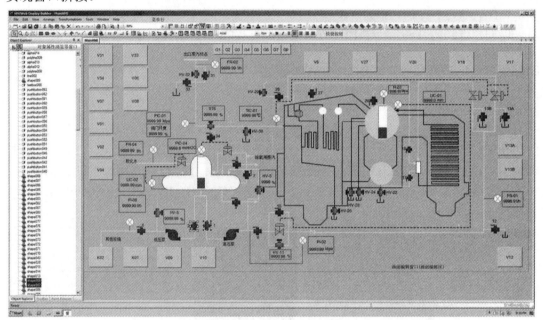

图 6-2　HMIWeb Display Builder 主界面

3. HMIWeb Display Builder 快捷按钮

快捷按钮大部分和菜单功能一一对应，相比较而言，使用快捷按钮完成相同的任务更为直接。还有部分快捷按钮可以为用户提供功能组件，如趋势组件(Trend)等。各快捷按钮的作用如图 6-3 所示，基于功能可以将其分为以下几类。

(1) 文件访问类：对应"File"菜单的某些功能，主要包括新建文件、打开文件、保存当前文件、保存所有文件、预览、打印预览和打印等。

(2) 对象编辑类：对应"Edit"菜单的某些功能，包括剪切、拷贝、粘贴、复制、删除、插入子图、插入图片等。

(3) 视图类：对应"View"菜单的某些功能，包括缩放界面、显示标尺、显示网格、栅格捕捉、元件库、工具箱、对象浏览器等。

(4) 绘图工具类：包括绘制直线、折线、多边形、曲线、矩形、圆角矩形、圆/椭圆、楔形、标准元件库等。

(5) 标准控件类：包括数值 I/O、复选框、按钮、刻度指示、选项列表、趋势曲线、简易趋势、报警状态、报警列表、事件列表、警告列表、消息列表等。

(6) 线型与颜色类：包括线宽、线型、起点箭头、终点箭头、线条颜色、填充颜色等。

（7）文本属性类：包括字体、字体大小、加粗、斜体、下划线、左对齐、居中、右对齐、两端对齐、文本颜色等。

（8）多对象变换类：对应菜单的"Arrange"和"Transformations"中的某些功能。主要包括水平镜像、垂直镜像、左转、右转；融合拼接、差异裁剪、相交保留、相交裁剪、相交拼接；对象组合、对象分开；对象移到最前、对象移到最后、对象前移一层、对象后移一层；对象左对齐、对象右对齐、对象上对齐、对象底对齐、对象中心对齐、对象中间对齐、对象等高、对象等宽、对象水平等距、对象垂直等距等。

默认情况下，HMIWeb Display Builder 界面左侧显示为对象属性浏览器窗口，将其底部的标签页切换到"ToolBox"，同样可以显示出各快捷按钮的图标及其名称。但"ToolBox"显示的快捷按钮不包括多对象变换类快捷工具。

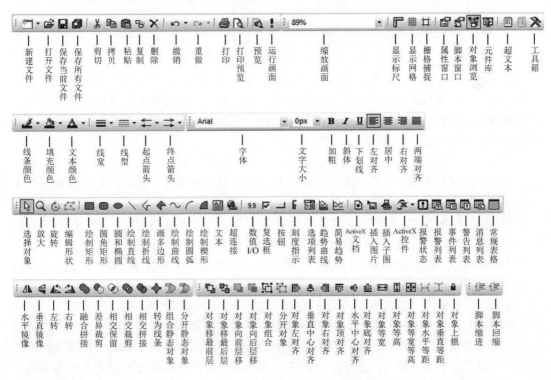

图 6-3　HMIWeb Display Builder 快捷按钮说明

6.2　主界面的组态

PKS 的主界面(主图)是相对于子图而言的。除弹出子图、顺序子图和动态子图外，利用 HMIWeb Display Builder 组态的所有界面类型都属于主界面。

6.2.1　界面的层次结构

实际工业过程的生产自动化系统人机界面可能包括多幅界面，界面之间存在一定的层次结构。不同的 DCS 系统的界面层次结构或许存在一定差异，但总是可以通过用户的组态工作实现一套富有层次结构的 DCS 界面系统。基于 HMIWeb Display Builder 组态的界面层次结构一般如图 6-4 所示，各类界面一般按四个次结构组织。

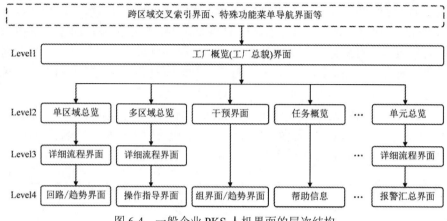

图 6-4　一般企业 PKS 人机界面的层次结构

(1) 第 1 层是工厂总览图或工厂总貌界面。第 1 层界面一般用于显示该厂所有生产区域或所有生产装置单元的逻辑布局，也可以显示各区域或关键装置单元之间的物料流向及其关键参数，代表了整个厂区的简化工艺流程图。多数情况下，第 1 层次界面也是进入某个控制系统人机界面的首个界面或主界面。

(2) 第 2 层是区域概览界面。第 2 层界面一般用于显示该厂中某个区域或某个装置单元、某几个区域或某几个装置单元的逻辑布局、任务概览、单元总览等，也可以显示某个区域或某个装置之间的物料流向及其关键参数。

(3) 第 3 层是详细流程界面。第 3 层界面用于显示某个单元特定的工艺流程、物料流向、关键参数等，并提供必要的操作手段，例如设备启停、阀的开关等。

(4) 第 4 层次是点或设备的详细操作界面。第 4 层界面包括点的详细显示界面、回路监控界面、组界面、趋势界面、报警界面、操作指导界面等。

在第 3 层界面中，单击或双击流程图中的被控变量、特定对象、执行仪表等，一般可以直接进入对应的回路监控界面、组界面或设备控制界面等。针对用户的要求，可以再设计一个更高层次的索引界面，该界面由若干个切换按钮或图标组成，单击按钮或图标可以直达前三层次的各个界面。一般情况下，前三层次的界面都可以直接返回到索引界面或逐级返回到索引界面。

针对中小规模的控制系统，也可以采用如图 6-5 所示的四层次界面结构。

(1) 第 1 层次为工厂总貌界面或过程区域总貌界面。用于显示工厂的总体流程图和关键工艺流程，也可以显示各装置单元之间的关键物料流向及其关键工艺参数。

(2) 第 2 层次为详细工艺流程图。用于显示各个装置单元的详细工艺流程图、物料流向及过程参数等。

(3) 第 3 层次为界面操作与监控类界面。包括采集点监控界面、回路监控界面、设备控制界面、组界面、趋势界面等。在第 2 层次界面中，单击或双击某个图标、工艺参数、控制部件或设备等，可以直接进入对应的第 3 层次界面。

(4) 第 4 层次界面为技术支持类界面。包括操作指导界面、帮助信息界面、诊断与维护界面、报表打印、报警一览表、事故追忆、数据导入导出等界面。

　　针对用户的要求，可以设计一幅索引界面，作为进入控制系统的首幅界面。通过索引界面的按钮或图标直接进入到装置单元显示界面，进而进入对应的回路监控界面、设备控制界面等。例如，某天然气净化厂 DCS 系统的索引界面如图 6-6 所示，操作人员单击该界面中的任意一个按钮即可调出其对应的天然气净化厂主要装置或单元的详细流程图，在相应装置或单元详细流程图界面中也应布局"索引界面"按钮，单击该按钮则返回到索引界面。

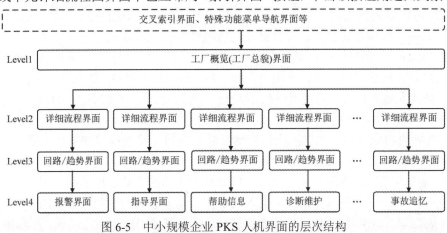

图 6-5　中小规模企业 PKS 人机界面的层次结构

图 6-6　某天然气净化厂 DCS 系统索引界面

6.2.2　界面设计原则与设计步骤

1. 设计原则

在设计霍尼韦尔 PKS 系统的界面时，建议参考以下原则：

（1）易于理解和操作。主界面应该简洁明了，让操作员能够快速理解和操作，重要的参数和状态应该清晰可见。尽量避免出现过多的冗余信息和不必要的细节，非关键参数需要时才显示。显示的设备和信息风格应该保持一致。

（2）突出重点内容。主界面应该突出显示关键的参数和状态，以便操作员能够快速获

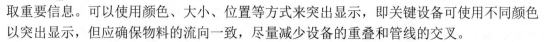

取重要信息。可以使用颜色、大小、位置等方式来突出显示，即关键设备可使用不同颜色以突出显示，但应确保物料的流向一致，尽量减少设备的重叠和管线的交叉。

(3) 清晰的界面层次。主界面可以按照层次结构来组织信息，将相关的参数和状态放在一起，以便操作员能够快速找到所需信息，增加索引界面或界面导航按钮，确保界面之间的切换更为快捷。

(4) 良好的可视效果。主界面应该充分利用显示屏幕的平面空间，界面元素的布局相对均匀、整齐。界面各元素应该具有良好的可视性，包括清晰的字体、合适的大小和颜色等，使操作员能够轻松地辨认和理解所显示的信息。例如，为了改善可视性，在颜色选用方面应该尽量使用浅灰色背景，使用较少的颜色(避免五颜六色)，颜色风格保持协调一致，重要信息使用突出颜色，尽量使用单色(避免使用混色)等。在字体选用方面，同类信息、同一层次的信息使用相同的字体、颜色和大小。

(5) 良好的响应性能。主界面应该能够及时响应操作员的操作和变化，实时更新参数和状态的显示，使得操作员能够感受到系统的实时性和可靠性。为了提高 HMI 的实时性，需要充分考虑可能影响界面性能的因素，例如静态物体的个数、位图的使用、动态控件的个数、文件大小、三维图形的使用、插入的链接、动态参数的个数、脚本的使用、动画显示、报警闪烁等。如果对 HMI 实时性要求较高，建议不使用或少使用动画、三维图、控件、脚本和尺寸偏大的图片等。

(6) 适度可定制性。主界面具有一定的可定制性，以适应不同操作员的需求和偏好。可以提供一些自定义选项，让操作员可以根据自己的需要进行调整。可定制性对操作员的技术水平有一定的要求，否则会适得其反。

2. 设计步骤

PKS 的界面组态是指使用 PKS 集成的 HMIWeb Display Builder 配置和设计操作员界面，以实现对工业过程的监督与控制。界面组态的一般步骤如下：

(1) 确定用户需求。了解工业过程的要求和操作员的需求，包括界面的层次结构、流程图显示详略程度、监控参数、控制功能、报警显示等方面。

(2) 创建界面结构。使用 HMIWeb Display Builder 创建界面的层次结构和导航结构，以便操作员可以方便地切换和浏览不同的界面。

(3) 设计界面布局。根据需求和操作员的使用习惯设计界面的布局，包括图文元素的位置、大小和排列方式。

(4) 添加图形元素。根据需求，向界面中添加所需的图形元素，如图表、仪表盘、趋势曲线等。可以使用 HMIWeb Display Builder 提供的绘图工具进行创建或导入工艺图片作为流程图的背景或某个部件的轮廓图。

(5) 连接过程数据。将工业过程的实时数据(CM 中各功能块的参数)与界面中的元素进行绑定或连接，实现数据的实时显示和动态更新。一般通过 HMI 组态软件提供的数据绑定功能来实现该项功能。

(6) 组态报警和事件。根据工业过程的安全和运行需求，设置报警和事件的显示和处理方式，以提醒操作员并采取相应的措施。

(7) 测试和优化。在实际运行之前，进行界面的测试和优化，确保界面的稳定性和良好的用户体验。在条件许可的情况下，建议邀请现场操作人员进行实际操作，结合实际操作过程中发现的问题、操作员反馈的意见或建议等进行改进和优化。

需要注意的是，具体的界面组态步骤可能会因应用场景和用户需求的不同而有所差异，以上步骤仅供参考。

6.2.3　主界面组态示例

某反应塔液位控制系统需要一个监控界面。为了更好地演示该液位控制系统，基于单回路控制器"DemoPID"和仿真控制对象"CALC"分别创建一个液位控制器"LIC01"和一个仿真液位控制对象"LIC01_G"，二者的控制策略组态结果如图 6-7 和图 6-8 所示。下装和运行液位控制器"LIC01"和仿真液位控制对象"LIC01_G"。打开反应塔物料入口管线上的手操阀，物料则进入反应塔，但入口流量是未知的，需要通过调节出口流量实现反应塔的液位控制，其工艺简图如图 6-9 所示。拟组态一个液位控制系统监控界面，使用该界面可以显示和监控反应塔的液位，反应塔监控界面如图 6-10 所示。

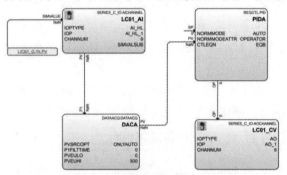

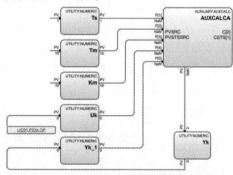

图 6-7　液位控制器 LIC01 组态结果　　　　图 6-8　液位控制对象 LIC01_G 组态结果

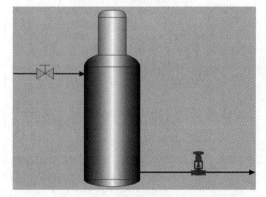

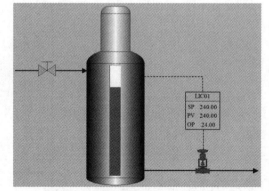

图 6-9　反应塔液位控制工艺简图　　　　　图 6-10　反应塔液位控制监控界面

工艺流程图是控制系统使用较多的主界面之一，基于 HMIWeb Display Builder 组态工艺流程图一般有两种典型的方法，一是使用 HMI 组态软件中的绘图工具绘制流程图，这种方法的工作量相对较大，流程图偏复杂时尤其如此；二是导入工艺流程图片作为背景，在背景图片上添加用于动态监控的图文对象以完善流程图的组态。

1. 基于图文工具的流程图组态

组态如图 6-9 所示的流程图，需要用到矩形框、圆角矩形、椭圆、线条、元件库等，实现图 6-10 所示的监控界面，还需要用到数字 I/O、刻度条等对象。组态过程的主要步骤如下：

(1) 新建一个尺寸为 1000 × 800 的界面，选择灰色背景，将文件存为 "DemoHMI01"。界面的尺寸取决于显示内容和显示器的分辨率。通过 Station 站显示界面时，顶部区域分别为标题行、菜单行和快捷工具行，底部一般为状态行，仅屏幕中部是可组态的用户界面显示区域。例如，分辨率为 1920 × 1080 的显示屏，可组态界面的有效尺寸一般可达 1910 × 920 左右，既可以充分利用屏幕，又可以确保全屏显示时不需要屏幕滚动操作。

(2) 选用矩形工具绘制一个长方形作为反应塔的终端，选用椭圆工具绘制一个椭圆作为反应塔的底部，椭圆的长轴线与矩形的底边重合，再绘制另一个椭圆作为反应塔的中上段，椭圆的长轴线与矩形的上边重合。选用圆角矩形工具绘制一个圆角矩形作为反应塔的顶部，其底部和椭圆相切。选中上述新绘制的 4 个对象，单击快捷按钮 "🥚"，实现 4 个对象的联合拼接。沿垂直方向设置其三维填充色，并在各对象的交界处画一直线，即可构建出图 6-9 所示的反应塔。

(3) 选用画线工具，绘制反应塔的入口管线和出口管线。单击快捷按钮 "🖼" 打开元件库，从中找到手操阀和调节阀，将其插入到界面中，将手动阀放在入口管线上，将调节阀放在出口管线上。使用 4 个数值 I/O 和 3 个文本对象，实现液位控制系统回路名称、设定值、测量值和控制输出的名称标识和数值显示。

(4) 实现数值 I/O 和参数的连接，保存界面文件，通过 Station 站运行 "DemoHMI01" 即可呈现图 6-10 所示的监控界面。上述过程的详细组态步骤及其说明如表 6-1 所示。

表 6-1　液位控制系统监控界面示例组态步骤及其说明

操 作 步 骤	操 作 截 屏
第 1 步，新建一个界面，将其界面文件存为 "DemoHMI01"，界面参数如下： Width：1000；Height：800 Color：灰色 注：界面文件默认储存路径为 C:\Programdata\Honeywell\ExperionPKS\Client\Abstract，如需将其存在其他路径则需要在 Station 中指定界面存放路径	
第 2 步，单击快捷按钮 "🖼"，在界面编辑区绘制一个长方形，鼠标右击该长方形弹出选单，单击其中的 "Property Pages…" 打开其属性编辑窗口，输入如下参数： Left：300 Top：300 Width：200 Height：400	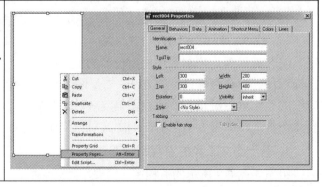

操 作 步 骤	操 作 截 屏
第 3 步，单击快捷按钮"⬤"，在界面编辑区绘制一个椭圆，其长轴线与长方形底边重合，打开椭圆的属性编辑窗口，输入如下参数： Left：300 Top：675 Width：200 Height：50	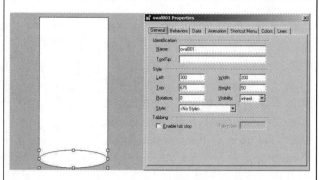
第 4 步，单击快捷按钮"⬤"，在界面编辑区绘制一个椭圆，其长轴线与长方形顶边重合，打开椭圆的属性编辑窗口，输入如下参数： Left：300 Top：250 Width：200 Height：100	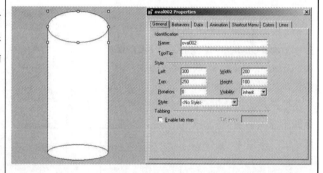
第 5 步，单击快捷按钮"⬤"，在界面编辑区绘制一个圆角矩形，其轴线与长方形轴线重合，打开其属性编辑窗口，输入如下参数： Left：350 Top：100 Width：200 Height：100	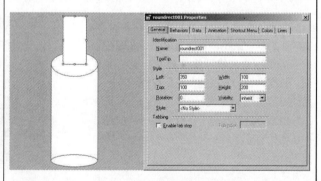
第 6 步，从圆角矩形属性编辑窗口的"General"标签页切换到"Lines"标签页，该标签页可设置的参数包括圆角矩形的边框线宽度(Width)、线型(Style)和圆角的直径(Roundness)。此处仅需将圆角直径设置为 50，即 Roundness：50	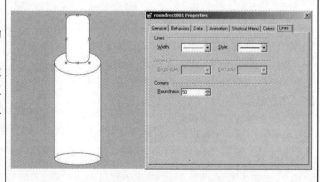

操　作　步　骤	操　作　截　屏
第 7 步，选中绘制的所有对象，单击快捷按钮"●"，将 4 个对象融合为一体。选中融合后的对象，打开其属性编辑窗口，并切换到"Colors"标签页，设置其填充颜色。选中"Fill Color"，下拉右侧的颜色选项，弹出颜色选项板，单击颜色选项板中的"Fill Effects…"按钮，打开颜色填充效果编辑窗口	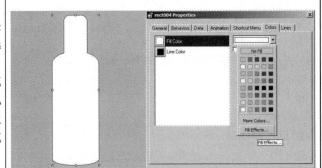
第 8 步，在颜色填充效果编辑窗口中，选择"Vertical Gradient"填充形式，"Fill Color"和"Gradient Color"取默认值，单击"OK"按钮确认颜色填充效果。 　　至此已初步构建出反应塔的轮廓图，使用线条标识出融合前的交界面可以改善反应塔的三维效果	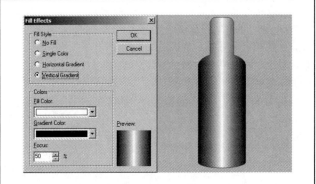
第 9 步，在融合前长方形底边和椭圆的交界面绘制一条线，长度为 200；在融合前长方形顶边和椭圆的交界面绘制一条线，长度为 200；在圆角矩形和椭圆交汇面绘制一条线，长度为 100；在圆角矩形顶边倒圆角之处绘制一条线。每一步的结果依次如右侧图所示。选中所有对象，将其组合为一个整体	
第 10 步，单击"◥"在反应塔左上侧绘制一条线，箭头指向右侧，选择合适的线宽和长度(可以随时拖拽线条以调整其长度)，用以表示物料流入管线。在反应塔右下侧绘制一条线，箭头指向右侧，选择合适的线宽和长度，用以表示物料流出管线	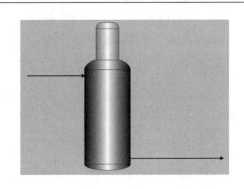

续表三

操 作 步 骤	操 作 截 屏
第 11 步，单击快捷按钮""打开元件库，单击左侧的"+"，再展开"Industrial"节点，选中其下的"ISA"节点，右侧显示出各种各样的标准元件，上下拉动右侧的滚动条，找到其中的手操阀。选中"HcVlve"，点击鼠标右键，在弹出的选单中选择"Insert into Display"，弹出"Insert Shape"确认对话框，单击"OK"按钮确认	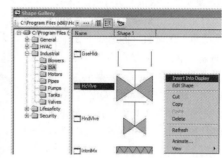
第 12 步，在元件库中选中"Valve"节点，右侧显示出多种调节阀，上下拉动右侧的滚动条，找到并选中"CntrVlve"调节阀，点击鼠标右键，在弹出的选单中选择"Insert into Display"，弹出"Insert Shape"确认对话框，单击"OK"按钮确认。所选的调节阀有 4 种颜色，分别使用序号 1~4 表示，在界面中编辑其属性确定调节阀的颜色	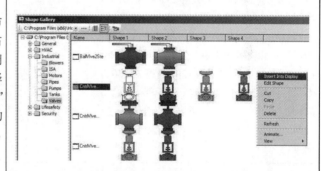
第 13 步，拖拽手操阀到入口管线适当位置，手操阀的水平轴线和管线基本重合。拖拽调节阀到出口管线适当位置，调节阀的水平轴线和管线基本重合。选中调节阀，单击鼠标右键，打开其属性编辑窗口，切换到"Details"标签页，将参数"Display Shape"改为 2，可见调节阀的颜色从白色变为红色。该参数取值 1~4，分别表示第 11 步插入的 4 种颜色调节阀的序号	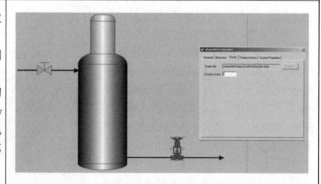
第 14 步，用鼠标单击快捷按钮""，并在界面空白区域绘制一个方框，单击鼠标左键，数值 I/O 显示出"9999.99"。选中该对象，下拉"Arial"选择"Times New Roman"，下拉"0px"选择"16 px"。鼠标右键点击该对象，弹出数值 I/O 对象的属性编辑窗口，设置其宽度和高度等参数： Width：80； Height：30	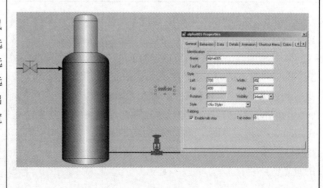

操 作 步 骤	操 作 截 屏
第 15 步，复制 2 个数值 I/O 对象，使 3 个数值 I/O 对象相互之间没有重叠。先选择最上边的数值 I/O 对象，再选余下 2 个数值 I/O 对象。单击"📋"实现左对齐，单击"🗜"实现竖向等间距排列。单击"🖼"在界面上创建"SP""PV"和"OP"3 个文本对象。先将 3 个文本对象进行左对齐排列，再将其和 3 个数值 I/O 对象分别进行顶对齐排列	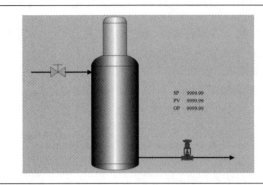
第 16 步，复制 1 个数值 I/O 对象(用于显示点的名称)，将其排列在第一行文本对象和数值 I/O 对象的上方。将其宽度修改为 120，和文本对象进行左对齐排列。单击"💻"绘制 1 个宽度为 120，高度为 130，不带任何填充色的矩形框。在第 1 行数值 I/O 对象的下方绘制 1 条线，以分隔点名称与该点的参数(设定值、测量值和控制输出量)	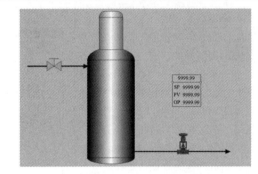
第 17 步，打开第一个数值 I/O 对象的属性编辑窗口，切换到"Data"标签页。单击"🔍"按钮，左侧出现点浏览器窗口，输入点名称"LIC01"或者从点浏览器窗口找到"LIC01"，将其拖拽到"Data"标签页"Point"下方的输入框中，或者选中"LIC01"，单击点浏览器下方的"Apply"按钮，都能输入点名称。也可以在"Point"下方输入框中直接输入"LIC01"。下拉"Parameter"下方输入框选择其中的"NAME"或者直接输入"NAME"	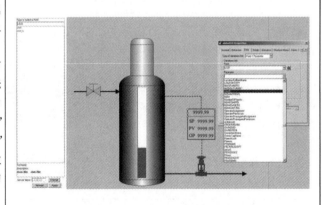
第 18 步，打开"SP"对应的数值 I/O 对象的属性编辑窗口，切换到"Data"标签页，从左侧的点浏览器窗口拖拽"LIC01"到"Point"下方的输入框，在"Parameter"下方的输入框输入"pida.SP"。勾选"Data entry allowed"选项(如果勾选了选项，在 Station 站调出该界面，单击 SP 对应的数值 I/O 对象，则可以修改 LIC01 控制回路的设定值)	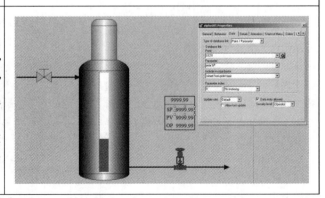

续表五

操　作　步　骤	操　作　截　屏
第 19 步，打开"PV"对应的数值 I/O 对象的属性编辑窗口，切换到"Data"标签页，从左侧的点浏览器窗口拖拽"LIC01"到"Point"下方的输入框，在"Parameter"下方的输入框输入"pida.PV"。一般情况下，控制回路的测量值是不允许修改的，即使允许操作员修改测量值，其修改值也会被实时采集值覆盖，因此不用勾选"Data Entry Allowed"选项	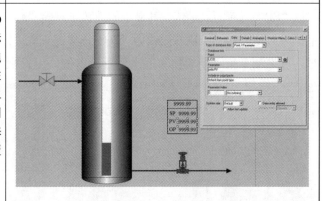
第 20 步，打开"OP"对应的数值 I/O 对象的属性编辑窗口，切换到"Data"标签页，从左侧的点浏览器窗口拖拽"LIC01"到"Point"下方的输入框，在"Parameter"下方的输入框输入"pida.OP"。如果 PID 处于工作在 AUTO 模式，OP 是不能修改的，即使允许操作员修改，其修改值也会被 PID 的计算输出覆盖，因此不用勾选"Data Entry Allowed"选项	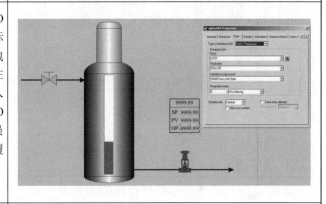
第 21 步，组合"LIC01"相关对象及其框线，绘制两条线表示"LIC01"的测量值来自反应塔上的传感器，输出控制作用于调节阀。单击"█"绘制 1 个刻度条，其宽度为 40，高度为 380，竖向中轴线与反应塔中轴线重合，打开其属性编辑窗口，切换到"Data"标签页，在"Point"下方输入点名称"LIC01"，在"Parameter"下方输入"pida.pv"	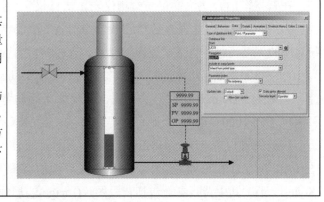

　　需要注意的是，PKS 界面组态软件保存界面文件的默认路径，Station 站显示界面时获取界面文件的默认路径均为"C:\Programdata\Honeywell\ExperionPKS\Client\Abstract"。保存"DemoHMI01"后会生成一个名为"DemoHMI01.html"的网页文件和 1 个名为"DemoHMI01"的同名文件夹。如果将界面保存在其他路径下，则需要配置 Station 站，并在其 Connection Properties 中添加获取界面的路径。

　　按照表 6-1 所示步骤完成组态后，单击快捷按钮"▣"保存"DemoHMI01"。单击快捷按钮"▮"或启动 Station 站在命令(Command)输入框输入"DemoHMI01"并运行，其运行视图如图 6-11 所示。从"LIC01"的监控界面可以看出，其设定值为 240，测量值为 239.99，输出控制量为 24.0。控制回路"LIC01"的单位为 mm，但该界面上并未显示。单击原"SP"对应的显示值，其显示的数值出现背景色，此时允许输入新的设定值。例如，选中原输入值"240"，输入更改为"260"，按回车键，则可将 LIC01 的设定值修改为 260。此时，可见测量值逐渐增加，逐步逼近设定值，运行视图如图 6-12 所示。

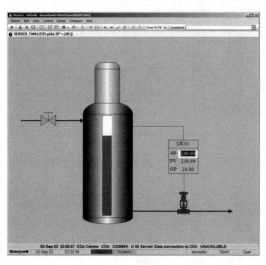

图 6-11　DemoHMI01 运行视图

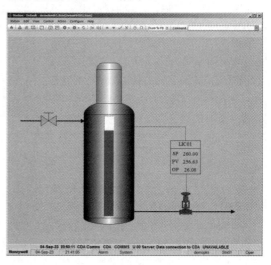

图 6-12　DemoHMI01 修改设定值后的运行视图

2. 基于图片导入的流程图组态

如果已经有了包括装置和管线的工艺流程图，则可以将工艺流程图作为主图的背景图，在背景图的合适位置布局检测仪表、执行仪表和控制回路等信息即可完成工艺流程监控界面的组态。仍然以某反应塔的液位控制系统监控界面组态为例，假设反应塔液位控制系统对应的工艺流程图包括了反应塔、输入管线和输出管线，如图 6-13 所示，流程图的尺寸为 1000×800，保存路径及其文件名为"C:\PKS_Training\Chart\反应塔流程背景图.jpg"。新建一个名为"DemoHMI02"的界面，其尺寸必须与背景图片相同，即"DemoHMI02"的画面尺寸为 1000×800，否则可能导致背景图片显示不全。

鼠标右键点击"DemoHMI02"打开其属性编辑窗口，切换到"Appearance"标签页，如图 6-14 所示。在该标签页中，可以设置界面的背景(Background)、尺寸(Size)和风格文件(Stylesheet)，其中背景参数包括背景图片(Image)的加载、背景颜色(Color)和风格(Style)。单击"Image"右侧的"Browse"按钮，弹出查找背景图片路径的对话框，切换到"C:\PKS_Training\Chart"路径下，选中其中的"反应塔流程背景图.jpg"，如图 6-15 所示，单击"Open"按钮即可将背景图片加载到"DemoHMI02"界面中。也可以在"Image"右侧的输入框中直接输入"C:\PKS_Training\Chart\反应塔流程背景图.jpg"，如图 6-16 所示，按回车键也可以将背景图片加载到界面中。至此，已经实现表 6-1 中的第 1 步至第 10 步的组态内容，此时，从 HMIWeb Display Builder 中看到的界面组态视图如图 6-17 所示。参照表 6-1 继续完成第 11 步至第 21 步的组态，即可实现反应塔液位监控系统界面的组态。

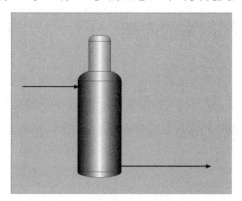

图 6-13 反应塔工艺流程背景图

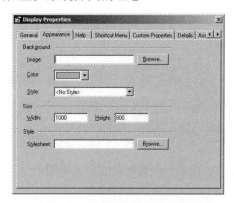

图 6-14 编辑画面属性标签页

图 6-15 画面背景图片加载路径选择

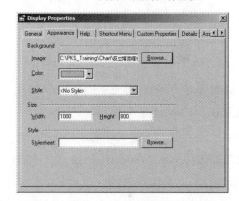

图 6-16 输入背景图片路径和文件名

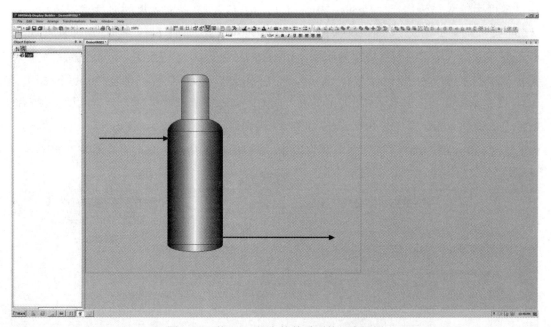

图 6-17 从 HMI 组态软件看到的组态视图

6.3　子图的组态和脚本的应用

PKS 系统人机界面提供的子图包括弹出子图、顺序子图和动态子图三种类型，PKS 界面系统将弹出子图视为一种弹出窗口，其文件名存储格式和主图相同；将顺序子图和动态子图视为物体的轮廓或外形(Shape)，是组成界面的部件，其文件扩展名为"sha"。

6.3.1　弹出子图的组态与调用

PKS 人机界面系统支持两种弹出子图，一是需要用户自己组态的"Popup"，二是系统提供的回路控制面板"Faceplate"。

1. Popup 的组态与调用

将 6.2.3 小节组态的"DemoHMI01"另存为"DemoHMI03"，本小节在此基础上介绍和实践弹出子图的组态和调用。拟组态的弹出子图用于修改反应塔液位控制对象"LIC01_G"的增益系数"Km"。单击"File"→"New"→"Display"或单击快捷按钮"□▾"新建一个界面，将其保存为"Km_Popup"。使用鼠标右键点击"Km_Popup"界面，在弹出的选单中选择"Property Pages…"以打开界面的属性编辑窗口，将画面的宽度和高度均设置为 300，保留默认的白色背景。

单击快捷按钮"▣"在界面的可编辑区域绘制一个文本框，其 Name 为"textbox001"，在文本框中输入显示内容"Change Km of LIC01_G"。打开文本框的属性编辑窗口，在"General"标签页输入文本框所在的位置信息和尺寸信息，如图 6-18 所示。切换到"Color"标签页，将显示文本的颜色修改为蓝色，如图 6-19 所示。再切换到"Font"标签页，将显示文本的字体改为"Times New Roman"，字体大小改为 20 磅，勾选"Bold"(加粗显示)，该文本框的视图效果如图 6-20 所示。从上述文本框复制并粘贴 1 个文本框，粘贴而得的文本框的 Name 自动变为"textbox002"，将其显示内容修改为"Km ="、字体的颜色改为黑色，其他属性维持不变。文本框的尺寸、位置信息及其在界面上的视图效果如图 6-21 所示。

 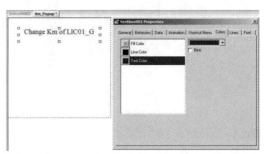

图 6-18　文本框 textbox001 的 General 标签页　　图 6-19　文本框 textbox001 的 Color 标签页

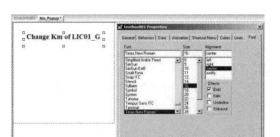

图 6-20 文本框 textbox001 的 Font 标签页

图 6-21 文本框 textbox002 的 General 标签页

单击快捷按钮"<u>9.9</u>"在界面中绘制一个数值 I/O 对象,打开其属性编辑窗口的"General"标签页,按图 6-22 所示信息设置该对象的位置信息和尺寸信息。切换到"Font"标签页,将字体大小改为 20 磅,勾选加粗显示,其他参数取默认值。切换到"Data"标签页,连接该对象关联的点及其参数。单击"<u>Q</u>",左侧的点浏览器(PointBrower)窗口列出所有点信息,为方便找出指定的点,输入"LIC01",列出的点只出现"LIC01"和"LIC01_G"。选中"LIC01_G"并将其拖拽到"Point"下方的输入框中,也可以直接输入"LIC01_G"。下拉"Parameters"下方输入框右侧的箭头,选择"LIC01_G"中的参数"Km.PV",也可以在"Parameters"下方的输入框中直接输入"Km.PV",如图 6-23 所示。关闭属性编辑窗口,单击快捷按钮"<u>🖫</u>",保存弹出子图"Km_Popup"。

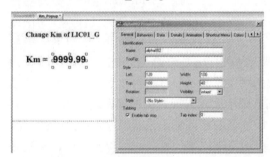

图 6-22 数值 I/O 对象的 General 标签页

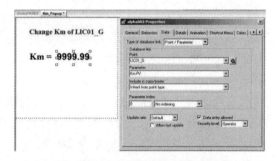

图 6-23 数值 I/O 对象关联 LIC01_G

回到主界面"DemoHMI03",继续完成如何在主界面中调用弹出子图的组态过程。在主界面中,如果用户或操作员希望点击某个对象后才弹出子图,则需要在该对象的属性编辑窗口的 Behaviors 标签页中勾选"Popup",勾选"Popup"选项后,该对象的属性编辑窗口会新增一个"Popup"标签页,在新增的标签页中输入弹出子图的名称即可完成弹出子图的调用。例如,在反应塔液位监控界面中,操作人员点击反应塔的任何部位,都可以弹出子图"Km_Popup",其组态过程如下:

(1) 用鼠标右键点击反应塔的任何部位(液位刻度指示条除外),打开反应塔本体的属性编辑窗口。切换到"Behaviors"标签页,勾选"Popup"前,属性编辑窗口并没有 Popup 标签页,如图 6-24 所示。勾选"Popup"后,反应塔本体属性编辑窗口新增了 Popup 标签页,如图 6-25 所示。

图 6-24　勾选 Popup 前的反应塔属性编辑窗口　　　　图 6-25　勾选 Popup 后的反应塔属性编辑窗口

(2) 切换到新增的 Popup 标签页，页面中的 File Name 及其右侧的输入框用于输入弹出子图的路径及其界面名称，如图 6-26 所示。单击"Browse"按钮，弹出获取子图文件的对话框，将路径切换到"C:\ProgramData\Honeywell\Experion PKS\Client\Abstract"，选中其中的"Km_Pop"，单击"Open"按钮，即可获取弹出子图 Km_Popup。也可以在 File Name 右侧的输入框中直接输入弹出子图所在的完整路径及其文件名，如图 6-27 所示。

(3) 关闭反应塔的属性编辑窗口，单击快捷按钮"🔔"或在 Station 站输入主界面名称运行"DemoHMI03"。单击反应塔的任何部位即可弹出"Km_Popup"，通过该弹出子图可以修改控制对象"LIC01_G"的增益系数 Km，如图 6-28 所示。点击弹出子图中 Km 的显示值"10.00"，Km 显示值的背景色变为蓝色，此时输入任何数值都可以修改 Km，如图 6-29 所示。例如，输入 20 后按回车键，则控制对象的增益系数 Km 将改为 20。由于控制对象的增益系数增大到原来的 2 倍，控制对象的输出立即增大，出现较大的超调量，测量值达到 302.9，如图 6-30 所示。由于偏差的陡增，PID 控制器的控制输出迅速减小，经过一段时间的调节，反应塔的液位会稳定在 240 附近。从控制策略的监控窗口也可以观察到，控制对

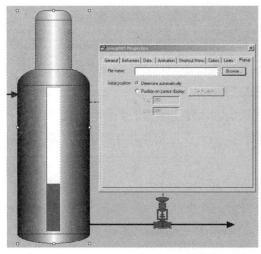
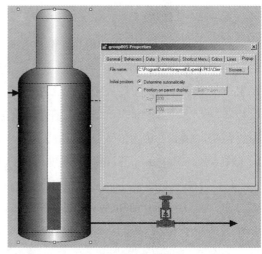

图 6-26　反应塔属性编辑窗口的 Popup 标签页　　　　图 6-27　在 Popup 标签页中输入弹出子图路径及名称

象 LIC01_G 的增益系数 Km 已经变为 20，如图 6-31 所示。当控制对象的增益系数 Km 为
10，设定值为 240，且测量值稳定到设定值附近时，PID 控制器的输出应该为 24%左右；当
控制对象的增益系数 Km 修改为 20，测量值稳定到相同设定值附近时，PID 控制器的输出
应该为 12%左右。

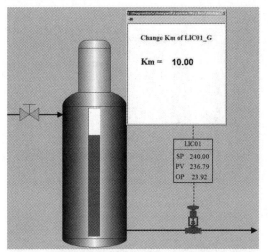

图 6-28　DemoHMI03 弹出子图 Km_Popup

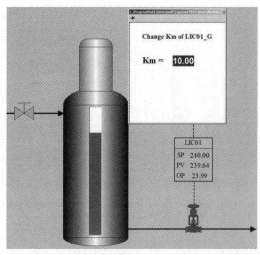

图 6-29　弹出子图 Km_Popup 修改 Km 前

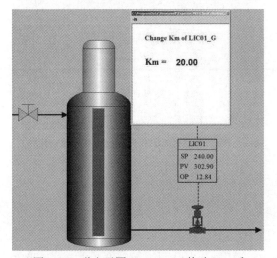

图 6-30　弹出子图 Km_Popup 修改 Km 后

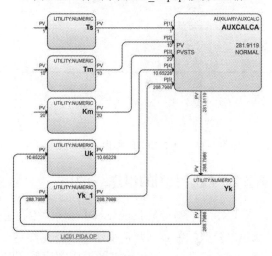

图 6-31　控制对象 LIC01_G 中的 Km 值

2. Faceplate 的调用

Faceplate 是 PKS 人机界面系统提供的回路控制面板，一般将其视为一种特殊的弹出子
图，用户只要对其进行调用操作，即可弹出回路操作面板。对于关联了控制回路的任何对
象，如数值 I/O、刻度指示条等，都可以调用 Faceplate。例如，打开反应塔液位刻度指示
器的属性编辑窗口，切换到"Behaviors"标签页，可以看到 Faceplate 选项，如图 6-32 所
示。打开"LIC01"回路名称对应的数值 I/O 对象的属性编辑窗口的 Behaviors 标签页，也
可以看到 Faceplate 选项，如图 6-33 所示。此时，如果勾选"Faceplate"选项，运行
"DemoHMI03"后，操作人员单击"LIC01"，则弹出"LIC01"的回路控制面板，如图 6-34
所示。借助于该控制面板，操作人员可以修改控制回路的设定值(SP)，也可以修改控制模

式(MODE)，即可以实现自动控制模式(AUTO)与手动控制模式(MAN)相互切换。当控制回路处于手动控制模式时，可以修改控制回路的输出(OP)等。当设定值被修改后，控制回路将根据最新的设定值进行调节，例如，LIC01 的原设定值为 240，控制回路处于稳态时，其输出为 12%。将设定值修改为 245，控制回路的输出自动改变 12.55%，测量值随之调整为242.61，如图 6-35 所示。若干个采样周期以后，控制回路将稳定在 245 附近。

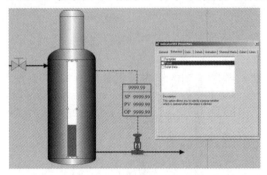

图 6-32　反应塔液位刻度指示器的 Faceplate 选项

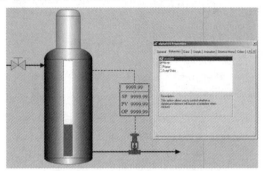

图 6-33　LIC01 控制回路名称

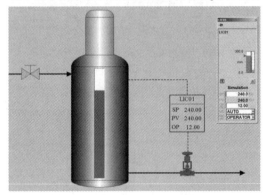

图 6-34　点击 LIC01 弹出 Faceplate

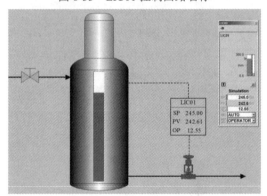

图 6-35　通过 LIC01 的 Faceplate 修改设定值

6.3.2　顺序子图的组态与调用

PKS 顺序子图(Shape Sequence)的主要思想是将多个尺寸、轮廓等特征相同或相似，但显示内容或颜色等某些特征不同的图形组成一个顺序子图。每个子图从左至右的顺序编号依次为 0、1、2、……，当主图调用顺序子图时，只需要将其关联到一个枚举变量，通过该变量的值调出和显示顺序子图中不同序号的图形。枚举变量是一类常量的集合，例如，PKS 的PID 控制模式(MODE)就是典型的枚举变量，MODE 的可选项包括 MAN、AUTO 和 CAS 等，且一直维持不变。其出现的顺序和枚举变量的取值一一对应，即控制模式选取 MAN、AUTO和 CAS 时，对应的枚举变量值依次为 0、1 和 2。正因为如此，当操作员在回路控制面板中单击 MODE 下拉按钮时，弹出的选单中将依次显示 MAN、AUTO 和 CAS 等选项。

1. 顺序子图的组态

顺序子图中的每个图形都可以使用 PKS 人机界面组态软件提供点、线、框、圆、文本等绘图元素予以实现，如果顺序子图中的 1 个图形使用了多个绘图元素，必须将多个绘图元素组合为一个图形。下面以绘制背景色分别为红、绿、蓝的 3 个圆圈分别表示顺序子图的 3 个图形为例，介绍顺序子图的组态过程。

在 HMIWeb Display Builder 中，按图 6-36 所示步骤单击菜单"File"→"New"→"Shape Sequence"即可新建一个顺序子图。新建的顺序子图的默认文件名为 Shape1，扩展名为 sha，即 PKS 的人机界面系统将其视为一个形状类图形。顺序子图的组态环境和主图的组态环境类似，屏幕左侧为对象浏览区，右侧为顺序子图编辑区。单击快捷按钮"●"，按住键盘的 Shift 键和鼠标左键，在图形编辑区拖拽出一个正方形方框，释放鼠标后即可绘制出一个圆圈。按照相同的步骤再绘制 2 个圆圈或者复制 2 个圆圈，共计 3 个圆圈。合理布局 3 个圆圈的水平位置后再选中 3 个圆圈，单击快捷按钮"卬"使 3 个圆圈处于同一水平线上，单击快捷按钮"Ⅱ"使 3 个圆圈的间距相同。至此，顺序子图的组态效果如图 6-37 所示。

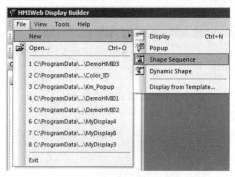

图 6-36　新建顺序子图使用的菜单

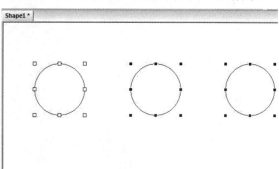

图 6-37　顺序子图的 3 个图形轮廓

打开第一个圆圈的属性编辑窗口，切换到"Color"标签页，将其填充颜色(Fill Color)改为红色，如图 6-38 所示。不用关闭属性编辑窗口，选中第 2 个圆圈，将其填充色改为绿色；再选中第 3 个圆圈，将其填充色改为蓝色。至此，顺序子图的组态效果如图 6-39 所示。单击快捷按钮"■"并以"Demo_SS01.sha"为文件名保存组态的顺序子图。

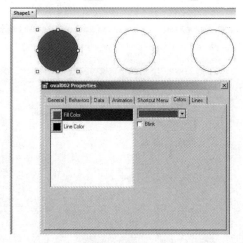

图 6-38　第 1 个子图背景色改为红色

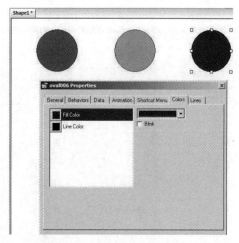

图 6-39　将 3 个子图的背景色分别改为红绿蓝

2. 主图调用顺序子图

打开主图"DemoHMI03"，将其另存为"DemoHMI04"。参照图 6-40 所示，单击菜单"Edit"→"Insert Shape…"，则弹出图 6-41 所示的对话框，要求输入顺序子图的存储路径及其文件名。顺序子图的默认路径一般是"C:\Program Data\Honeywell\Experion PKS\Client\

Abstract"，切换到该路径，选中顺序子图"Demo_SS01"，对话框的底部一般会显示顺序子图的第 1 个图形和该顺序子图包括的图形对象数量。例如显示信息"Shapes：3"表示"Demo_SS01.sha"中包括 3 个不同图形对象(3 种不同背景色的圆圈)。单击"Open"按钮则可将指定的顺序子图插入到主图中，并在主图中显示出顺序子图的第一个图形对象，此例为 1 个红色圆饼。使用鼠标拖拽该图形对象，将其放在合适的位置。

图 6-40　主图中插入顺序子图操作

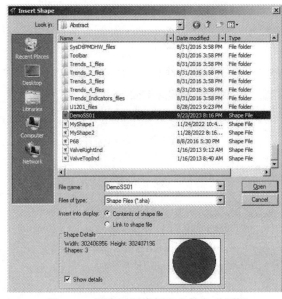

图 6-41　顺序子图路径和文件名对话框

选中插入的顺序子图，打开其属性编辑窗口，切换到"Behaviors"标签页。勾选其中的列表选项"Shape Sequence Animation"，属性编辑窗口随即增加"Data"标签页和"Animation"标签页，如图 6-42 所示。

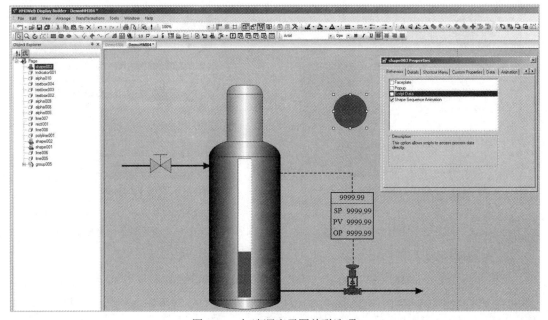

图 6-42　勾选顺序子图关联选项

"Data"标签页用于关联顺序子图和数据变量,"Animation"标签页用于设置顺序子图的图形数量,可以小于或等于顺序子图中的实际图形对象数量。切换到"Data"标签页,单击"🔍"打开点浏览器窗口,一般显示在屏幕左侧,从中找到 LIC01 并将其拖拽到 Point 下方的输入框中,或者直接在该输入框输入"LIC01"。单击 Parameters 下方输入框右侧的下拉按钮,选择参数"pida.mode",或者直接在该输入框中输入参数名称"pida.mode"。至此,实现了主图对顺序子图的调用和数据关联设置,如图 6-43 所示。

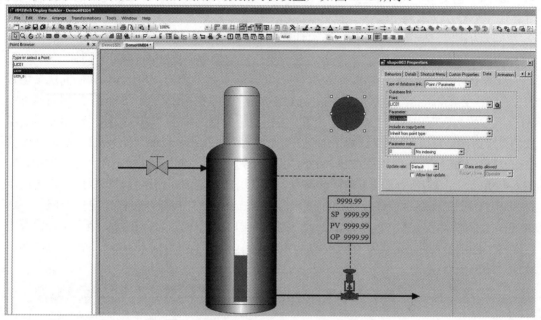

图 6-43　顺序子图序号和 LIC01.pida.mode 关联

单击"💾"保存"DemoHMI04"。单击快捷按钮"❗"或启动 Station 站并在 Command 输入框输入"DemoHMI04"运行,运行结果如图 6-44 所示。如果 LIC01 的控制模式处于手动控制"MAN",枚举变量"LIC01.pida.mode"的取值为 0,主图插入的顺序子图显示第 1 个图形符号,即 1 个红色圆饼。单击"LIC01"弹出回路控制面板,将其控制模式改为"AUTO",此时相当于将枚举变量"LIC01.pida.mode"的值修改为 1,插入的顺序子图将显示第 2 个图形对象,即呈现 1 个绿色圆饼,如图 6-45 所示。同理,如果将 LIC01 的控制模式切换为"CAS",枚举变量"LIC01.pida.mode"的值变为 2,主图中圆圈的填充色变为蓝色。

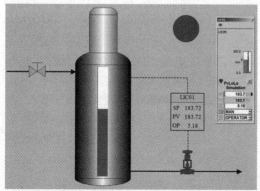
图 6-44　LIC01 处于手动时顺序子图显示效果

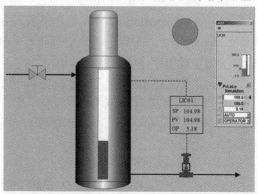
图 6-45　LIC01 处于自动时顺序子图显示效果

3. 顺序子图的更新

在实际工程中，主图中多处使用的顺序子图有可能要求结合实际情况的变化产生新的变更,如果通过重新插入顺序子图和重新关联变量来实现变更操作可能涉及较大的工作量,此时一般需要利用子图更新操作来实现顺序子图的轮廓、内容或功能更新。

打开顺序子图"DemoSS01",使用快捷按钮"🖼",在红色圆饼上叠加一个显示文本为"MAN"的文本框,在绿色圆饼上叠加一个显示文本为"AUTO"的文本框,在蓝色圆饼叠加一个显示文本为"CAS"的文本框。三个文本框的显示字体颜色均为白色。调整三个文本框的位置,使其正好叠加在各自的圆饼上。分别选中三个圆饼及其对应的文本框,将3组图形元素分别组合为三个图形对象,更新后的顺序子图如图6-46所示。

单击HMI组态软件的菜单"Tools"→"Options…",弹出HMI组态软件的选项配置窗口,切换到"Shapes"标签页,单击"Add"按钮,随即在标识信息"Search for shapes fiels in:"下方的列表框中出现1个带有"■"按钮的输入行。单击"■"按钮,弹出文件夹组成的目录树浏览窗口,从中找到顺序子图的存储路径"C:\Programdata\Honeywell\ExperionPKS\Client\Abstract"。单击"OK"按钮,退出文件夹浏览窗口,选中的路径出现在列表框中,如图6-47所示。上述路径可以不是默认路径,而是用户指定的任何路径,只要此处指定的路径和顺序子图的实际存放路径相同即可。再次单击"Add"按钮,可以指定多个路径。选中某行已有的路径信息,单击"Remove"则删除选中的路径信息。在默认情况下,没有指定顺序子图的任何路径信息,因此,在没有指定顺序子图存储路径的情况下,则无法实现顺序子图的更新操作。

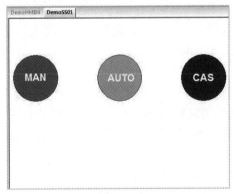

图 6-46　更新后的顺序子图

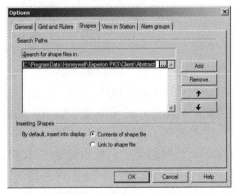

图 6-47　顺序子图存储路径

打开主图"DemoHMI04",选中主图中插入的顺序子图,单击菜单"Tools"→"Upgrade Embedded Shape…",弹出确认对话框,如图6-48所示。单击"Upgrade"按钮,如果成功更新了指定的顺序子图,则给出图6-49所示的提示信息。单击"OK"按钮关闭提示信息对话框。主图显示的顺序子图随即变为叠加有白色字符"MAN"的红色圆饼。

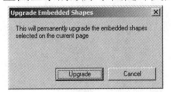

图 6-48　更新顺序子图确认对话框

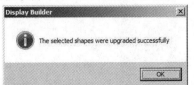

图 6-49　成功更新顺序子图提示对话框

单击"■"保存"DemoHMI04"，单击快捷按钮"！"或启动 Station 站并在 Command 输入框输入"DemoHMI04"并运行。顺序子图显示的图形及其字符取决于"LIC01"的控制模式，可能是叠加有白色字符"MAN"的红色圆饼，也可能是叠加有白色字符"AUTO"的绿色圆饼。无论初始显示情况如何，单击"LIC01"弹出回路控制面板，修改控制模式为手动模式，枚举变量"LIC01.pida.mode"的取值为 0，顺序子图总是显示第 1 个图形符号，即 1 个叠加有白色字符"MAN"的红色圆饼，如图 6-50 所示。如果将控制模式改为"AUTO"，枚举变量"LIC01.pida.mode"的值修变为 1，则顺序子图总是显示第 2 个图形对象，即 1 个叠加有白色字符"AUTO"的绿色圆饼，如图 6-51 所示。同理，如果将 LIC01 的控制模式切换为"CAS"，枚举变量"LIC01.pida.mode"的值变为 2，则顺序子图总是显示第 3 个图形对象，即 1 个叠加有白色字符"CAS"的蓝色圆饼。上述过程表明，如果主图中使用了较多的顺序子图，且需要更新其中的较多子图时，使用"Tools"→"Upgrade Embedded Shape…"更新指定的顺序子图更为快捷。

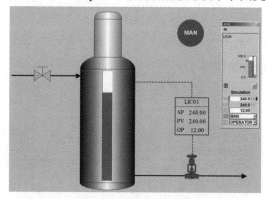

图 6-50　LIC01 处于手动时顺序子图更新效果

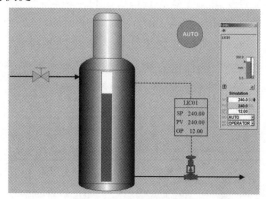

图 6-51　LIC01 处于自动时顺序子图更新效果

4. 顺序子图的替换

顺序子图更新操作仅限于同一个顺序子图文件，同一文件名的顺序子图被修改后，原有的图形元素被覆盖无法再次使用。如果要想实现主图中的顺序子图更新，又不想覆盖原有的顺序子图，就需要用到顺序子图替换功能。例如，当 LIC01 处于手动、自动和串级控制模式时，如果希望将叠加有白色字符"MAN"的红色圆饼替换为红色方块，叠加有白色字符"AUTO"的绿色圆饼替换为绿色方块，叠加有白色字符"CAS"的蓝色圆饼替换为蓝色方块，则使用下面介绍的顺序子图替换操作。

修改顺序子图"DemoSS01.sha"，将红色、绿色和蓝色的圆饼分别换成红色、绿色和蓝色的方块，如图 6-52 所示。将 3 组图形组合为三个独立的图形对象，并将文件名另存为"DemoSS02.sha"。单击菜单"Tools"→"Replace Shapes…"，弹出如图 6-53 所示的对话框。下拉"Current shape file"下方的列表框，选择需要替换的顺序子图文件，此处为"DemoSS01.sha"。单击"Browse"按钮，弹出查找顺序子图文件的路径及其文件名，切换到指定的路径并选中"DemosSS02.sha"，新的顺序子图文件名称及其所在路径出现在"New shape file"下方的输入框中。当然，也可以在此输入框中直接输入新顺序子图的文件名及其所在的路径，一定要确保输入信息正确。单击"Replace"按钮执行替换操作，如果成功替换，会给出提示对话框，告知主图中成功替换顺序子图的数量。

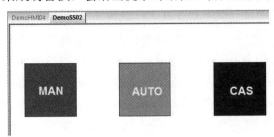

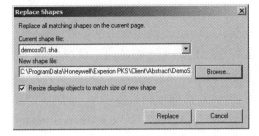

图 6-52 顺序子图 DemoSS02　　　　　　　图 6-53　顺序子图替换的源文件和目的文件

　　主图中的顺序子图由"DemoSS01.sha"替换为"DemoSS02.sha"，在 HMI 组态软件中可见"DemoHMI04"中的叠加有白色字符"MAN"的红色圆饼被换成了红色方块。单击"🖫"保存"DemoHMI04"并运行。当控制回路 LIC01 处于手动控制模式时，显示的图形标识是一个叠加有白色字符"MAN"的红色方块，如图 6-54 所示；当控制回路 LIC01 处于自动控制模式时，显示的图形标识是一个叠加有白色字符"AUTO"的绿色方块，如图 6-55 所示。如果切换为串级控制模式，显示的图形标识应该是一个叠加有白色字符"CAS"的蓝色方块。至此，已实现顺序子图的替换操作。

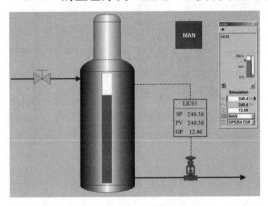

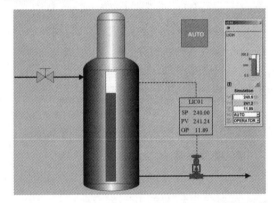

图 6-54　LIC01 处于手动时顺序子图替换效果　　　图 6-55　LIC01 处于自动时顺序子图替换效果

6.3.3　动态子图的组态与调用

　　一套控制系统的人机界面上总是要显示很多数据采集点或控制回路的参数，数据采集点一般显示其点名称、测量值及其单位等，控制回路一般显示其回路名称(也称之为点名称)、设定值、测量值、输出控制量及其单位等。如果将这些点或控制回路都设计成规范的显示形式，则使人机界面更加规范。当针对每一点、每一个控制回路都要确定其轮廓尺寸、轮廓颜色、文本颜色、字体类型、字体大小、相对位置等信息时，工作量将会很大，也很难做到所有显示信息的一致性。此时使用动态子图(Dynamic Shape)就很容易实现。当动态子图插入到主图后，其显示内容或实现的功能会跟随其关联的点或回路参数动态变化。主图中多处调用的同一个子图具有相同的外观特性(包括轮廓尺寸、轮廓颜色、文本颜色、字体类型、字体大小、相对位置等)。

1. 动态子图的组态

在 PKS 人机界面组态软件中,按图 6-56 所示步骤单击菜单"File"→"New"→"Dynamic Shape"即可新建一个动态子图,单击快捷按钮"▣"将其保存为"DemoDS01.sha"。动态子图文件的扩展名仍然为"sha",即 PKS 的人机界面系统将其视为一个形状类图形。动态子图的编辑环境和顺序子图相似,左侧是对象浏览区,右侧是动态子图编辑区。

单击快捷按钮"▣",在动态组图编辑区绘制 3 个文本框,自动生成的对象名称分别为"textbox001""textbox002"和"textbox003",将其文本分别设置为"SP""PV"和"OP",字体类型设置为"Times New Roman",字体大小为20磅,颜色默认为黑色。打开"textbox001"的属性编辑窗口,将文本框的长度均设置为 40,高度设置为 30,对"textbox002"和"textbox003"进行类似的操作,确保 3 个文本框的高度和宽度相同。

单击快捷按钮"⒐⒐",在动态子图编辑区分别绘制 4 个数字 I/O 对象,自动生成的对象名称分别是"alpha001""alpha002""alpha003"和"alpha004",将其字体类型设置为"Times New Roman",字体大小为20磅,颜色默认为黑色。"alpha001"用于显示控制回路的名称,打开其属性编辑窗口,将其宽度设置为120,高度设置为30。"alpha002"用于显示控制回路的设定值(SP),打开其属性编辑窗口,将其宽度设置为80,高度设置为30。"alpha003"用于显示控制回路的测量值(PV),"alpha004"用于显示控制回路的控制量或操作变量(OP),分别将其宽度设置为80,高度设置为30。

合理排列 3 个文本框和 4 个数值 I/O 对象。文本对象"textbox001"和数值 I/O 对象"alpha002"排列在第 2 行,和宽度为 120 的数值 I/O 对象"alpha001"正好左右对齐。依次类推,文本对象"textbox002"和数值 I/O 对象"alpha003"排列在第 3 行,文本对象"textbox003"和数值 I/O 对象"alpha004"排列在第 4 行。单击快捷按钮"▣"和"╲",为所有的文本对象和数值 I/O 对象绘制一个方框和一条分割线,至此,组态的动态子图效果如图 6-57 所示。

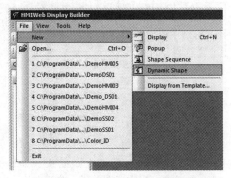
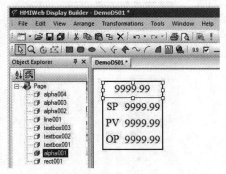

图 6-56　新建动态子图使用的菜单　　　　图 6-57　显示控制回路参数的动态子图

打开数值 I/O 对象"alpha001"的属性编辑窗口,切换到"Behaviors"标签页,勾选其中的"Faceplate"选项,如图 6-58 所示。当某一控制回路关联到该动态子图时,单击控制回路名称,可以弹出 Faceplate 控制面板,该面板和前面介绍的 Faceplate 具有相同的功能。

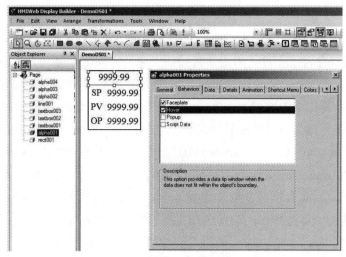

图 6-58　动态子图关联回路的 Faceplate

切换到"Data"标签页，确保"Type of Database link"右侧的选项为"Point/Parameters"。在 Point 下方的输入框中输入"<Tag>"，代表 1 个通用的点标识，主图调用动态子图时必须关联到具体的点名或控制回路名称。在 Parameter 下方的输入框中输入"NAME"，主图调用动态子图后，该参数自动替换为控制回路的名称。数值 I/O 对象"alpha001"属性的"Data"标签页的设置如图 6-59 所示。

打开数值 I/O 对象"alpha002"的属性编辑窗口，切换到"Behaviors"标签页，默认情况下，"Hover"选项是自动勾选的，即输入参数超限时自动给出提示。切换到"Data"标签页，确保"Type of Database link"右侧的选项为"Point/Parameters"。在 Point 下方的输入框中输入"<Tag>"，在 Parameter 下方的输入框中输入"pida.sp"，主图调用动态子图后，该参数自动替换为控制回路的设定值(SP)。勾选"Data entry allowed"，允许操作人员修改控制回路的设定值。数值 I/O 对象"alpha002"属性的"Data"标签页的设置如图 6-60 所示。

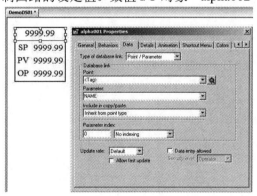

图 6-59　动态子图关联回路名称

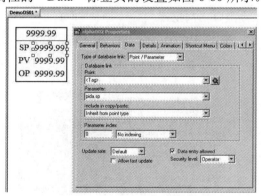

图 6-60　动态子图关联回路设定值

打开数值 I/O 对象"alpha003"的属性编辑窗口，切换到"Data"标签页，确保"Type of Database link"右侧的选项为"Point/Parameters"。在 Point 下方的输入框中输入"<Tag>"，在 Parameter 下方的输入框中输入"pida.pv"，主图调用动态子图后，该参数自动替换为控制回路的测量值(PV)。数值 I/O 对象"alpha003"属性的"Data"标签页的设置如图 6-61 所示。

打开数值 I/O 对象"alpha004"的属性编辑窗口，切换到"Data"标签页，确保 Type of Database link 右侧的选项为"Point/Parameters"。在 Point 下方的输入框中输入"<Tag>"，在 Parameter 下方的输入框中输入"pida.op"，主图调用动态子图后，该参数自动替换为控制回路的操作变量(OP)。数值 I/O 对象"alpha004"属性的"Data"标签页的设置如图 6-62 所示。

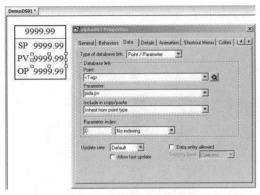

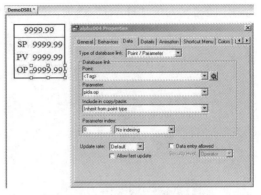

图 6-61　动态子图关联回路测量值　　　　图 6-62　动态子图关联回路控制量

选中所有的对象，单击快捷按钮"⊡"将所有对象组合为 1 个对象，组合后的对象自动命名为"group001"。如果解开组合后再次组合，自动生成的组合对象名称可能不是"group001"，只要某一名称没有被占用，可以随时将任何对象的名称改为指定的名称。至此，已完成动态子图"DemoDS01.sha"的组态。

2. 主图调用动态子图

打开主图"DemoHMI003"并将其另存为"DemoHMI005"，删除其中的"LIC001"回路参数显示，如图 6-63 所示。单击菜单"Edit"→"Insert Shape…"，弹出的对话框要求指定动态子图的存储路径，默认路径一般是"C:\ProgramData\Honeywell\ExperionPKS\Client\Abstract"。切换到该路径可见其中的动态子图"DemoDS01.sha"，选中该文件，单击"Open"按钮即可将"DemoDS01.sha"插入到主图中，所插入对象的名称自动命名为"shape003"，具体名称与主图中已经使用的"Shape"类对象数量有关。合理地布局"shape003"在主图中的位置，插入主图后的效果如图 6-64 所示。

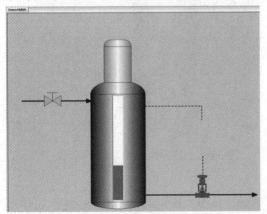

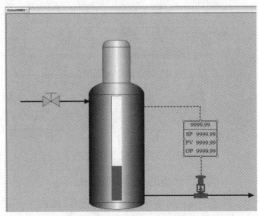

图 6-63　插入动态子图前的主图　　　　图 6-64　插入动态子图后的主图

选中"Shape003"并打开其属性编辑窗口,切换到"Custom Properties"标签页,将列表框中 Tag 所对应的 Value 修改为"LIC01",至此,实现了动态子图与控制回路"LIC01"的关联,如图 6-65 所示。保存并运行"DemoHMI05",其运行效果如图 6-66 所示。单击"LIC01",弹出回路控制面板,切换为"AUTO",修改其设定值为 240,可见其自动调节过程。单击 SP 的值,其显示数值的背景色变为蓝色,此时,可以输入新的设定值。由于动态子图自动勾选"Hover"选项,所以输入设定值超出其许可范围时,将会给出提示。

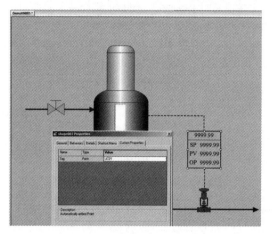

图 6-65　动态子图关联到点或控制回路

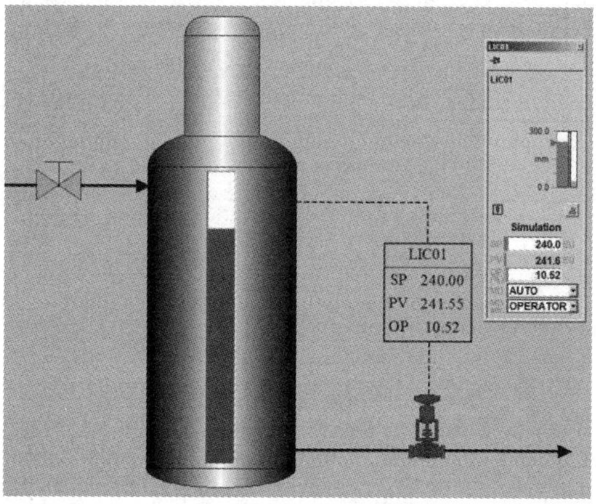

图 6-66　动态子图运行效果

借助动态子图的调用,如果想在主图中再增加一个回路的参数显示是极其方便的。按照类似的步骤再插入 1 个动态子图"DemoDS01.sha",其对象名称自动命名为"Shape004"。合理布局其位置,打开其属性编辑窗口,切换到"Custom Properties"标签页,将动态子图 Tag 所对应的 Value 修改为"DemoPID",以实现动态子图与控制回路"DemoPID"的关联,如图 6-67 所示。保存并运行"DemoHMI05",其运行结果如图 6-68 所示。单击"DemoPID"或"LIC01"可以弹出各自的控制面板。单击各自的 SP 显示值,可以输入各自的设定值。

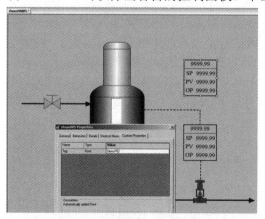

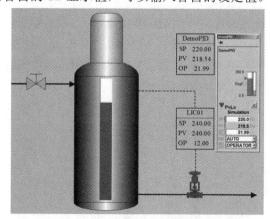

图 6-67　主图调用 2 个动态子图

图 6-68　主图调用 2 个动态子图运行效果

3. 动态子图的更新或替换

动态子图的更新、替换操作与顺序子图的更新、替换操作相似,在主图中操作所使用的菜单都相同。打开动态子图"DemoDS01.sha",在对象浏览器可见其中的"group001"。

展开其左边的 "+"，列出 "group001" 组合前的所有对象，选中其中的 "alpha001"，将其文本颜色改为红色，以用于演示动态子图的更新效果。更改后的动态子图如图 6-69 所示。更新动态子图时，也需要预先指定动态子图的存储路径。由于动态子图也是保存在默认路径下的，前面在介绍顺序子图更新时已经添加了路径，所以不再需要添加动态子图所在的路径。如果使用了不同的存储路径，则需要重新指定动态子图的保存路径，否则无法执行更新操作，如图 6-70 所示。

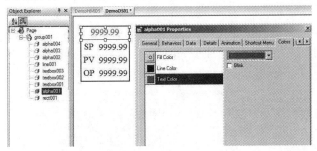

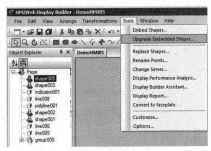

图 6-69　更新后的动态子图　　　　　　　　图 6-70　主图更新动态子图操作

选中主图中调用 "DemoDS01.sha" 的任何 1 个对象，单击菜单 "Tools" → "Upgrade Embedded Shape…" 则启动动态子图更新操作，成功更新后的主图设计视图如图 6-71 所示。保存并运行 "DemoHMI05"，更新动态子图后的运行效果如图 6-72 所示。

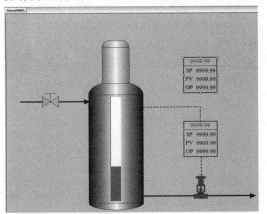

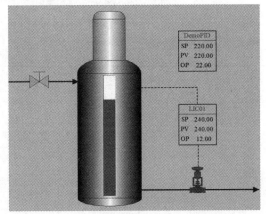

图 6-71　主图更新动态子图后的设计视图　　　图 6-72　主图更新动态子图后的运行视图

6.3.4　脚本应用示例

当使用 HMI 组态软件提供的控件、图库、绘图对象等无法实现需要的功能时，一般需要用到脚本。脚本是使用脚本语言编写的一段程序。脚本语言是解释类编程语言，不需要经过编译等环节，且和同名编程语言的语法基本相似，有相关编程语言基础的人员不需要另外学习即可编程。PKS 的人机界面系统支持 VB 脚本和 Java 脚本，提供的多数对象都支持脚本编程功能。下面以控制回路设定值的修改为例介绍脚本编程的基本步骤。基本功能是拟通过一个按键修改控制回路 "LIC01" 的设定值，单击按键 1 次，设定值增加 1。

打开主图 "DemoHMI03" 并将其另存为 "DemoHMI06"。单击快捷按钮 "　" 插入 1 个按键对象，其对象名称自动命名为 "pushbutton001"。打开其属性编辑窗口，在 "General"

标签页中，将按钮的宽度设置为 200，高度设置为 80。切换到"Font"标签页，选择"Times New Roman"字体，大小为 20 磅，勾选"Bold"加粗显示。切换到"Behaviors"标签页，勾选"ScriptData"，"pushbutton001"的属性编辑窗口随即增加 1 个名为"ScriptData"的标签页。切换到"Details"，输入"SP=SP+1"作为按钮的 Label，即该按钮上显示的文本为"SP=SP+1"。切换到"ScriptData"标签页，单击"Add"按钮则在列表框中增加 1 行，每 1 行对应 1 个参数。此例仅用到"LIC01.pida.sp"，因此，在 Point 输入框中输入"LIC01"，在 Parameter 输入框中输入"pida.sp"，随即列表框列出的 Point 为"LIC01"，Parameter 为"pida.sp"，如图 6-73 所示。选中指定的参数行，单击"Remove"可以将其删除。需要注意的是，所有对象对应的脚本程序中用到的所有参数(或变量)都要加入到列表中。如需要添加更多的参数，再次单击"Add"按钮，填写 Point 和 Parameter 即可。

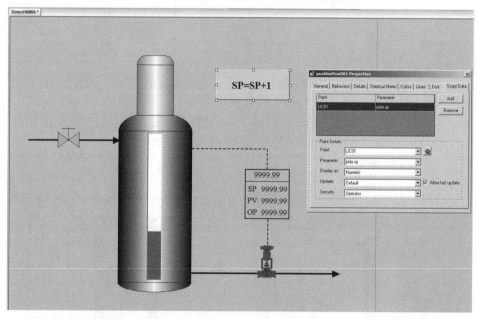

图 6-73　添加脚本用到的数据变量

完成"pushbutton001"的属性配置后，关闭其属性编辑窗口。鼠标右键点击"pushbutton001"在弹出的选单中单击"Edir Script…"，打开脚本编辑窗口。该窗口和画面编辑窗口占据相同的位置，左侧仍然为点浏览器(Point Browser)，右侧用于编辑脚本代码。在脚本编辑区的顶行布局有对象选择下拉列表框和事件选择下拉列表框，分别布局在顶行的左半部分和右半部分。由于是通过鼠标右击"pushbutton001"打开脚本编辑器的，所以"pushbutton001"成为需要编辑脚本的默认对象。下拉列表框，可以选中其他对象，并编写指定对象的脚本。基本程序必须针对对象的具体事件，如果需要选择某个事件激活时才执行脚本程序，则需要通过事件选择下拉列表框选择指定的事件。多数对象的可选事件如图 6-74 所示。例如，当选择的事件为"onmousedown"时，如果在界面 DemoHMI06 中按下鼠标左键，则控制回路"LIC01"的设定值直接加 1；当选择的事件为"onmouseup"时，如果按下鼠标左键，则控制回路"LIC01"的设定值并不加 1，而要等到释放鼠标左键后，设定值才会加 1。此处的演示示例希望按下鼠标键就执行加 1 操作，所以选择"onmousedown"事件。

脚本编辑窗口打开后，就以 Sub 和 EndSub 给出了一个框架，脚本程序代码需要填写到此框架内。选择不同的脚本语言，其框架不同，只需遵守相应的框架即可。默认展示的是 VB 框架，所以需要使用 VB 脚本编程。在编写脚本程序代码时，在给出对象名称后，系统会自动列出可以使用的函数，如图 6-75 所示。例如，使用 DataValue()函数输入 data 前缀字符后，会自动列出以 data 开头的函数供用户编写脚本时选择。

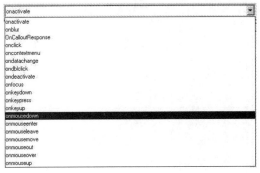

图 6-74 pushbutton 等支持的事件

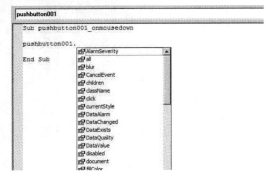

图 6-75 pushbutton 等支持的脚本函数

尽管"SP=SP+1"只是按钮的 Label，"pushbutton001"才是按钮的 Name(名字)，但操作人员只能看到按钮上的名称"SP=SP+1"，所以操作人员在交流时都会将其称为"SP=SP+1"按钮。此例要求按下"SP=SP+1"按钮，且控制回路"LIC01"的设定值小于 220 时，则设定值加 1，否则不执行任何操作。基于此要求，设计的脚本程序代码如图 6-76 所示。

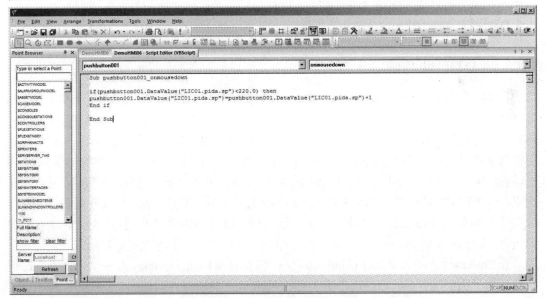

图 6-76 设定值加 1 的脚本编程

脚本程序不需要单独保存，它属于界面编辑的一部分，随界面一同保存。保存"DemoHMI06"并运行，单击控制回路名称"LIC01"打开回路控制面板，将控制模式切换为"AUTO"，此时的运行效果如图 6-77 所示。一般情况下，控制回路处于自动控制模式时才能修改其设定值，因此需要将"LIC01"的控制模式切换到"AUTO"模式。单击设定值显示值，如输入一个小于 220 的值 200，每按下一次"SP=SP+1"按钮时，控制回路设定值加 1。继续增加到 220 或者直接输入 1 个大于 220 的设定值时，按下"SP=SP+1"按钮，控制回路的设定值不变，和按钮"SP=SP+1"的脚本程序实现的功能完全一致。

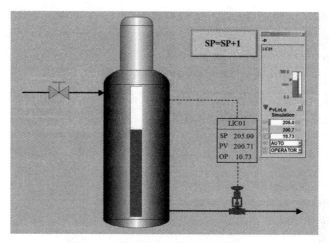

图 6-77　设定值加 1 脚本程序行效果

6.4　组界面与趋势界面的组态

霍尼韦尔公司 PKS 的人机界面系统已经内置了趋势界面和组界面,仅需简单的组态即可实现两类操作界面,简化了用户组态人机界面的相关工作。这两类界面的组态并不使用人机界面组态软件 HMIWeb Display Builder,而是直接在 Station 上组态实现。

6.4.1　趋势界面的组态

有的控制系统刻意将变量的变化趋势分为实时趋势和历史趋势,但其本质上是相同的,都是呈现某些变量在一段时间内的变化趋势。如果非要给出两者之间的区别,一般可以认为实时趋势的采样周期相对较短,侧重于关注一个趋势界面窗口内的趋势曲线,用于根据实时变化趋势控制参数或分析过程变量之间的某些关系、引起变量异常的原因等。历史趋势的采样周期相对较长,从几秒至几分钟不等,记录的时间也很长,从数小时、数天至数周和数年,甚至不受约束,仅受存储空间限制。PKS 系统统一将两者处理为同一趋势界面,如果在趋势界面中暂停实时更新(Pause live update)则可以调取和显示任何指定时间段的历史趋势曲线,如果在趋势界面中启动实时更新(Resume live update),则按指定的采样周期显示实时趋势曲线。

在 Station 中,单击菜单"Configure"→"Trend & Group Displays"→"Trends"即可打开趋势界面组态界面。界面顶部的 3 行和 Station 上的所有界面相同,分别为标题栏、菜单栏和快捷按钮,顶部 3 行之下的左侧显示内容和 Station 的 Configure 菜单项基本相同,右侧用于列表或组态趋势界面。PKS R431 支持 3000 组(或 3000 幅)趋势界面,即 3000 个趋势图,每 1 组趋势界面可以显示 32 个变量的趋势曲线。前 2900 组趋势界面支持多种趋势曲线类型,后 100 组趋势界面仅用于显示报警跟踪趋势曲线,用户不能组态。趋势界面的组态如图 6-78、图 6-79 所示。

每一组趋势界面必须选择同一种趋势类型,前 2900 组趋势界面支持的趋势曲线类型、采样时间、趋势界面对应的时间段都可以根据用户的要求变化。图 6-78 中一行对应一组趋势,左边显示趋势编号,然后依次是该组趋势的标题(Title)、类型(Type)、趋势时间段(Period)

和采样时间(Sample Interval)。可以在此下拉各组趋势相应的 Type、Period 和 Sample Interval,
选择合适的类型、时间段和采样时间。每页列表显示 20 组,如果某个编号的趋势已组态,
则显示其编号、标题、类型、时间段和采样时间。拉动右边的滚动条,可以快速向上滚动
或向下滚动。单击滚动条上的上箭头可以向上滚动一组趋势曲线,单击滚动条上的下箭头
可以向下滚动一组趋势曲线。

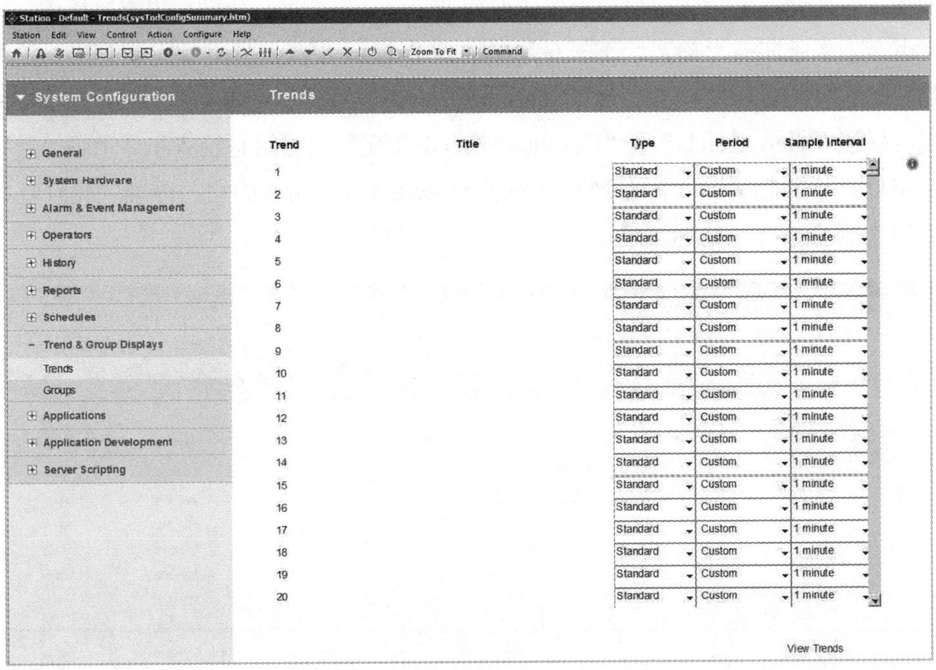

图 6-78　趋势界面的组态(前 20 组)

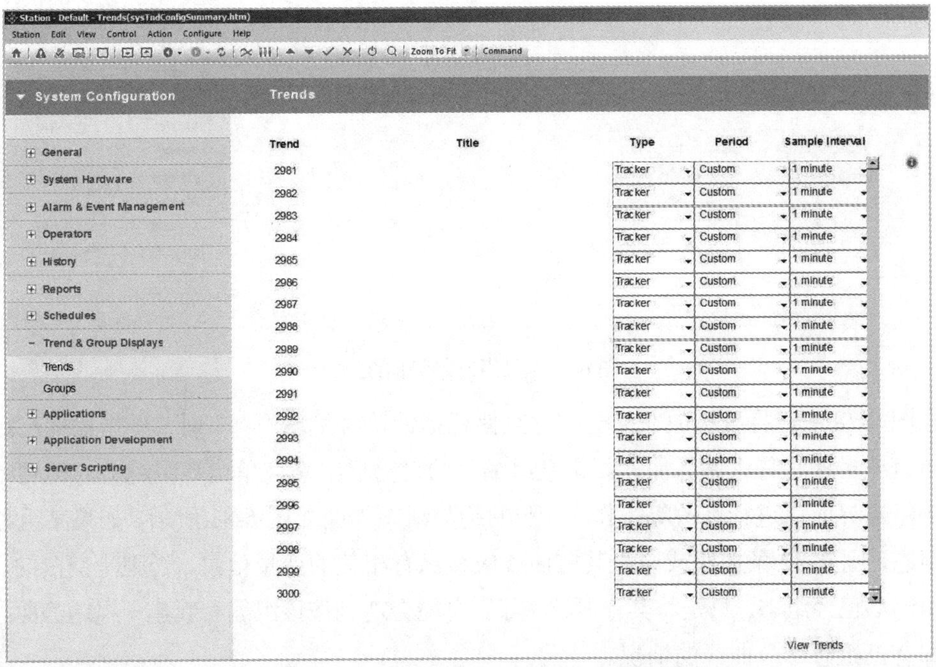

图 6-79　趋势界面的组态(末 20 组)

PKS 的趋势组界面允许将同一个变量(点名称/回路名称.功能块名称.参数名称)组态到多个趋势组,即多个趋势组都可能出现某个变量的趋势。工程中有时为了关注某些变量之间的关系,会刻意将某变量及其相关变量组态到一个趋势图中,再将该变量和另外的相关变量组态到另一个趋势图中。即使在同一个趋势组界面中,也不禁止将同一个变量组态为多条曲线,但运行时同一变量排在后面的曲线并不显示。因此,在同一组趋势图中,将同一个变量组态为多条曲线无意义。在图 6-78 中,单击标识"View Trends"则列出已经组态的各组趋势,该处的标识随即变更为"Configure Trends",如图 6-80 所示。组态过程中,可以通过点击标识"View Trends"和"Configure Trends"交替列出组态趋势和显示趋势。如果列出的是可以显示的趋势曲线,左侧则不显示 System Configure 的相关内容,此时,单击某组趋势标题则可以打开其趋势界面。

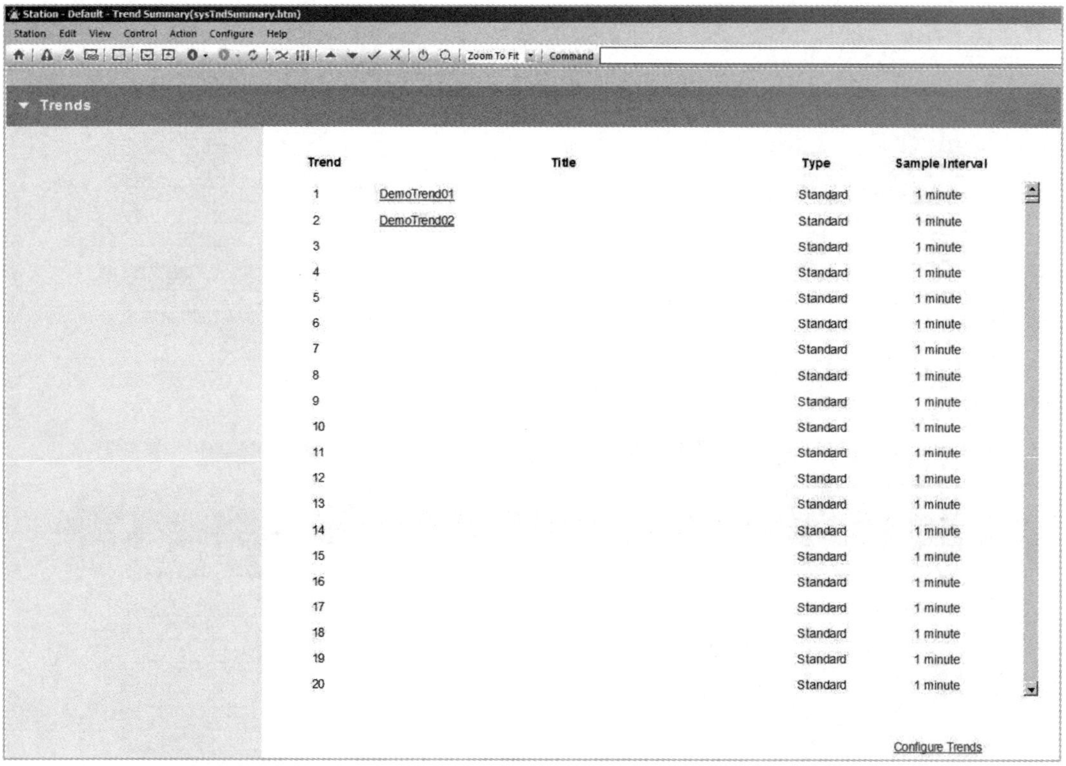

图 6-80 已组态趋势曲线列表

在图 6-78 中,将鼠标放在某一空行且鼠标指针符号呈现"🖑"时,单击鼠标左键即可打开该组编号的趋势组态界面。如果某组编号的趋势已组态,单击该组趋势的标题则打开其趋势组态界面以进行修改等操作。打开的趋势组态界面如图 6-81 所示。如果某组趋势曲线已组态,则其 32 条曲线或至少某些曲线应该已有相关的变量信息,否则是空白的。如果某一组趋势已经组态,只是将其标题清空了,可能会遇到按该组编号新建一组趋势曲线,打开后却有已组态部分曲线的情况。

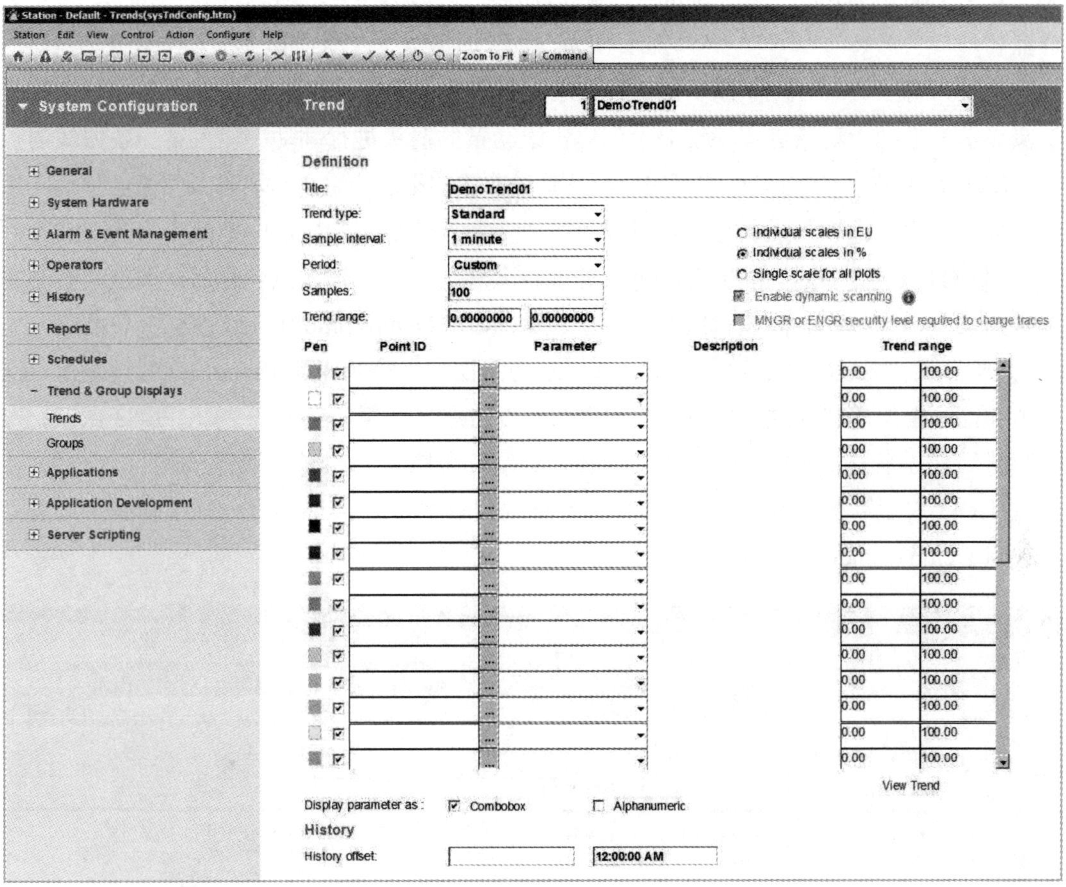

图 6-81　趋势组态界面

在图 6-81 中，Title 右侧的输入框用于输入该组趋势曲线的标题，如"DemoTrend01"，输入标题后，按回车键表示确认。Trend Type 右侧的下拉列表框用于选择趋势曲线的类型，可选的类型有 Single、Dual、Triple、Standard、X-Y 和 S9000 SPP 6 种，其中 Standard 为默认类型，也是常用的类型。Sample Interval 右侧的下拉列表框用于选择采样时间，可选项有 1 Minute、6 Minute avg、1 Houre avg、8 Houre avg、24 Houre avg、5 Sec、1 Hour、8 Houre 和 24 Hour，其中 1Minute 为默认值。该参数也可以在运行后的趋势界面中修改。Period 右侧的下拉列表框用于选择趋势曲线界面窗口对应的时间段，可选项有 Custom、1 Minute、5 Minutes、20 Minutes、1 Hour、2 Hours、4 Hours、8 Hours、12 Hours、1 Day、2 Days、5 Days、1 Week、2 Week、4 Week、3 Months、6 Months 和 1 Year，默认为 Custom，系统将根据用户设定的采样时间和采样点数量决定时长。Samples 右侧的输入框用于输入趋势图中每一条曲线对应数据的采样点数量，默认值为 100。Sample Interval、Period 和 Samples 这 3 个参数中，只能选定其中 2 个，另 1 个参数则由选定的 2 个参数确定。例如，Samples 为 60，Sample Interval 为 5 s，$60 \times 5 = 300$ s，对应的 Period 即为 5 min。再如，Sample Interval

为 5 s，Period 为 1 min，无论 Samples 参数设为多少，趋势界面的每条曲线则显示 12 个采样点。

系统为每条曲线分配了默认的颜色，运行后在趋势界面中可以修改。32 条趋势曲线分 2 页显示，拖动滚动条进行滚动显示或单击滚动条的箭头进行翻动。输入某一条曲线的点名称(或回路名称)和参数名称即可完成一条趋势曲线的组态。输入点名称或回路名称后，按回车键予以确认。输入点名称时，可以单击"■"打开点浏览器从中拖拽指定的点名称到 Point ID 对应的输入框，单击"Apply"完成点名称的输入。输入点名称后，下拉其右侧的参数列表框，选择趋势曲线对应的参数。趋势曲线"DemoTrend01"组态了 3 条曲线，完成趋势组态后的视图如图 6-82 所示。该组趋势图仅显示控制回路 DemoPID 的设定值、测量值和控制量的趋势曲线。按照同样的方法可以组态另一组趋势曲线，如图 6-83 所示，该组趋势用来显示控制回路 LIC01 的设定值、测量值和控制量的趋势曲线。在图 6-82 中，在标识 Trend 右侧输入框输入 1，或下拉趋势标题列表框，选择 DemoTrend01 随时可以查看和编辑 DemoTrend01，反之亦然。

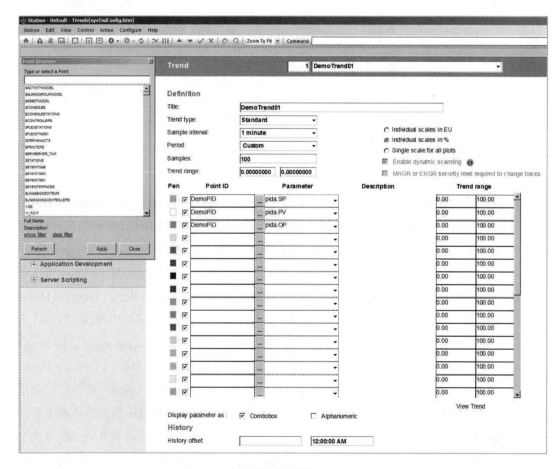

图 6-82　组态的趋势界面 DemoTrend01

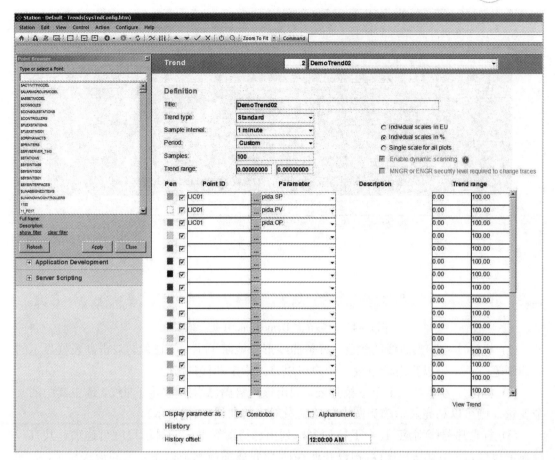

图 6-83　组态的趋势界面 DemoTrend02

在组态各组趋势曲线时，如果要修改 Samples，则要将操作权限修改为 Mngr 或 Engr。启动 Station 后，其默认操作权限为 Oper。单击该标识，如果在弹出的对话框中输入"engr"则将操作权限修改为 Engr，如果输入"mngr"则将操作权限修改为 Mngr。

在图 6-82 中，单击"View Trend"则打开该组趋势界面，从中即可看到组态的趋势曲线，如图 6-84 所示。图中顶部 3 行为 Station 的标准显示内容，分别为标题行、菜单行和快捷按钮行，其中，菜单行和快捷按钮两部分显示内容与 Station 上显示的所有界面均相同。标题栏一般包括站名称和界面名称，此例使用服务器的显示屏，因此其站名称是默认的，即 Station 的名称为"Default"。此例组态的趋势界面是通过配置系统提供的通用趋势界面实现的，而并非用户通过 HMIWeb Display Builder 组态实现的，因此，界面名称显示为"System Trend:1"，即第一幅系统趋势。在默认情况下，趋势界面的上半部分显示趋势曲线，下半部以列表形式分别显示变量名称、曲线颜色、最小值、最大值、当前值和移动标尺对应时刻的值。

在图 6-84 中，标注序号①～⑫是为了方便介绍趋势界面中各部分的含义及操作方法而人为添加的。

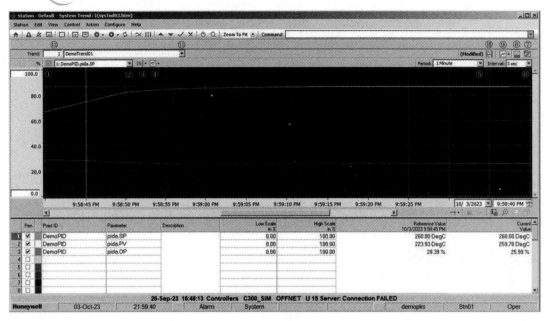

图 6-84　趋势界面 DemoTrend01 运行效果

(1) 标注序号①为曲线的颜色，每条曲线形象地赋予了一支画笔，双击列表框显示的曲线画笔颜色，可以弹出调色板，用户可以修改指定曲线的颜色。

(2) 标注序号②对应 1 个下拉列表，列出该趋势图已组态的所有曲线，选中其中的某个变量，则可以高亮显示趋势图中与该变量对应的曲线(加粗显示)。

(3) 标注序号③对应 1 个下拉列表，列出趋势图纵坐标的显示尺度可选项，共有 7 种显示尺度，其中默认尺度(可预设并保存)是将每条曲线都是以百分数的形式显示，如图 6-85 所示。无论当前显示尺度如何，只要单击下拉列表项"Revert to saved ranges"均可以回到用户预先保存的尺度。据此，用户可以预先选择经常使用的显示尺度并将其保存，一旦有某种需要更换了显示尺度，借助此功能可以快速恢复用户常使用的显示尺度。

(4) 标注序号④用于选择曲线的显示类型，可选的曲线显示类型包括 Line Chart 和 Bar Chart 两种，一般情况下都使用默认的曲线显示类型 Line Chart。

(5) 标注序号⑤对应 1 个下拉列表，列出趋势图可选的 18 个时段(Period)，分别是 Custom、1 Minute、5 Minutes、20 Minutes、1 Hour、2 Hours、4 Hours、8 Hours、12 Hours、1 Day、2 Days、5 Days、1 Week、2 Week、4 Week、3 Months、6 Months 和 1 Year，其中 Custom 为默认值。

(6) 标注序号⑥对应 1 个下拉列表，列出趋势图可选的 9 个采样时间(Sample Interval)，分别是 1 Minute、6 Minute avg、1 Houre avg、8 Houre avg、24 Houre avg、5 Sec、1 Hour、8 Houre 和 24 Hour，其中 1 Minute 为默认值。时长和采样时间的可选项如图 6-86 所示，两者的默认值均可预设并保存，预设和保存之前则以组态的时长和采样时间进行显示。

(7) 标注序号⑦所示的图标用于打开该组趋势曲线的组态界面，和前述的趋势组态界面完全相同，借此可以在趋势图中随时增加或删除某个变量。

(8) 标注序号⑧所示图标用于随即关闭或打开趋势图下方的列表框，关闭列表框后的趋势界面如图 6-87 所示。此时，整个趋势界面仅显示各变量的趋势曲线，便于用户用更大的视角观察变量的趋势。

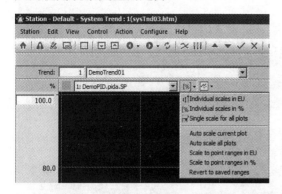

图 6-85　趋势曲线的纵坐标显示尺度

图 6-86　趋势曲线的采样时间与记录时段

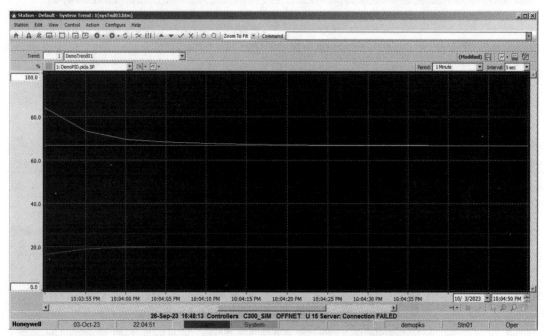

图 6-87　趋势界面 DemoTrend01 仅显示趋势曲线

标注序号⑨对应的下拉列表用于选择趋势界面的 3 种视图，分别是 View Trend Only、View Trend with Event 和 View Trend with Tabular History，其中默认选项是 View Trend Only。如果选择"View Trend with Event"，则趋势界面分为 3 个板块，如图 6-88 所示。界面上部分左侧显示变量列表及其曲线的颜色，在列表的空行处可以随时添加变量，实现其趋势显示，以便观察或比较多个变量的变化趋势，但临时增加的变量在界面刷新后会消失。上部分右侧显示各变量的趋势曲线，界面下半部分显示报警事件的详细信息。如果有报警事件发生，则趋势图的横轴将显示报警事件标识符号，该符号为黄色三角形且内有黄色感叹号。横轴出现标识符的时刻即表示报警事件发生的时刻，通过下方的列表可以查看报警事件的详细信息。

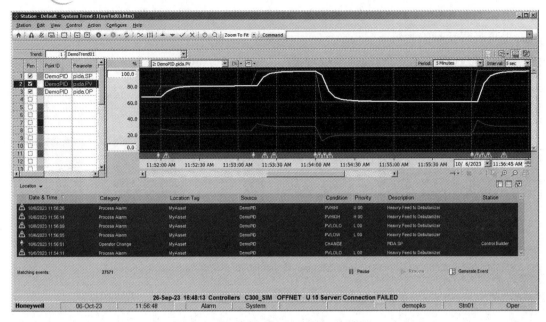

图 6-88　带报警事件的趋势界面显示效果

如果选择"View Trend with Tabular History"，则趋势界面分依然分为 3 个板块，界面上部分左侧依然显示变量列表及其曲线的颜色，上部分右侧依然显示各变量的趋势曲线，界面下半部分则列出从指定时间开始(趋势图右下角可以设定)，指定时段(Period)的历史数据。选中列表中的数据，如图 6-89 所示，在趋势图指定时刻单击鼠标则出现标尺，随即列表数据以深色背景标出标尺对应时刻的历史数据。选中列表中的一行、多行或全部数据，可以通过复制/粘贴等手段，将其拷贝到 Excel 等第三方软件中进行相应的处理或保存。

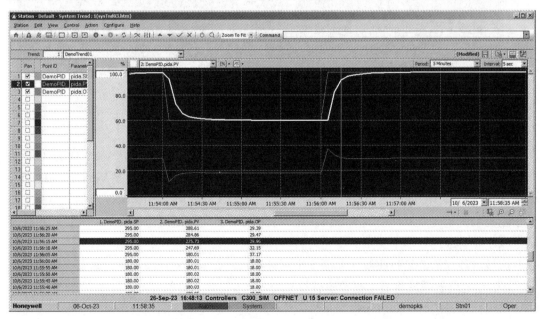

图 6-89　带历史数据列表的趋势界面显示效果

(10) 标注序号⑩用来保存用户对趋势界面所做的设置，如果有改动但没有保存，该图标前面将呈现"Modified"标识信息。单击该图标保存后，"Modified"标识信息消失，且图标变为灰色。

(11) 标注序号⑪对应的下拉列表用于显示所有组态的趋势界面，选中其中的任一组则切换到指定的趋势界面。

(12) 标注序号⑫所示的输入框用于输入趋势界面的编号，也可以直接调出相应的趋势界面。

6.4.2　组界面的组态

组界面是控制系统常用的操作界面，是 PKS 系统内置的操作界面之一。在 Station 中，单击菜单"Configure"→"Trend & Group Displays"→"Groups"即可打开组界面的组态界面，和前面介绍的趋势界面列表界面较为相似。系统能组态 1600 幅组界面，每页显示 20 幅组界面的编号，前 20 幅组界面编号如图 6-90 所示，末 20 幅组界面的编号如图 6-91 所示。组态界面左侧显示内容和 Station 的 Configure 菜单显示内容相同，右侧则列表显示组界面的编号及其标题或某一幅组界面的具体组态界面。列表显示组界面时，如果某个编号的组界面未组态，则显示内容为空白；如果已组态则显示其标题。

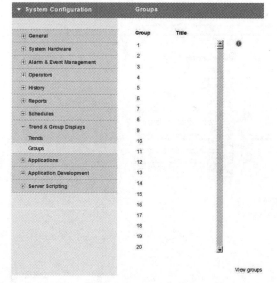

图 6-90　组界面编号(前 20 幅)

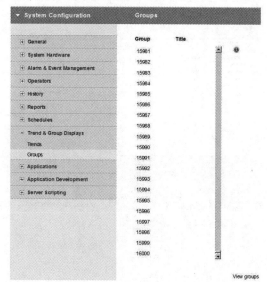

图 6-91　组界面编号(末 20 幅)

每一幅组界面由 1～8 个控制回路操作面板组成，选择不同的显示视图，还可以同时附加一个趋势图，以显示 1～8 个控制回路的趋势曲线。每一个控制回路只能选择其中的一个变量作为趋势曲线显示。组界面中的控制回路操作面板和点(回路)详细显示界面中的操作面板具有相同的功能，可以呈现设定值、测量值和控制量的棒图显示、数值显示和报警状态显示，可进行控制模式修改、设定值修改和手动控制模式时控制量修改等操作。每一幅组界面的 1～8 个控制回路可以是相同的点名称，尽管其意义不大，但系统并不限制，利用此特性制作示例其实更为方便。

鼠标放在某个组界面的标题位置或标题对应的空白位置(为组态)，当鼠标指针呈现抓手符号"👆"时，单击鼠标左键进入指定编号的组界面进行组态或修改其组态。组界面的组态界面如图 6-92 所示。在 Title 右侧的输入框中输入该幅组界面的标题，此例为"Demo Group01"。输入标题后按回车键予以确认。与 PointID 竖向对应的 8 个输入框用于输入 8 个控制回路的名称(或点名称)，输入控制回路名称后按回车键确认。也可以单击任一输入框右边的"▇"打开点浏览器，从中拖拽指定的点名称到指定的输入框，单击"Apply"完成点名称的输入。为了演示组界面的组态效果，在组界面 DemoGroup01 中的 1～3 号操作面板均使用控制回路 DemoPID，趋势分别显示 DemoPID 的设定值、测量值和控制量；4～6 号操作面板均使用控制回路 LIC01，趋势分别显示 LIC01 的设定值、测量值和控制量；7～8 号操作面板均使用控制回路 FF_PID，趋势分别显示 FF_PID 的设定值和测量值。

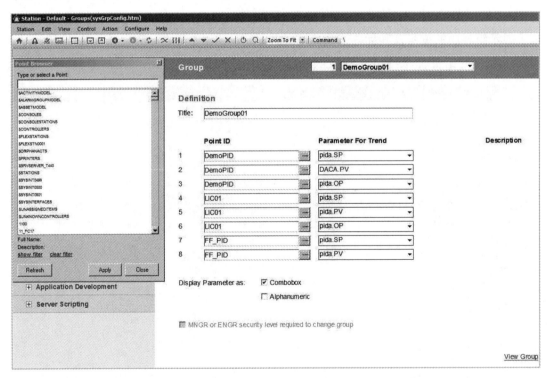

图 6-92 组界面 DemoGroup01 的组态

按照类似的方法组态另一幅组界面 DemoGroupe02，如图 6-93 所示。该幅组界面仅有 6 个操作面板，其中 1～3 号操作面板均使用控制回路 CAS_MPID，趋势曲线分别显示 CAS_MPID 的设定值、测量值和控制量；4～6 号操作面板均使用控制回路 CAS_SPID，趋势分别显示 CAS_SPID 的设定值、测量值和控制量。该幅组界面呈现的正是第 4 章介绍的串级控制系统。在图 6-93 中，输入组界面编号 1 或下拉右侧的标题，选择 Demo-Group01 可以切换到组界面 DemoGroup01 的组态界面；同理，在图 6-92 中，输入组界面编号 2 或下拉右侧的标题，选择 DemoGroup02 可以切换到组界面 DemoGroup02 的组态界面。

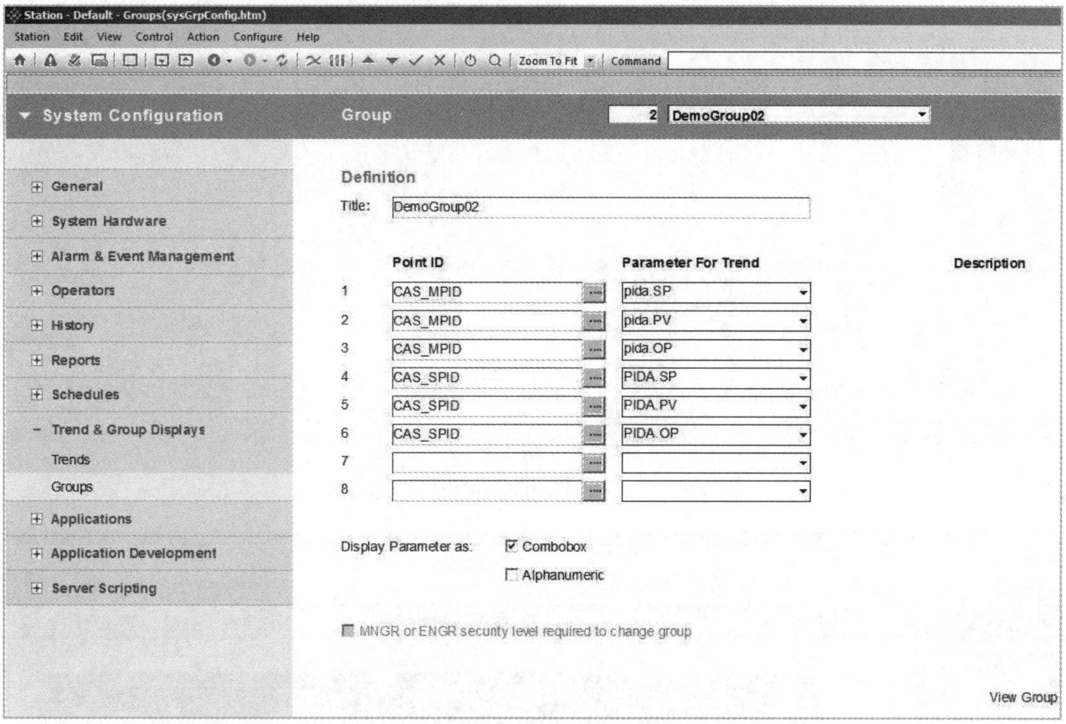

图 6-93 组界面 DemoGroup02 的组态

在图 6-92 中，单击标识符"View Group"则运行组界面 DemoGroup01，如图 6-94 所示。由此可见，1～3 号操作面板都显示 DemoPID，4～6 号操作面板都显示 LIC01，7～8 号操作面板都显示 FF_PID。通过 1 号操作面板将 DemoPID 的控制模式改为 Auto，设定值改为 230，2～3 号操作面板的控制模式和设定值跟随 1 号面板变化。标识符 View As 右侧的下拉列表用于切换组界面的显示视图类型。组界面支持 3 种显示视图类型，即 Group Detail、Group Trend 和 Tabular History。当选择 Group Trend 时，组界面同时显示趋势图，如图 6-95 所示。趋势对应的变量与组界面组态时指定的趋势显示变量一致，趋势图的左侧列表显示趋势曲线对应的变量及其颜色，趋势图的各功能图标的使用方法与趋势界面相同。当选择 Tabular Hsitory 时，组界面 DemoGroup01 的显示效果如图 6-96 所示。此时的组界面显示效果与趋势界面选择"View Trend with Tabular History"时显示的视图极为相似。只是组界面显示的历史趋势最多只能有 8 个变量，且与组界面组态的趋势变量相对应。在任一组界面中，输入组界面编号或下拉编号右侧的组界面标题列表，选择其中的组界面标题，可以切换到指定的组界面。

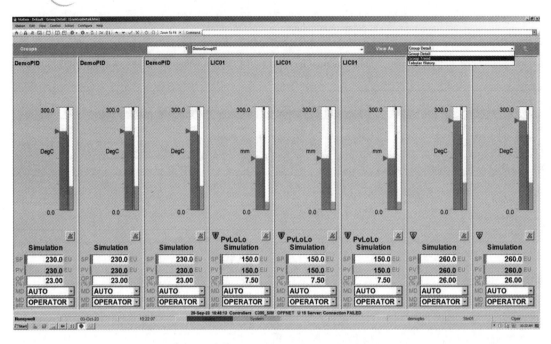

图 6-94　组界面 DemoGroup01 显示效果

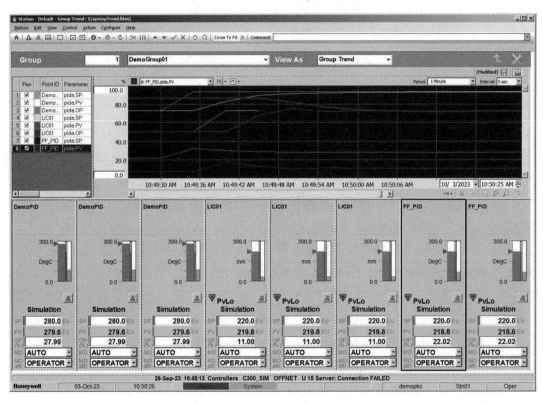

图 6-95　带趋势图的组界面显示效果

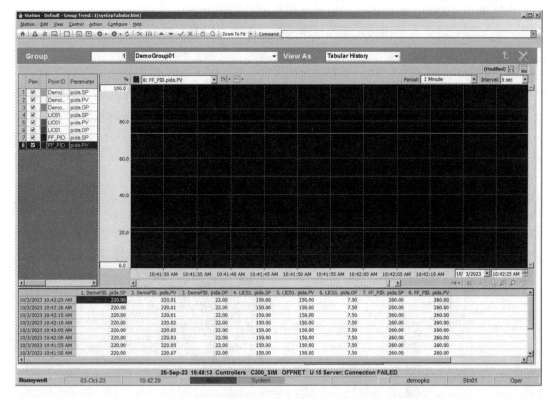

图 6-96　组界面的 Tabular History 显示效果

6.4.3　基于 HMI 组件的趋势图组态

HMI 组态软件以快捷按钮的形式向用户提供了趋势组件和基本趋势组件，两者的使用方法基本相同。趋势组件既能显示指定变量的趋势曲线，还能列表显示曲线对应的历史数据；而基本趋势组件只能显示指定变量的趋势曲线。基于趋势组件组态趋势图具有更大的灵活性，其尺寸、位置、坐标轴文字标识、背景颜色等都可以修改，可以结合工艺流程构建内容丰富的显示界面。

在 HMIWeb Display Builde 中，打开界面"DemoHMI03"并将其另存为"DemoHMI07"。为了使趋势图具有更好的展示效果，将界面的宽度调整为 1600。单击快捷按钮"📷"在反应塔的右侧绘制一个矩形框，释放鼠标后随即出现 1 个空白趋势图，系统自动将该对象的名称命名为 Trend001。打开 Trend001 的属性编辑窗口，在其"General"标签页，将其宽度设置为 800，高度设置为 626，和反应塔的高度相同，便于上下对齐，至此 DemoHMI07 的设计视图如图 6-97 所示。

将"Trend001"的属性编辑窗口切换到"Plot"标签页，添加需要显示趋势曲线的变量。和前面介绍的趋势界面相同，每个趋势组件也支持 32 个变量，可以形象地理解为支持 32 支记录笔。列表框的每一行对应 1 个变量，可以设置曲线颜色、输入点名称和参数。单击每支笔的颜色方块弹出调色板，借此可以设置对应曲线的颜色。单击 Point 竖向对应的输入框，当其右侧出现下拉箭头时，按下箭头选择其中的变量作为趋势曲线的点名称。由于输入框宽度是固定的，弹出的下拉项会出现显示不完整的情形，可能会影响选择和输入。如果用户知道点名称，直接在此输入框输入点名称更为快捷。单击 Parameter 竖向对应的输入框，当其右侧出现下拉箭头时，按下箭头选择其中的参数，选择的参数和选择的点名称组成曲线对应的变量。同理，参数输入框宽度是固定的，弹出的下拉选项会出现显示不完整的情形，可能会影响选择和输入。如果用户知道参数名称，直接在此输入框输入参数更为快捷。如果以显示反应塔液位控制系统的设定值、测量值和控制量的趋势为例，则输入的点名称均为"LIC01"，参数名称分别为"pida.sp""pida.pv"和"pida.op"。再考虑将它们的颜色分别设置为红色、绿色和蓝色，则趋势组件的"Plots"标签页的配置如图 6-98 所示。

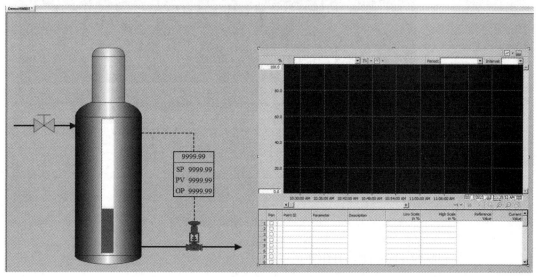

图 6-97　反应塔液位监控界面添加趋势组件

继续切换到"Period"标签页，该页主要用于设置趋势组件的采样时间和记录时长等参数，如图 6-99 所示。就趋势组件本身而言，尽管采样时间的单位和数值、记录时长的单位和数值都可以随意设置，但运行后，有效的采样时间和记录时长和 6.4.1 小节中介绍的相关参数必须相同。此处取默认值运行后再修改。

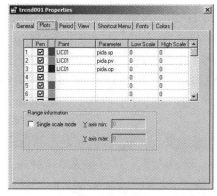

图 6-98　趋势组件属性之 Plots 标签页

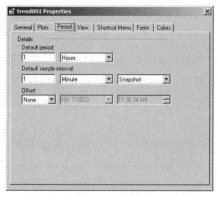

图 6-99　趋势组件属性之 Plots 标签页

切换到"Fonts"标签页，如图 6-100 所示。该页用于设置趋势图的纵轴、时间轴、历史数据列表的表头的字体类型和字体大小等。此例将所有的字体类型设置为"Times New Roman",标题栏字体大小为 20 磅,其余字体大小为 12 磅。切换到"Colors"标签页,如图 6-101 所示。该页用于设置趋势图的背景颜色、网格线的颜色、标尺线的颜色等。此例将趋势图的背景色设置为浅色,标尺线设置为粉色。切换到"View"标签页,输入趋势图的标题栏,此例输入"Trend of LIC01"。至此,完成了趋势组件的主要参数配置,没有配置的所有参数取默认值。

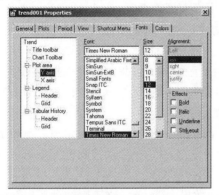

图 6-100 趋势组件属性之 Fonts 标签页

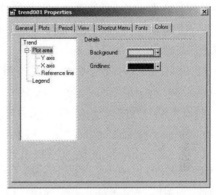

图 6-101 趋势组件属性之 Colors 标签页

保存"DemoHMI07"并运行。为了更好地展示趋势曲线,单击回路名称"LIC01"弹出操作面板,切换到自动控制模式,间断性地修改设定值使其呈现波动性变化(实际过程中,修改设定值必须遵循工艺要求)。在 PID 控制器的作用下,控制量输出发生变化,测量值跟随设定值变化。将采样周期设置为 5 s,记录时长设置为 5 min,至此,观看到的运行效果如图 6-102 所示。图中显示了控制回路 LIC01 的设定值、测量值和控制量的趋势,使用鼠标单击曲线的任意时刻,出现标尺线(参考线),其对应时刻的各变量数值称之为参考值(Reference Value),就此例而言,包括标尺线对应时刻的设定值、测量值和控制量。图中的"[※]·""[∅]·""[✓]·"和"[▦]·"等图标的作用和 6.4.1 小节介绍的趋势界面相同。

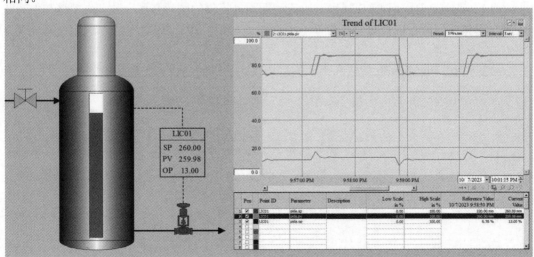

图 6-102 基于趋势组件的趋势图运行效果

思 考 题

6-1 查阅文献，简述 DCS 人机界面的发展历程、现状和发展趋势。

6-2 简述 HMIWeb Display Builder 的基本功能和主要作用。

6-3 DCS 系统为何要依据一定的层次结构组织人机界面？

6-4 修改 6.2.3 小节中的示例，为 LIC01 的设定值和测量值添加工程单位 mm，为控制量添加单位%。

6-5 针对 6.2.3 小节示例中的调节阀，借用顺序子图的思想，实现当控制回路 LIC01 处于自动控制或手动控制时，调节阀呈现不同的颜色(提示：元件库中的该类调节阀有 4 个颜色，通过 LIC01 的控制模式选择图号即可实现)。

6-6 组态 1 个弹出子图，使其实现功能和 Faceplate 相似，具有设定值、测量值和控制量的刻度或棒条指示，能切换控制模式和修改设定值 SP，在手动控制模式下可以修改控制量 OP。

6-7 利用顺序子图的思想，实现风扇的转动效果。(提示：将风扇转动一周分解为 4 个不同图形，将其视为顺序子图的 4 个图形，在界面中调用该子图并通过一个枚举变量的循环取值关联该顺序子图。)

6-8 修改 6.3.3 小节的动态子图，给设定值、测量值添加单位 mm，控制量添加单位%。

6-9 PKS R431 的趋势界面最多允许多少幅？每一幅趋势界面允许显示多少条曲线？同一变量可以在不同的趋势界面中出现吗？

6-10 PKS R431 的组界面最多允许多少幅？每一幅组界面允许显示多少个回路？同一变量可以在不同的组界面中出现吗？每一幅组界面一定需要对应 8 个控制回路吗？

6-11 组界面中的回路操作面板和点(回路)的详细显示界面中的操作面板的功能是否等同？

6-12 某客户要求用 PKS 制作一幅流程图与其提供的图片基本一致，除了将其作为背景图外(整体作为背景图，单独操控单元或部件则难以实现)，还有别的方法能提高复现界面的效率吗？

6-13 利用 Pushbutton 按钮和脚本编程实现一盏灯的交替点亮和熄灭。

第二篇　集散控制系统应用案例

本篇主要介绍 PKS 在通用设备、化工单元及生产过程中的应用。本篇分为 3 章,其中第 7 章介绍 PKS 在通用设备控制中的应用,第 8 章介绍 PKS 在典型化工单元控制中的应用,第 9 章介绍 DCS 在天然气净化厂的应用。前两章的 PKS 控制系统应用案例主要介绍通用设备或化工单元的工艺需求、PKS 控制系统的硬件配置、控制策略组态和人机界面组态。第 9 章的天然气净化厂 DCS 控制系统应用案例主要介绍工艺过程、硬件配置、网络拓扑、控制功能实现和人机界面实现过程。

第 7 章　PKS 在通用设备控制中的应用

通用设备是指在各个工业生产过程中广泛应用的设备，包括加热炉、透平与往复压缩机和燃气锅炉等。这些设备在不同的行业中发挥着重要作用。其中加热炉是一种利用燃烧或其他方式将能源转化为热能的设备，用于原料或工件的温度控制。透平与往复压缩机一般用于气体的压缩和泵送，为生产过程提供动力气源或控制气源。锅炉将燃气、燃油或燃煤转换为热能，进而将水转化为蒸汽，为生产过程提供动力、热源或能源转换。本章主要分析通用设备的工艺和控制需求，介绍其 PKS 控制系统的硬件选型配置、控制策略组态(重点是顺控的组态和复杂控制策略的组态等)和人机界面组态。本章提到的手动阀和手操阀是同一类需人工操作的控制阀。

7.1　加热炉 PKS 控制系统

加热炉是一种用于加热物体或材料的设备，广泛应用于锻造、熔炼、烧结、退火、炼化、反应等工艺过程的加热处理设备。通用加热炉一般由保温加热腔体、加热源和控制系统组成。常见的加热腔体是金属外壳，内部有专门设计的加热元件。加热源常用电热器、气体燃烧器或者燃油燃烧器，根据不同的应用需求选择合适的能源。控制系统负责监控和调节加热过程，确保达到所需的温度和时间。本节讨论的加热炉以甲烷和氢气为燃料气，属于石油化工领域的典型加热炉，用于加热物料(煤油)的温度。从组成结构上可以将加热炉细分为燃烧器、燃料供给系统、炉体、控制系统和安全保护系统等，其中炉体主要包括空气流道、燃烧段、辐射段、对流段、烟筒及调节空气流量的挡板等。

7.1.1　加热炉工艺控制要求

1. 加热炉基本控制要求

加热炉工艺流程如图 7-1 所示，燃料气经过供气总管引到炉前，管道的端头下部连有一个气、液分离罐，分离罐设两路排放管线，一路将燃料气中夹带的水和凝液排入地沟，另一路将燃料气管线中可能滞留的燃气排入火炬系统。在距供燃气管线端头 2 米处有一分支管线，将燃料气引入加热炉。此管线上设有紧急切断阀 HV02，控制室可以遥控该阀门的开、关。当出现燃料气异常，如突然阻断引起炉膛熄火事故时，应先关闭 HV02；加热炉停车时也应关闭此阀。

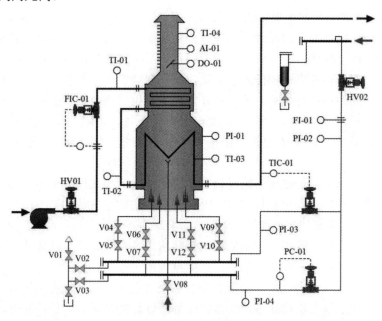

图 7-1　加热炉工艺流程图

管线上装有孔板及流量变送器 FI-01，用来检测和记录燃料气的流量，计量单位为 Nm^3/d。为了显示燃料气的总压，设有现场压力表 PI-02，其正常值为 0.5～0.8 MPa。管线引至炉底分成两路，分别供给主燃烧器和副燃烧器。主燃烧器管线设有调节阀，基于加热炉出口温度测量值，通过调节燃气流量的大小来调节加热炉出口温度。现场压力 PI-03 指示主燃烧器供气支管压力。为了维持副燃烧器的燃气压力，在副燃烧器供气管线上装有一个自力式压力调节器 PC-01，当燃料气总压波动时，仍可将副燃烧器的支管压力维持在 0.32 MPa 左右，该压力可以通过现场压力表 PI-04 予以指示。

滞留在主、副燃烧器支管中的水或非燃料气(如空气、氮气等)，通过阀门 V01、V02 和 V03 阀排入地沟或火炬系统。加热炉的两个主燃烧器分别通过阀门 V04、V05 或 V09、V10 同主燃烧器供气管相连。两个副燃烧器分别通过阀门 V06、V07 或 V11、V12 同副燃烧器供气管相连。炉膛蒸汽吹扫管线上设置阀门 V08，蒸汽由此管线进入炉膛。

加热炉物料(煤油)来自分离塔的塔釜，经过加热后再返回塔釜。加热炉在分离塔中的作用相当于再沸器，对于沸点较高的物料常用此方法。煤油入口管线设置切断阀 HV01、流量检测孔板(流量检测)及调节阀。煤油进入炉内首先经过对流段，其结构相当于列管式换热器，作用是回收烟气中的余热将煤油预热。烟气走管间(壳程)，煤油走管内(管程)。对流段的入口和出口分别设有温度 TI-01 和 TI-02 指示。

对流段流出的煤油全部进入辐射段炉管，接受燃烧器火焰的辐射热量，最后达到所需要的加热温度后流出加热炉。炉管外表面和出口设有温度检测点 TI-03 和温度调节器 TIC-01。加热炉炉体与烟筒总共高 15 米，进入炉体的空气量由挡板 DO01 的开度进行调节。空气的吸入是在炉内热烟气与炉外冷空气的重度差推动下自然进行。对流段烟气出口处设有烟气温度检测点 TI-04，烟气含氧量在线分析检测点 AI-01 及挡板开度调节与检测

DO-01。炉膛中设有炉膛压力检测点 PI-01。

燃烧器是加热炉直接产生热量的设备。每一个主燃烧器配备一个副燃烧器和点火孔，构成一组。主燃烧器的供气管口径大，燃烧时产生的热量也大。副燃烧器口径小，产生的热量很小，用于点燃主燃烧器。点火的正确步骤：先用蒸汽吹扫炉膛，检测确认炉膛中不含可燃性气体后，将燃烧的点火棒插入点火孔，再开启副燃烧器的供气阀门。待副燃烧器点燃并经过一段时间的稳定燃烧后，才可打开主燃烧器供气阀，副燃烧器的火焰会立刻点燃主燃烧器。必须严格遵守点火步骤，如果点火顺序不对，可能发生炉膛爆炸事故，造成人身安全和财产损失。炉子的加热负荷越大，燃烧器的组数也越多，本加热炉有两组燃烧器。

本加热炉的进风为自然吸风，通过调节挡板的开度大小来调节进风量的大小，挡板可以由全关状态连续开启达到全开状态(0～100%)。进入炉膛空气量的多少决定了燃烧反应的程度，当进风量一定，燃料气供给量过大时，则会产生不完全燃烧；反之，进风量过大，将使烟气带走的热量增加。所以，正确的控制策略应当是在保证完全燃烧的前提下，尽量减少空气进入量。即挡板的开度必须适中，不能过大或过小。在炉子运行中，当炉膛处于不完全燃烧时，开启挡板不得过快，否则会使大量空气进入炉膛，炉膛中过剩的高温燃料气会立刻全面燃烧而引发二次爆炸事故。在炉膛处于燃烧的情况下，挡板开度较大，炉膛进风量大，炉膛负压升高，同时烟气中的含氧量也升高。反之负压减少，烟气中的含氧量减少，甚至为正压。正常工况应使炉膛内维持微负压，一般控制在 −3.5～−6.0 mmH₂O 之间，烟气中的含氧量在 1.0%～3.0% 之间。含氧量大于 3% 则说明当前工况的空气量过大；含氧量小于 0.8% 则说明当前工况处于不完全燃烧状态。

加热炉的任务是控制物料出口温度达到300℃后使其维持在偏差范围内，这是通过温度控制回路TIC-01实现的。该回路通过调节主燃烧器供气管的燃料气流量，使炉物料出口温度达到给定值。TIC-01是一个单回路PID常规控制方案。但由于控制对象和控制要求的特殊性，控制回路TIC-01作用的调节阀比较特殊，其特殊性表现在当调节阀全关时仍能保持最小的燃料气流量，以防主燃烧器熄火。副燃烧器的供气量很小，所以采取压力自力式调节将供气压力维持在0.32 MPa左右，使其维持长明状态。由于上述控制方案的特殊性，在紧急事故状态或停车时，必须关断燃料气管线上的紧急切断阀HV02。

2. 加热炉顺控要求

加热炉顺控包括冷态开车、正常停车和紧急停车3种工况。加热炉冷态开车是指在接收到操作人员开车指令后能够按照加热炉冷态开车逻辑和工艺要求使加热炉从冷态运行到正常工况，即实现一键开车功能。加热炉正常停车是指在接收到操作人员停车指令后能够按照加热炉正常停车逻辑和工艺要求使加热炉从正常工况切换到停车状态或停车工况，实现一键停车功能。加热炉紧急停车是指在接收到操作人员指令后，立即切断主燃烧器和副燃烧器的供气阀，全部打开挡板，并立即启动吹扫程序进行吹扫，最大限度地降低风险和安全事故的可能性。

1) 加热炉冷态开车操作步骤

(1) 检查以下阀门和设备的完好性。燃料气紧急切断阀 HV02，加热炉物料出口温度调节阀(对应 TIC-01 控制回路),副燃烧器供气压力调节阀(对应 PC-01 控制回路),挡板 DO-01 从 0%～100%开关试验,以检验挡板开度的可控性(此步需要人工检查和核实)。

(2) 关闭主燃烧器阀门 V04、V05、V09 和 V10,关闭副燃烧器阀门 V06、V07、V11 和 V12,关闭燃料气紧急切断阀 HV02,关闭供气管泄放阀 V01、V02 和 V03,关闭炉膛蒸汽吹扫阀 V08。

(3) 将调节器 TIC-01 与 FIC-01 置为手动模式。

(4) 全开煤油入口阀 HV01,手调 FIC-01 输出,使煤油流量达到 10 t/h 左右,使炉管中的煤油流量不低于 3.0 t/h(如果使用顺控,可以置 FIC-01 为自动模式,并将其流量控制到 10 t/h 左右;也可以要求人工操作,给出相应的操作说明)。

(5) 全开燃料气紧急切断阀 HV02,手动 TIC-01 置输出为 30%左右。

(6) 开启 V01、V02 和 V03 泄放阀,放掉供气管中残存的非燃料气体,供气管中充满燃料气后,关闭 V01、V02 和 V03。TIC-01 手动控制置其输出为零。

(7) 全开挡板 DO-01,准备启用蒸汽吹扫。

(8) 打开蒸汽阀 V08 吹扫炉膛内可能滞存的可燃性气体。3～5 分钟后关闭 V08,确认炉内可燃性气体在爆炸限以下时方可转入下一步(此处以氧含量 AI-01 低于 15.0%为依据。关 V08 后氧含量上升属正常),否则继续吹扫炉膛。

(9) 将挡板 DO-01 关小到 50%左右,准备点火。

(10) 点火开关 IG1 置为 ON,打开 1#点火器。

(11) 点火开关 IG1 开启持续时间必须大于 3 s,方能开启 1 号副燃烧器的前阀 V06 与后阀 V07。

(12) 观察 1 号副燃烧器火焰是否出现,如果出现火焰,说明 1 号副燃烧器已点燃(点火顺序至关重要,必须先开 IG1,然后开启供气阀 V06 与 V07,并且相隔时间必须大于 3 秒,才能点火成功,否则可能发生炉膛爆炸)。

(13) 确认 1 号副燃烧器点燃后(可以使用 IG1 的反馈信号作为 1 号点火成功的标识),打开 1 号主燃烧器的前阀 V04 和后阀 V05。观察 1 号主燃烧器是否有火焰出现。由于 V04 和 V05 的开启,观察到的燃料气用量应该是增大的。

(14) 由于加热炉是冷态开车,物料、管道、炉膛的升温应当均匀缓慢。所以先点燃一组燃烧器预热。此段时间内通过手动适当加大 TIC-01 调节阀的开度,关小挡板,等炉出口温度 TIC-01 上升到 280℃左右,再进行后续操作。

(15) 仿照前面的第(10)步、第(11)步和第(12)步操作,开启点火器 IG2(可以使用 IG2 的反馈信号作为 2 号点火成功的标识),打开 V11 和 V12,然后开 V09 和 V10,将 2 号副燃烧器和 2 号主燃烧器点燃。

(16) 通过手动调整 TIC-01 及挡板 DO-01 开度,直到 TIC-01 使煤油出口温度达到 300±1.5℃,将 TIC-01 投入自动控制模式。

(17) 手动调整 FIC-01 以提升负荷,使煤油流量逐步增加到 30 t/h。TIC-01 使煤油出口温度达到 300±1.5℃,烟气氧含量在 1%～3%之间,炉膛压力为负,能维持以上工况则可以认为加热炉的开车已达到正常状态。

(18) 将 FIC-01 调节器投入自动控制模式。

2) 加热炉正常停车操作步骤

(1) 关闭 1 号主燃烧器前阀 V04 与后阀 V05，减少热负荷。

(2) 关闭 2 号主燃烧器前阀 V09 与后阀 V10，进一步减少热负荷。

(3) 将 TIC-01 切换到手动控制模式，并将控制量输出置为零。

(4) 检查加热炉的燃烧条件。确认 1、2 号主燃烧器是否熄火，燃料气供气流量 FI-01 是否大幅度下降。

(5) 关闭 1 号副燃烧器的前阀 V06 和后阀 V07。

(6) 关闭 2 号副燃烧器的前阀 V11 和后阀 V12。

(7) 确认 1、2 号副燃烧器熄火，且燃料气供气量 FI-01 是否降低且接近于零。

(8) 关闭燃料气紧急切断阀 HV02，并确认 HV02 关闭。

(9) 打开 V01、V02 和 V03，将燃料气供气管线的残留气体放至火炬系统，5 分钟后关 V01、V02 和 V03。

(10) 全关挡板 DO-01，保持炉膛温度，防止炉内冷却过快而损坏炉衬耐火材料。

(11) 将 FIC-01 调节器置手动，待 TIC-01 使煤油出口温度下降至 240℃以下时可逐渐关小手动输出。保持炉管内一定的物料流量，防止炉膛余热使炉管温升过高。

(12) 确认炉膛温度下降后，将物料切断阀 HV01 关闭。

(13) 全开挡板，打开蒸汽吹扫阀 V08，吹扫 5 分钟后关 V08。

3) 加热炉紧急停车操作步骤

当加热炉出现事故，如炉膛熄火、爆炸、炉出口超温、物料流量突然大幅度下降等紧急情况时，必须采取紧急停车操作，否则会酿成严重事故。紧急停车步骤如下：

(1) 在紧急事故状态出现后，应立即关闭燃料气紧急切断阀 HV02，以切断全部燃料气的供应。

(2) 关闭 1 号、2 号主燃烧器供气阀 V04、V05、V09 和 V10。

(3) 关闭 1 号、2 号副燃烧器供气阀 V06、V07、V11 和 V12。

(4) 全开挡板 DO-01。

(5) 开蒸汽吹扫阀 V08，3 min 后关闭。

7.1.2　加热炉控制方案

1. 硬件配置

PKS 硬件配置一般包括控制站、服务器、操作站(工程师站)和网络设备等，除控制站外，其他设备一般采用标准化配置，所以此处仅讨论加热炉 PKS 控制系统的控制站硬件配置。根据加热炉的工艺分析，系统包含有 14 点模拟量输入(其中数据采集 11 点，控制回路测量值 3 点)、6 点模拟量输出(控制回路输出 3 点，手操器输出 3 点)、14 点开关量输入和 14 点开关量输出。开关量输入和开关量输出一一对应，例如，开关阀 V01 的通断控制使用开关量输出，其状态反馈则使用开关量输入。参照 2.4.3 小节介绍的 PKS 控制站的硬件组成和 3.3 节介绍的 PKS 硬件组态流程以及库容器中列出的 C 系列 I/O 模块，组成加热炉 PKS 控制系统的硬件配置如表 7-1 所示。

表 7-1　加热炉 PKS 控制系统硬件配置表

硬 件 类 别	型 号	数 量
C300 控制电源	CC-PWRR01	2
C300 控制器(两块互为冗余对)	CC-PCNT01	2
C300 控制器底板(两块互为冗余对)	CC-TCNT01	2
控制防火墙(两块互为冗余对)	CC-PCF901	2
控制防火墙底板(两块互为冗余对)	CC-TCF901	2
模拟量输入模块(两块互为冗余对)	CC-PAIH02	2
模拟量输入模块底板(共用底板支持冗余)	CC-TAID11	1
模拟量输出模块(两块互为冗余对)	CC-PAOH01	2
模拟量输出模块底板(共用底板支持冗余)	CC-TAOX11	1
开关量输入模块(两块互为冗余对)	CC-PDIL01	2
开关量输入模块底板(共用底板支持冗余)	CC-TDIL11	1
开关量输出模块(两块互为冗余对)	CC-PDOB01	2
开关量输出模块底板(共用底板支持冗余)	CC-TDOB11	1

表 7-1 中的模拟量输入/输出模块都带有 HART 协议,其成本一般要高于不带 HART 协议的模拟量输入/输出模块,实际工程中根据设计要求选型。作为学习和练习目的的硬件选型或组态,两种都可以选择。

2. I/O 点表与通道分配

根据加热炉的工艺分析,模拟量输入点表、模拟量输出点表、开关量输入/输出点表分别如表 7-2、表 7-3 和表 7-4 所示。在上述点表设计中,通道名由模块名称和通道号组成,例如,通道名“AIHL1_01”表示名为“AIHL1”的模拟量输入模块的第 1 个通道。通道名称对应 C 系列 I/O 通道功能块 AICHANNEL、AOCHANNEL、DICHANNEL 和 DOCHANNEL 在某个 CM 中的实际名称,以用于后续的控制策略组态,包括数据采集点组态、控制回路组态等。

表 7-2　模拟量输入点表

工位号描述	工位号	量　程	报 警 值	通道号	通道名
燃料气流量	FI-01	0～5000 Nm³/h	无	1	AIHL1_01
煤油入口温度	TI-01	0～500℃	无	2	AIHL1_02
加热炉对流段出口温度	TI-02	0～500℃	无	3	AIHL1_03
辐射段炉管表面温度	TI-03	0～500℃	无	4	AIHL1_04
对流段烟气出口温度	TI-04	0～500℃	无	5	AIHL1_05
炉膛压力	PI-01	−10～+10 mmH₂O	>0.0 mmH₂O(H)	6	AIHL1_06
燃料气总压力	PI-02	0～1 MPa	无	7	AIHL1_07
主燃烧器供气管分压力	PI-03	0～1 MPa	无	8	AIHL1_08

工位号描述	工位号	量　程	报警值	通道号	通道名
副燃烧器供气管分压力	PI-04	0～1 MPa	无	9	AIHL1_09
挡板开度	DO-01	0～100%	无	10	AIHL1_10
烟气含氧量	AI-01	0～100%	>5.0%(H) <0.5%(L)	11	AIHL1_11
被加热物料(煤油)流量	FIC-01	0～50 t/h	<3.0 t/h(L)	12	AIHL1_12
煤油出口温度	TIC-01	0～500℃	>310℃(H) <295℃(L)	13	AIHL1_13
副燃烧器管线供气压力	PC-01	0～1 MPa	无	14	AIHL1_14

表 7-3　模拟量输出点表

执行器描述	通道号	通道名	阀名	执行器描述	通道号	通道名	阀名
煤油切断阀	1	AO1_01	HV01	被加热物料煤油流量调节阀	4	AO1_04	FICV01
燃料气紧急切断阀	2	AO1_02	HV02	煤油出口温度调节阀	5	AO1_05	TICV01
烟气挡板	3	AO1_03	DO01	副燃烧器供气压力调节阀	6	AO1_06	PICV01

表 7-4　开关量输入/输出点表

开关量输入通道分配				开关量输出通道分配			
开关量输入信号描述	通道号	通道名	检测元件	开关量输出信号描述	通道号	通道名	执行元件
至火炬泄放阀状态	1	DI1_01	V01S	至火炬泄放阀	1	DO1_01	V01
副燃烧器供气管路泄放阀状态	2	DI1_02	V02S	副燃烧器供气管路泄放阀	2	DO1_02	V02
主燃烧器供气管路泄放阀状态	3	DI1_03	V03S	主燃烧器供气管路泄放阀	3	DO1_03	V03
1 号主燃烧器供气前阀状态	4	DI1_04	V04S	1 号主燃烧器供气前阀	4	DO1_04	V04
1 号主燃烧器供气后阀状态	5	DI1_05	V05S	1 号主燃烧器供气后阀	5	DO1_05	V05
1 号副燃烧器供气前阀状态	6	DI1_06	V06S	1 号副燃烧器供气前阀	6	DO1_06	V06
1 号副燃烧器供气后阀状态	7	DI1_07	V07S	1 号副燃烧器供气后阀	7	DO1_07	V07
蒸汽吹扫阀状态	8	DI1_08	V08S	蒸汽吹扫阀	8	DO1_08	V08
2 号主燃烧器供气前阀状态	9	DI1_09	V09S	2 号主燃烧器供气前阀	9	DO1_09	V09
2 号主燃烧器供气后阀状态	10	DI1_10	V10S	2 号主燃烧器供气后阀	10	DO1_10	V10
2 号副燃烧器供气前阀状态	11	DI1_11	V11S	2 号副燃烧器供气前阀	11	DO1_11	V11
2 号副燃烧器供气后阀状态	12	DI1_12	V12S	2 号副燃烧器供气后阀	12	DO1_12	V12
1 号点火状态(1：成功点火)	13	DI1_13	IG1S	1 号点火	13	DO1_13	IG1
2 号点火状态(1：成功点火)	14	DI1_14	IG2S	2 号点火	14	DO1_14	IG2

3. 控制回路

根据加热炉的工艺流程及其控制要求，共有 3 个控制回路，均采用 PID 控制，如表 7-5 所示。被加热物料(煤油)的流量和出口温度都是需要控制的，其中 FIC-01 用于控制被加热物料的流量，TIC-01 用于控制被加热物料的出口温度。PC-01 用于控制副燃烧器管线的燃料气压力，确保其维持在 0.32 Mpa 左右，使副燃烧器维持长明火状态，防止加热炉熄火引起的安全问题。加热炉的工况控制目标如表 7-6 所示。依据各过程变量的控制目标，可以确定各控制回路的设定值。例如，TIC-01 的控制目标为 298.0～302.0℃，可以将其控制回路的设定值确定为 300℃。

表 7-5　控 制 回 路 表

回路工位号	回 路 说 明	设定值	作用方式
FIC-01	被加热物料煤油流量调节器	30 t/h	反作用
TIC-01	出口物料(煤油)温度控制器	300℃	反作用
PC-01	副燃烧器供气压力自力式控制器	0.32 MPa	反作用

表 7-6　加热炉控制系统工况要求

工位号描述	工位号	控制目标	工位号描述	工位号	控制目标
煤油出口温度	TIC-01	298.0～302.0℃	挡板开度	DO-01	48%～55%
炉膛压力	PI-01	<0.0 mmH$_2$O	被加热物料煤油流量调节器	FIC-01	29～31t/h
烟气含氧量	AI-01	1.0%～3.0%			

4. 顺控方案

设计 3 个顺控逻辑，分别实现加热炉冷态开车、正常停车和紧急停车功能。加热炉控制系统人机界面上部署"一键开车""一键停车"和"紧急停车" 3 个按钮以接受操作人员的指令。控制策略则按照前面介绍的加热炉顺控逻辑要求，组态 3 个 SCM 分别实现"一键开车""一键停车"和"紧急停车"的逻辑功能。

7.1.3　加热炉控制策略组态

1. 单回路组态

表 7-5 列出了加热炉的控制回路、煤油流量控制回路、副燃烧器压力控制回路，一般可以选择单回路 PID 控制。如果不考虑燃气流量的扰动对出口物料温度控制的影响，也可以选择单回路 PID 来控制出口物料的温度。因此，需要组态 3 个单回路 PID 反馈控制系统，以实现表 7-6 要求的工况控制目标。在没有连接实际控制对象的情况下，为了使控制回路能够按采样周期实时运行和发挥控制作用，仍然需要组态 3 个仿真控制对象。为了使仿真控制对象和控制器形成良好的对应关系，将被加热物料流量、出口物料温度和副燃烧器管线压力的仿真控制对象分别命名为"FIC01G""TIC01G"和"PC01G"。

按照 4.2.3 小节所述的单回路 PID 组态步骤，通过复制"DemoPID"并将其分别命名为"FIC01""TIC01"和"PC01"(TAG 名称不能含有"-",故删除位号中的"-"),以实现被加热物料流量控制器、出口物料温度控制器和副燃烧器管线压力控制器的组态。分别打开复制得到的"FIC01""TIC01"和"PC01",按照表 7-2 所示的通道名称和通道号修改其功能块"AICHANNEL"和"AOCHANNEL"的相关参数,按照表 7-2 和表 7-3 所示的量程、报警参数修改其功能块"DATAACQ"的相关参数,按照表 7-2 所示的量程、表 7-5 所示的设定值修改其功能块"PID"的相关参数,其他参数维持默认值,或者运行后在线修改或整定。通过上述操作步骤,即可完成 3 个控制器的组态。被加热物料流量控制器、出口物料温度控制器和副燃烧器管线压力控制器的控制策略组态结果分别如图 7-2、图 7-3 和图 7-4 所示。

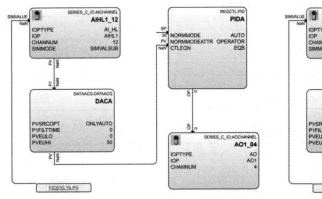

图 7-2 煤油流量控制器 FIC01 的组态　　　　图 7-3 煤油出口温度控制器 TIC01 的组态

　　组态仿真控制对象有两种方案,其中一种方案是按照 4.2.2 小节所述的仿真控制对象组态步骤,通过复制"CALC"并将其分别命名为"FIC01G""TIC01G"和"PC01G"即可实现被加热物料流量、出口物料温度和副燃烧器管线压力 3 个仿真控制对象的组态。将"FIC01""TIC01"和"PC01"的 PID 输出分别连接到"FIC01G""TIC01G"和"PC01G"的控制量输入,将"FIC01G""TIC01G"和"PC01G"的输出值分别作为被加热物料流量、出口物料温度和副燃烧器管线压力的测量值,再分别连接到"FIC01""TIC01"和"PC01"的模拟量输入端,从而实现 3 个回路的闭环控制。例如,仿真控制对象"TIC01G"的组态结果如图 7-5 所示、"FIC01G"和"PC01G"的组态结果与图 7-5 类似,只是其控制

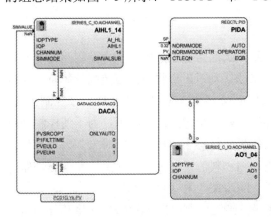

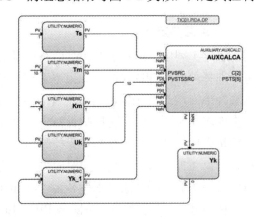

图 7-4 副燃烧器管线供气压力 PC01 的组态　　图 7-5 煤油出口温度仿真控制对象 TIC01G 的组态

量输入连接的参数不同而已。即"TIC01G"控制量输入"Uk"的连接参数为"TIC01. PIDA.OP"，"FIC01G"控制量输入"Uk"的连接参数需改为"FIC01.PIDA.OP"，"PC01G"控制量输入"Uk"的连接参数需改为"PC01.PIDA.OP"。需要说明的是，这种方式的控制回路组态只是为了练习，当其用于实际工程时，需要在控制器组态中删除"AICHANNEL"的"SIMVALUE"引脚和"SIMMODE"参数。仿控制对象是否保留并不影响控制回路的运行。

另一种方案是参照 5.1.4 小节介绍的方法，在 Excel 表格中编写相关的 PKS 变量及其读写函数来实现 PKS 变量的仿真。如果使用 Excel 仿真 PKS 变量，在控制器的组态中，需要删除功能块"AICHANNEL"中的 SIMVALUE 引脚和 SIMMODE 参数。这种方式对应的控制器组态等同于实际工程的控制策略组态，调试后的系统基本上可以直接应用于实际工程。

2. 数据采集点的组态

除了 3 个控制回路外，加热炉还有 11 点模拟量需要实时采集与监控。为了简化设计，可以将 11 点模拟量输入组态为 1 个 CM，这样处理的缺点是无法通过 PKS 操作站提供的系统画面单独调出和显示每一个模拟量输入点的信息。需要通过人机界面的组态实现相应的数据显示与监控。表 7-2 列出的前 4 个模拟量输入点的组态如图 7-6 所示，余下的 7 个模拟量输入点的组态与此类似。将此 CM 命名为"DAS"，每 1 个模拟量输入点的采集需要使用 1 个 AICHANNEL 功能块和 1 个 DATAACQ 功能块，该 CM 共需使用 11 个 AICHANNEL 功能块和 11 个 DATAACQ 功能块。

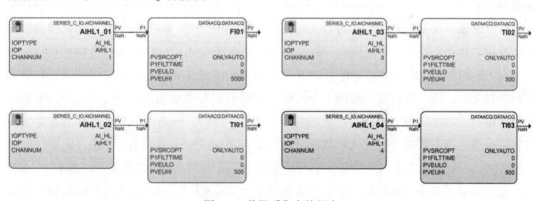

图 7-6　数据采集点的组态

3. 手操阀的组态

加热炉有 3 个手动控制阀，又称手操阀，其开度大小通过 4～20 mA 进行连续控制。为了充分利用 PKS 提供的回路控制功能，尤其是操作站提供的回路显示和操控功能，可以将单回路闭环控制改为单回路开环控制，这样便于借用 Station 站提供的回路操作面板进行手操阀的开度大小调节。以 HV01 为例，其组态如图 7-7 所示，HV02 和 DO01 的组态与此类似。对比图 7-7 和图 7-2 可知，HV01 的组态去掉了引入反馈的模拟量输入功能块和数据处理功能块，将单回路实现的闭环控制变成了开环控制。配置 PID 功能块的参数时，参数

MODE 应该配置为 MAN，其他参数取默认值即可。为了避免控制模式被误切换为 AUTO 模式时引起输出量 OP 的变化，要将 PID 的设定值和测量值均置为 0，其中 SP 的默认值已经为 0，测量值 PV 置为 0 则是通过功能块 NUMERIC_HV01 将数值 0 传给 PID 来实现的。借助于图 7-7 的手操器组态策略，在 Station 站操作时，输入点名称 "HV01" 即可调出其操作界面，也可以按照 6.4 节介绍的组操作界面，将其编入某一个组界面，借助于这些界面都可以调节 HV01 的开度大小。

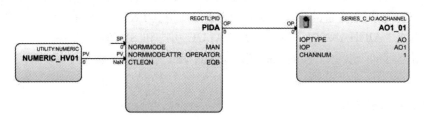

图 7-7　手操阀 HV01 的组态

4. 开关量信号的组态

此例中加热炉的 12 个开关阀和 2 个点火器均属于开关量输出控制，同时，有 14 个状态信号需要通过开关量输入进行反馈。将开关量输出信号的逻辑 "1" 定义为开启阀门或开启点火器，逻辑 "0" 定义为关闭阀门或点火器。开关量输入则反馈对应阀的状态，逻辑 "1" 表示阀处于开启状态或点火器已经开启，逻辑 "0" 则表示阀处于关闭状态或点火器处于熄灭状态。

对于这类开关量逻辑的组态可以采用两种方案。第一种方案是使用 PKS 提供的设备控制功能块进行组态，每一个阀或点火器组态为 1 个点或 CM，其组态步骤可以参考 4.3.3 小节，这种方案的优点是可以充分利用 PKS 操作站提供的操作界面和设备控制功能块具有的逻辑控制功能。第二种方案是使用 1 个 CM 实现所有的开关量输出，通过人机界面组态相应操作按钮，以实现每一个阀或点火器的开关动作。同时，组态 1 个 CM 反馈所有开关阀的状态或点火器的状态，通过人机界面读取每个开关阀或点火器的当前状态。此例使用第二种方案，例如，表 7-4 列出的前 3 个开关量输出信号的组态如图 7-8 所示，其余 11 个开关量输出信号的组态与此类似。将此 CM 命名为 "SwitchV"，每一点开关量输出信号的组态需要使用 1 个 NUMERIC 功能块、1 个 GT(大于比较)功能块和 1 个 DOCHANNEL 功能块，该 CM 共需使用 14 个 NUMERIC 功能块、14 个 GT(大于比较)功能块和 14 个 DOCHANNEL 功能块。同理，组态 1 个名为 "SwitchVS" 的 CM，在该 CM 中完成 14 个开关量输入信号的组态。每 1 个开关量输入信号的组态需要使用 1 个 DICHANNEL 功能块和 1 个 DIGACQ 功能块，该 CM 块共需使用 14 个 DICHANNEL 功能块和 14 个 DIGACQ 功能块。表 7-4 列出的前 3 个开关量输入信号的组态如图 7-9 所示，其余 11 个开关量输入信号的组态与此类似。

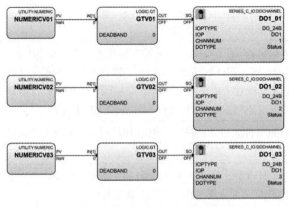

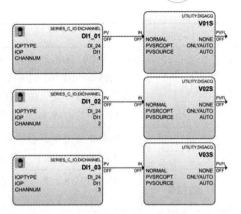

图 7-8　加热炉开关量输出逻辑
图 7-9　加热炉开关输入逻辑

5. 顺控(SCM)的组态

此处以加热炉的"一键开车"为例，展示加热炉顺控逻辑的组态过程。7.1.1 小节给出了加热炉在冷态情况下开车过程的 18 个工艺步骤，其中的某些工艺步骤可以用作转移条件，即 TRANSITION，首次转移条件一般为初始条件，即 InvokeMAIN；某些工艺步骤则视为应该执行的具体任务或工序，即 STEP。需要人工确认的操作步骤则不纳入顺控逻辑，例如工艺步骤的第一步需要人工确认，因此该工艺步骤不纳入顺控逻辑。有的工艺步骤看似是具体的执行任务，但实际上既可以将其处理为转移条件，也可以将其处理为具体工序。例如，工艺步骤的第(2)步，将其处理为转移条件时，则 SCM 通过在 TRANSITION 条件块中编写若干表达式以自动判断开关阀的状态(SCM 访问 SwitchVS 获取开关阀的状态)，当主燃烧器阀门 V04、V05、V09 和 V10，副燃烧器阀门 V06、V07、V11 和 V12，燃料气紧急切断阀 HV02，供气管泄放阀 V01、V02 和 V03，炉膛蒸汽吹扫阀 V08 都处于关闭状态时，满足转移条件，SCM 转移到与其连接的 STEP 块；将其处理为 STEP 块时，则 SCM 通过在 STEP 块中编写若干表达式，自动关闭主燃烧器阀门 V04、V05、V09 和 V10，副燃烧器阀门 V06、V07、V11 和 V12，燃料气紧急切断阀 HV02，供气管泄放阀 V01、V02 和 V03，炉膛蒸汽吹扫阀 V08。此例将明确的条件性工艺步骤处理为 SCM 的 TRANSITION 块，其他的工艺步骤均处理为 STEP 块。为了便于编程，可以将工艺步骤的一步处理为多个 STEP 块(每个 STEP 块只能编写 16 个表达式)，也可以将多个工艺步骤处理为一个 STEP 块。根据加热炉冷态开车的工艺步骤，利用 SCM 的 InvokeMAIN、TRANSITION 和 STEP，重新梳理后的一键开车顺控逻辑如表 7-7 所示。

表 7-7　加热炉一键开车顺控逻辑

SCM 功能块	顺控逻辑功能描述
InvokeMAIN	操作人员通过 HMI 部署的"一键开车"按钮启动一键开车过程，该按钮的脚本程序根据操作人员的选择将参数"SCM_CMD.StartCMD.PV"置为 1 或 0。如果操作人员确认启动一键开车，该参数将置为 1，将启动顺控逻辑的运行
STEP1	关闭 V04、V05、V09 和 V10，V06、V07、V11 和 V12，V01、V02 和 V03，V08，HV02。关闭开关阀都是访问 SwitchV，将各阀对应的 NUMERIC 功能块置为 0，即可关闭阀。HV02 是调节阀，将其开度置为 0 则表示关闭

SCM 功能块	顺控逻辑功能描述
STEP2	置 FIC01 为自动模式，控制输出为 0；置 TIC01 为手动控制模式，控制输出为 0；手动调节阀 HV01 的开度为 100。修改 PID 回路相关参数时，需要先置其为程序修改模式，修改参数后需要再将其置回操作人员模式，确保操作人员随时可以操作(即修改相关参数时将 MODEATTR 置为 2；完成修改后再将 MODEATTR 置为 1)
TRANSITION1	判断煤油流量是否达到 10 t/h(条件表达式：FIC01.PIDA.PV>=10)，如果大于或等于 10 t/h，则转入下一步工序
STEP3	HV02.PIDA.OP:=100，以全开 HV02 手操阀；TIC01.PIDA.OP:=30；将 SwitchV 中 V01、V02 和 V03 对应的 NUMRIC 功能块置为 1，以打开泄放阀
TRANSITION2	判断操作人员是否将 TIC01 的输出关到 0，用 TIC01.PIDA.PV<=0.1 作条件表达式
STEP4	SwitchV 中 V01、V02 和 V03 对应的 NUMERIC 功能块置为 0，以关闭泄放阀；挡板 DO01.PIDA.OP:=100，以全开挡板；SwitchV 中 V08 对应的 NUMERIC 功能块置为 1，以打开吹扫阀
TRANSITION3	如果氧含量 AI01 低于 15.0%(条件表达式：DAS.AI01.PV<=15)，则表示吹扫完成，可以进入下一步工序
STEP5	SwitchV 中 V08 对应的 NUMERIC 功能块置为 0，关闭吹扫阀；DO01.PIDA.OP:=50，以关小挡板便于点火；SwitchV 中 IG1 对应的 NUMERIC 功能块置为 1，打开 1 号点火器
TRANSITION4	如果 1 号点火器状态信号为 1，则表示 1 号点火器点火成功，可以转入下一步工序。该状态信号间接表明，IG1 开启持续时间满足工艺步骤的要求(开启持续时间大于 3 秒)
STEP6	将 SwitchV 中 V06、V07、V04 和 V05 对应的 NUMERIC 功能块置为 1，以打开 1 号副燃烧器供气阀 V06 和 V07，1 号主燃烧器的前阀 V04 和后阀 V05；TIC01.PIDA.OP:=50，以控制煤油出口温度逐步上升(在此期间，操作人员可以根据实际情况修改 TIC01 的输出和挡板的开度，以实现煤油出口温度的上升)
TRANSITION5	如果煤油出口温度达到 280℃以上(条件表达式：TIC01.PIDA.PV>=280)，则转入下一步工序，准备投入 2 号燃烧器
STEP7	SwitchV 中 IG2 对应的 NUMRIC 功能块置为 1，打开 2 号点火器
TRANSITION6	如果 2 号点火器状态信号为 1，则表示 2 号点火器点火成功，转入下一步工序
STEP8	将 SwitchV 中 V09、V10、V11 和 V12 对应的 NUMRIC 功能块置为 1，以打开 2 号副燃烧器供气阀 V11 和 V12，2 号主燃烧器的前阀 V09 和后阀 V10
TRANSITION6	如果煤油出口温度已提升到 298.5℃(条件表达式：TIC01.PIDA.PV>=298.5)，转入下一步工序，准备提升负荷，并将其投入自动控制
STEP9	TIC01 投入自动控制模式，设定值为 300
TRANSITION7	如果煤油出口流量接近 30 t/h(条件表达式：FIC01.PIDA.PV>=29.5)，转入下一步工序，拟将 FIC01 投入自动控制
STEP10	FIC01 投入自动控制模式，设定值为 30。至此完成一键开车顺控逻辑

　　根据表 7-7 列出的加热炉一键开车顺控逻辑，编写的 SCM 程序依次如图 7-10、图 7-11、图 7-12、图 7-13、图 7-14 和图 7-15 所示。

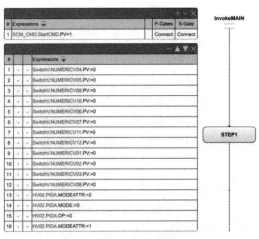

图 7-10　加热炉一键开车顺控逻辑(1)

图 7-11　加热炉一键开车顺控逻辑(2)

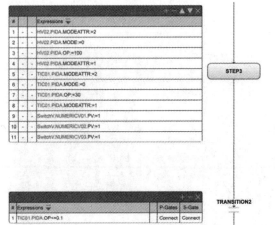

图 7-12　加热炉一键开车顺控逻辑(3)

图 7-13　加热炉一键开车顺控逻辑(4)

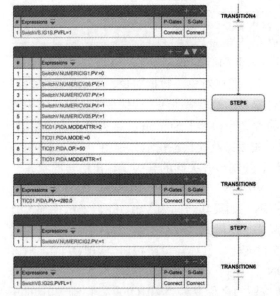

图 7-14　加热炉一键开车顺控逻辑(5)

图 7-15　加热炉一键开车顺控逻辑(6)

7.1.4　加热炉 HMI 组态与监控

1. 加热炉 HMI 组态

鉴于加热炉的 I/O 点数和控制回路数量相对较少, PKS 的 Station 又提供了较为丰富的控制回路显示、趋势显示和组操作界面等, 再结合加热炉的流程图, 组态一幅主界面即可实现加热炉的人机界面。加热炉控制系统人机界面的参考设计如图 7-16 所示, 该界面由工艺流程、趋势显示、操作按钮及其状态显示三部分组成, 可以实现在有效的显示屏幕空间内提供更丰富的显示信息。界面的左侧和底部部署操作按钮, 实现开关阀、点火器的开启和关闭功能; 界面的中间部署工艺流程显示, 便于按照图 7-1 实现工艺流程监控; 界面的右侧为趋势显示, 便于实时监控 3 个控制回路的调节效果、变化趋势等。界面上的位号显示应符合行业标准 HG/T 20505—2014 的要求, 由于控制策略的 TAG 名称不支持 "-", 因此, 界面上的位号和控制策略的位号差一个 "-", 但应该确保一一对应。例如, 界面上的TI-01 对应控制策略中的 TI01, 界面上的 TIC-01 对应控制策略中的 TIC01, 以此类推。

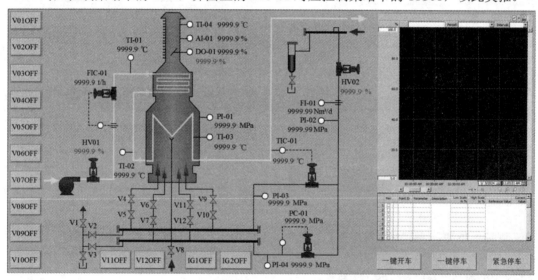

图 7-16　加热炉控制系统人机界面设计视图

使用 PKS 的 HMI 组态软件提供的图形工具、图形对象、数据对象、文本对象等, 可以完成工艺流程图的组态。使用 HMI 组态软件提供的 "趋势曲线" 快捷按钮可以组态一组趋势曲线, 其组态过程、操作过程、相关术语的含义等和基于 Station 的趋势组态步骤相似。

开关阀 V01～V12、点火器 IG1 和 IG2 的开关按钮及其状态指示分别由 1 个 pushbutton和 1 个可变颜色的矩形框组成。按钮上的名称和控制该开关阀的开关量输出信号的状态一致。例如, 开关阀 V01 对应的按钮名称可以为 V01ON, 也可以为 V01OFF, 如果其名称为V01ON, 表示控制 V01 的开关量输出信号为 ON; 如果其名称为 V01OFF, 表示控制 V01的开关量输出信号为 OFF。这些按钮设计为跟斗工作模式, 即单击某个按钮时, 按钮的名称呈现交替变化, 输出的开关量信号也呈现交替变化。例如, 单击按钮 "V01OFF", 则该按钮的脚本程序使该按钮的名称变为 "V01ON", 控制 V01 的开关量输出信号为 ON; 单击按钮 "V01ON", 则该按钮的脚本程序使该按钮的名称变为 "V01OFF", 控制 V01 的开关量输出信号为 OFF。按钮上的文字并不能代表开关阀的实际状态，其实际状态是通过相应的开关量输入信号进行反馈，并将其状态变化与按钮四周的矩形框的颜色变化进行关联。因此，按钮四周的矩形框实际上是一个顺序子图，红色矩形框则表示开关阀或点火器处于开启状态或有效状态；绿色矩形框则表示开关阀或点火器处于关闭状态或无效状态。也就说，通过观察按钮四周矩形框的颜色，即可判断相应开关阀或点火器的实际状态。

单击按钮实现的动作或功能需要编写脚本才能实现。开关阀操作按钮的脚本对应两类事件，其一是来自操作人员的单击操作，称之为 onclick 事件；其二是动态感知按钮操作事件的变化，即 ondatachange 事件。通过第一类事件的脚本程序，实现开关阀的开启或关闭功能。以开关阀 V01 操作按钮为例，其 onclick 事件的脚本如下所示：

```
Sub pushbutton001_onclick
IF pushbutton001.DataValue("SWITCHV.NUMERICV01.PV")=0 THEN
    pushbutton001.DataValue("SWITCHV.NUMERICV01.PV")=1
    pushbutton001.innerText="V01ON"
    ELSE
        pushbutton001.DataValue("SWITCHV.NUMERICV01.PV")=0
        pushbutton001.innerText="V01OFF"
    END IF
End Sub
```

第二类事件动态感知该按钮曾经出现过的操作状态，确保其经过界面切换后，该按钮的操作状态仍然能够保持。如果不对该事件进行脚本编程，则不会保持脚本程序对该按钮所做的改变，可能会导致按钮显示的名称或颜色等不能反映其真实状态。如果希望切换界面后，按钮能够有效保持其原有的动作属性，则需要对其 ondatachange 事件编写脚本程序。此处仍然以开关阀 V01 的操作按钮为例，其 ondatachange 事件的脚本如下所示：

```
Sub pushbutton001_ondatachange
IF pushbutton001.DataValue("SWITCHV.NUMERICV01.PV")=1 THEN
    pushbutton001.innerText="V01ON"
    ELSE
        pushbutton001.innerText="V01OFF"
    END IF
End Sub
```

除了开关阀或点火器的开启或关闭按钮外，还有"一键开车""一键停车"和"紧急停车"按钮需要编写相应的脚本程序。按钮"一键开车"一般为单击操作，其对应的事件为 onclick 事件，其脚本程序如下所示：

```
Sub pushbutton015_onclick
IF (confirm("Doy you have checked valves of HV02,TIC01,PC01 and DO01?")) THEN
    MSGBOX("The Furlace is starting ...")
    pushbutton015.DataValue("SCM_CMD.StartCMD.PV")=1
    ELSE
        MSGBOX("You cancel starting operation")
```

```
                    pushbutton015.DataValue("SCM_CMD.StartCMD.PV")=0
        END IF
        End Sub
```

上述脚本实现的功能是操作人员单击"一键开车"按钮后,弹出如图 7-17 所示的对话框要求操作人员进行确认。单击对话框中的"OK"按钮表示确认,弹出如图 7-18 所示的提示对话框,并将 SCM 的顺控启动参数"SCM_CMD.StartCMD.PV"置为 1,SCM 检测到该参数为 1,则视为满足初始条件,启动开车顺控逻辑。单击图 7-18 中的"OK"按钮可关闭对话框。单击图 7-17 中的"Cancel"按钮表示取消一键开车,弹出如图 7-19 所示的对话框,同时将 SCM 的顺控启动参数"SCM_CMD.StartCMD.PV"置为 0,SCM 检测到不满足顺控初始条件,就不会启动开车顺控逻辑。同理,按钮"一键停车"一般也是单击操作,该按钮的 onclick 事件的脚本程序如下所示:

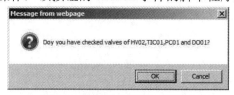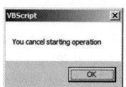

图 7-17　确认一键开车对话框　　　图 7-18　确认一键开车提示　图 7-19　取消一键开车提示

```
Sub pushbutton016_onclick
IF (confirm("Doy you want stop normally")) THEN
        MSGBOX("The Furlace is stoping ...")
        pushbutton016.DataValue("SCM_CMD.StopCMD.PV")=1
        ELSE
            MSGBOX("You cancel stoping operation")
            pushbutton016.DataValue("SCM_CMD.StopCMD.PV")=0
END IF
End Sub
```

上述脚本实现的功能是单击"一键停车"按钮,弹出确认对话框,根据操作人员的选择,分别实现顺控停止参数"SCM_CMD.StopCMD.PV"的置 1 或清 0。

按钮"紧急停车"也是单击操作,该按钮的 onclick 事件的脚本程序如下所示:

```
Sub pushbutton017_onclick
IF (confirm("Doy you want stop emergency")) THEN
        MSGBOX("The Furlace is stoping emergency...")
        pushbutton017.DataValue("SCM_CMD.EmergCMD.PV")=1
        ELSE
            MSGBOX("You cancel emergency stoping")
            pushbutton017.DataValue("SCM_CMD.EmergCMD.PV")=0
END IF
End Sub
```

上述脚本实现的功能是单击"紧急停车"按钮,弹出确认对话框,根据操作人员的选择,分别实现顺控急停参数"SCM_CMD.EmergCMD.PV"的置 1 或清 0。

2. 加热炉 HMI 的运行与监控

加热炉 HMI 的运行视图如图 7-20 所示。单击 FIC-01、TIC-01 和 PC-01 下方的测量值，可以分别弹出 FIC01、TIC01 和 PC01 的 Faceplate 操作面板，通过操作面板可以改变回路的设定值、手/自动控制模式等。双击 FIC-01、TIC-01 和 PC-01 下方的测量值，可以分别弹出 FIC-01、TIC-01 和 PC-01 的回路操作界面，据此可以观察回路控制效果、实时趋势等，也可以整定 PID 控制参数等。从加热炉的运行界面可以看到表 7-2 列出的模拟量输入点的值，除 3 个控制回路外，由于所有模拟量并没有使用单一的 CM 块，而是统一由 DAS 进行采集，所以双击流程图各位号对应的测量值，并不会显示各位号对应的详细显示界面。如果要实现这样的功能，必须将 DAS 中的所有模拟量采集点分别编写为单个的 CM 块，再在界面上连接对应的点即可。

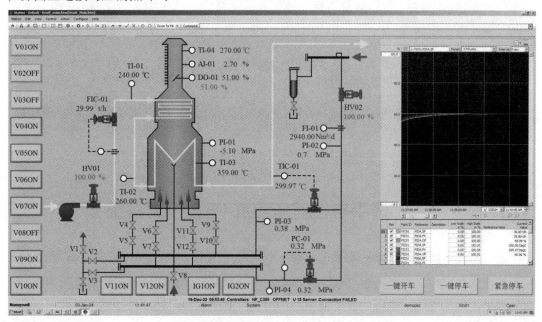

图 7-20　加热炉人机界面运行视图

界面上的按钮 V01OFF、V02OFF、V03OFF 和 V08OFF，表示控制 V01、V02、V03 和 V08 的开关量输出信号的当前值为 OFF。这些按钮四周的矩形框为绿色，表示这 4 个阀对应的开关量输入信号的当前状态为 OFF，即这 4 个阀都处于关闭状态。按钮 V04ON、V05ON、V06ON、V07ON、V09ON、V10ON、V11ON 和 V12ON，表示控制 V04、V05、V06、V07、V09、V10、V11 和 V12 的开关量输出信号的当前值为 ON。这些按钮四周的矩形框为红色，表示这 8 个阀对应的开关量输入信号的当前状态为 ON，表示 8 个阀都处于开启状态。按钮 IG1OFF 和 IG2OFF，表示 1 号点火器和 2 号点火器的开关量输出信号的当前值为 OFF，按钮四周的矩形框为红色，表示两个点火器的开关量输入信号的当前状态为 ON，即两个点火器已成功点火或燃烧器处于着火状态。

参照 6.4 节的组界面组态步骤，可以快速组态实现加热炉的组操作界面，如图 7-21 所示。图 7-21 前 6 个回路图的趋势组态为测量值，后 2 个回路图分别与 FIC01、TIC01 重复，但其趋势分别组态为 FIC01 和 TIC01 的设定值。同理，参照 6.4 节组态趋势界面的步骤，也可以快速组态出加热炉的趋势界面。

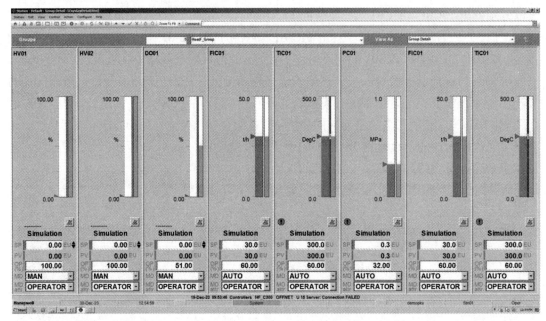

图 7-21　加热炉控制系统的组界面

7.2　透平与往复压缩机 PKS 控制系统

透平与往复压缩机又称为透平与往复压缩系统，广泛用于石油化工、空气分离等领域。在石油化工领域中，透平压缩机被广泛用于空气分离机组、裂解炉、催化裂化提升器等工艺流程中的气体增压。在空气分离领域，常用于压缩纯氧和纯氮，以达到所需的气体制冷能力。蒸汽透平与往复压缩机基本工作原理是蒸汽进入蒸汽透平机，将热能转变为旋转机械能，进而驱动往复压缩机实现气体的压缩。此例介绍的透平和往复压缩机还集成了复水系统和润滑油系统。由于化工厂一般都有自产蒸汽，因此使用蒸汽驱动透平机可以取代电动机，实现节能运行。

7.2.1　透平与往复压缩机工艺控制要求

1. 透平与往复压缩机基本控制要求

透平与往复压缩机的工艺流程如图 7-22 所示，该设备实际上是某化工装置的气体循环压缩部分，被压缩气体由入口阀 V16、V15 吸入管线，经过阀 V14 进入气缸 C1 和 C2 进行压缩，随后两路气体汇合排出到同一条排气管线中，该管线安装有手操阀 V18 等设备。阀门 V17 是排气管线与吸入管线的旁路阀，阀 V19、V20 是排气截止阀，阀 V21 用于泄放排气管线的凝液，阀 V13 用于泄放吸入管线的凝液。

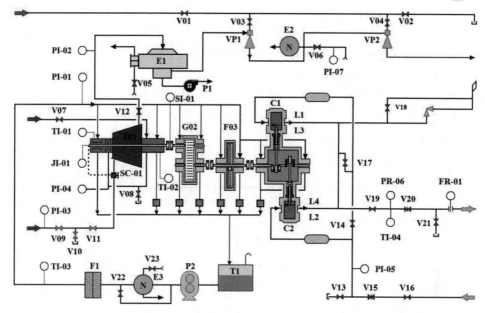

图 7-22　透平与往复压缩系统工艺流程

L1、L3、L2 和 L4 为负荷余隙阀，通过这些阀门可以手动调节往复压缩机的输出负荷。系统还配置有飞轮机构 F03，用于增强往复压缩机的稳定性，并通过盘车操作完成飞轮的转动。此外，还有齿轮减速箱 G02 以及蒸汽透平 T01。高压蒸汽首先通过主阀 V09、V11 和调速器 SC-01 进入透平系统。整个蒸汽管路中设有一组排水阀 V10 用于排水。

复水系统可以使透平排出的低压蒸汽温度和压力尽可能低，以提高热机效率。复水系统的工作流程是蒸汽透平机输出的乏汽首先通过阀门 V12 进入表面冷凝器 E1 进行降温。为了维持所需的真空度，两级喷射式真空泵 VP1 和 VP2 开始工作。E1 设有冷却水阀门 V05，可以控制其运行状态。在表面冷凝器中，乏汽会迅速被冷凝成水，并通过 P1 泵及时排出。经过第一级真空泵 VP1 后，乏汽还会进一步降温，并在第二级冷却器 E2 处受到进一步冷却处理。冷却水阀门 V06 用于调节二级冷却器的冷却功效。总之，复水系统利用多种装置和设备可以实现乏汽的降温、真空度的改善以及冷凝水的排放等处理，使其高效稳定运行。

喷射式真空泵的工作流程是当高压蒸汽通过文丘里管时，由于文丘里管喉部管径缩小，流速(速度头)加大，静压(压力头)减小，因此产生抽吸作用。喷射式真空泵的高压供汽管线上设蒸汽总截止阀 V01，端头排凝阀 V02。高压蒸汽通过阀门 V03 和 V04 分别进入两台喷射式真空泵。

润滑系统主要由润滑油箱 T1 和齿轮油泵 P2 等组成。其工作流程是润滑油先后经过泵 P2、油冷器 E3 和过滤器 F1，分别输入压缩机系统的各个轴瓦，最终返回油箱 T1 构成润滑油循环回路。油箱 T1 顶部设有通大气的管线，以使回油畅通。V23 为油冷器 E3 的冷却水阀，V23 和 V06 所在的冷却水管线的压力检测点为 PI-07，手操阀 V22 为润滑油的旁路阀。

2. 透平与往复压缩机顺控逻辑要求

透平与往复压缩机顺控逻辑包括冷态开车、正常停车和紧急停车 3 种工况。冷态开车顺控逻辑实现复水系统、润滑油系统及透平密封蒸汽系统、透平机及往复压缩机系统的开车过程。正常停车顺控逻辑实现复水系统、润滑油系统及透平密封蒸汽系统、透平机及往复压缩机系统的停车过程。紧急停车顺控逻辑确保当出现润滑油压低于 0.2 MPa 时，或透平机某个轴瓦超温或超速等紧急故障时，压缩机能够紧急停车。

1) 冷态开车顺控逻辑要求

(1) 开复水系统的工作步骤。

① 全开表面冷凝器 E1 的冷却水阀 V05。

② 全开冷凝器 E2 冷却水阀 V06。

③ 全开喷射式真空泵主蒸汽阀 V01。

④ 开蒸汽管路排水阀 V02 至冷凝水排完后(待蓝色点消失)关闭。

⑤ 全开一级真空泵蒸汽阀 V03。

⑥ 全开二级真空泵蒸汽阀 V04。

⑦ 开表面冷凝器 E1 的循环排水泵开关 P1。

⑧ 等待系统的真空度 PI-02 达到 −600 mmHg 以下可进行开车操作。由于系统真空度需要一定的时间才能达到，这一段等待时间可以同时进行其他有关开车前的操作，如排水、排气、开润滑油系统、盘车等。

(2) 开润滑油系统及透平密封蒸汽系统的工作步骤。

① 开润滑油冷却水阀 V23。

② 将冷却器 E3 的旁路阀 V22 开度至 50%左右。当油温较高时，可适当关小 V22，油温将有所下降。

③ 开齿轮油泵 P2，使油压 PI-01 达到 0.25 MPa 以上为正常。

④ 开密封蒸汽阀 V07，开度约 60%。

⑤ 全开密封蒸汽管路排水阀 V08，等冷凝水排放完了(待蓝色点消失)，将 V08 关至5%~10%的开度。

⑥ 调整 V07，使密封蒸汽压力 PI-04 维持 0.01 MPa 左右。

(3) 开透平机及往复压缩机系统的工作步骤。

① 检查输出负荷余隙阀 L1、L2、L3、L4 是否都处于全开状态。

② 开盘车开关 PAN。

③ 全开压缩机吸入阀 V16 和考克阀 V15。

④ 开凝液排放阀 V13，当管路中残余的液体排放完成后(蓝色点消失)，关闭 V13。

⑤ 全开 V14 支路阀，检查旁路阀 V17 是否关闭。

⑥ 检查放火炬阀 V18 是否关闭。

⑦ 全开压缩机排气管线阀 V19 和考克阀 V20。

⑧ 开压缩机排气管线排凝液阀 V21，直到排放完了(蓝色点消失)，全关 V21。再次确认压缩机吸入、排出各管线的每一个阀门是否处于正常状态。

⑨ 将跳闸栓挂好，即开跳闸栓 TZA 联锁按钮(当透平机超速时会自动跳闸，切断主蒸汽)。

⑩ 全开主蒸汽阀 V09，全开排水阀 V10，等管线中的冷凝水排完后(蓝色点消失)，关闭阀 V10。

⑪ 全开透平乏汽出口阀 V12。

⑫ 缓慢打开透平机高压蒸汽入口阀 V11，压缩机启动。观察透平机转速升到 1000 r/min

以上，关盘车开关 PAN。

⑬ 调整调速系统 SC-01，注意调速过程有一定的惯性，使透平机转速逐渐上升到 3500 rpm 左右，并稳定在此转速下。

⑭ 逐渐全关负荷余隙阀 L1 和 L2，使排出流量(打气量)上升至 300 Nm³/h 以上。

⑮ 逐渐全关负荷余隙阀 L3 和 L4，微调转速及阀 V19，使排出流量达到 600 Nm³/h 左右，同时使排气压力达到 0.48 MPa 以上。

待以上工况稳定后，开车操作即告完成。此时应该注意油温、油压及透平机轴瓦温度是否有异常现象。

2) 正常停车顺控逻辑要求

(1) 全关透平机主蒸汽阀 V09、V11，使转速降至零。

(2) 全关透平乏汽出口阀 V12。

(3) 全开负荷余隙阀 L1、L2、L3、L4。

(4) 将跳闸栓 TZA 解列。

(5) 关闭吸入阀 V16、V15、V14。

(6) 关闭阀 V19、V20。

(7) 关闭密封蒸汽阀 V07 和排水阀 V08。

(8) 关闭油泵开关 P2。

(9) 关闭 E3 冷却水阀 V23。

(10) 关闭复水系统真空泵蒸汽阀 V04 和 V03，然后关闭 V01。

(11) 关闭 E2 冷却水阀 V06。

(12) 关闭 E1 冷却水阀 V05。

(13) 停 E1 循环排水泵开关 P1。

3) 紧急停车顺控逻辑要求

(1) 将跳闸栓 TZA 迅速解列，切断透平主蒸汽。

(2) 关闭透平机主蒸汽阀 V09 和 V11。

(3) 关闭透平机乏汽出口阀 V12。

(4) 执行正常停车的各项操作。

7.2.2 透平与往复压缩机控制方案

1. 硬件配置

透平与往复压缩机 PKS 控制系统的硬件配置包括控制站、服务器、操作站(工程师站)和网络设备等，除控制站外，其他设备一般采用标准化配置，所以此处仅讨论其控制站的硬件配置。由图 7-22 所示的工艺流程可知，透平与往复压缩系统包含有 14 点模拟量输入、14 点模拟量输出、18 点开关量输入和 18 点开关量输出。开关量输入和开关量输出一一对应，例如，开关阀 V01 的通断控制使用开关量输出，其状态反馈则使用开关量输入。参照 2.4.3 小节介绍的 PKS 控制站的硬件组成和 3.3 节介绍的 PKS 硬件组态流程以及库容器中列出的 C 系列 I/O 模块，组成透平与往复压缩机 PKS 控制系统的硬件配置如表 7-8 所示。

表 7-8　透平与往复压缩机 PKS 控制系统硬件配置表

硬 件 类 别	型 号	数 量
C300 控制电源	CC-PWRR01	2
C300 控制器(两块互为冗余对)	CC-PCNT01	2
C300 控制器底板(两块互为冗余对)	CC-TCNT01	2
控制防火墙(两块互为冗余对)	CC-PCF901	2
控制防火墙底板(两块互为冗余对)	CC-TCF901	2
模拟量输入模块(两块互为冗余对)	CC-PAIH02	2
模拟量输入模块底板(共用底板支持冗余)	CC-TAID11	1
模拟量输出模块(两块互为冗余对)	CC-PAOH01	2
模拟量输出模块底板(共用底板支持冗余)	CC-TAOX11	1
开关量输入模块(两块互为冗余对)	CC-PDIL01	2
开关量输入模块底板(共用底板支持冗余)	CC-TDIL11	1
开关量输出模块(两块互为冗余对)	CC-PDOB01	2
开关量输出模块底板(共用底板支持冗余)	CC-TDOB11	1

2. I/O 点表与通道分配

由图 7-22 所示的工艺流程可以确定出透平与往复压缩系统的输入/输出点表,即 I/O 点表。I/O 点表和通道分配如表 7-9、表 7-10 和表 7-11 所示。上述点表设计中,通道名由模块名称和通道号组成,例如,通道名"AIHL1_01"表示名为"AIHL1"的模拟量输入模块的第 1 个通道。通道名称对应 C 系列 I/O 通道功能块 AICHANNEL、AOCHANNEL、DICHANNEL 和 DOCHANNEL 在某个 CM 中的实际名称,以用于透平与往复压缩系统的控制策略组态。

表 7-9　透平与往复压缩机 PKS 控制系统模拟量输入点表

工位号描述	工位号	量　程	报 警 值	通道号	通道名
压缩机打气量	FR-01	0~1000 Nm³/h	无	1	AIHL1_01
透平机功率	JI-01	0~50 kW	无	2	AIHL1_02
润滑油总压力	PI-01	0~500 kPa	<200 kPa(L)	3	AIHL1_03
复水系统真空度	PI-02	−760~0 mmHg	>−600 mmHg(H)	4	AIHL1_04
透平主蒸汽压力	PI-03	0~10.0 MPa	无	5	AIHL1_05
透平密封蒸汽压力	PI-04	0~200 kPa	无	6	AIHL1_06
压缩机吸入压力	PI-05	0~1.0 MPa	无	7	AIHL1_07
压缩机排出压力	PR-06	0~1.0 MPa	>0.80 MPa(H)	8	AIHL1_08
复水系统冷却水压力	PI-07	0~500 kPa	无	9	AIHL1_09
透平机转速	ST-01	0~9999 r/min	>4000 r/min(H)	10	AIHL1_10
透平一号轴瓦温度	TI-01	0~100℃	>70.0℃(H)	11	AIHL1_11
透平二号轴瓦温度	TI-02	0~100℃	>70.0℃(H)	12	AIHL1_12
润滑油排出温度	TI-03	0~100℃	>45.0℃(H)	13	AIHL1_13
压缩机排气温度	TI-04	0~100℃	无	14	AIHL1_14

表 7-10　透平与往复压缩机 PKS 控制系统模拟量输出点表

执行器描述	通道号	通道名	阀等	执行器描述	通道号	通道名	阀等
透平调速器	1	AO1_01	SC01	透平机主蒸汽阀	8	AO1_08	V09
压缩机负荷调整余隙阀	2	AO1_02	L1	透平机蒸汽入口阀	9	AO1_09	V11
压缩机负荷调整余隙阀	3	AO1_03	L2	压缩机吸入总管阀	10	AO1_10	V16
压缩机负荷调整余隙阀	4	AO1_04	L3	排气、吸入管线旁路阀	11	AO1_11	V17
压缩机负荷调整余隙阀	5	AO1_05	L4	排气管线至火炬排放阀	12	AO1_12	V18
透平机密封蒸汽阀	6	AO1_06	V07	压缩机排气总管阀	13	AO1_13	V19
透平机密封蒸汽疏水排放阀	7	AO1_07	V08	润滑油冷却器 E3 旁路阀	14	AO1_14	V22

表 7-11　透平与往复压缩机 PKS 控制系统开关量输入/输出点表

开关量输入通道分配				开关量输出通道分配			
开关量输入信号描述	通道号	通道名	检测元件	开关量输出信号描述	通道号	通道名	执行元件
复水循环泵状态	1	DI1_01	P1S	复水循环泵	1	DO1_01	P1
润滑油泵状态	2	DI1_02	P2S	润滑油泵	2	DO1_02	P2
盘车状态	3	DI1_03	PANS	盘车	3	DO1_03	PAN
跳闸栓状态	4	DI1_04	TZAS	跳闸栓	4	DO1_04	TZA
喷射泵蒸汽主阀状态信号	5	DI1_05	V01S	喷射泵蒸汽主阀	5	DO1_05	V01
喷射泵蒸汽管线排放阀状态	6	DI1_06	V02S	喷射泵蒸汽管线排放阀	6	DO1_06	V02
一级喷射泵蒸汽阀状态	7	DI1_07	V03S	一级喷射泵蒸汽阀	7	DO1_07	V03
一级喷射泵蒸汽阀状态	8	DI1_08	V04S	一级喷射泵蒸汽阀	8	DO1_08	V04
冷凝器 E1 冷却水阀状态	9	DI1_09	V05S	表面冷凝器 E1 冷却水阀	9	DO1_09	V05
冷凝器 E2 冷却水阀状态	10	DI1_10	V06S	冷凝器 E2 冷却水阀	10	DO1_10	V06
透平机主蒸汽管线排放阀状态	11	DI1_11	V10S	透平机主蒸汽管线排放阀	11	DO1_11	V10
透平机乏汽出口阀状态	12	DI1_12	V12S	透平机乏汽出口阀	12	DO1_12	V12
压缩机吸入管线排放阀状态	13	DI1_13	V13S	压缩机吸入管线排放阀	13	DO1_13	V13
压缩机吸入分支阀状态	14	DI1_14	V14S	压缩机吸入分支阀	14	DO1_14	V14
压缩机吸入总管考克阀状态	15	DI1_15	V15S	压缩机吸入总管考克阀	15	DO1_15	V15
压缩机排气总管考克阀状态	16	DI1_16	V20S	压缩机排气总管考克阀	16	DO1_16	V20
压缩机排气管线排放阀状态	17	DI1_17	V21S	压缩机排气管线排放阀	17	DO1_17	V21
润滑油冷却器 E3 冷却水阀状态	18	DI1_18	V23S	润滑油冷却器 E3 冷却水阀	18	DO1_18	V23

3. 控制系统工况要求

透平与往复压缩系统的正常工况要求如表 7-12 所示。

表 7-12 透平与往复压缩机 PKS 控制系统工况要求

工位号描述	工位号	指标要求	工位号描述	工位号	指标要求
复水系统真空度	PI-02	<-610 mmHg	透平一号轴瓦温度	TI-01	<69℃
压缩机打气量	FR-06	595～605 Nm³/h	透平二号轴瓦温度	TI-02	<69℃
压缩机排出压力	PR-06	0.475～0.50 MPa	透平密封蒸汽压力	PI-04	0.008～0.02 MPa
透平机转速	SI-01	3480<R<3520 r/min			

4. 顺控方案

设计 3 个顺控逻辑，分别实现透平与往复压缩系统冷态开车、正常停车和紧急停车功能。透平与往复压缩机 PKS 控制系统人机界面上部署"一键开车""一键停车"和"紧急停车" 3 个按钮以接受操作人员的指令。控制策略则按照前面介绍的透平与往复压缩系统的顺控逻辑要求，组态 3 个 SCM 分别实现"一键开车""一键停车"和"紧急停车"的逻辑功能。

7.2.3 透平与往复压缩机控制策略组态

透平与往复压缩机没有考虑闭环控制，主要包括开关阀和手操阀的控制以及运行参数的监控。其控制策略组态主要包括数据采集点的组态、阀的状态反馈输入组态、开关阀输出控制组态、手操阀输出控制组态等。开关阀和手操阀的控制需要满足一定的逻辑关系，手动控制时需要操作人员按照工艺控制要求开启或关闭阀门；顺控时，由 SCM 控制策略根据工艺控制要求自动开启或关闭开关阀、手操阀等。

1. 数据采集点的组态

为了充分利用 PKS 系统提供的点显示、趋势显示等界面显示功能，此例若将每一个模拟量输入点组态为一个 CM，则透平与往复压缩机数据采集点的 CM 名称(点名)如表 7-13 所示。

表 7-13 透平与往复压缩机 PKS 控制系统数据采集点 CM 名称

序号	工位号描述	工位号	CM 名称	序号	工位号描述	工位号	CM 名称
1	压缩机打气量	FR-01	FR01	8	压缩机排出压力	PR-06	PR06
2	透平机功率	JI-01	JI01	9	腹水系统冷却水压力	PI-07	PI07
3	润滑油总压力	PI-01	PI01	10	透平机转速	ST-01	ST01
4	复水系统真空度	PI-02	PI02	11	透平一号轴瓦温度	TI-01	TI01
5	透平主蒸汽压力	PI-03	PI03	12	透平二号轴瓦温度	TI-02	TI02
6	透平密封蒸汽压力	PI-04	PI04	13	润滑油排出温度	TI-03	TI03
7	压缩机吸入压力	PI-05	PI05	14	压缩机排气温度	TI-04	TI04

由于 PKS 的 TAG 不支持"-"符号，因此，直接将工位号中的"-"删除后作为数据采集点的 CM 名称，以便使得点名称与工位号形成良好的对应关系。每一个数据采集点的组态需要用到 AICHANNEL 功能块和 DATAACQ 功能块，并由 DATAACQ 功能块实现量程

变换和报警处理(对于有报警要求的点见表 7-9)。如果想减少 CM 的数量,可以在一个 CM
中组态多个数据采集点,例如,表 7-9 中,前 4 个点的组态如图 7-23 所示,其余 10 个点的
组态与此类似。

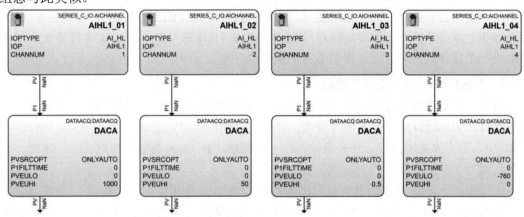

图 7-23　透平与往复压缩机 PKS 控制系统数据采集点组态示例

2. 手操阀输出控制组态

透平与往复压缩机共有 14 个模拟量输出,分别控制透平调速器、压缩机负荷调整余
隙、透平机主蒸汽阀、压缩机吸入总管阀等类似于手操阀这一类执行元件,将其统称为手
操阀的控制。与 7.1.3 小节介绍的手操阀输出控制组态方法类似,透平与往复压缩机手操
阀的输出控制同样可以采用 PID 开环控制方法,以便借用 PKS 的回路控制界面或操作面板
等调节手操阀的开度。每一个手操阀的控制策略组态需要使用 1 个 PID 功能块、1 个
AOCHANNEL 功能块和 1 个 NUMERIC 功能块,共计 14 个 CM,如表 7-14 所示。以透平调
速器的手动输出控制为例,控制策略组态如图 7-24 所示,其余 13 个手操阀的组态与此类似。

表 7-14　透平与往复压缩机手操阀控制策略组态使用的 CM 名称

序号	执行器描述	CM 名称	序号	执行器描述	CM 名称
1	透平调速器 SC-01	HVSC	8	透平机主蒸汽阀 V09	HV09
2	压缩机负荷调整余隙阀 L1	HVL1	9	透平机蒸汽入口阀 V11	HV11
3	压缩机负荷调整余隙阀 L2	HVL2	10	压缩机吸入总管阀 V16	HV16
4	压缩机负荷调整余隙阀 L3	HVL3	11	排气、吸入管线旁路阀 V17	HV17
5	压缩机负荷调整余隙阀 L4	HVL4	12	排气管线至火炬排放阀 V18	HV18
6	透平机密封蒸汽阀 V07	HV07	13	压缩机排气总管阀 V19	HV19
7	透平机密封蒸汽疏水排放阀 V08	HV08	14	润滑油冷却器 E3 旁路阀 V22	HV22

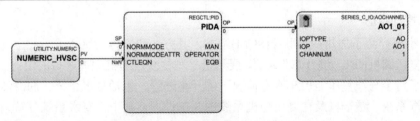

图 7-24　透平调速器控制策略组态

PID 的控制模式必须置为手动(MAN)，便于操作人员通过回路控制面板修改手操阀的开度。PID 功能块的 SP 置为 0，NUMERIC 功能块将数值 0 传送给 PID 功能块的 PV，从而使 PID 的测量值 PV 始终为 0，即 PID 的偏差为始终 0。即使操作人员误将控制模式切换为自动，也不会引起手操阀输出的变化。将手操阀处理为 PID 开环控制，既可以在 HMI 流程界面上单击手操阀名称弹出回路控制面板(组态 HMI 时予以考虑)，也可以将 8 个手操阀组成一个操作组，通过组界面调节各手操阀的开度。

3. 开关量输入/输出逻辑的组态

透平与往复压缩机有 18 个开关阀需要使用开关量输出控制，同时，有 18 个开关阀的状态信号需要通过开关量输入进行反馈。将开关量输出信号的逻辑"1"定义为开启阀门，逻辑"0"定义为关闭阀门。开关量输入信号的逻辑"1"表示阀处于开启状态，逻辑"0"则表示阀处于关闭状态。

采用类似于 7.1.3 小节的开关量输出控制的组态方法，使用 1 个 CM 实现 18 开关量输出控制逻辑的组态，通过人机界面组态相应操作按钮，以实现每一个阀的开关动作。同时，组态 1 个 CM 反馈所有 18 个开关阀的状态，通过人机界面读取每个开关阀的当前状态。以表 7-11 列出的前 3 个开关量输出信号为例，其控制策略组态如图 7-25 所示，其余 15 个开关量输出信号的组态与此类似。将此 CM 命名为"SwitchV"，每一点开关量输出信号的组态需要使用 1 个 NUMERIC 功能块、1 个 GT(大于比较)功能块和 1 个 DOCHANNEL 功能块，该 CM 共需使用 18 个 NUMERIC 功能块、18 个 GT(大于比较)功能块和 18 个 DOCHANNEL 功能块。同理，组态 1 个名为"SwitchVS"的 CM，在 SwitchVS 中完成 18 个开关量输入信号的组态。每 1 个开关量输入信号的组态需要使用 1 个 DICHANNEL 功能块和 1 个 DIGACQ 功能块，该 CM 块共需使用 18 个 DICHANNEL 功能块和 18 个 DIGACQ 功能块。表 7-11 列出的前 3 个开关量输入信号的组态如图 7-26 所示，其余 15 个开关量输入信号的组态与此类似。

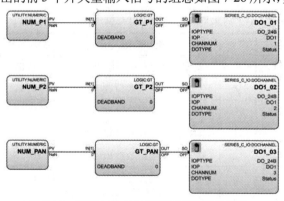

图 7-25　透平与往复压缩机开关量输出逻辑

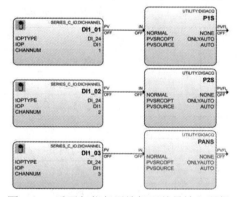

图 7-26　透平与往复压缩机开关量输入逻辑

4. 顺控的组态

7.1.3 小节介绍了加热炉的顺控(SCM)组态，其方法和步骤仍然适用于此。此处仍然以透平与往复压缩机的"一键开车"为例，展示透平与往复压缩机顺控逻辑的组态过程。7.2.1 小节给出了透平与往复压缩机在冷态情况下的开车过程，包括复水系统、润滑油系统及透平密封蒸汽系统、透平机及往复压缩机系统的开车过程。其中，复水系统分解为 8 个工艺步骤，滑油系统及透平密封蒸汽系统分解为 6 个工艺步骤，透平机及往复压缩机系统分解为 15 个工艺步骤。某些工艺步骤可以用作转移条件，即 TRANSITION，首次转移条件一般为初始条件，即 InvokeMAIN；某些工艺步骤则视为应该执行的具体任务或工序，即 STEP。受 PKS 的 STEP 块表达式数量的限制(每个 STEP 块只能编写 16 个表达式)，可以将工艺步骤的一步处理为多个 STEP 块。为了减少 STEP 块的数量，也可以将多个简单的工艺步骤处理为一个 STEP 块。根据透平与往复压缩机冷态开车的工艺步骤，利用 SCM 的 InvokeMAIN、TRANSITION 和 STEP，重新梳理后的一键开车顺控逻辑如表 7-15 所示。

表 7-15　透平与往复压缩机一键开车顺控逻辑

SCM 功能块	顺控逻辑功能描述
InvokeMAIN	操作人员通过透平与往复压缩机 HMI 部署的"一键开车"按钮启动一键开车过程，该按钮的脚本程序根据操作人员的选择将参数"SCM_CMD.StartCMD.PV"置为 1 或 0。如果操作人员确认启动一键开车，该参数将置为 1，并启动顺控逻辑的运行
STEP1	全开表面冷凝器 E1 的冷却水阀 V05；全开冷凝器 E2 冷却水阀 V06；全开喷射式真空泵主蒸汽阀 V01；开蒸汽管路排水阀 V02；全开一级真空泵蒸汽阀 V03；全开二级真空泵蒸汽阀 V04；开表面冷凝器 E1 的循环排水泵开关 P1。SwitchV 中对应的 NUMERIC 功能块为 1，则开启相应的开关阀
TRANSITION1	如果蒸汽管路排水阀 V02 已关闭(通过 SwitchVS 反馈开关阀的状态)，且 PI-02＜600 mmHg 时转入 STEP2
STEP2	开润滑油冷却水阀 V23；置冷却器 E3 的旁路阀 V22 的开度为 50%；开齿轮油泵 P2；设置密封蒸汽阀 V07 的开度为 60%；置密封蒸汽管路排水阀 V08 的开度为 100%。修改手操阀的开度时，必须先将其置为程序修改模式，修改开度后必须再改回操作员模式，便于操作人员随时操作。以 V22 的开度调节为例，其表达式依次为： HV22.PIDA.MODEATTR:=2；HV22.PIDA.MODE:=0； HV22.PIDA.OP:=50；HV22.PIDA.MODEATTR:=1
TRANSITION2	如果 V08 的开度已调整为 5%～10%(操作人员确认冷凝水排放完了，会将 V08 关小到 5%～10%)，且 PI-04 = 10 ± 0.5 kPa 时转入 STEP3
STEP3	全开负荷余隙阀 L1、L2、L3 和 L4(开度均为 100%)
STEP4	开盘车开关 PAN；全开压缩机吸入阀 V16(开度为 100%)和考克阀 V15；开凝液排放阀 V13
TRANSITION3	如果操作人员已关闭 V13，则表示管路中残余的液体排放完成，则转入 STEP5
STEP5	全开支路阀 V14；旁路阀 V17 和排气管线至火炬排放阀 V18 已关闭(开度为 100%)
TRANSITION4	如果旁路阀 V17、排气管线至火炬排放阀 V18 已关闭(开度为 0%)，则转入 STEP6
STEP6	全开压缩机排气管线阀 V19(开度为 100%)；开考克阀 V20；开压缩机排气管线排凝液阀 V21
TRANSITION5	如果操作人员已关闭 V21，则表示压缩机排气管线中的凝液已排完，可以转入 STEP7
STEP7	开跳闸栓 TZA；全开主蒸汽阀 V09(开度为 100%)；全开排水阀 V10
TRANSITION6	如果操作人员已关闭 V10，则表示管线中的冷凝水已排完后，转入 STEP8
STEP8	开透平乏汽出口阀 V12；透平机高压蒸汽入口阀 V11 的开度置为 20%(操作人员可以随时调整，以使透平机的转速慢慢提升到 1000 r/min)

SCM 功能块	顺控逻辑功能描述
TRANSITION7	如果透平机转速 SI-01＞1000 r/min，则转入 STEP9
STEP9	关盘车开关 PAN；蒸汽入口阀 V11 的开度调整到 50%，调整调速系统 SC-01 输出控制量置为 30%(操作人员可以随时调整二者，以使透平机转速逐渐提升到 3500 rpm)
TRANSITION8	如果透平机转速 SI-01＞3500 r/min，则转入 STEP10
STEP10	负荷余隙阀 L1 和 L2 的开度调整为 50%(操作人员可以随时调整余隙阀 L1 和 L2 的开度，以使打气量提升到 300 Nm³/h)
TRANSITION9	如果打气量上升到 300 Nm³/h 以上，即 FR-01＞300，则转入 STEP11
STEP11	负荷余隙阀 L3 和 L3 的开度调整为 50%(操作人员所示可以调整)；压缩机排气管线阀 V19 开度调整为 50%。至此，完成顺控开车流程。 注意：操作人员可以随时调整 L3、L4 和 V19，确保排出流量达到 600 Nm³/h 左右，排气压力达到 0.48 MPa 左右

根据表 7-15 列出的透平与往复压缩机一键开车顺控逻辑，编写的 SCM 程序依次如图 7-27、图 7-28、图 7-29、图 7-30、图 7-31 和图 7-32 所示。尽管上述 SCM 程序实现了循环

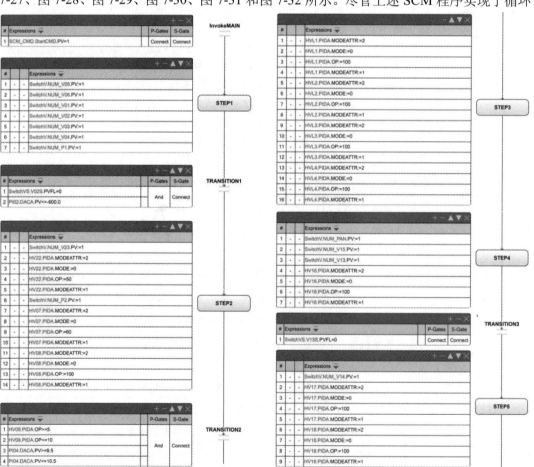

图 7-27　循环与往复压缩机开车顺控逻辑(1)　　　　图 7-28　循环与往复压缩机开车顺控逻辑(2)

图 7-29　循环与往复压缩机开车顺控逻辑(3)　　　图 7-30　循环与往复压缩机开车顺控逻辑(4)

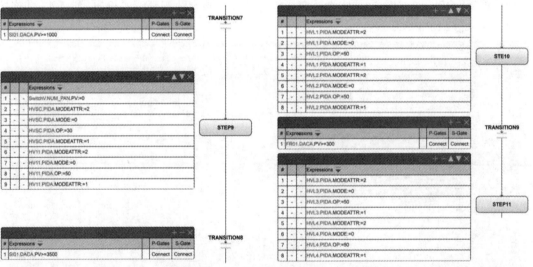

图 7-31　循环与往复压缩机开车顺控逻辑(5)　　　图 7-32　循环与往复压缩机开车顺控逻辑(6)

与往复空压机开车的大多数步骤，但并未实现真正意义上的一键开车。根据空压机的开车技术规范，仍然要求操作人员对某些参数进行监控和确认；对某些参数进行缓慢调节。例如，SCM 给出的透平机高压蒸汽入口阀 V11 的初始开度为 20%，要求操作人员监控透平机转速的变化趋势，慢慢调整 V11 的开度，以使透平机的转速慢慢提升到 1000 r/min。

7.2.4　透平与往复压缩机 HMI 组态与监控

1. 透平与往复压缩机 HMI 组态

透平与往复压缩机的 I/O 点数并不多，工艺流程相对简单，基本上可以通过一幅界面监控其全部工艺流程。PKS 的 Station 提供了较为丰富的动态文本显示、组图显示、趋势显示等，结合图 7-22 所示的工艺流程图，组态一幅主界面即可实现透平与往复压缩机的人机界面，其参考设计如图 7-33 所示。该界面主要由工艺流程、操作按钮及其状态显示两部分组成，可以通过一幅界面监控透平与往复压缩机的工艺参数和状态信息，实现相关的逻辑控制和参数调节。界面分为左右两部分，左侧部署透平与往复压缩机的工艺流程，便于实现图 7-22 所示的工艺流程监控；界面的右侧部署操作按钮，实现开关阀的开启、关闭和逻辑控制。界面上的位号显示应符合行业标准 HG/T 20505—2014 的要求，由于控制策略的 TAG 名称不支持 "-"，因此，界面上的位号和控制策略的位号差一个 "-"，但应该确保一一对应。例如，界面上的 FR-01 对应控制策略中的 FR01，界面上的 PI-01 对应控制策略中的 PI01，依次类推。手操阀的标识符使用红色字体，开关阀名称使用蓝色字体(在实际过程中应使用设计规范约定的颜色)。手操阀和开关阀在人机界面上显示名称和工艺流程图上的名称要一致，所有的开关阀的控制策略均由 SwitchV 实现，手操阀与控制策略的对应关系如表 7-14 所示。手操阀的开度需要连续可调，其开度值显示在阀门名称的下方或右侧，使用动态文本(Alpha Numeric)连接表 7-14 列出的 CM，勾选 Faceplate 功能，即可在运行界面中调出手操阀的操作面板，从而通过操作面板改变手操阀的开度。例如，V11 下方显示值为控制透平机蒸汽入口阀开度的输出控制量，其连接的参数是 HV07.PIDA.OP；L1 右侧显示值为控制压缩机负荷调整余隙阀开度的输出控制量，其连接的参数是 HVL1.PIDA.OP。

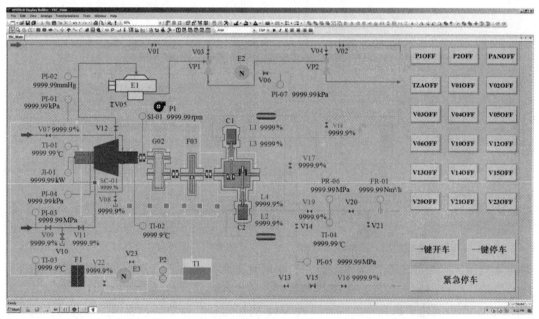

图 7-33　透平与往复压缩机控制系统人机界面设计视图

表 7-11 列出的 18 个开关阀的开关按钮及其状态指示分别由 1 个 pushbutton 和 1 个可变颜色的矩形框组成。按钮上的名称和控制该开关阀的开关量输出信号的状态一致。例如，控制泵 P1 的开关阀 P1 对应的按钮名称(Label)可以为 P1ON，也可为 P1OFF，如果其名称为 P1ON，表示控制泵 P1 的开关量输出信号为 ON；如果其名称为 P1OFF，表示控制泵 P1 的开关量输出信号为 OFF。泵或阀的开关控制类按钮设计为跟斗工作模式，即单击某个按钮时，按钮的名称呈现交替变化，输出的开关量信号也呈现交替变化。例如，单击按钮 "P1OFF"，则该按钮的脚本程序使该按钮的名称变为 "P1ON"，控制泵 P1 的开关量输出信号为 ON；再次单击按钮 "P1ON"，则该按钮的脚本程序使该按钮的名称变为 "P1OFF"，

控制泵 P1 的开关量输出信号为 OFF。按钮上的文字并不能代表开关阀的实际状态，其实际状态是通过相应的开关量输入信号进行反馈的，并将其状态变化与按钮四周的矩形框的颜色变化进行关联。因此，按钮四周的矩形框实际上是一个顺序子图，红色矩形框则表示开关阀或泵等处于开启状态或有效状态；绿色矩形框则表示开关阀或泵等处于关闭状态或无效状态。也就说，通过观察按钮四周矩形框的颜色，即可判断相应开关阀或泵等执行元件的实际工作状态。

单击按钮实现的动作或功能需要编写脚本才能实现，与 7.1.4 小节介绍的按钮脚本编程类似。开关阀操作按钮需要针对两类事件进行脚本编程，即操作人员单击操作对应的 onclick 事件和动态感知操作事件的变化的 ondatachange 事件，前者用于响应操作人员的操作，后者用于切换界面后确保按钮的当前状态(按钮显示的文字、颜色和背景色等)能够得以保持。通过 onclick 事件对应的脚本程序，实现开关阀的开启或关闭功能。以开关泵 P1 的操作按钮为例，其 onclick 事件的脚本如下所示：

```
Sub pushbutton001_onclick
    IF pushbutton001.DataValue("SWITCHV.NUM_P1.PV")=0 THEN
        pushbutton001.DataValue("SWITCHV.NUM_P1.PV")=1
        pushbutton001.innerText="P1ON"
    ELSE
        pushbutton001.DataValue("SWITCHV.NUM_P1.PV")=0
        pushbutton001.innerText="P1OFF"
    END IF
End Sub
```

如果希望切换界面后，按钮能够有效保持其原有的动作属性(例如按钮的 Label、字体大小、背景色等)，则需要对其 ondatachange 事件编写脚本程序，例如此处仍然以泵 P1 的操作按钮为例，其 ondatachange 事件的脚本如下所示：

```
Sub pushbutton001_ondatachange
IF pushbutton001.DataValue("SWITCHV.NUM_P1.PV")=1 THEN
    pushbutton001.innerText="P1ON"
ELSE
    pushbutton001.innerText="P1OFF"
END IF
End Sub
```

除了 18 个开关阀、泵、盘车开关等的开启或关闭按钮外，还有与顺控启停相关的"一键开车""一键停车"和"紧急停车"按钮需要编写相应的脚本程序。将按钮"一键开车"设计为单击操作，其对应的事件为 onclick 事件，其脚本程序如下所示：

```
Sub pushbutton019_onclick
    IF (confirm("Are you ready for Sequentially Starting T&R Compressor?")) THEN
        MSGBOX("The T&R Compressor    is Starting ...")
        pushbutton019.DataValue("SCM_CMD.StartCMD.PV")=1
    ELSE
```

```
        MSGBOX("You cancel starting operation")
        pushbutton019.DataValue("SCM_CMD.StartCMD.PV")=0
    END IF
End Sub
```

　　上述脚本实现的功能是操作人员单击"一键开车"按钮后，弹出如图 7-34 所示的对话框要求操作人员确认启动操作。单击对话框中的"OK"按钮表示操作人员已确认要启动透平与往复压缩机，随后弹出如图 7-35 所示的提示对话框，并将 SCM 的顺控启动参数"SCM_CMD.StartCMD.PV"置为 1，SCM 检测到该参数为 1，则视为满足初始条件，启动透平与往复压缩机的一键开车顺控逻辑。单击图 7-35 中的"OK"按钮可关闭对话框。单击图 7-34 中的"Cancel"按钮表示取消一键开车，弹出的对话框和 7.1.4 小节的图 7-19 相同；同时将 SCM 的顺控启动参数"SCM_CMD.StartCMD.PV"置为 0，SCM 检测到不满足顺控初始条件，当然就不会启动开车顺控逻辑。

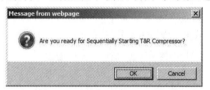
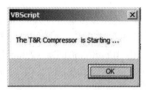

图 7-34　一键启动空压机对话框　　　　图 7-35　取消一键启动空压机对话框

　　同理，按钮"一键停车"一般也是单击操作，该按钮的 onclick 事件的脚本程序如下所示：

```
Sub pushbutton020_onclick
    IF (confirm("Do you really want to stop the T&R Compressor?")) THEN
        MSGBOX("The T&R is Stoping ...")
        pushbutton020.DataValue("SCM_CMD.StopCMD.PV")=1
    ELSE
        MSGBOX("You Cancel Stoping Operation")
        pushbutton020.DataValue("SCM_CMD.StopCMD.PV")=0
    END IF
End Sub
```

　　上述脚本实现的功能是单击"一键停车"按钮，弹出确认对话框，根据操作人员的选择，分别实现透平与往复压缩机顺控停止参数"SCM_CMD.StopCMD.PV"的置 1 或清 0。
　　按钮"紧急停车"也是单击操作，该按钮的 onclick 事件的脚本程序如下所示：

```
Sub pushbutton021_onclick
    IF (confirm("Do you really need to urgently stop the T&R Compressor?")) THEN
        MSGBOX("The T&R Compressor is in   Emergency Shutdown...")
        pushbutton021.DataValue("SCM_CMD.EmergCMD.PV")=1
    ELSE
        MSGBOX("You Cancel Emergency Shutdown")
        pushbutton021.DataValue("SCM_CMD.EmergCMD.PV")=0
    END IF
End Sub
```

上述脚本实现的功能是单击"紧急停车"按钮也会弹出确认对话框,根据操作人员的选择,分别实现透平与往复压缩机顺控急停参数"SCM_CMD.EmergCMD.PV"的置 1 或清 0。

2. 透平与往复压缩机 HMI 的运行与监控

加热炉 HMI 的运行视图如图 7-36 所示。手操阀的输出控制量(开度值)显示在其右侧或下方,单击手操阀的开度值,可以弹出手操阀对应的 Faceplate 操作面板,通过操作面板可以修改手操阀的开度。例如,单击 L1 右侧的开度值,弹出压缩机负荷调整余隙阀 L1 的操作面板,可以通过 Faceplate 修改 L1 的开度值;单击 V11 下方的开度值,弹出蒸汽入口阀 V11 的操作面板,可以通过 Faceplate 修改 V11 的开度值。如果双击手操阀的开度显示值,弹出该手操阀对应的操作回路(开环)详细显示界面。工艺参数值一般显示在其位号的右侧或下方,双击其显示值则弹出该位号的详细显示界面,与通过快捷按钮" 🔍 "调出的该点详细界面完全相同。例如,双击 PI-02 下方的显示值即可弹出 PI-02 的详细显示界面,与通过" 🔍 "调出的 PI-02 详细显示界面相同。

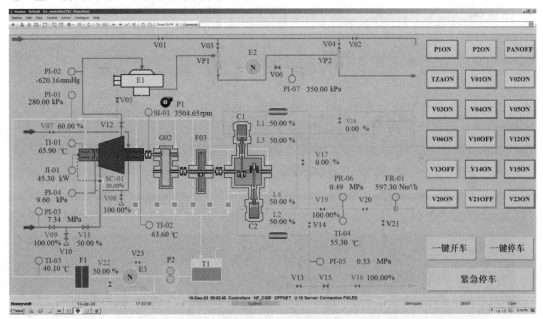

图 7-36　透平与往复压缩机控制系统人机界面运行视图

界面右侧的 18 个按钮如果显示为 P1OFF、P2OFF 和 PANOFF 等,则分别表示控制 P1、P2 和 PAN 等 18 个开关类执行元件对应的开关量输出信号的当前值为 OFF;如果显示为 P1ON、P2ON 和 PANON 等,则分别表示控制 P1、P2 和 PAN 等 18 个开关类执行元件对应的开关量输出信号的当前值为 ON。如果按钮四周的矩形框为绿色,则表示这 18 个开关管类执行元件当前状态对应的开关量输入信号为 OFF,即这 18 个开关处于关闭状态;如果按钮四周的矩形框为红色,则表示这 18 个开关管类执行元件当前状态对应的开关量输入信号为 ON,即这 18 个开关处于开启状态。例如,P1ON 表示控制泵 P1 的开关量输出信号为 ON,其四周的矩形框为红色,表示泵 P1 处于运行状态;P2ON 表示控制泵 P2 的开关量输出信号为 ON,但其四周的矩形框为绿色,则表示泵 P2 实际上并未运行。

　　参照 6.4 节的组界面组态步骤,可以快速组态实现透平与往复压缩机的组操作界面。由于每一幅组操作界面只能布局 8 个回路,所以透平与往复压缩机的 14 个手操阀需要组态 2 幅界面,其中第一幅组界面如图 7-37 所示。类似地也可以组态透平与往复压缩机的趋势界面,如图 7-38 所示。如果要记录手操阀的开度值或显示开度值的趋势曲线,可以将其组态为趋势界面。

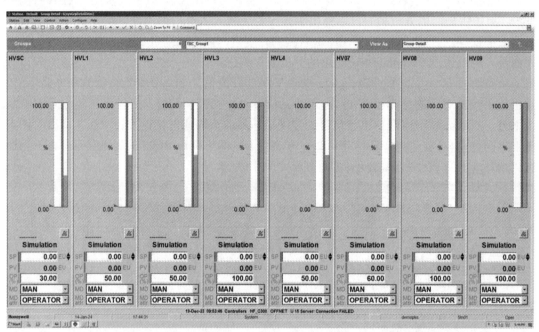

图 7-37　透平与往复压缩机手操阀控制组图

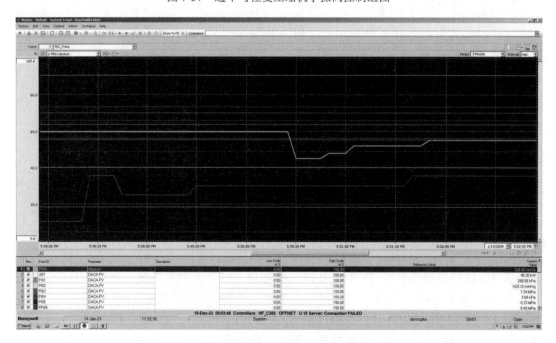

图 7-38　透平与往复压缩机工艺参数趋势曲线

7.3 65 t/h 锅炉 PKS 控制系统

锅炉广泛应用于发电、工艺加热和供暖等领域。锅炉的工作原理是利用燃料燃烧产生热能，通过加热水或蒸汽，将热能传递给需要加热的对象或通过蒸汽驱动汽轮机发电等。常见的锅炉燃料包括煤、油、天然气和生物质等，相应将锅炉分为燃煤锅炉、燃油锅炉和燃气锅炉等。锅炉的结构主要包括燃烧室、烟道、传热管和汽包等。燃气锅炉是一种使用天然气或液化石油气等燃料的锅炉，是一种更为清洁高效的热能动力设备，现已成为工业领域或居民重要的供暖、供热设备。燃气锅炉具有多方面的优势。燃气锅炉燃烧过程中产生的氮氧化物和二氧化碳等污染物排放量相对于燃煤锅炉更低，对环境影响更小；燃气锅炉可以快速加热和供应稳定的热水或蒸汽，实现供热或温度的快速调节，更好地满足不同用户的需求；燃气锅炉通过燃气的高效燃烧，可以将燃气的能量转化为热能，最大限度地降低能源的浪费；燃气锅炉更有条件利用智能优化技术等进一步提高能源利用效率。

本节举例的 65 t/h 燃气锅炉每小时生产 65 吨蒸汽，广泛应用于我国大型石油化工企业。炼油厂催化裂化再生烟气含一氧化碳(CO)，本锅炉可以将其作为燃料再次使用，故又称之为一氧化碳环保锅炉。一氧化碳锅炉燃烧催化裂化装置的再生烟气后放热，将水变为温度为 440℃、压力为 3.82 MPa 的过热蒸汽，向工厂供应中压蒸汽。65 t/h 锅炉所包含的工艺、设备、操作及控制内容相当于一套完整的过程系统，其控制系统的实现和开发过程具有代表意义。

7.3.1 65 t/h 锅炉工艺控制要求

1. 锅炉工艺流程

以 WGZ65/39-6 型锅炉为例，其结构形式为锅水自然循环，双汽包结构。设置膜式水冷壁，提高了锅炉的严密性。燃料气或燃油装置均在前墙布置。CO 喷嘴布置在炉底，尾部采用正压二次分离的钢珠除灰系统。整台锅炉采用全露天全悬吊结构，增强了抗震性能。锅炉设有完整的燃烧设备，可适应燃料气、液态烃、燃料油等多种燃料，既可以单独使用某一种燃料，也可以使用多种燃料混烧或与 CO 废气混烧。

锅炉本体由省煤油器、上汽包、对流管束、下汽包、下降管、水冷壁、过热器、表面式减温器、联箱等组成，其工艺流程如图 7-39 所示。省煤器有四组，主要用于预热锅炉给水，降低排烟温度，提高锅炉热效率。上汽包由百叶窗、旋风分离器、水位计等组成。主要用于汽水分离，连接受热面构成正常循环等。水冷壁主要用于吸收炉膛辐射热；过热器分低温段和高温段，主要用于使饱和蒸汽变成过热蒸汽；表面式减温器主要用于调节过热蒸汽的温度，调节范围为 10～33℃。锅炉给水经减温器回水至省煤器，一部分直接进入省煤器，被烟气加热至 256℃饱和水进入上汽包；再经对流管束至下汽包，通过下降管进入锅炉水冷壁，吸收炉膛辐射热使其在水冷壁里变成汽水混合物；最后返回上汽包进行汽水分离。256℃的饱和蒸汽进入一级过热器、减温器及二级过热器，最终加热成温度为 440℃、压力为 3.8 MPa 的过热蒸汽供给用户。以上过程是循环进行的，确保能够连续提供蒸汽。根据锅炉组成及其工作流程，可以将其分为水汽系统、燃烧系统和风烟系统三部分。

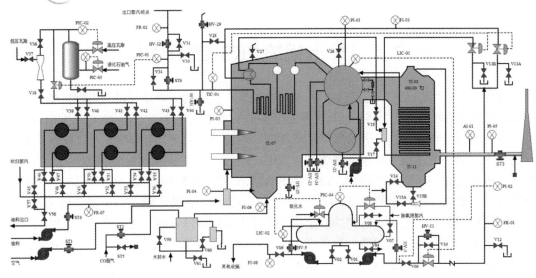

图 7-39　燃气锅炉工艺流程总图

1) 水汽系统

锅炉水汽系统包括水处理、排污、锅炉供水、蒸汽生产等处理工艺,工艺流程如图 7-40 所示。除盐水、汽轮机回水、主风机回水和汽压机回水等都必须除氧,均须进入除氧器的给水系统。经处理的软化水汇集蒸汽透平复水系统的冷凝水等,总流量由 FR-04 指示,在 LIC-02 输出调节阀控制下进入除氧器的上部热力除氧头,除去锅炉给水中的溶解氧及二氧化碳,防止其对锅炉及使用蒸汽设备造成腐蚀。除氧头下部连接卧式水箱,在水箱中部 800 mm 处布局液位计及液位调节器 LIC-02。共计有 3 台除氧器,用开关阀 V08 进行气相连通,用 V04 进行液相连通。除氧用蒸汽分为两路,一路在压力调节器 PIC-04 输出调节阀的控制下进入除氧头下部,另一路经阀门 V07 进入除氧头下部卧式水箱。

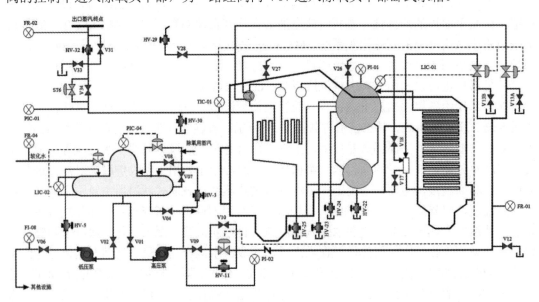

图 7-40　锅炉水汽系统工艺流程

热力除氧是用蒸汽将给水加热到饱和温度，使水中的溶解氧及 CO_2 释放。除氧头的结构像分离塔，内设多层配水盘。每层配水盘底部开有大量小孔，给水从塔顶逐盘分布流下。蒸汽从塔底迂回上升，与落下的水滴逆流多次接触，水被加热，放出溶解氧。部分蒸汽凝结，和除氧后的水同时进入下水箱。被除掉的 O_2、CO_2 及 N_2 等与未凝结的蒸汽向上流动，从顶部排至大气。热力除氧可使给水中的氧气含量降低到 15 mg/L 以下，CO_2 降低到 mg/L 左右。除氧后的软化水一路通过多级高压水泵向锅炉给水，另一路经低压泵向本厂其他装置供除氧水。高压泵出口连接五个阀门，分别是将高压水分流回除氧器水箱的手操阀 HV-3；泵出口阀 V9；上汽包水位调节器调节阀 LIC-01；上水大旁路阀 V10，用于当上水调节阀有故障时紧急上水；上水小旁路阀 HV-11，用于冷态开车时小流量上水。

锅炉给水管线设有压力指示 PI-02、给水总流量指示与记录 FR-01、高压止逆阀及低点排液阀 V12。给水分为两路，且两路都受控于蒸汽温度调节器 TIC-01 的两个分程调节阀之一。正常工况时大部分给水直接流向混合联箱，另一部分流向减温(换热)器，经阀 V18 汇合于混合联箱。阀 V17 是再循环阀，位于混合联箱至下汽包底部的再循环管线上。开车点火后，锅炉给水流量尚为零。省煤器换热管内只有静止的水，因此无法及时传递热量会引起过热。此时打开阀 V17，由于燃烧传热的差异导致锅水密度差异，形成锅水在上汽包、对流管束、下汽包、再循环管路和省煤器回路中的自然环流，对省煤器形成保护。汇合于混合联箱的给水流入四组串联的省煤器，利用烟气的热量预热给水后进入上汽包。

锅炉上汽包为卧式圆筒形承压容器。顶部设放空阀 V26、多个安全阀和压力指示仪 PI-01。中部 600 mm 高度处设水位检测和水位控制 LIC-01。下部及侧壁有多条对流管束与下汽包相连。上汽包内部装有给水分布槽、汽水分离器及连续排污管。通常工业用蒸汽带水量应当在 1%～3% 以下，蒸汽带水的原因是从水冷壁上升进入汽包的汽水混合物流速很大，冲击液面引起水花四溅。汽水分离是上汽包的重要作用之一，汽水分离器能减少溅水现象。在锅水蒸发量最大的汽液界面处含盐浓度较高，液面悬浮有积存盐渣。连续排污管在汽液界面处延伸，管壁开有许多排污孔，以便将污水通过阀 HV-24 排走。在正常液位上部设有事故排水管及手操阀 HV-23。水冷壁下联箱设有定期排污管及手操阀 HV-25。下汽包底部设排污管及手操阀 HV-22，用于排放沉淀物和泥沙等。锅炉排污系统用来保持水蒸气品质，包括连排系统和定排系统。连排系统从上汽包引排污管线到连排扩容器；定排系统则从水冷壁联箱引排污管线至定排扩容器。

上汽包汽化产生的蒸汽进入第一级过热段(低温过热段)汽相升温，中间设高点排空阀 V27，通过减温器后进入第二级过热段(高温过热段)。两级过热后的蒸汽温度可达 440℃，进入蒸汽输出管线。管线上设有主排空管及手操阀 HV-29、过热器疏水阀 HV-30(用于开车时的过热段降温保护)；小口径排凝阀 V31、V33 和 V34；锅炉与蒸汽管网的隔离阀 HV-32、产汽负荷提升手操阀 ST6 等。为了监控蒸汽质量与产量，设温度调节器 TIC-01、压力调节器 PIC-01 和主蒸汽流量指示记录点 FR-02。为了降低能耗，FR-02 一般使用喷嘴式流量计。阀门 V19、V20 和 V21 是上汽包现场水位器的排放阀、液相连通阀和汽相连通阀。上汽包液位是锅炉运行状况的重要参数，不能超高或超低。除了电动远传液位计外，还需独立安装现场水位计。

为了降低水中硬度盐类对锅炉的影响，一般需要使用加药泵(K04 为其电机开关)进行加药处理。处理方法是向上汽包用泵注入碱性或胶质药剂，使给水中的硬度盐类在进入锅炉后变成非黏附性的水渣，经排污孔排出，从而防止锅炉内结垢与腐蚀。对于已经附着在锅壁上的水垢层，加入碱性或胶质药剂也能使其逐渐松软脱落。

2) 燃烧系统

锅炉的燃烧系统包括燃料供应系统，其工艺流程如图 7-41 所示。为了稳定燃料气的压力，实现稳定燃烧，在高压瓦斯(HPG)进入燃料气缓冲罐的管线上设有压力调节器经 PIC-02，由其调节阀的开度来稳定管线上的燃料气压力。液化石油汽(LG)经 PIC-03 调节阀进入同一个燃料气缓冲罐，汽化为高压瓦斯。通常这两种燃料只用其中一种。从燃料气缓冲罐输出的高压瓦斯分为两路，一路由主蒸汽压力调节器 PIC-01 控制，向阀 V39、V40、V43 及 V44 所连接的四个燃气烧嘴供气。另一路经阀 V36 进入文丘里抽气泵。来自炼油厂的低压瓦斯(LPG)经阀 V35 与阀 V37 被吸入文丘里抽气泵，在泵的出口混合为中压瓦斯，经过阀 V38 向阀 V41 和阀 V42 所连接的两个燃气烧嘴供气，进行余热利用。

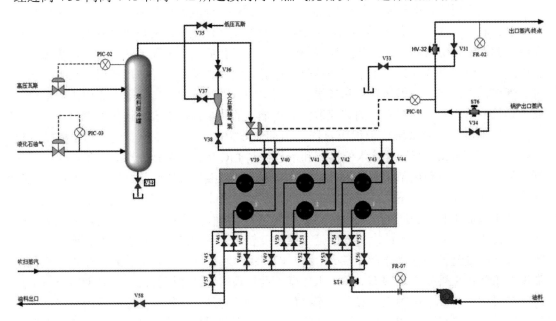

图 7-41　锅炉燃烧系统工艺流程

如果只开 6 个燃气烧嘴，则仅能维持 25 t/h 左右的产汽量。为了提高产量必须增投燃油烧嘴。燃料油从油罐送入油泵，泵电机开关为 K05。燃料油流量通过 FR-07 记录。泵出口流量用手操阀 ST4 调节，向阀 V46、V47、V50、V51、V54 和 V55 所连接的 6 个燃油烧嘴供油。油路的回线经阀 V58 返油罐，以便开车时进行油循环，防止油路堵塞。为了油路通畅，设有阀 V45、V48、V49、V52、V53、V56 和 V57 对 6 个燃油烧嘴及回油管线进行吹扫。

3) 风烟系统

风烟系统包括鼓风机和烟气系统等，其工艺流程如图 7-42 所示。燃烧系统所需的空气进入鼓风机，鼓风机设有电开关 K03。风机出口经挡板 ST1 分别向燃气、燃油和再生烟气烧嘴供风。风机出口压力由 PI-04 指示，炉内压力由 PI-03 指示，炉膛燃烧区温度由 TI-07 指示，省煤器烟气入口温度由 TI-01 指示，省煤器烟气出口温度由 TI-11 指示。烟道挡板

ST3 用来调整风量，烟气的氧含量由分析仪 AI-01 指示，烟道负压由 PI-05 指示。

来自催化裂化(FCCU)再生器的 CO 烟气，温度为 650℃，压力为 0.15 MPa。当不向锅炉导入 CO 烟气时，应打开蝶阀 ST5，将 CO 烟气直接导入烟囱。当向锅炉导入烟气时，打开蝶阀 ST2，CO 烟气首先流入大水封(进气前应先将水放掉)。导入炉内的烟气流量由 FI-06 指示。压缩风分珠阀 V14、压缩风升珠阀 V15A、压缩风落珠阀 V15B 及压缩风疏水阀 V16 属钢珠除灰系统。其作用是将省煤器四组换热面上在运行过程中积存的烟尘除去，从而提高换热效率。此外，操作不当会导致不完全燃烧，使炭灰积存。通过钢珠除灰系统除去积存的炭灰，尽可能避免省煤器管外二次燃烧事故。

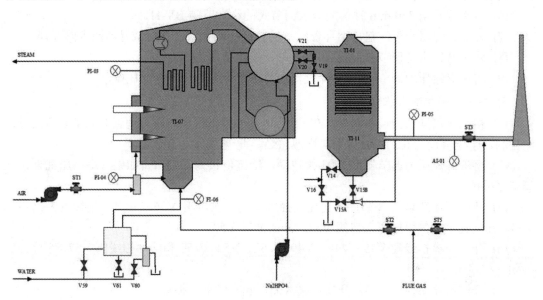

图 7-42　锅炉风烟系统工艺流程

2. 锅炉控制与投运要求

锅炉是特种设备，开车过程一般需要操作人员确认。启动前必须确保所有调节阀、手操阀、开关阀、电源开关灯都处于关闭状态。所有控制回路切换为手动控制，其将输出置为零。锅炉控制与投运相对复杂，详细说明请参考吴重光等编著的《化工仿真实习指南》，北京化工大学发布的 AI-TZZY/PS-2000/PS-3000 或更新版智能型化工过程仿真实习软件使用手册。锅炉的控制与投运要点如下：

1) 除氧器控制与投运要求

(1) 将调节器 LIC-02 置手动状态，手动输出向除氧器充水，控制液位达到 400 mm 时则停止充水。开再沸腾阀 V07 使其加热到 100℃后关再沸腾阀 V07。

(2) 将调节器 LIC-02 投自动，给定值设为 400 mm。

(3) 将调节器 PIC-04 置手动状态，调节手动输出使除氧器压力升至 1000 mmH$_2$O。

(4) 全开低压泵入口阀 V02，此步也可以在开车正常后进行。

(5) 启动低压泵电机 K02，此步也可以在开车正常后进行。

(6) 开低压泵出口阀 V06，调手操阀 HV-5 使 FI-08 流量为 100 t/h 左右，此步也可以在开车正常后进行。

2) 锅炉上水控制与投运要求

(1) 开上汽包放空阀 V26,开过热段高点放空阀 V27,将手操阀 HV-29 的开度置为 50% 左右。

(2) 上汽包水位调节器 LIC-01 置手动,其控制输出置为 0,以全关上汽包水位调节阀 C3。

(3) 开启高压泵入口阀 V01,启动高压泵开关 K01,开高压泵出口阀 V09。

(4) 必要时通过高压泵循环阀 HV-3 调泵出口压力。

(5) 缓慢开启给水调节阀的小流量旁路阀 HV-11,手控上水,上水流量不得大于 10 t/h。 锅炉的各部件容水量达 50 t/h,上水过快会导致排气不畅、局部受压,可能损坏设备。

(6) 待水位升至 250 mm 时,关给水调节阀的小旁路阀 HV-11。

(7) 开启省煤器和下汽包再循环管线上的再循环阀 V17,开启减温器回水阀 V18。

(8) 将上汽包水位调节器 LIC-01 投自动,给定值置为 300 mm。

(9) 将除氧器压力调节器 PIC-04 投自动,给定值设为 2000 mmH$_2$O。

3) 燃料系统控制与投运要求

(1) 将高压瓦斯压力调节器 PIC-02 置手动,手控高压瓦斯压力达到 0.3 MPa 后改投自 动控制,给定值设为 0.3 MPa(如果只烧液态烃,此调节器关闭)。

(2) 将液态烃压力调节器 PIC-03 投自动,给定值设为 0.3 MPa(如果只烧高压瓦斯,此 调节器关闭)。

(3) 开低压瓦斯总阀 V35,开文丘里抽气泵高压入口阀 V36,开文丘里抽气泵出口阀 V38,开文丘里抽气泵低压入口阀 V37,开回油阀 V58。

(4) 开各油嘴扫线阀 V45、V48、V49、V52、V53、V56 和回油扫线阀 V57,5 分钟后 关闭各扫线阀。

(5) 开燃料油遥控阀 ST4,开启油泵 K05,建立炉前油循环。

4) 锅炉点火控制与投运要求

(1) 检查上汽包及过热段高点放空阀 V26、V27 及排空阀 HV-29 是否开启。

(2) 全开风机出口挡板 ST1,全开烟道挡板 ST3。

(3) 开启风机 K03 通风 5 分钟,确保炉膛不含可燃气体。

(4) 将烟道挡板 ST3 调至 20% 左右。

(5) 置上汽包压力调节器 PIC-01 为手动,置 PIC-01 输出为 2%~3%,开点火准备工作 IG1、IG2、IG3(点火准备工作包括一系列操作,打开后不得关闭,否则火会熄灭)。开炉前 根部阀 V44、V42、V40,将 1、2、3 号燃气烧嘴点燃。

(6) 开 IG4、IG5、IG6 和 V39、V41、V43,将 4、5、6 号燃气火嘴点燃。

(7) 过热器疏水阀 HV-30,保护过热段。

(8) 手动调节 PIC-01 输出约 2%,等待锅炉缓慢升温。保持升温速率小于 2℃/s。当锅 水开始汽化由各排放点排入扩容器,上汽包水位有所下降时,处于自控的 LIC-01 将以等量 的上水加以补充。即通过上水流量可以折算排空蒸汽流量。此过程应持续一定时间,以便 将水汽系统中的空气通过汽化的蒸汽置换掉,从而提高产汽质量。

5) 锅炉升压控制与投运要求

手动调节 PIC-01 输出(只能用慢挡)使锅炉升压,PIC-01 的输出控制 4 个高压燃气烧嘴的负荷，其最大能力可产出约 28 t/h 合格蒸汽。若要继续提高负荷，必须启用燃油烧嘴或烟气烧嘴。

(1) 冷态锅炉由点火达到并汽条件，时间应严格控制不得小于 3～4 小时，升压应缓慢平稳。此间严禁关小过热器疏水阀和排气阀，严禁赶火升压，以免过热器管壁温度急剧上升和对流管束胀口渗水等现象发生。

(2) 开加药泵 K04。上汽包压力调节器 PIC-01 的手动输出必须维持在小开度。

(3) 压力在 0.1～0.8 MPa 时，冲洗水位计一次。

(4) 压力在 0.3～0.8 MPa 时，定期排污一次，缓慢开 HV-25 片刻，缓慢关 HV-25。调整排空阀 HV-29 的开度约为 50%～80%，手动调节压力调节器 PIC-01 的输出，确保压力不下降，也可以暂时将调节器 PIC-01 投自动。

(5) 压力在 0.3～0.8 MPa 时，下汽包排污一次，缓慢开 HV-22 片刻，缓慢关 HV-22。调整排空阀 HV-29(约 50%～80%)，同时手动调节压力调节器 PIC-01 的输出，保持压力不下降也可以暂时将调节器 PIC-01 投自动。

(6) 压力在 1.5 MPa 时，根据上水量估计排空蒸汽量。关闭过热器放空阀 V27 与上汽包放空阀 V26。

(7) 过热蒸汽温度达 400℃时投入减温器，手动调节 TIC-01 的输出为 50%。TIC-01 控制两个调节阀，需要使用分程控制算法。按分程控制原理，调节器 TIC-01 的输出为 0 时，减温器调节阀(蒸汽温度调节阀 A)开度为 0%，省煤器调节阀开度(蒸汽温度调节阀 B)为 100%。TIC-01 输出为 50%，两阀各开 50%，TIC-01 输出为 100%，减温器调节阀开度为 100%，省煤器给水调节阀开度为 0%)。

(8) 通过上水流量折算产气流量，此流量受控于排空阀 HV-29，应控制在 15～20 t/h 左右。压力升至 3.6 MPa 后，保持此压力达到平稳，5 分钟后可准备锅炉并汽。

6) 锅炉并汽控制与投运要求

(1) 检查蒸汽温度，确保其不低于 420℃。

(2) 调整上汽包水位为 250～300 mm。

(3) 调整过热蒸汽压力低于母管压力 0.1～0.15 MPa(约 3.60～3.65 MPa)。

(4) 开主汽阀旁路阀 V34。

(5) 开隔离阀旁路阀 V31，开蒸汽管排凝阀 V33，待水排空后关闭 V33、V31 和 V34 阀。

(6) 缓慢打开主汽阀 ST6(负荷阀)约 5%。

(7) 缓慢打开隔离阀(手操阀)HV-32，压力平衡后全开隔离阀 HV-32。

(8) 若压力趋于升高或下降，可以通过压力调节器 PIC-01 手动调整。

(9) 手动调节蒸汽压力达到 3.8 MPa 后，将压力调节器 PIC-01 投自动，将 PIC-01 的给定值设为 3.8 MPa。

(10) 逐渐关疏水阀 HV-30。此时蒸汽已在过热段中流动，不必进行过热保护。

(11) 逐渐关排空阀 HV-29。为了使工况稳定，注意同时按交替的方法关 HV-29 少许和开 ST6 少许，至 HV-29 全关。至此，置换过程完成，排空的蒸汽全部并入蒸汽母管。

(12) 此时上水已在省煤器中流动，不必进行过热保护，关闭再循环阀 V17。

(13) 缓慢手控主汽阀 ST6，提升燃烧负荷，使产汽量达到 20 t/h 左右。

(14) 并汽后进行一次钢珠除灰操作。开启工业风疏水阀 V16，将存水放尽；开分离器风门 V14，松动钢珠；开启升珠管风门 V15A(调整风压在 0.2~0.25 MPa 之间)，然后缓慢开启落珠门 V15B，调整珠量均衡；除尘完毕后，先关落珠门 V15B，待升珠管内无钢珠后，关闭各风门。

7) 锅炉负荷提升控制与投运要求

(1) 检查燃油手操阀 ST4 位于小开度，全开 6 个燃油烧嘴阀 V46、V55、V47、V55、V50 和 V51；手控主汽阀 ST6，使负荷升至 35 t/h。

(2) 同时观察蒸汽压力调节器 PIC-01 的输出，如果大于 90%则说明燃料气气量已不足，必须开大油量加以补充。燃油量通过遥控手操阀 ST4 手动控制。

(3) 缓慢手调主汽阀 ST6 提升负荷，提升速度每分钟不超过 3~5 t/h。提升过程中密切注意 PIC-01 的输出不得过大，过大则增加油量，直至负荷升至 65 t/h。

(4) 手动控制 TIC-01 使调整蒸汽温度达到 440℃后转为自动，将减温调节器 TIC-01 给定值设为 440℃。

(5) 手动调整烟道挡板 ST3，使烟气含氧量 AI-01 在 1%~3%以内。

(6) 关闭烟气大水封进水阀门 V59(将大水封中的水排空)，准备导入烟气。

(7) 等待炉膛温度高于 890℃，此时可以导入从催化裂化(FCCU)来的高温 CO 烟气。在逐渐开大烟气阀 ST2 的同时，关小部分燃油阀 ST4，并且保持系统平稳。同时注意适度开大烟道挡板 ST3，使锅炉烟气含氧量 AI-01 在 1%~3%以内。当导入烟气流量 FI-06 大于 98 000 Nm^3/h 后关闭 ST5。

8) 锅炉正常运行控制要求

(1) 负荷升至 65 t/h 后，保持额定值 65 ± 0.5 t/h。调整烟道挡板 ST3，使烟气含氧量维持在 2%左右。

(2) 蒸汽温度保持在 440 ± 5℃范围内。

(3) 均衡进水，保持正常水位，使给水量和蒸汽负荷达到平衡。汽包水位控制参数：正常 300 ± 30 mm，异常 300 ± 75 mm。

(4) 过热蒸汽压力保持在 3.8 ± 0.05 MPa。

(5) 给水压力保持在 4.8~5.5 MPa。

(6) 炉膛压力小于 200 mmH_2O。

(7) 油气与 CO 烟气混烧时，排烟温度正常值 200℃左右，最高 250℃；油气混烧时，排烟温度正常值 180℃以下。

(8) 烟气含氧量保持在 0.9%~3.0%。

(9) 燃料气压力保持在 0.29~0.31 MPa。

(10) 除氧器压力保持在 2000 ± 100 mmH_2O。

(11) 除氧器液位保持在 400 ± 30 mm。

7.3.2　65 t/h 锅炉控制方案

1. 硬件配置

根据吸收装置系统的工艺分析，系统包含有 23 个模拟量输入点(其中 7 点用于回路控制)、23 个模拟量输出点(其中 8 点用于回路控制,分程控制占用 2 个模拟量输出点,15 点用于手操阀)、65 个开关量输出点和 65 个开关量输入(用于开关阀、点火器、电源开关等的状态反馈,如果不需要状态反馈,则可以省略)。参照 2.4.3 小节介绍的 PKS 控制站的硬件组成和 3.3 节介绍的 PKS 硬件组态流程以及库容器中列出的 C 系列 I/O 模块,组成 65 t/h 燃气锅炉 PKS 控制系统硬件配置情况如表 7-16 所示。

表 7-16　65 t/h 燃气锅炉 PKS 控制系统硬件配置表

硬 件 类 别	型 号	数 量
C300 控制电源	CC-PWRR01	2
C300 控制器(两块互为冗余对)	CC-PCNT01	2
C300 控制器底板(两块互为冗余对)	CC-TCNT01	2
控制防火墙(两块互为冗余对)	CC-PCF901	2
控制防火墙底板(两块互为冗余对)	CC-TCF901	2
模拟量输入模块(两块互为冗余对)	CC-PAIH02	4
模拟量输入模块底板(共用底板支持冗余)	CC-TAID11	2
模拟量输出模块(两块互为冗余对)	CC-PAOH01	4
模拟量输出模块底板(共用底板支持冗余)	CC-TAOX11	2
开关量输入模块(两块互为冗余对)	CC-PDIL01	6
开关量输入模块底板(共用底板支持冗余)	CC-TDIL11	3
开关量输出模块(两块互为冗余对)	CC-PDOB01	6
开关量输出模块底板(共用底板支持冗余)	CC-TDOB11	3

2. I/O 点表与通道分配

根据 65 t/h 锅炉的工艺分析,I/O 点表和通道分别分配如表 7-17、表 7-18 和表 7-19 所示。通道名的命名规则为板卡名和通道号组成。例如,通道名 AIHL1_01 表示组态时使用了板卡名为 AIHL1 的第 1 个通道。

表 7-17　模拟量输入点表

工位号描述	工位号	量　程	报 警 值	通道号	通道名
锅炉上水流量	FR-01	0～100 t/h	无	1	AIHL1_01
过热蒸汽输出流量	FR-02	0～100 t/h	无	2	AIHL1_02
减温水流量	FR-03	0～20 t/h	无	3	AIHL1_03
软化水流量	FR-04	0～200 t/h	无	4	AIHL1_04
燃料油流量	FR-07	0～10 m³/h	无	5	AIHL1_05
烟气流量	FI-06	0～150 000 m³/h	无	6	AIHL1_06
至催化除氧水流量	FI-08	0～100 t/h	无	7	AIHL1_07

续表

工位号描述	工位号	量　程	报　警　值	通道号	通道名
上汽包压力	PI-01	0～10 Mpa	无	8	AIHL1_08
锅炉上水压力	PI-02	0～10 Mpa	＞6.5 MPa(H)；＜4.8 MPa(L)	9	AIHL1_09
炉膛压力	PI-03	0～500 mmH₂O	＞210 mmH₂O(H)	10	AIHL1_10
鼓风压力	PI-04	0～1000 mmH₂O	无	11	AIHL1_11
烟气出口压力	PI-05	−200～0 mmH₂O	无	12	AIHL1_12
省煤器入口烟温	TI-01	0～500℃	无	13	AIHL1_13
炉膛烟温	TI-07	0～1000℃	无	14	AIHL1_14
排烟段烟温	TI-11	0～300℃	＞200℃(H)；＜150℃(L)	15	AIHL1_15
烟气含氧量	AI-01	0～10.0%	＞3.0%(H)；＜0.8%(L)＜0.5%(LL)	16	AIHL1_16
主蒸汽压力调节器	PIC-01	0～5 MPa	＞3.95 MPa(H)；＜3.50 MPa(L)	1	AIHL2_01
高压瓦斯压力调节器	PIC-02	0～500 kPa	＜200 kPa(L)	2	AIHL2_02
液态烃压力调节器	PIC-03	0～500 kPa	无	3	AIHL2_03
除氧器压力调节器	PIC-04	0～3000 mmH₂O	＜1800 mmH₂O(L)	4	AIHL2_04
上汽包水位调节器	LIC-01	0～500 mm	＞375 mm(H)；＜225 mm(L)	5	AIHL2_05
除氧器水位调节器	LIC-02	0～1000 mm	＞500 mm(H)；＜300 mm(L)	6	AIHL2_06
过热蒸汽温度调节器	TIC-01	0～500℃	＞460℃(H)；＜435℃(L)	7	AIHL2_07

表7-18　模拟量输出点表

执行器描述	通道号	通道名	阀名	执行器描述	通道号	通道名	阀名
除氧器压力调节阀	1	AO1_01	C1	主蒸汽阀	13	AO1_13	ST6
除氧器液位调节阀	2	AO1_02	C2	高压泵再循环阀	14	AO1_14	HV-3
上汽包液位调节阀	3	AO1_03	C3	低压泵再循环阀	15	AO1_15	HV-5
蒸汽温度调节阀(A)	4	AO1_04	C4	给水小旁路阀	16	AO1_16	HV-11
蒸汽温度调节阀(B)	5	AO1_05	C5	下汽包放水阀	1	AO2_01	HV-22
蒸汽压力调节阀	6	AO1_06	C6	事故放水阀	2	AO2_02	HV-23
液态烃压力调节阀	7	AO1_07	C7	连续排污阀	3	AO2_03	HV-24
高压瓦斯压力调节阀	8	AO1_08	C8	定期排污阀	4	AO2_04	HV-25
鼓风机出口遥控挡板	9	AO1_09	ST1	排空阀	5	AO2_05	HV-29
烟气量遥控挡板	10	AO1_10	ST2	过热器疏水阀	6	AO2_06	HV-30
排烟遥控挡板	11	AO1_11	ST3	隔离阀	7	AO2_07	HV-32
燃料油遥控阀	12	AO1_12	ST4				

表 7-19　开关量输入/输出点表

开关量输入通道分配				开关量输出通道分配			
开关量输入信号	通道名	通道名	检测元件	点　名	通道号	通道名	执行元件
烟气至烟筒遥控阀状态	1	DI1_01	ST5S	烟气至烟筒遥控阀	1	DO1_01	ST5
高压泵入口阀状态	2	DI1_02	V01S	高压泵入口阀	2	DO1_02	V01
低压泵入口阀状态	3	DI1_03	V02S	低压泵入口阀	3	DO1_03	V02
除氧器水平衡阀状态	4	DI1_04	V03S	除氧器水平衡阀	4	DO1_04	V03
低压泵出口阀状态	5	DI1_05	V06S	低压泵出口阀	5	DO1_05	V06
再沸腾阀状态	6	DI1_06	V07S	再沸腾阀	6	DO1_06	V07
除氧器平衡阀状态	7	DI1_07	V08S	除氧器平衡阀	7	DO1_07	V08
高压泵出口阀状态	8	DI1_08	V09S	高压泵出口阀	8	DO1_08	V09
给水大旁路阀状态	9	DI1_09	V10S	给水大旁路阀	9	DO1_09	V10
给水管路放水阀状态	10	DI1_10	V12S	给水管路放水阀	10	DO1_10	V12
减温器放水阀状态	11	DI1_11	V13AS	减温器放水阀	11	DO1_11	V13A
省煤器放水阀状态	12	DI1_12	V13BS	省煤器放水阀	12	DO1_12	V13B
压缩风分珠阀状态	13	DI1_13	V14S	压缩风分珠阀	13	DO1_13	V14
压缩风升珠阀状态	14	DI1_14	V15AS	压缩风升珠阀	14	DO1_14	V15A
压缩风落珠阀状态	15	DI1_15	V15BS	压缩风落珠阀	15	DO1_15	V15B
压缩风疏水阀状态	16	DI1_16	V16S	压缩风疏水阀	16	DO1_16	V16
再循环阀状态	17	DI1_17	V17S	再循环阀	17	DO1_17	V17
减温器回水阀状态	18	DI1_18	V18S	减温器回水阀	18	DO1_18	V18
液位计放水阀状态	19	DI1_19	V19S	液位计放水阀	19	DO1_19	V19
液位计水阀状态	20	DI1_20	V20S	液位计水阀	20	DO1_20	V20
液位计汽阀状态	21	DI1_21	V21S	液位计汽阀	21	DO1_21	V21
上汽包放空阀状态	22	DI1_22	V26S	上汽包放空阀	22	DO1_22	V26
过热器放空阀状态	23	DI1_23	V27S	过热器放空阀	23	DO1_23	V27
反冲洗阀状态	24	DI1_24	V28S	反冲洗阀	24	DO1_24	V28
隔离阀旁路阀状态	25	DI1_25	V31S	隔离阀旁路阀	25	DO1_25	V31
蒸汽管排水阀状态	26	DI1_26	V33S	蒸汽管排水阀	26	DO1_26	V33
主蒸汽阀旁路阀状态	27	DI1_27	V34S	主蒸汽阀旁路阀	27	DO1_27	V34
低压瓦斯总阀状态	28	DI1_28	V35S	低压瓦斯总阀	28	DO1_28	V35
喷射器高压入口阀状态	29	DI1_29	V36S	喷射器高压入口阀	29	DO1_29	V36
喷射器低压入口阀状态	30	DI1_30	V37S	喷射器低压入口阀	30	DO1_30	V37
喷射器出口阀状态	31	DI1_31	V38S	喷射器出口阀	31	DO1_31	V38
4 号高压瓦斯气阀状态	32	DI1_32	V39S	4 号高压瓦斯气阀	32	DO1_32	V39

开关量输入通道分配				开关量输出通道分配			
开关量输入信号	通道名	通道名	检测元件	点 名	通道号	通道名	执行元件
3 号高压瓦斯气阀状态	1	DI2_01	V40S	3 号高压瓦斯气阀	1	DO2_01	V40
5 号中压瓦斯气阀状态	2	DI2_02	V41S	5 号中压瓦斯气阀	2	DO2_02	V41
2 号中压瓦斯气阀状态	3	DI2_03	V42S	2 号中压瓦斯气阀	3	DO2_03	V42
6 号高压瓦斯气阀状态	4	DI2_04	V43S	6 号高压瓦斯气阀	4	DO2_04	V43
1 号高压瓦斯气阀状态	5	DI2_05	V44S	1 号高压瓦斯气阀	5	DO2_05	V44
4 号油枪扫线阀状态	6	DI2_06	V45S	4 号油枪扫线阀	6	DO2_06	V45
4 号油枪进油阀状态	7	DI2_07	V46S	4 号油枪进油阀	7	DO2_07	V46
3 号油枪进油阀状态	8	DI2_08	V47S	3 号油枪进油阀	8	DO2_08	V47
3 号油枪扫线阀状态	9	DI2_09	V48S	3 号油枪扫线阀	9	DO2_09	V48
5 号油枪扫线阀状态	10	DI2_10	V49S	5 号油枪扫线阀	10	DO2_10	V49
5 号油枪进油阀状态	11	DI2_11	V50S	5 号油枪进油阀	11	DO2_11	V50
2 号油枪进油阀状态	12	DI2_12	V51S	2 号油枪进油阀	12	DO2_12	V51
2 号油枪扫线阀状态	13	DI2_13	V52S	2 号油枪扫线阀	13	DO2_13	V52
6 号油枪扫线阀状态	14	DI2_14	V53S	6 号油枪扫线阀	14	DO2_14	V53
6 号油枪进油阀状态	15	DI2_15	V54S	6 号油枪进油阀	15	DO2_15	V54
1 号油枪进油阀状态	16	DI2_16	V55S	1 号油枪进油阀	16	DO2_16	V55
1 号油枪扫线阀状态	17	DI2_17	V56S	1 号油枪扫线阀	17	DO2_17	V56
回油扫线阀状态	18	DI2_18	V57S	回油扫线阀	18	DO2_18	V57
回油阀状态	19	DI2_19	V58S	回油阀	19	DO2_19	V58
大水封上水阀状态	20	DI2_20	V59S	大水封上水阀	20	DO2_20	V59
小水封上水阀状态	21	DI2_21	V60S	小水封上水阀	21	DO2_21	V60
大水封放水阀状态	22	DI2_22	V61S	大水封放水阀	22	DO2_22	V61
锅炉给水高压泵状态	23	DI2_23	K01S	锅炉给水高压泵开关	23	DO2_23	K01
低压水泵运行状态	24	DI2_24	K02S	低压水泵开关	24	DO2_24	K02
鼓风机运行状态	25	DI2_25	K03S	鼓风机开关	25	DO2_25	K03
加药泵运行状态	26	DI2_26	K04S	加药泵开关	26	DO2_26	K04
燃料油泵运行状态	27	DI2_27	K05S	燃料油泵开关	27	DO2_27	K05
点火器 IG1 状态	28	DI2_28	IG1S	点火器 IG1	28	DO2_28	IG1
点火器 IG2 状态	29	DI2_29	IG2S	点火器 IG2	29	DO2_29	IG2
点火器 IG3 状态	30	DI2_30	IG3S	点火器 IG3	30	DO2_30	IG3
点火器 IG4 状态	31	DI2_31	IG4S	点火器 IG4	31	DO2_31	IG4
点火器 IG5 状态	32	DI2_32	IG5S	点火器 IG5	32	DO2_32	IG5
点火器 IG6 状态	01	DI3_01	IG6S	点火器 IG6	01	DO3_01	IG6

3. 控制回路

根据 65 t/h 锅炉的工艺控制要求，共有 7 个控制回路，如表 7-20 所示。主蒸汽压力控制回路采用前馈-反馈控制律；过热蒸汽控制器输出的同时作用于减温器调节阀和省煤器调节阀，需要采用分程控制算法；汽包液位(水位)可以使用单冲量控制、双冲量控制或三冲量控制方案，其余控制回路采用单回路 PID 控制。当汽包水位使用单回路控制时(单冲量控制)，FR-01 和 FR-02 均用作检测点。在多数情况下，汽包水位使用单冲量控制时，有可能出现虚假水位现象。为了解决虚假水位问题，可以考虑使用三冲量控制方案，此时将检测点 FR-01 改造为副控回路 FRC-01，使其与汽包水位组成串级控制系统，再将热蒸汽流量 FR-02 作为前馈量，构成汽包水位的前馈-串级控制系统，即三冲量控制系统。

表 7-20　控制回路及控制律选择

回路名	回　路　描　述	控　制　律	作用方式
PIC-01	主蒸汽压力控制器	前馈-反馈控制	反作用
PIC-02	高压瓦斯压力控制器	单回路 PID	反作用
PIC-03	液态烃压力控制器	单回路 PID	反作用
PIC-04	除氧器压力控制器	单回路 PID	反作用
LIC-01	上汽包液位控制器	三冲量控制	反作用
LIC-02	除氧器液位控制器	单回路 PID	反作用
TIC-01	过热蒸汽温度控制器	分程控制	反作用

4. 控制回路设定值

65 t/h 锅炉的工况控制要求如表 7-21 所示。

表 7-21　65 t/h 锅炉的工况控制要求

工位号描述	工位号	控制目标	工位号描述	工位号	控制目标
主蒸汽压力控制器	PIC-01	3.8 MPa	上汽包水位控制器	LIC-01	300 mm
高压瓦斯压力控制器	PIC-02	300 kPa	除氧器液位控制器	LIC-02	400 mm
液态烃压力控制器	PIC-03	300 kPa	过热蒸汽温度控制器	TIC-01	440℃
除氧器压力控制器	PIC-04	2000 mmH$_2$O			

7.3.3　锅炉控制策略组态

1. 数据采集点的组态

为了利用 PKS 系统提供的点显示、趋势显示等界面显示功能，此例将每一个模拟量输入点组态为一个 CM。65 t/h 锅炉数据采集点的 CM 名称(点名)如表 7-22 所示。

表 7-22　65 t/h 锅炉 PKS 控制系统数据采集点 CM 名称

序号	工位号描述	工位号	CM 名称	序号	工位号描述	工位号	CM 名称
1	锅炉上水流量	FR-01	FR01	9	锅炉上水压力	PI-02	PI02
2	过热蒸汽输出流量	FR-02	FR02	10	炉膛压力	PI-03	PI03
3	减温水流量	FR-03	FR03	11	鼓风压力	PI-04	PI04
4	软化水流量	FR-04	FR04	12	烟气出口压力	PI-05	PI05
5	燃料油流量	FR-07	FR07	13	省煤器入口烟温	TI-01	TI01
6	烟气流量	FI-06	FI06	14	炉膛烟温	TI-07	TI07
7	至催化除氧水流量	FI-08	FI08	15	排烟段烟温	TI-11	TI11
8	上汽包压力	PI-01	PI01	16	烟气含氧量	AI-01	AI01

　　鉴于 PKS 的 TAG 不支持 "-" 符号，因此，直接将工位号中的 "-" 删除后作为数据采集点的 CM 名称，以便使点名称与工位号形成良好的对应关系。每一个数据采集点的组态需要用到 AICHANNEL 功能块和 DATAACQ 功能块，并由 DATAACQ 功能块实现量程变换和报警处理。如果用 1 个 CM 组态数据采集点，表 7-17 前 4 个点的组态结果与图 7-23 类似。

2. 手操阀输出控制组态

　　65 t/h 锅炉共有 15 个模拟量输出，分别用于控制鼓风机出口遥控挡板、烟汽量遥控挡板、燃料油遥控阀、连续排污阀等类似于手操阀或挡板这一类执行元件，将其统称为手操阀的控制。与 7.1.3 小节介绍的手操阀输出控制组态方法类似，锅炉系统手操阀的输出控制同样可以采用 PID 开环控制方法，以便借用 PKS 的回路控制界面或操作面板等调节手操阀的开度。每一个手操阀的控制策略组态需要使用 1 个 PID 功能块、1 个 AOCHANNEL 功能块和 1 个 NUMERIC 功能块，共计 15 个 CM，如表 7-23 所示。锅炉系统手操阀控制策略组态结果与图 7-24 类似。使用 PID 实现手操阀控制逻辑时，PID 必须工作在开环模式，即 PID 的控制模式必须置为手动(MAN)，便于操作人员通过回路控制面板修改手操阀的开度。PID 功能块的 SP 置为 0，NUMERIC 功能块将数值 0 传送给 PID 功能块的 PV，从而使 PID 的测量值 PV 始终为 0，即 PID 的偏差为始终 0。即使操作人员误将控制模式切换为自动，也不会引起手操阀输出的变化。将手操阀处理为 PID 开环控制，既可以在 HMI 流程界面上单击手操阀名称弹出回路控制面板，也可以将 8 个手操阀组成一个操作组，通过组界面调节每一个手操阀或挡板的开度。

表 7-23　65 t/h 锅炉手操阀控制策略组态使用的 CM 名称

序号	执行器描述	CM 名称	序号	执行器描述	CM 名称
1	鼓风机出口遥控挡板 ST1	HST1	9	下汽包放水阀 HV-22	HV22
2	烟气量遥控挡板 ST2	HST2	10	事故放水阀 HV-23	HV23
3	排烟遥控挡板 ST3	HST3	11	连续排污阀 HV-24	HV24
4	燃料油遥控阀 ST4	HST4	12	定期排污阀 HV-25	HV25
5	主蒸汽阀 ST6	HST6	13	排空阀 HV-29	HV29
6	高压泵再循环阀 HV-3	HV03	14	过热器疏水阀 HV-30	HV30
7	低压泵再循环阀 HV-5	HV05	15	隔离阀 HV-32	HV32
8	给水小旁路阀 HV-11	HV11			

3. 单回路组态

单回路 PID 的组态可以参考 7.1.3 小节，65 t/h 锅炉共有 4 个单回路 PID 控制，分别是高压瓦斯压力控制器 PIC-02，液态烃压力控制器 PIC-03，除氧器压力控制器 PIC-04 和除氧器液位控制器 LIC-02。组态的 CM 名称及其主要参数如表 7-24 所示，控制器的作用方式应根据调节阀的类型、安装位置进行调整。

表 7-24　单回路的 CM 名称及其主要参数

回路名	CM 名称	AI 通道	AO 通道	量　　程	设定值	报警限	作用方式
PIC-02	PIC02	AIHL2_02	AO1_08	0～500 kPa	300 kPa	200 kPa(L)	反作用
PIC-03	PIC03	AIHL2_03	AO1_07	0～500 kPa	300 kPa	无	反作用
PIC-04	PIC04	AIHL2_04	AO1_01	0～3000 mmH$_2$O	2000 mmH$_2$O	800 mmH$_2$O(L)	反作用
LIC-02	LIC02	AIHL2_06	AO1_02	0～1000 mm	400 mm	500 mm(H) 300 mm(L)	反作用

4. 过热蒸汽温度分程控制策略的组态

锅炉过热蒸汽温度控制器的输出作用于两个调节阀，即减温器调节阀(蒸汽温度调节阀 A)和省煤器调节阀(蒸汽温度调节阀 B)，需要使用分程控制策略。分程控制的基本思路是调节器 TIC-01 的输出从 0%～100%变化时，减温器调节阀开度也是 0%～100%变化；调节器 TIC-01 的输出从 0%～100%变化时，省煤器调节阀开度则按 100%～0%变化。组态分程控制需要使用 1 个 AICHANNEL 功能块、1 个 DATAACQ 功能块、1 个 PIDA 功能块、1 个 FANOUT 功能块和 2 个 AOCHANNEL 功能块，其组态结果如图 7-43 所示。

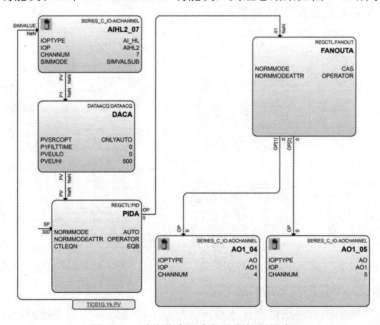

图 7-43　过热蒸汽温度的分程控制策略

FANOUT 功能块可以将 1 路输入复现为 8 路输出，每一路输出可以设置独立的零点和增益等，默认时的零点为 0，增益为 1，输出和输入相同。默认情况下，FANOUT 功能块已配置 2 个输出引脚,即可以实现 1 路输入、2 路输出,输出和输入相同。如果需要 2 路以上的输出,可以自己添加输出引脚。每 1 路输出的零点、增益和输出率可以是常数量或外部量。常数量一般在组态时给定或通过程序给定,外部量则由另一个功能块给定。

　　FANOUT 功能块的 2 路输出连接 2 个 AOCHANNEL 功能块,其输出分别连接减温器调节阀和省煤器调节阀。2 个 AOCHANNEL 功能块需要设置相反的作用方向。打开名为"AO1_4"的 AOCHANNEL 功能块的属性编辑窗口,切换到"Configuration"标签页,将"Output Direction"选择为"Direct"(正作用,也是该选项的默认值);同理,打开名为"AO1_5"的 AOCHANNEL 功能块的属性编辑窗口,将"Output Direction"选择为"Reverse"(反作用)。

5. 主蒸汽压力前馈-反馈控制策略的组态

　　过热蒸汽流量变化可以视为主蒸汽压力控制回路的扰动,引入前馈控制可以进行一定程度的补偿,以降低过热蒸汽流量变化对主蒸汽压力控制回路的影响。5.2 节依据前馈控制的控制框图使用常规 PID 实现了前馈控制策略的组态,此处使用 PKS 提供的前馈控制器 PIDFF 功能块再现前馈控制策略的组态过程。PIDFF 功能块和 PID 功能块的使用方法基本相似,不同的是,PIDFF 功能块自带有前馈控制信号的输入引脚,且可以设置其输入的增益和零点(偏置)。使用 PIDFF 功能块组态的前馈控制器如图 7-44 所示,显然,基于 PIDFF 实现前馈-反馈控制更为便捷。PIDFF 功能块的 FF 为前馈输入信号,此处接入主蒸汽流量信号 FR02。BFF 和 KFF 分别为前馈输入信号的零点和增益;FFOPT 为前馈类型,反映前馈信号和 PID 控制输出信号的运算关系,可以是加法运算或乘法运算,默认是加法运算,即前馈信号和 PID 输出信号相加后作为 PIDFF 的输出。为了仿真主蒸汽压力的前馈-反馈控制策略的运行过程,需要将过热蒸汽流量 FR02 作为扰动信号,修改前面使用过的仿真对象,修改后的仿真对象如图 7-45 所示。

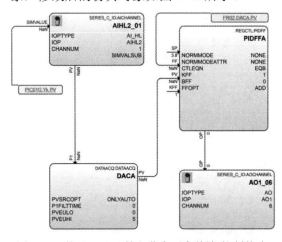 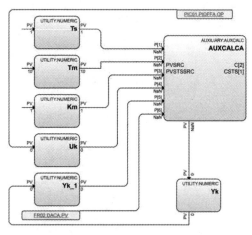

图 7-44　基于 PIDFF 的主蒸汽压力前馈-控制策略　　　图 7-45　主蒸汽压力仿真对象

6. 汽包水位三冲量控制策略的组态

　　汽包水位三冲量控制系统以汽包水位(液位)为主控变量,构建主控回路 LIC-01,以进水流量作为副控变量,构建副控回路 FRC-01。汽包水位与进水流量组成串级控制系统,可以有效克服进水流量变化对汽包水位的影响。以蒸汽流量作为前馈变量,与进水流量组成前馈-反馈控制系统,由此构建出汽包水位前馈-串级控制系统,即汽包水位三冲量控制系统。

　　将前馈-反馈控制策略的组态和 5.1 节介绍的串级控制的组态结合起来，即可实现前馈-串级控制的组态，即汽包水位三冲量控制策略的组态，如图 7-46 所示。主控回路使用 PID 功能块实现，副控回路使用 PIDFF 功能块实现。为了充分利用 PKS 提供的回路界面显示功能，仍将主控回路和副控回路组态为单独的 CM，其名称为"LIC01"和"FRC01"。

　　为了使汽包水位三冲量控制系统可以运行，还需要搭建 1 个汽包水位三冲量仿真对象，并将其命名为"LIC01_FRC01G"。此处将进水流量对象汽包水位的影响考虑为二阶对象，将蒸汽流量对象对汽包水位的影响考虑为比例环节。为此，可以修改 5.1 节介绍的二阶仿真对象，引入蒸汽流量作为扰动信号即可构建出汽包水位三冲量控制系统仿真对象，如图 7-47 所示。仿真对象中 Y2K 功能块的输出"LIC01_FRC01G.Y2K.PV"为进水流量，作为副控回路的反馈信号；Y1K 功能块的输出"LIC01_FRC01G.Y1K.PV"为汽包水位，作为主控回路的反馈信号，蒸汽流量"FR02.DACA.PV"接入名为"NK"的输入端作为扰动信号。仿真时需要注意的是，如果 FR02 没有人为输入信号，其输出为"NAN"，仿真对象因为有"NAN"输入而将其输出置为 0。因此，运行汽包水位三冲量仿真对象时，需要给 FR02 一个有效的输入，即使是 0 也可以。

图 7-46　汽包水位三冲量控制策略

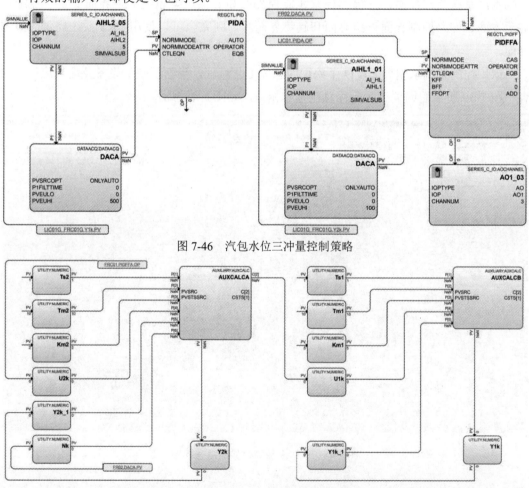

图 7-47　汽包水位三冲量控制系统仿真对象

7. 开关量输入/输出逻辑的组态

锅炉有 65 个开关阀或电源开关等需要使用开关量输出控制，同时，有 65 个开关阀或电源开关等的状态信号需要通过开关量输入进行反馈。将开关量输出信号的逻辑"1"定义为开启阀门等，逻辑"0"定义为关闭阀门等。开关量输入信号的逻辑"1"表示开关阀等处于开启状态，逻辑"0"则表示开关阀等处于关闭状态。参照 7.1.3 小节或 7.2.3 小节的开关量输入/输出控制逻辑的组态方法，在名为"SwitchV"的 CM 中组态 65 个开关量输出逻辑；在名为"SwitchVS"的 CM 中组态 65 个开关量输入逻辑。

7.3.4　锅炉控制系统 HMI 组态与监控

1. 锅炉控制系统 HMI 组态

尽管燃气锅炉的 I/O 点数不多，但其工艺流程相对复杂，需要设计多幅工艺流程监控界面。一般情况下，可以参考锅炉的工艺流程组态一幅工艺流程总貌界面(工艺流程总图)，一幅水汽系统监控界面、一幅燃烧系统监控界面和一幅风烟系统监控界面。至于点细目显示界面、回路控制界面、组界面和趋势界面等，则完全可以使用 PKS 系统提供的显示界面。

锅炉控制系统总貌界面反映了锅炉的总体工艺流程，界面反映的设备及信号流程等内容和图 7-39 所示的锅炉工艺流程总图基本相似，如图 7-48 所示。

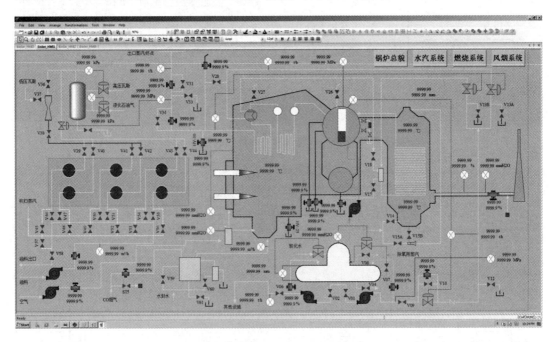

图 7-48　锅炉总貌监控界面组态视图

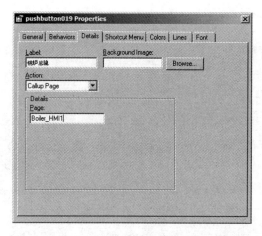

图 7-49　界面切换按钮"锅炉总貌"的组态

　　界面的显示信息主要包括工艺参数显示值、控制回路及其显示、手操阀及其输出显示等。为了统一检测点、控制回路和手操阀的显示格式，将检测点按不同的物理量单位设计为相应的动态子图，例如，单位为℃的温度显示动态子图，单位为 MPa 的压力显示动态子图，单位为 mmH$_2$O 的压力显示动态子图等。同理，将控制回路按不同的物理量单位设计为不同的动态子图，例如，单位为℃的温度控制显示动态子图，单位为 MPa 的压力控制显示动态子图，单位为 mmH$_2$O 的压力值控制显示动态子图等。手操阀的输出均为百分比，只需要设计一种动态子图即可。由于调用动态子图时关联的点来自控制策略，而控制策略的 TAG 名称不支持"-"，因此，界面上显示的位号并不带有"-"，需要操作人员将界面上的位号当成工艺流程上的相应位号。例如，界面上的 FR01 对应工艺流程上的 FR-01，界面上的 LIC01 对应工艺流程的 LIC-01，以此类推。锅炉总貌界面不涉及到开关阀的操作，将开关动作类按钮的操作分别部署到水汽系统监控界面、燃烧系统监控界面和风烟系统监控界面。不管当前显示的界面是什么，都希望能够切换到指定的监控界面，为此，需要在每一幅监控界面的右上方布局界面切换按钮"锅炉总貌""水汽系统""燃烧系统"和"风烟系统"。以界面切换按钮"锅炉总貌"为例，假设锅炉总貌界面名称为 Boiler_HMI1，则按照图 7-49 配置该按钮属性编辑窗口的 Detail 标签页，即可在任何界面上单击"锅炉总貌"按钮调出锅炉总貌监控界面。

　　参照图 7-40 所示的水汽系统工艺流程，可以实现水汽系统 HMI 的组态，如图 7-50 所示。水汽系统监控界面的右上角依然布局界面切换按钮，便于从水汽系统监控界面切换到其他界面。开关阀 V26、V27 和 V28 的操作按钮直接布局在顶行中部，使其呈现在流程图中相应开关阀的附近，便于对照流程图操作，和右上角的界面切换按钮保持水平对齐。V31、V33 和 V34 的操作按钮布局在界面左上侧，和流程图中的开关阀所在位置基本对应，便于对照操作。屏幕底部开关阀和电源开关的编号顺序依次布局 V01、V02、V04、V06、V07、V08、V09、V10、K01 和 K02 的操作按钮，屏幕右下方按开关阀的编号顺序依次布局 V12、V13A、V13B、V17 和 V18 的操作按钮。

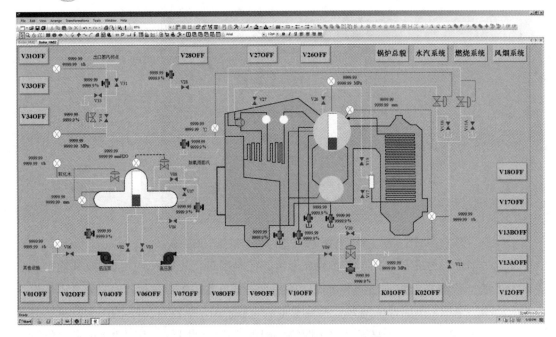

图 7-50　锅炉水汽系统 HMI 的组态视图

开关阀或电源开关等操作按钮及其状态指示分别由 1 个 pushbutton 和 1 个可变颜色的矩形框组成。按钮上的名称和控制该开关阀等的开关量输出信号的状态一致。例如，开关阀 V01 对应的按钮名称(Label)既可以为 V01ON，也可为 V01OFF，如果其名称为 V01ON，表示控制 V01 的开关量输出信号为 ON；如果其名称为 V01OFF，表示控制 V01 的开关量输出信号为 OFF。开关阀或电源开关等的操作按钮设计为跟斗工作模式，即单击某个按钮时，按钮的名称呈现交替变化，输出的开关量信号也呈现交替变化。例如，单击按钮"V01OFF"，则该按钮的脚本程序使该按钮的名称变为"V01ON"，控制 V01 的开关量输出信号为 ON；再次单击按钮"V01ON"，则该按钮的脚本程序使该按钮的名称变为"V01OFF"，控制 V01 的开关量输出信号为 OFF。按钮上的文字并不能代表开关阀的实际状态，其实际状态是由相应的开关量输入信号进行反馈的，并将其状态变化与按钮四周矩形框的颜色变化进行关联。因此，按钮四周的矩形框实际上是一个顺序子图，红色矩形框则表示开关阀或电源开关等处于开启状态或有效状态；绿色矩形框则表示开关阀或电源开关等处于关闭状态或无效状态。也就是说，通过观察按钮四周矩形框的颜色，即可判断相应开关阀或电源开关等执行元件的实际工作状态。

单击按钮实现的动作或功能需要编写脚本才能实现，其与 7.1.4 小节或 7.2.4 小节介绍的按钮脚本编程类似。开关阀或电源开关等的操作按钮需要针对两类事件进行脚本编程，即操作人员单击操作对应的 onclick 事件和动态感知操作事件的变化的 ondatachange 事件，前者用于响应操作人员的操作，后者用于切换界面后确保按钮的当前状态(按钮显示的文字、颜色和背景色等)能够得以保持。通过 onclick 事件对应的脚本程序，实现开关阀或电源开关等的开启或关闭功能；通过 ondatachange 事件的脚本程序，实现操作按钮当前状态的感知功能，即切换或刷新界面后，维持按钮的已有状态。

参照图 7-41 所示的工艺流程，可以组态出锅炉燃烧系统监控界面；参照图 7-42 所示的工艺流程，可以组态出锅炉风烟系统监控界面。

2. 锅炉控制系统 HMI 运行与监控

锅炉工艺流程总貌监控界面运行视图如图 7-51 所示。操作人员在任意界面中，单击屏幕右上方的"锅炉总貌"均可切换到锅炉工艺流程总貌监控界面。双击采集点的名称，如"FR03"，可以调出 FR03 的详细显示界面。单击回路名称，如"LIC02"，可以弹出 LIC02 的回路操作面板，通过操作面板可以修改设定值和控制模式等；双击回路名称，如"LIC02"，可以调出 LIC02 的回路操作详细界面，通过详细界面可以修改设定值、控制模式、控制器参数等。单击手操阀的名称，如 HV29，可以弹出手操阀 V29 的操作面板，使用其操作面板可以调整手操阀的开度。

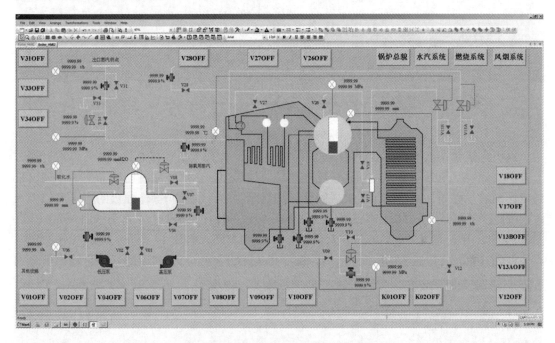

图 7-51　锅炉总貌监控界面运行视图

锅炉水汽系统监控界面运行视图如图 7-52 所示。操作人员在任意界面中，单击屏幕右上方的"水汽系统"均可切换到锅炉水汽系统监控界面。在水汽系统监控界面中，双击采集点的名称，如"FI08"，可以调出 FI08 的详细显示界面。单击回路名称，如"PIC04"，可以弹出 PIC04 的回路操作面板，通过操作面板可以修改设定值和控制模式等；双击回路名称，如"PIC04"，可以调出 PIC04 的回路操作详细界面，通过详细界面可以修改设定值、控制模式、控制器参数等。单击手操阀的名称，如 HV03，可以弹出手操阀 V03 的操作面板，使用其操作面板可以调整手操阀的开度。单击"V01OFF"按钮，该按钮的名称变为"V01ON"，控制 V01 的开关量输出信号为 ON。如果该电磁阀实际状态已变为 ON，且反馈其实际状态的开关量输入也变为 ON，则"V01ON"操作按钮四周的边框变为红色。图 7-52 中，开关阀 V01、V02、V04、V06、V08、V09 和 V18，电源开关 K01 和 K02 的按钮四周的边框为红色，表示上述开关阀或电源开关的实际状态为 ON，其余开关阀的实际状态则为 OFF。

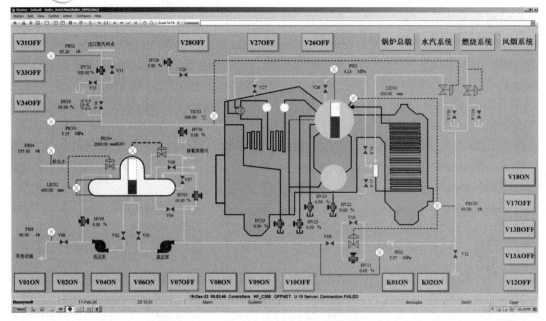

图 7-52　锅炉水汽系统监控界面运行视图

　　锅炉燃烧系统监控界面运行视图如图 7-53 所示。操作人员在任意界面中,单击屏幕右上方的"燃烧系统"均可切换到锅炉燃烧系统监控界面。在燃烧系统监控界面中,调出采集点详细显示界面、回路操作面板或回路详细显示界面、手操阀操作面板的方法类似于水汽系统监控界面。开关阀操作按钮或点火器操作按钮的操作也类似于水汽系统监控界面。在图 7-53 中,开关阀 V35～V44,V47、V50、V51 和 V55,共计 14 个开关阀的操作按钮四周边框为红色,且按钮名称后缀为 ON,表示其实际状态为 ON,对应的开关量输出信号为

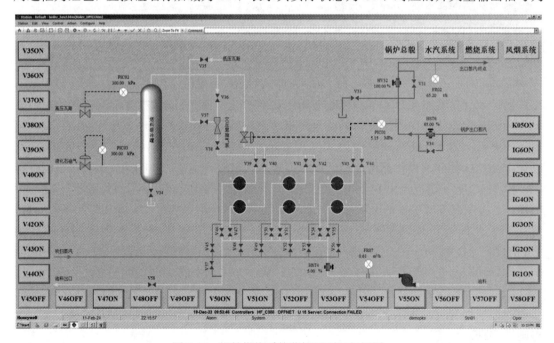

图 7-53　锅炉燃烧系统监控界面运行视图

ON，反馈其实际状态的开关量输入信号也为 ON。同理，点火器 IG1～IG6，电源开关 K05 的操作按钮四周的边框也是红色，表示其实际状态、对应的开关量输出信号、反馈其实际状态的开关量输入也为 ON。操作按钮四周边框为绿色，且按钮名称后缀为 OFF，则表示其实际状态、开关量输出信号和反馈其实际状态的开关量输入信号均为 OFF。

锅炉风烟系统监控界面运行视图如图 7-54 所示。操作人员在任意界面中，单击屏幕右上方的"风烟系统"均可切换到锅炉风烟系统监控界面。在风烟系统监控界面中，调出采集点详细显示界面、手操阀操作面板的方法类似于水汽系统。开关阀按钮的操作，按钮名称及其四周边框颜色表示的含义类似于水汽系统。

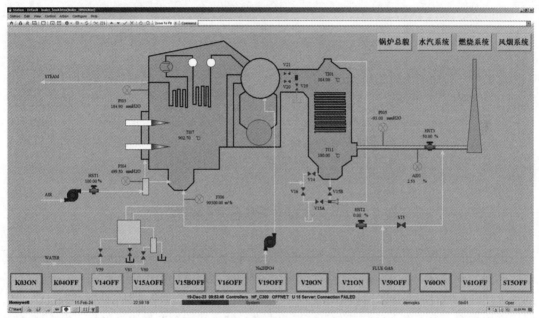

图 7-54　锅炉风烟系统监控界面运行视图

充分利用 PKS 系统提供的组界面、趋势界面功能，可以组态出锅炉控制系统的组界面和趋势界面。例如，7 个控制回路(汽包水位三冲量控制有 2 个回路)正好组成 1 个操作组，便于更好地操作和监控控制回路。还可以将每 8 个手操阀组成 1 个操作组，通过手操阀组界面对 8 个手操阀进行集中操作与控制。

利用趋势界面便于采集和存储实时趋势和历史趋势，也便于比较变量之间的变化关系。每一幅趋势界面可以组态 32 个参数，针对锅炉控制系统，既可以按水汽系统、燃烧系统和风烟系统等工艺单元分类组态趋势界面；也可以按其他检测点、控制回路和手操阀等特性来分类组态趋势界面；还可以按温度、压力、流量、液位和成分等不同物理量分类组态趋势界面。在实际过程中，一般根据设计院或 DCS 项目组制定的设计规格书来组态趋势界面。

第8章 PKS 在典型化工单元控制中的应用

化工厂一般由若干化工单元或装置组成，主要的化工单元或装置包括连续反应釜、间歇反应釜、吸收塔、闪蒸塔、解析塔、精馏塔、常压装置、减压装置、催化裂化装置和合成装置等。本章选择其中较为典型的连续反应系统、吸收装置和精馏装置，分析其控制需求，介绍其 PKS 控制系统的硬件选型与配置，控制策略组态(重点是顺控组态)和人机界面组态。本章提到的手动阀和手操阀是同一类需人工操作的控制阀。

8.1 连续反应 PKS 控制系统

聚丙烯的生产过程是十分典型的连续反应。将反应物丙烯原料与相应的催化剂按照一定的比例加入到反应釜当中，与反应溶剂己烷混合搅拌，进行丙烯聚合反应。连续带搅拌的釜式反应器(CSTR)是化工过程中常见的单元操作。丙烯聚合过程采用了两釜并联进料、串联反应的流程。由于聚合反应是在己烷溶剂中进行的，故称溶剂淤浆法聚合。生成聚丙烯的连续反应必须对包括温度、反应物浓度、压力等在内的工艺参数进行精准控制，从而确保聚丙烯产品的质量和生产效率。

8.1.1 连续反应系统工艺控制要求

1. 连续反应系统基本控制要求

连续反应系统的工艺流程如图 8-1 所示，新鲜丙烯进料 C_3H_6 通过阀门 HV01 以及后续工段回收的循环丙烯 C_3H_6 通过阀门 HV02 进入储罐 D-207。再经泵 P-201 充进首釜 D-201。己烷溶剂 C_6H_{14} 通过阀门 HV06 进入首釜 D-201。催化剂 A 和活化剂 B 分别从阀门 HV08 和 HV09 进入首釜。阀门 HV03 是气体循环冷却手动调整旁路阀，在首釜 D-201 内部聚合反应还未触发，温度还没有达到要求时，须全开阀门 HV03。首釜 D-201 通过控制夹套热水阀门 HV04，进行加热升温，促进反应。首釜 D-201 聚合反应发生后的降温则通过夹套冷却水散热以及汽化散热。汽化后的气体经冷却器 E-201 进入 D-207 罐，D-207 罐上部汽化空间含氢(分子量调节剂)的未凝气通过鼓风机 C-201 经插入釜底的气体循环管返回首釜，形成丙烯气体压缩制冷回路。

当二釜 D-202 的丙烯不足时，气相丙烯 C_3H_6 作为补充进料，从阀门 HV10 进入到二釜 D-202。己烷溶剂 C_6H_{14} 通过阀门 HV07 进入二釜 D-202，与丙烯 C_3H_6 混合，进行丙烯聚合反应。二釜 D202 同样通过控制夹套热水阀门 HV05 对二釜进行加热升温，促进反应。二釜 D-202 聚合反应发生后的降温则采用夹套冷却水和浆液釜外循环散热。由于二釜内部的丙烯太少，因此没有利用丙烯气体压缩制冷回路降温的条件，所以采用浆液釜外循环方式散热。

聚丙烯熔融指数与反应时氢气的含量相关。少量氢气通过调节阀 AIC-01 与调节阀 AIC-02 分别进入到首釜 D-201 和二釜 D-202，控制两釜内部聚丙烯熔融指数。熔融指数表征了聚丙烯的分子量分布。

首釜的主要操作点包括超压或停车时使用的放空阀 HV11、釜底泄料阀 HV13、夹套加热热水阀 HV04，搅拌电机开关 M01，气体循环冷却手动调整旁路阀 HV03，鼓风机开关 C01(备用鼓风机开关 C1B)。二釜的主要操作点包括超压或停车时使用的放空阀 HV12、釜底泄料阀 HV14、夹套加热热水阀 HV05、夹套冷却水阀 HV15，搅拌电机开关 M02，浆液循环泵电机开关 P06。储罐 D-207 的主要操作点包括丙烯进料阀 HV01、循环液相回收丙烯进料阀 HV02、丙烯输出泵 P-201 开关 P01(备用泵开关 P1B)。

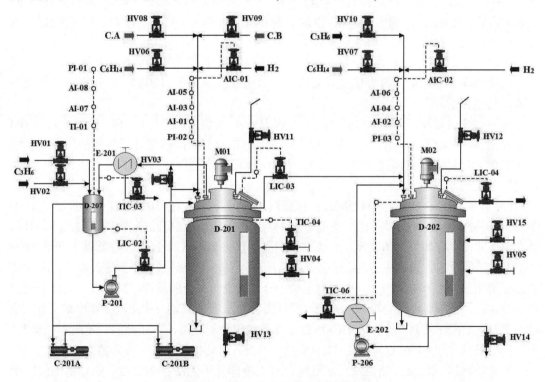

图 8-1　连续反应系统工艺流程图

2. 连续反应系统顺控要求

连续反应系统顺控包括冷态开车和正常停车 2 种工况。连续反应系统冷态开车是指在接收到操作人员开车指令后能够按照连续反应系统冷态开车逻辑和工艺要求使连续反应系统从冷态运行到正常工况，即实现一键开车功能。连续反应系统正常停车是指在接收到操作人员停车指令后能够按照连续反应系统正常停车逻辑和工艺要求使连续反应系统从正常工况切换到停车状态或停车工况，实现一键停车功能。

1) 冷态开车顺控逻辑要求

(1) 检查所有阀门确保处于关闭状态，各泵、搅拌电机和压缩机确保处于停机状态。

(2) 打开丙烯进料阀 HV01，向储罐 D-207 充丙烯。当液位达 50%时，打开泵 P-201，将 LIC-02 控制器投入自动控制模式。

(3) 打开己烷进口阀 HV06，开度为 50%，向首釜 D-201 充己烷。当液位达 50%时，将 LIC-03 控制器投入自动控制模式。

(4) 打开己烷进口阀 HV07，开度为 50%，向二釜 D-202 充己烷。当液位达 50%时，将 LIC-04 控制器投入自动控制模式。

(5) 打开鼓风机 C-201A，即开 C01。全开手操阀门 HV03，使丙烯气走旁路而暂不进入反应釜。手动 TIC-03 控制器置输出约 30%，使冷却器 E-201 预先工作。

(6) 打开首釜 D-201 搅拌电机 M01。开催化剂阀 HV08 和 HV09，开度各 50%。调整夹套热水阀 HV04，使釜温上升至 45～55℃左右诱发反应。关闭热水阀后，只要釜温继续上升，说明首釜的反应已被诱发。此时反应放热逐渐加强，必须通过夹套冷却水系统，即手动 TIC-04 控制器置输出向夹套送冷却水。逐渐关旁路阀 HV03 加大气体循环冷却流量，控制釜温，防止超温、超压和"暴聚"事故。当釜温达到 70±1℃时，将 TIC-04 控制器投入自动控制模式，设定值为 70±1℃。

如果加热诱发反应过度，开大冷却量仍无法控制温度，应在温度不大于 90℃时暂停搅拌，或适当减小催化剂量等方法及早处理。一旦釜温大于等于 100℃，则认定为"暴聚"事故，只能重新开车。

如果加热诱发反应不足，只要一关热水阀 HV04，釜温 TIC-04 就下降。应继续开 HV04 强制升温。若强制升温还不能奏效，则应检查是否在升温的同时错开了气体循环冷却系统或 TIC-04 控制器有手动输出冷却水流量。此时必须全关所有冷却系统，甚至开大催化剂流量直到反应诱发成功。

(7) 开二釜 D-202 搅拌电机 M02。打开汽相丙烯补料阀 HV10，开度为 50%。在首釜 D-201 反应的同时必须随时关注二釜的釜温。因为首釜的反应热会通过物料带到二釜。有可能在二釜即使没有加热时诱发反应。正常情况需调整夹套热水阀 HV05 使釜温上升至 40～50℃左右诱发反应。如前所述，由于首釜的浆液进入二釜带来热量会导致釜温上升，因此要防止过量加热。关闭热水阀后只要釜温继续上升，就说明二釜的反应已被诱发。同时反应放热逐渐加强，必须通过夹套冷却水系统，即开夹套冷却水阀 HV15 和浆液循环冷却系统，启动泵 P-206 电机开关 P06，手动 TIC-06 控制器置输出控制釜温，防止超温、超压和"暴聚"事故。当釜温达到 60±1℃时，将 TIC-06 控制器投入自动控制模式，设定值为 60±1℃。

与首釜相同，如果加热诱发反应过度，开大冷却量仍无法控制温度，应超前于温度不大于 90℃时暂停搅拌，或采取适当减小催化剂流量等方法及早处理。一旦釜温大于等于 100℃，则认定为"暴聚"事故，只能重新开车。

如果加热诱发反应不足，只要一关热水阀 HV05 釜温 TIC-06 就下降。应继续开 HV05 强制升温。若强制升温还不能奏效，应检查是否在升温的同时错开了浆液循环冷却系统或 HV15 有手动输出冷却水流量。此时必须全关所有冷却系统，甚至开大催化剂流量直到反应诱发成功。

(8) 气体循环冷却器 E-201 出口温度逐渐降到 45 ± 1℃，将 TIC-03 控制器投入自动控制模式，设定值为 45 ± 1℃。

(9) 等两釜温度控制稳定后，手动调整 AIC-01 向首釜加入氢气，使熔融指数达 6.5 左右，将 AIC-01 投入自动控制模式。

(10) 在调整 AIC-01 的同时，手动调整 AIC-02 向二釜加入氢气，使熔融指数达 6.5 左右，将 AIC-02 投入自动控制模式。

(11) 打开循环液相丙烯阀 HV02，开度约 25%；适当关小阀 HV01，开度约 25%，应使丙烯进料总量保持不变。

(12) 微调各手操阀门及控制器，使连续反应系统达到正常设计工况，开车操作即告完成。

2) 正常停车顺控逻辑要求

(1) 关闭 D-202 汽相丙烯加料阀 HV10。

(2) 关闭 A、B 催化剂阀 HV08、HV09。

(3) 关闭丙烯进料阀 HV01，关闭循环液相丙烯阀 HV02。

(4) 关闭 D-201 加己烷阀 HV06，关闭 D-202 加己烷阀 HV07。

(5) 打开 D-201 放空阀 HV11，打开 D-202 放空阀 HV12。

(6) 打开 D-201 泄液阀 HV13，打开 D-202 泄液阀 HV14。

(7) 将 TIC-04 控制器投入手动控制模式，置输出为 100%。

(8) 将 TIC-06 控制器投入手动控制模式，置输出为 100%。

(9) 将 TIC-03 控制器投入手动控制模式，置输出为 100%。

(10) 将 LIC-02 控制器投入手动控制模式，置输出为 100%。

(11) 将 LIC-03 控制器投入手动控制模式，置输出为 100%。

(12) 将 LIC-04 控制器投入手动控制模式，置输出为 0。

(13) 将 AIC-01 控制器投入手动控制模式，置输出为 0。

(14) 将 AIC-02 控制器投入手动控制模式，置输出为 0。

(15) 关闭泵 P-201，关闭泵 P-206。

(16) 关闭 D-201 搅拌电机 M01，关闭 D-202 搅拌电机 M02。

(17) 将 D-201、D-202 和 D-207 的液位降至零。

(18) 关闭气体循环阀 HV03。

(19) 关闭压缩机 C-201。

8.1.2 连续反应系统控制方案

1. 硬件配置

连续反应 PKS 控制系统的硬件配置包括控制站、服务器、操作站(工程师站)和网络设备等，除控制站外，其他设备一般采用标准化配置，所以此处仅讨论其控制站的硬件配置。由图 8-1 所示的工艺流程可知，连续反应系统包含 20 点模拟量输入(其中数据采集 12 点，控制回路测量值 8 点)、23 点模拟量输出(控制回路输出 8 点，手操器输出 15 点)、9 点开关量输入和 9 点开关量输出。开关量输入和开关量输出一一对应，例如，压缩机 C-201A 的开关通断控制使用开关量输出，其状态反馈则使用开关量输入。参照 2.4.3 小节介绍的 PKS

控制站的硬件组成和3.3节介绍的PKS硬件组态流程以及库容器中列出的C系列I/O模块，连续反应PKS控制站系统硬件配置情况如表8-1所示。

表8-1　连续反应控制系统硬件配置表

硬 件 类 别	型 号	数 量
C300控制电源	CC-PWRR01	2
C300控制器(两块互为冗余对)	CC-PCNT01	2
C300控制器底板(两块互为冗余对)	CC-TCNT01	2
控制防火墙(两块互为冗余对)	CC-PCF901	2
控制防火墙底板(两块互为冗余对)	CC-TCF901	2
模拟量输入模块(两块互为冗余对)	CC-PAIH02	4
模拟量输入模块底板(共用底板支持冗余)	CC-TAID11	2
模拟量输出模块(两块互为冗余对)	CC-PAOH01	4
模拟量输出模块底板(共用底板支持冗余)	CC-TAOX11	2
开关量输入模块(两块互为冗余对)	CC-PDIL01	2
开关量输入模块底板(共用底板支持冗余)	CC-TDIL11	1
开关量输出模块(两块互为冗余对)	CC-PDOB01	2
开关量输出模块底板(共用底板支持冗余)	CC-TDOB11	1

2. I/O点表与通道分配

由图8-1所示的工艺流程可以确定出连续反应系统的输入/输出点表，模拟量输入点表如表8-2所示，模拟量输出点表如表8-3所示，开关量输入/输出点表如表8-4所示。在上述点表设计中，通道名由模块名称和通道号组成，例如，通道名"AIHL1_01"表示名为"AIHL1"的模拟量输入模块的第1个通道。通道名称对应C系列I/O通道功能块AICHANNEL、AOCHANNEL、DICHANNEL和DOCHANNEL在某个CM中的实际名称，以用于连续反应系统的控制策略组态。

表8-2　模拟量输入点表

工位号描述	工位号	量　程	报 警 值	通道号	通道名
首釜D-201丙烯浓度	AI-01	0～100%	无	1	AIHL1_01
二釜D-202丙烯浓度	AI-02	0～100%	无	2	AIHL1_02
首釜D-201己烷浓度	AI-03	0～100%	无	3	AIHL1_03
二釜D-202己烷浓度	AI-04	0～100%	无	4	AIHL1_04
首釜D-201聚丙烯浓度	AI-05	0～100%	>50%(H)	5	AIHL1_05
二釜D-202聚丙烯浓度	AI-06	0～100%	>50%(H)	6	AIHL1_06
储罐D-207丙烯浓度	AI-07	0～100%	无	7	AIHL1_07
储罐D-207己烷浓度	AI-08	0～100%	无	8	AIHL1_08
储罐D-207压力	PI-01	0～2MPa	无	9	AIHL1_09

续表

工位号描述	工位号	量程	报警值	通道号	通道名
首釜 D-201 压力	PI-02	0～2MPa	>1.2 MPa(H)	10	AIHL1_10
二釜 D-202 压力	PI-03	0～2MPa	>0.8 MPa(H)	11	AIHL1_11
储罐 D-207 温度	TI-01	0～100℃	>40℃(H)	12	AIHL1_12
气体循环冷却器 E-201 出口温度	TIC-03	0～100℃	无	13	AIHL1_13
首釜 D-201 温度	TIC-04	0～100℃	>75℃(H) <65℃(L)	14	AIHL1_14
二釜 D-202 温度	TIC-06	0～100℃	>65℃(H) <55℃(L)	15	AIHL1_15
储罐 D-207 液位	LIC-02	0～100%	>70%(H) <30%(L)	16	AIHL1_16
首釜 D-201 液位	LIC-03	0～100%	>80%(H) <30%(L)	1	AIHL2_01
二釜 D-202 液位	LIC-04	0～100%	>90%(H) <30%(L)	2	AIHL2_02
首釜 D-201 聚丙烯熔融指数	AIC-01	无	无	3	AIHL2_03
二釜 D-202 聚丙烯熔融指数	AIC-02	无	无	4	AIHL2_04

表 8-3　模拟量输出点表

执行器说明	通道号	通道名	阀名	执行器说明	通道号	通道名	阀名
丙烯进料阀	1	AO1_01	HV01	首釜泄料阀	13	AO1_13	HV13
循环丙烯进料阀	2	AO1_02	HV02	二釜泄料阀	14	AO1_14	HV14
气体循环冷却手动阀调整旁路阀	3	AO1_03	HV03	二釜夹套冷却水阀	15	AO1_15	HV15
首釜夹套热水阀	4	AO1_04	HV04	储罐液位调节阀	1	AO2_01	LICV02
二釜夹套热水阀	5	AO1_05	HV05	首釜液位调节阀	2	AO2_02	LICV03
首釜己烷进料阀	6	AO1_06	HV06	二釜液位调节阀	3	AO2_03	LICV04
二釜己烷进料阀	7	AO1_07	HV07	首釜气体循环冷却器出口温度调节阀	4	AO2_04	TICV03
首釜催化剂 A 进料阀	8	AO1_08	HV08	首釜釜温调节阀	5	AO2_05	TICV04
首釜催化剂 B 进料阀	9	AO1_09	HV09	二釜釜温调节阀	6	AO2_06	TICV06
二釜气相丙烯进料阀	10	AO1_10	HV10	首釜聚丙烯熔融指数调节阀	7	AO2_07	AICV01
首釜放空阀	11	AO1_11	HV11	二釜聚丙烯熔融指数调节阀	8	AO2_08	AICV02
二釜放空阀	12	AO1_12	HV12				

表 8-4　开关量输入/输出点表

开关量输入通道分配				开关量输出通道分配			
开关量输入 信号描述	通道号	通道名	检测 元件	开关量输出 信号描述	通道号	通道名	执行 元件
首釜液相丙烯进料泵 状态	1	DI1_01	P201AS	首釜液相丙烯进料泵	1	DO1_01	P201A
首釜液相丙烯进料 备用泵状态	2	DI1_02	P201BS	首釜液相丙烯进料 备用泵	2	DO1_02	P201B
压缩机状态	3	DI1_03	C201AS	压缩机	3	DO1_03	C201A
备用压缩机状态	4	DI1_04	C201BS	备用压缩机	4	DO1_04	C201B
二釜浆液循环泵状态	5	DI1_05	P206S	二釜浆液循环泵	5	DO1_05	P206
首釜搅拌电机状态	6	DI1_06	M01S	首釜搅拌电机	6	DO1_06	M01
二釜搅拌电机状态	7	DI1_07	M02S	二釜搅拌电机	7	DO1_07	M02
首釜事故通管处理状态	8	DI1_08	T1S	首釜事故通管	8	DO1_08	T1
二釜事故通管处理状态	9	DI1_09	T2S	二釜事故通管	9	DO1_09	T2

3. 控制回路

根据连续反应系统的工艺流程及其控制要求，共有 8 个控制回路，均采用 PID 控制，如表 8-5 所示。首釜和二釜的浆液液位、温度和聚丙烯熔融指数，气体循环冷却器的出口温度以及储罐的液位均需要控制。其中，LIC-02 用于控制储罐的液位，LIC-03 用于控制首釜的浆液液位，LIC-04 用于控制二釜的浆液液位，TIC-03 用于控制气体循环冷却器的出口温度，TIC-04 用于控制首釜温度，TIC-06 用于控制二釜温度，AIC-01 用于控制首釜的聚丙烯熔融指数，AIC-02 用于控制二釜的聚丙烯熔融指数。

连续反应系统的工况控制目标如表 8-6 所示。依据各过程变量的控制目标，可以确定各控制回路的设定值。例如，TIC-03 的控制目标为 44～46℃，可以将其控制回路的设定值确定为 45℃。

表 8-5　控 制 回 路 表

回路工位号	回 路 说 明	设定值	作用方式
LIC-02	储罐 D-207 液位控制器	50%	正作用
LIC-03	首釜 D-201 浆液液位控制器	50%	正作用
LIC-04	二釜 D-202 浆液液位控制器	50%	正作用
TIC-03	首釜气体循环冷却器 E-201 出口温度控制器	45℃	正作用
TIC-04	首釜 D-201 釜温控制器	70℃	正作用
TIC-06	二釜 D-202 釜温控制器	60℃	正作用
AIC-01	首釜 D-201 聚丙烯熔融指数控制器	6.5	反作用
AIC-02	二釜 D-202 聚丙烯熔融指数控制器	6.5	反作用

表 8-6 连续反应 PKS 控制系统工况控制目标

工位号描述	工位号	控制目标	工位号描述	工位号	控制目标
储罐 D-207 压力	PI-01	0.70～0.97 MPa	冷却器 E-201 出口温度	TIC-03	44～46℃
首釜 D-201 压力	PI-02	1.0～1.1 MPa	首釜 D-201 温度	TIC-04	69～71℃
二釜 D-202 压力	PI-03	0.45～0.70 MPa	二釜 D-202 温度	TIC-06	59～61℃
首釜 D-201 己烷浓度	AI-03	43%～47%	储罐 D-207 液位	LIC-02	45%～65%
二釜 D-202 己烷浓度	AI-04	48%～52%	首釜 D-201 液位	LIC-03	45%～65%
首釜 D-201 聚丙烯浓度	AI-05	39%～41%	二釜 D-202 液位	LIC-04	45%～65%
二釜 D-202 聚丙烯浓度	AI-06	39%～41%	首釜 D-201 聚丙烯熔融指数	AIC-01	6.4～6.6
储罐 D-207 温度	TI-01	25～37℃	二釜 D-202 聚丙烯熔融指数	AIC-02	6.4～6.6

4. 顺控方案

设计 2 个顺控逻辑，分别实现连续反应系统冷态开车和正常停车功能。连续反应 PKS 控制系统人机界面上部署"一键开车"和"一键停车" 2 个按钮以接受操作人员的指令。控制策略则按照前面介绍的连续反应系统的顺控逻辑要求，组态 2 个 SCM 分别实现"一键开车"和"一键停车"的逻辑功能。

8.1.3 连续反应控制策略组态

1. 数据采集点的组态

为了充分利用 PKS 系统提供的点显示、趋势显示等界面显示功能，此例将每一个模拟量输入点组态为一个 CM。连续反应系统数据采集点的 CM 名称(点名)如表 8-7 所示。

表 8-7 连续反应 PKS 控制系统数据采集点 CM 名称

序号	工位号描述	工位号	CM 名称	序号	工位号描述	工位号	CM 名称
1	首釜丙烯浓度	AI-01	AI01	7	储罐丙烯浓度	AI-07	AI07
2	二釜丙烯浓度	AI-02	AI02	8	储罐己烷浓度	AI-08	AI08
3	首釜己烷浓度	AI-03	AI03	9	储罐压力	PI-01	PI01
4	二釜己烷浓度	AI-04	AI04	10	首釜压力	PI-02	PI02
5	首釜聚丙烯浓度	AI-05	AI05	11	二釜压力	PI-03	PI03
6	二釜聚丙烯浓度	AI-06	AI06	12	储罐温度	TI-01	TI01

由于 PKS 的 TAG 不支持"-"符号，因此，直接将工位号中的"-"删除后作为数据采集点的 CM 名称，以便使点名称与工位号形成良好的对应关系。每一个数据采集点的组态需要用到 AICHANNEL 功能块和 DATAQCQ 功能块，并由 DATAQCQ 功能块实现量程变换和报警处理(有报警要求的点见表 8-2)。如果想减少 CM 的数量，可以在一个 CM 中组态多个数据采集点，例如，表 8-2 中，前 4 个点的组态如图 8-2 所示，其余 8 个点的组态与此类似。

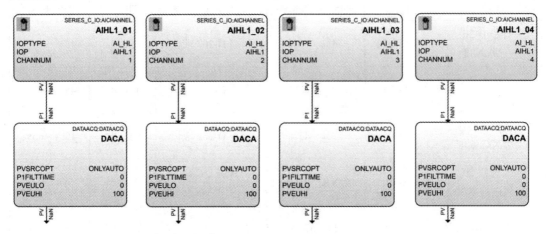

图 8-2　连续反应 PKS 控制系统数据采集点组态示例

2. 手操阀输出控制组态

连续反应系统共有 15 个模拟量输出，分别控制丙烯进料阀、己烷进料阀、催化剂进料阀、夹套热水阀和冷却水阀等类似手操阀这一类执行元件，将其统称为手操阀的控制。与 7.1.3 小节介绍的手操阀输出控制组态方法类似，连续反应系统手操阀的输出控制同样可以采用 PID 开环控制方法，以便借用 PKS 的回路控制界面或操作面板等调节手操阀的开度。每一个手操阀的控制策略组态需要使用 1 个 PID 功能块、1 个 AOCHANNEL 功能块和 1 个 NUMERIC 功能块，共计 15 个 CM，如表 8-8 所示。以丙烯进料阀的手动输出控制为例，其控制策略组态如图 8-3 所示，其余 14 个手操阀的组态与此类似。

表 8-8　连续反应系统手操阀控制策略组态使用的 CM 名称

序号	执行器说明	CM 名称	序号	执行器说明	CM 名称
1	丙烯进料阀	HV01	9	首釜催化剂 B 进料阀	HV09
2	循环丙烯进料阀	HV02	10	二釜气相丙烯进料阀	HV10
3	气体循环冷却手动调整旁路阀	HV03	11	首釜放空阀	HV11
4	首釜夹套热水阀	HV04	12	二釜放空阀	HV12
5	二釜夹套热水阀	HV05	13	首釜泄料阀	HV13
6	首釜己烷进料阀	HV06	14	二釜泄料阀	HV14
7	二釜己烷进料阀	HV07	15	二釜夹套冷却水阀	HV15
8	首釜催化剂 A 进料阀	HV08			

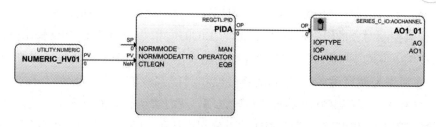

图 8-3　丙烯进料阀控制策略组态

PID 的控制模式必须置为手动(MAN)，便于操作人员通过回路控制面板修改手操阀的开度。PID 功能块的 SP 置为 0，NUMERIC 功能块将数值 0 传送给 PID 功能块的 PV，从而使 PID 的测量值 PV 始终为 0，即 PID 的偏差始终为 0。即使操作人员误将控制模式切换为自动，也不会引起手操阀输出的变化。将手操阀处理为 PID 开环控制，既可以在 HMI 流程界面上单击手操阀名称弹出回路控制面板(组态 HMI 时予以考虑)，也可以将 8 个手操阀组成一个操作组，通过组界面调节各手操阀的开度。

3. 单回路组态

表 8-5 列出了连续反应系统的 8 个控制回路，一般可以选择单回路 PID 控制。为此，需要组态 8 个单回路 PID 反馈控制系统，以实现表 8-6 要求的工况控制目标。在没有连接实际控制对象的情况下，为了使控制回路能够按采样周期实时运行和发挥控制作用，仍然需要组态 8 个仿真控制对象。为了使仿真控制对象和控制器形成良好的对应关系，将储罐液位、首釜浆液液位和二釜浆液液位的仿真控制对象分别命名为 "LIC02G" "LIC03G" 和 "LIC04G"；将气体循环冷却器出口温度、首釜釜温和二釜釜温的仿真控制对象分别命名为 "TIC03G" "TIC04G" 和 "TIC06G"；将首釜聚丙烯熔融指数和二釜聚丙烯熔融指数的仿真控制对象分别命名为 "AIC01G" 和 "AIC02G"。

按照 4.2.3 小节所述的单回路 PID 组态步骤，通过复制 "DemoPID" 并将其分别命名为 "LIC02" "LIC03" 和 "LIC04"，可以实现储罐液位控制器、首釜浆液液位控制器和二釜浆液液位控制器的组态；通过复制 "DemoPID" 并将其分别命名为 "TIC03" "TIC04" 和 "TIC06"，可以实现气体循环冷却器出口温度控制器、首釜釜温控制器和二釜釜温控制器的组态；通过复制 "DemoPID" 并将其分别命名为 "AIC01" 和 "AIC02"，可以实现首釜聚丙烯熔融指数控制器和二釜聚丙烯熔融指数控制器的组态。分别打开复制得到的这 8 个单回路 PID 控制模块 CM，按照表 8-2 所示的通道名称和通道号修改其功能块 "AICHANNEL" 和 "AOCHANNEL" 的相关参数，按照表 8-2 所示的量程、报警参数修改其功能块 "DATAACQ" 的相关参数，按照表 8-2 所示的量程、表 8-5 所示的设定值修改其功能块 "PID" 的相关参数，其他参数维持默认值，或者运行后进行在线修改或整定即可。通过上述操作步骤，即可完成 8 个控制器的组态。

组态仿真控制对象，参考 7.1.3 小节的第一种组态方案，按照 4.2.2 小节所述的仿真控制对象组态步骤，通过复制 "CALC" 并将其分别命名为 "LIC02G" "LIC03G" 和 "LIC04G"，可以实现储罐液位、首釜浆液液位和二釜浆液液位 3 个仿真控制对象的组态；通过复制 "CALC" 并将其分别命名为 "TIC03G" "TIC04G" 和 "TIC06G"，可以实现气体循环冷却器出口温度、首釜釜温和二釜釜温 3 个仿真控制对象的组态；通过复制 "CALC" 并将其分别命名为"AIC01G"和"AIC02G",可以实现首釜聚丙烯熔融指数和二釜聚丙烯熔融指数 2 个仿真控制对象的组态。将"LIC02""LIC03"和"LIC04"的 PID 输出分别连接到"LIC02G""LIC03G"和"LIC04G"的控制量输入,将"LIC02G""LIC03G"和"LIC04G"的输出值分别作为储罐液位、首釜浆液液位和二釜浆液液位的测量值,再分别连接到"LIC02""LIC03"和"LIC04"的模拟量输入端,从而实现有关液位 3 个回路的闭环控制。将"TIC03""TIC04"和"TIC06"的 PID 输出分别连接到"TIC03G""TIC04G"和"TIC06G"的控制量输入,将"TIC03G""TIC04G"和"TIC06G"的输出值分别作为气体循环冷却器出口温度、首釜釜温和二釜釜温的测量值,再分别连接到"TIC03""TIC04"和"TIC06"的模拟量输入端,从而实现有关温度 3 个回路的闭环控制。将"AIC01"和"AIC02"的 PID 输出分别连接到"AIC01G"和"AIC02G"的控制量输入,将"AIC01G"和"AIC02G"的输出值分别作为首釜聚丙烯熔融指数和二釜聚丙烯熔融指数的测量值,再分别连接到"AIC01"和"AIC02"的模拟量输入端,从而实现有关聚丙烯熔融指数 2 个回路的闭环控制。

例如,储罐液位控制器"LIC02"的组态结果如图 8-4 所示,其他 7 个控制器的组态结果和图 8-4 类似,主要是其模拟量输入连接的参数不同。储罐液位仿真控制对象"LIC02G"的组态结果如图 8-5 所示,其他 7 个仿真控制对象的组态结果与图 8-5 类似,其控制量输入连接的参数不同。即"LIC02"模拟量输入"SIMVALUE"的连接参数为"LIC02G.Yk.PV","LIC02G"控制量输入"Uk"的连接参数为"LIC02.PIDA.OP";"LIC03"模拟量输入"SIMVALUE"的连接参数为"LIC03G.Yk.PV","LIC03G"控制量输入"Uk"的连接参数需改为"LIC03.PIDA.OP";"LIC04"模拟量输入"SIMVALUE"的连接参数为"LIC04G.Yk.PV","LIC04G"控制量输入"Uk"的连接参数需改为"LIC04.PIDA.OP";"TIC03"模拟量输入"SIMVALUE"的连接参数为"TIC03G.Yk.PV","TIC03G"控制量输入"Uk"的连接参数为"TIC03.PIDA.OP";"TIC04"模拟量输入"SIMVALUE"的连接参数为"TIC04G.Yk.PV","TIC04G"控制量输入"Uk"的连接参数需改为"TIC04.PIDA.OP";"TIC06"模拟量输入"SIMVALUE"的连接参数为"TIC06G.Yk.PV","TIC06G"控

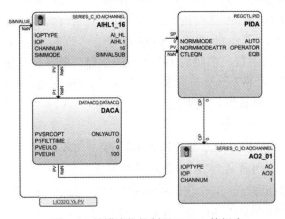

图 8-4 储罐液位控制器 LIC02 的组态

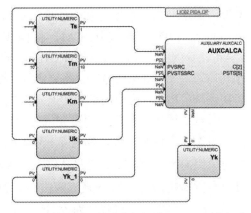

图 8-5 储罐液位仿真控制对象 LIC02G 的组态

制量输入"Uk"的连接参数需改为"TIC06.PIDA.OP"；"AIC01"模拟量输入"SIMVALUE"的连接参数为"AIC01G.Yk.PV"，"AIC01G"控制量输入"Uk"的连接参数需改为"AIC01.PIDA.OP"；"AIC02"模拟量输入"SIMVALUE"的连接参数为"AIC02G.Yk.PV"，"AIC02G"控制量输入"Uk"的连接参数需改为"AIC02.PIDA.OP"。需要说明的是，这种方式的控制回路组态只是为了练习，在实际工程中应用时，需要在控制器组态中删除"AICHANNEL"的"SIMVALUE"引脚和"SIMMODE"参数。仿真控制对象可以删除，也可以保留，并不影响控制回路的运行。

4. 开关量信号的组态

连续反应系统有 9 个开关阀需要使用开关量输出控制，同时，有 9 个开关阀的状态信号需要通过开关量输入进行反馈。我们将开关量输出信号的逻辑"1"定义为开启阀门，逻辑"0"定义为关闭阀门。开关量输入信号的逻辑"1"表示阀处于开启状态，逻辑"0"则表示阀处于关闭状态。

采用类似 7.1.3 小节的开关量输出控制的组态方法，使用 1 个 CM 实现 9 个开关量输出控制逻辑的组态，通过人机界面组态相应操作按钮，以实现每一个阀的开关动作。同时，组态 1 个 CM 反馈所有 9 个开关阀的状态，通过人机界面读取每个开关阀的当前状态。以表 8-4 列出的前 3 个开关量输出信号为例，其输出逻辑如图 8-6 所示，其余 6 个开关量输出信号的组态与此类似。将此 CM 命名为"SwitchV"，每一点开关量输出信号的组态都需要使用 1 个 NUMERIC 功能块、1 个 GT(大于比较)功能块和 1 个 DOCHANNEL 功能块，该CM 共需使用 9 个 NUMERIC 功能块、9 个 GT(大于比较)功能块和 9 个 DOCHANNEL 功能块。同理，组态 1 个名为"SwitchVS"的 CM，在 SwitchVS 中完成 9 个开关量输入信号的组态。每 1 个开关量输入信号的组态需要使用 1 个 DICHANNEL 功能块和 1 个 DIGACQ功能块，该 CM 块共需使用 9 个 DICHANNEL 功能块和 9 个 DIGACQ 功能块。表 8-4 列出的前 3 个开关量输入信号的输入逻辑如图 8-7 所示，其余 6 个开关量输入信号的组态与此类似。

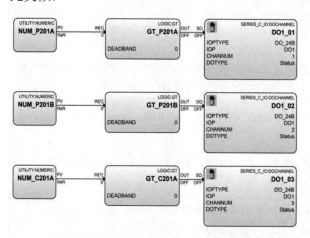

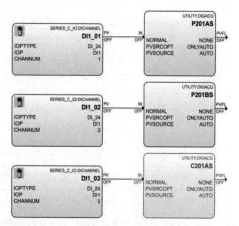

图 8-6　连续反应系统开关量输出逻辑　　　图 8-7　连续反应系统开关量输入逻辑

5. 顺控(SCM)的组态

7.1.3 小节介绍了加热炉的顺控组态,其方法和步骤仍然适用于此例。此处以连续反应系统的"一键开车"为例,展示连续反应系统顺控逻辑的组态过程。8.1.1 小节给出了连续反应系统在冷态情况下的开车过程,分解为 12 个工艺步骤。某些工艺步骤可以用作转移条件,即 TRANSITION,首次转移条件一般为初始条件,即 InvokeMAIN;某些工艺步骤则视为应该执行的具体任务或工序,即 STEP。受 PKS 的 STEP 块表达式数量的限制(每个 STEP 块只能编写 16 个表达式,不同版本或许有差异),可以将工艺步骤的一步处理为多个 STEP 块。为了减少 STEP 块的数量,也可以将多个简单的工艺步骤处理为一个 STEP 块。根据连续反应系统冷态开车的工艺步骤,利用 SCM 的 InvokeMAIN、TRANSITION 和 STEP,重新梳理后的"一键开车"顺控逻辑如表 8-9 所示。

表 8-9 连续反应系统一键开车顺控逻辑

SCM 功能块	顺控逻辑功能描述
InvokeMAIN	操作人员通过连续反应系统 HMI 部署的"一键开车"按钮启动一键开车过程,该按钮的脚本程序根据操作人员的选择将参数"SCM_CMD.StartCMD.PV"置为 1 或 0。如果操作人员确认启动一键开车,该参数就置为 1,将启动顺控逻辑的运行
STEP1~4	关闭手操阀 HV01、HV02、HV03、HV04、HV05、HV06、HV07、HV08、HV09、HV10、HV11、HV12、HV13、HV14 和 HV15。修改手操阀的开度时,必须先将其置为程序修改模式,修改开度后必须再改回操作人员模式,便于操作人员随时操作。以置 HV01 的开度为 0 表示关闭为例,其表达式如下: HV01.PIDA.MODEATTR:=2;HV01.PIDA.MODE:=0; HV01.PIDA.OP:=0;HV01.PIDA.MODEATTR:=1
STEP5	关闭丙烯进料泵 P201A 和 P201B,关闭压缩机 C201A 和 C201B,关闭循环泵 P206,关闭搅拌机 M01 和 M02,关闭事故处理通管 T-1 和 T-2。SwitchV 中对应的 NUMERIC 功能块置为 0,则关闭相应的执行元件
STEP6~7	置 TIC03、TIC04、TIC06、LIC02、LIC03、LIC04、AIC01 和 AIC02 为手动控制模式,控制输出为 0。修改 PID 回路相关参数时,需要先置其为程序修改模式,修改参数后需要再将其置回操作人员模式,确保操作人员随时可以操作(即修改相关参数时将 MODEATTR 置为 2;完成修改后再将 MODEATTR 置为 1)
STEP8	置丙烯进料阀 HV01 的开度为 50%;置己烷进口阀 HV06 的开度为 50%;置己烷进口阀 HV07 的开度为 50%
TRANSITION1	如果储罐液位达到 50%(条件表达式:LIC02.PIDA.PV>=50),则转入 STEP9
STEP9	打开首釜液相丙烯进料泵 P201A;LIC02 投入自动控制模式,设定值置为 50%
TRANSITION2	如果首釜液位达到 50%(条件表达式:LIC03.PIDA.PV>=50),则转入 STEP10
STEP10	LIC03 投入自动控制模式,设定值置为 50%
TRANSITION3	如果首釜液位达到 50%(条件表达式:LIC04.PIDA.PV>=50),则转入 STEP11

续表

SCM 功能块	顺控逻辑功能描述
STEP11	LIC04 投入自动控制模式，设定值置为 50%；启动压缩机 C201A；全开气体循环冷却手动调整旁路阀 HV03；置 TIC03 为手动控制模式，控制输出为 30%
STEP12	启动首釜搅拌电机 M01；置首釜催化剂 A 进料阀 HV08 的开度为 50%；置首釜催化剂 B 进料阀 HV09 的开度为 50%；置首釜夹套热水阀 HV04 的开度为 50%
STEP13	启动二釜搅拌电机 M02；置二釜汽相丙烯进料阀 HV10 的开度为 50%。置二釜夹套热水阀 HV05 的开度为 50%
TRANSITION4	如果首釜温度达到 50℃(条件表达式：TIC04.PIDA.PV>=50)，则转入 STEP14
STEP14	全关首釜夹套热水阀 HV04；置气体循环冷却手动调整旁路阀 HV03 的开度为 50%；置 TIC04 为手动控制模式，控制输出为 50%
TRANSITION5	如果首釜温度达到 70℃(条件表达式：TIC04.PIDA.PV>=70)，则转入 STEP15
STEP15	TIC04 投入自动控制模式，设定值置为(70 ± 1)℃
TRANSITION6	如果二釜温度达到 45℃(条件表达式：TIC06.PIDA.PV>=45)，则转入 STEP16
STEP16	全关首釜夹套热水阀 HV05；置二釜夹套冷却水阀 HV15 的开度为 50%；启动二釜浆液循环泵 P206；置 TIC06 为手动控制模式，控制输出为 50%
TRANSITION7	如果二釜温度达到 60℃(条件表达式：TIC06.PIDA.PV>=60)，则转入 STEP17
STEP17	TIC06 投入自动控制模式，设定值置为(60 ± 1)℃
TRANSITION8	如果气体循环冷却器 E-201 的出口温度降到 45℃(条件表达式：TIC03.PIDA.PV<=45)，则转入 STEP18
STEP18	TIC03 投入自动控制模式，设定值置为(45 ± 1)℃；置 AIC01 为手动控制模式，控制输出为 80%；置 AIC02 为手动控制模式，控制输出为 80%
TRANSITION9	如果二釜聚丙烯熔融指数达到 6.5(条件表达式：AIC02.PIDA.PV>=6.5)，则转入 STEP19
STEP19	AIC02 投入自动控制模式，设定值置为 6.5
TRANSITION10	如果首釜聚丙烯熔融指数达到 6.5(条件表达式：AIC01.PIDA.PV>=6.5)，则转入 STEP20
STEP20	AIC01 投入自动控制模式，设定值置为 6.5；置循环丙烯进料阀 HV02 的开度为约 25%；置丙烯进料阀 HV01 的开度为约 25%，保持丙烯进料总量不变。至此，完成顺控开车流程

　　根据表 8-9 列出的连续反应系统一键开车顺控逻辑，编写的 SCM 程序依次如图 8-8～图 8-21 所示。尽管上述 SCM 程序实现了连续反应系统开车的大多数步骤，但并未实现真正意义上的一键开车。根据连续反应系统的开车技术规范，仍然要求操作人员对某些参数

进行监控和确认，并对某些参数进行缓慢调节。例如，SCM 给出的首釜夹套热水阀 HV04 的开度为 50%，实际上要求操作人员监控釜温的变化趋势，慢慢调整 HV04 的开度，以使釜温上升至 45~55℃左右诱发反应。

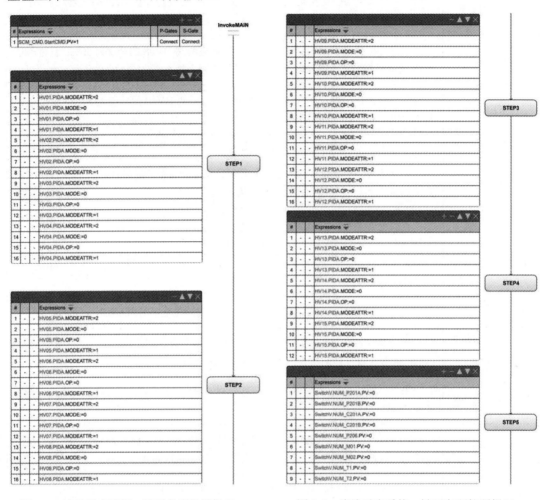

图 8-8　连续反应系统一键开车顺控逻辑(1)　　图 8-9　连续反应系统一键开车顺控逻辑(2)

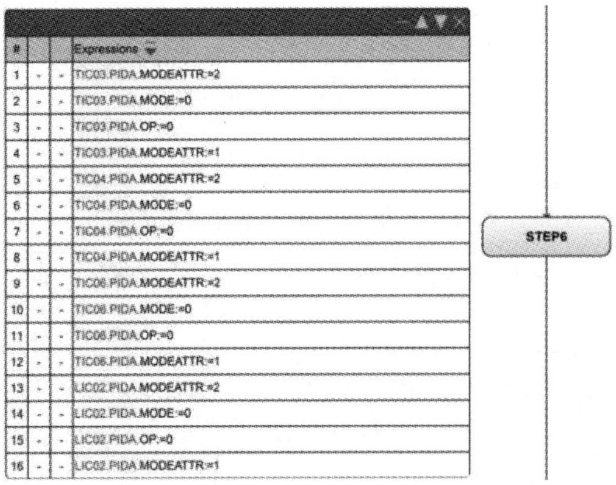

图 8-10　连续反应系统一键开车顺控逻辑(3) 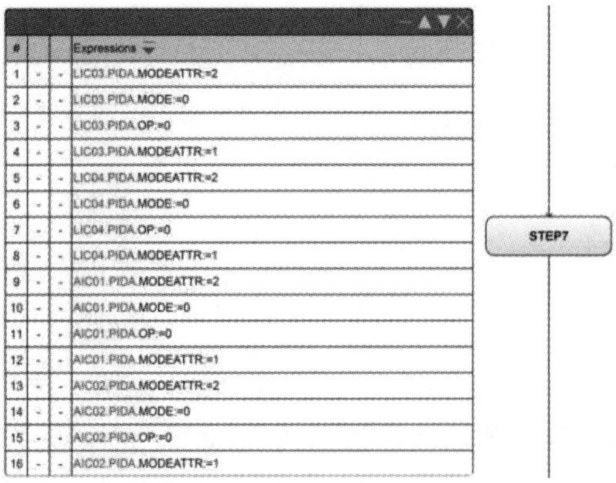　　图 8-11　连续反应系统一键开车顺控逻辑(4)

图 8-12　连续反应系统一键开车顺控逻辑(5)

图 8-13　连续反应系统一键开车顺控逻辑(6)

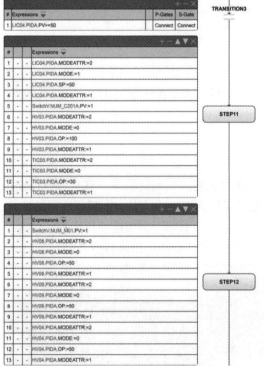

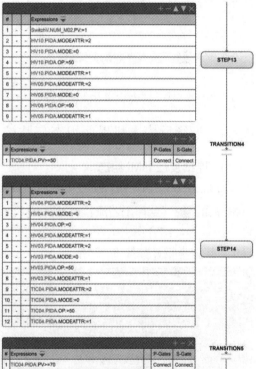

图 8-14　连续反应系统一键开车顺控逻辑(7)

图 8-15　连续反应系统一键开车顺控逻辑(8)

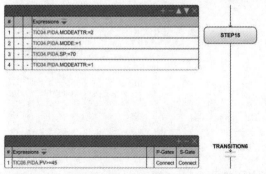

图 8-16　连续反应系统一键开车顺控逻辑(9)

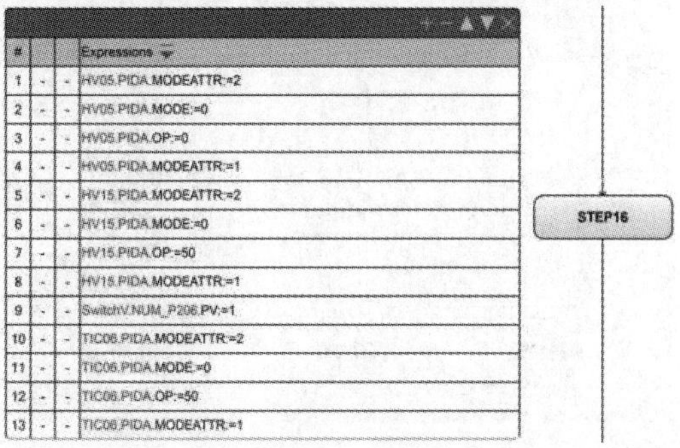

图 8-17　连续反应系统一键开车顺控逻辑(10)

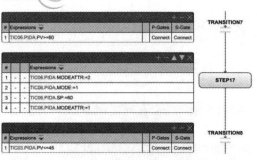

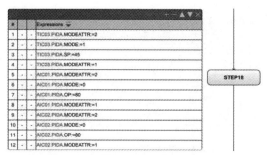

图 8-18　连续反应系统一键开车顺控逻辑(11)　　　　图 8-19　连续反应系统一键开车顺控逻辑(12)

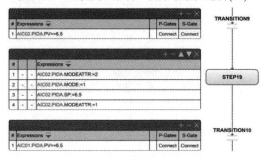

图 8-20　连续反应系统一键开车顺控逻辑(13)　　　　图 8-21　连续反应系统一键开车顺控逻辑(14)

8.1.4　连续反应人机界面组态与监控

1. 连续反应 HMI 组态

连续反应系统的 I/O 点数和控制回路数量不多，工艺流程相对简单，基本上可以通过一幅界面监控其全部工艺流程。PKS 的 Station 提供了较为丰富的动态文本显示、组图显示、趋势显示等，结合图 8-1 所示的工艺流程，组态一幅主界面即可实现连续反应系统的人机界面，其参考设计如图 8-22 所示。该界面主要由工艺流程、操作按钮及其状态显示等组成，

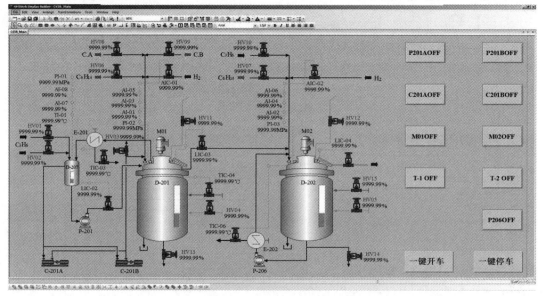

图 8-22　连续反应控制系统人机界面设计视图

可以通过一幅界面监控连续反应系统的工艺参数和状态信息，实现相关的逻辑控制和参数调节。界面分为左右两部分，左侧部署连续反应系统的工艺流程，便于图 8-1 所示的工艺流程监控；界面的右侧部署操作按钮，实现泵和电机等开关类执行元件的开启、关闭和逻辑控制。界面上的位号显示应符合行业标准 HG/T 20505—2014 的要求，由于控制策略的 TAG 名称不支持 "-"，因此，界面上的位号和控制策略的位号差一个 "-"，要确保一一对应。例如，界面上的 PI-01 对应控制策略中的 PI01，界面上的 LIC-02 对应控制策略中的 LIC02，依次类推。

手操阀的标识符使用红色字体(在实际过程中应使用设计规范约定的颜色)，手操阀在人机界面上显示的名称和工艺流程图上的名称一致，手操阀与控制策略的对应关系如表 8-8 所示。手操阀的开度需要连续可调，其开度值显示在阀门名称的下方或其右侧，使用动态文本(Alpha Numeric)连接表 8-8 列出的 CM，勾选 Faceplate 功能，即可在运行界面中调出手操阀的操作面板，通过操作面板改变手操阀的开度。例如，HV01 下方显示值为丙烯进料阀开度的输出控制量，其连接的参数是 HV01.PIDA.OP。

表 8-4 列出的 3 个泵、4 个电机和 2 个事故通管的开关按钮及其状态指示分别由 1 个 pushbutton 和 1 个可变颜色的矩形框组成。按钮上的名称跟控制该开关类执行元件的开关量输出信号的状态一致。例如，首釜搅拌电机 M01 对应的开关按钮名称(Label)可以为 M01ON，也可为 M01OFF，如果名称为 M01ON，表示控制 M01 的开关量输出信号为 ON；如果名称为 M01OFF，表示控制 M01 的开关量输出信号为 OFF。泵、电机或事故通管的开关控制类按钮设计为跟斗模式，即单击某个按钮时，按钮的名称呈现交替变化，输出的开关量信号也呈现交替变化。例如，单击按钮 "M01OFF"，则该按钮的脚本程序使该按钮的名称变为 "M01ON"，控制 M01 的开关量输出信号为 ON；再次单击按钮 "M01ON"，则该按钮的脚本程序使该按钮的名称变为 "M01OFF"，控制 M01 的开关量输出信号为 OFF。按钮上的文字并不能代表该开关类执行元件的实际状态，其实际状态是由相应的开关量输入信号进行反馈的，并将其状态变化与按钮四周的矩形框的颜色变化进行关联。因此，按钮四周的矩形框实际上是一个顺序子图，红色矩形框表示电机或泵等处于开启状态或有效状态；绿色矩形框表示电机或泵等处于关闭状态或无效状态。也就是说，通过观察按钮四周矩形框的颜色，即可判断相应电机或泵等执行元件的实际工作状态。

单击按钮实现的动作或功能需要编写脚本才能实现，其与 7.1.4 小节介绍的按钮脚本编程类似。电机或泵等执行元件的操作按钮需要针对两类事件进行脚本编程，即操作人员单击操作对应的 onclick 事件和动态感知操作事件的变化的 ondatachange 事件，前者用于响应操作人员的操作，后者用于切换界面后确保按钮的当前状态(按钮显示的文字、颜色和背景色等)能够得以保持。通过 onclick 事件对应的脚本程序，实现电机或泵等执行元件的开启或关闭功能。以开关首釜搅拌电机 M01 的操作按钮为例，其 onclick 事件的脚本如下所示：

```
Sub pushbutton005_onclick
    IF pushbutton005.DataValue("SWITCHV.NUM_M01.PV")=0 THEN
        pushbutton005.DataValue("SWITCHV.NUM_M01.PV")=1
        pushbutton005.innerText="M01ON"
    ELSE
        pushbutton005.DataValue("SWITCHV.NUM_M01.PV")=0
        pushbutton005.innerText="M01OFF"
```

```
        END IF
    End Sub
```

如果希望切换界面后，按钮能够有效保持其原有的动作属性(例如按钮的 Label、字体大小、背景色等)，则需要对其 ondatachange 事件编写脚本程序，此处仍然以首釜搅拌电机 M01 的操作按钮为例，其 ondatachange 事件的脚本如下所示：

```
Sub pushbutton005_ondatachange
    IF pushbutton005.DataValue("SWITCHV.NUM_M01.PV")=1 THEN
        pushbutton005.innerText="M01ON"
    ELSE
        pushbutton005.innerText="M01OFF"
    END IF
End Sub
```

除了 9 个包含电机、泵等执行元件的开启或关闭按钮外，还有与顺控启停相关的"一键开车"和"一键停车"按钮需要编写相应的脚本程序。将按钮"一键开车"设计为单击操作，其对应的事件为 onclick 事件，其脚本程序如下所示：

```
Sub pushbutton010_onclick
    IF (confirm("Are you ready for Sequentially Starting the Continuous Reaction?")) THEN
        MSGBOX("The Continuous Reaction   is Starting ...")
        pushbutton010.DataValue("SCM_CMD.StartCMD.PV")=1
    ELSE
        MSGBOX("You cancel starting operation")
        pushbutton010.DataValue("SCM_CMD.StartCMD.PV")=0
    END IF
End Sub
```

上述脚本实现的功能是操作人员单击"一键开车"按钮后，弹出如图 8-23 所示的对话框，要求操作人员确认启动操作。单击对话框中的"OK"按钮表示操作人员已确认要启动连续反应系统，随后弹出如图 8-24 所示的提示对话框，并将 SCM 的顺控启动参数"SCM_CMD.StartCMD.PV"置为 1，SCM 检测到该参数为 1，则视为满足初始条件，启动连续反应系统的一键开车顺控逻辑。单击图 8-24 中的"OK"按钮可关闭对话框。单击图 8-23 中的"Cancel"按钮表示取消一键开车，弹出如图 8-25 所示的对话框，同时将 SCM 的顺控启动参数"SCM_CMD.StartCMD.PV"置为 0，SCM 检测到不满足顺控初始条件，当然就不会启动开车顺控逻辑。

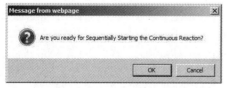
图 8-23　确认一键开车对话框

图 8-24　确认一键开车提示

图 8-25　取消一键开车提示

同理，按钮"一键停车"一般也是单击操作，该按钮的 onclick 事件的脚本程序如下所示：

```
Sub pushbutton011_onclick
```

```
    IF (confirm("Do you really want to stop the Continuous Reaction?")) THEN
        MSGBOX("The Continuous Reaction is Stoping ...")
        pushbutton011.DataValue("SCM_CMD.StopCMD.PV")=1
    ELSE
        MSGBOX("You Cancel Stoping Operation")
        pushbutton011.DataValue("SCM_CMD.StopCMD.PV")=0
    END IF
End Sub
```

上述脚本实现的功能是单击"一键停车"按钮弹出确认对话框,根据操作人员的选择,分别实现连续反应系统顺控停止参数"SCM_CMD.StopCMD.PV"的置 1 或清 0。

2. 连续反应系统 HMI 的运行与监控

连续反应系统 HMI 的运行视图如图 8-26 所示。手操阀的输出控制量(开度值)显示在其右侧或下方,单击手操阀的开度值,可以弹出手操阀对应的 Faceplate 操作面板,通过操作面板可以修改手操阀的开度。例如,单击 HV01 下方的开度值,弹出丙烯进料阀 HV01 的操作面板,从而通过 Faceplate 修改 HV01 的开度值。如果双击手操阀的开度显示值,则弹出该手操阀对应的操作回路(开环)详细显示界面。工艺参数值一般显示在其位号的右侧或下方,双击其显示值则弹出该位号的详细显示界面,与通过快捷按钮"🔍"调出的该点详细界面完全相同。例如,双击 TI-01 下方的显示值即可弹出 TI-01 的详细显示界面,与通过"🔍"调出的 TI-01 详细显示界面相同。

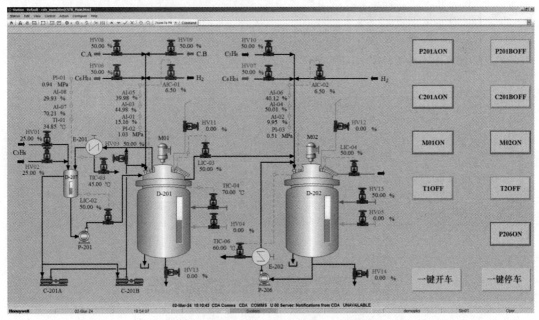

图 8-26　连续反应系统 HMI 运行视图

界面右侧的 9 个按钮如果显示为 C201AOFF、C201BOFF 和 M01OFF 等,则分别表示控制 C201A、C201B 和 M01 等 9 个开关类执行元件对应的开关量输出信号的当前值为 OFF;如果显示为 C201AON、C201BON 和 M01ON 等,则分别表示控制 C201A、C201B 和 M01 等 9 个开关类执行元件对应的开关量输出信号的当前值为 ON。如果按钮四周的矩形框为绿色，表示这 9 个开关类执行元件当前状态对应的开关量输入信号为 OFF，即这 9 个开关处于关闭状态；如果按钮四周的矩形框为红色，表示这 9 个开关类执行元件当前状态对应的开关量输入信号为 ON，即这 9 个开关处于开启状态。例如，C201AON 表示压缩机 C201A 的开关量输出信号为 ON，其四周的矩形框为红色，表示压缩机 C201A 处于运行状态；C201BON 表示压缩机 C201B 的开关量输出信号为 ON，但其四周的矩形框为绿色，则表示压缩机 C201B 实际上并未运行。

参照 6.4 节的组界面组态步骤，可以快速组态实现连续反应系统的组操作界面。由于每一幅组操作界面只能布局 8 个回路，因此连续反应系统的 15 个手操阀和 8 个调节阀需要组态 3 幅界面。其中第一幅组界面如图 8-27 所示。也可以将 8 个控制回路组成 1 个操作组，便于对控制回路进行操作和监控；还可以将每 8 个手操阀组成 1 个操作组，通过手操阀组界面对 8 个手操阀进行集中操作与控制。

利用趋势界面便于采集和存储实时趋势和历史趋势，也便于比较变量之间的变化关系。每一幅趋势界面可以组态 32 个参数。参照 6.4 节的趋势界面组态步骤，可以组态连续反应系统的趋势界面。如果要记录手操阀和调节阀的开度值或显示开度值的趋势曲线，也可以将其组态为趋势界面。

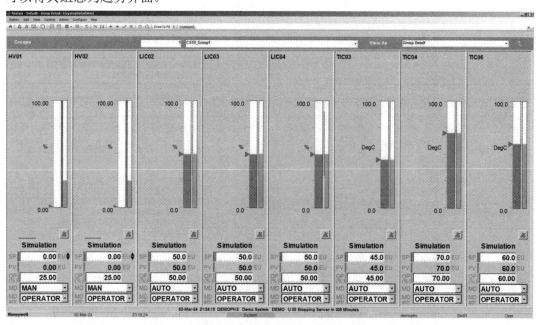

图 8-27　连续反应系统手操阀和调节阀控制组图

8.2　吸收装置 PKS 控制系统

吸收装置是一种化工生产中常见但不可或缺的系统，起着至关重要的作用，主要用于从气体或液体混合物中分离出特定组分。吸收是利用气体混合物中各组分在液体吸收剂中的溶解度不同，来分离气体混合物的过程。能够溶解的组分称为溶质或吸收质，要进行分离的混合气体(富含溶质)称为富气，不被吸收的气体称为贫气，也叫惰性气体或载体。不含溶质的吸收剂称为贫液(或溶剂)，富含溶质的吸收剂称为富液。吸收装置中分离的是来

自精馏装置的 C_4 组分。

8.2.1　吸收装置工艺控制要求

1. 吸收装置基本控制要求

吸收装置的工艺流程如图 8-28 所示，来自前一工序的生成气(也称为富气，其中 C_4 组分中 C_3 和 C_2 共占 25.13%，CO 和 CO_2 共占 6.26%，N_2 占 64.58%，H_2 占 3.5%，O_2 占 0.53%)，从板式吸收塔 DA-302 底部经手操阀 HV01 进入，与自上而下的吸收油(贫油，C_6 油)接触，将生成气中的 C_4 组分吸收下来，未被吸收的不凝气(贫气)由塔顶排出，经手操阀 HV02 进入盐水冷却器 EA-306 的壳程和尾气分离罐 FA-304，通过手操阀 HV22 回收冷凝的 C_6 和 C_4，尾气经压力调节器 PIC-308 输出调节阀排至放空总管进入大气。PIC-08 的输出调节阀设有前阀 V04、后阀 V05 和旁路手操阀 HV03。冷却盐水经手操阀 HV26 进入 EA-306 的管程，通过手操阀 HV27 排出。

C_6 油通过手操阀 HV06 进入吸收油储罐 FA-311，经罐底出口阀 HV07 和泵 G2A 的入口阀 V08 至泵 G2A(G2B 为备用泵)，由泵 G2A 的出口阀 V09 排出，通过吸收油流量控制器 FRC-11 的输出调节阀(前阀为 V12，后阀为 V13)打入塔顶，与自下而上的生成气接触，吸收其中的 C_4 组分成为富油，从吸收塔底排出。塔底富油经出口阀 HV14、出口富油流量控制器 FIC-310 的输出调节阀(前阀为 V15，后阀为 V16)，再经贫、富油热交换器 EA-311 的壳程，通过手操阀 HV17 进入解吸塔 DA-303。解吸塔塔顶生产出 C_4 产品，解吸塔底部的 C_6 油通过塔釜液位控制器 LIC-12 的输出调节阀(前阀为 V19，后阀为 V18)进入贫、富油热交换器 EA-311 的管程，出口经手操阀 HV20 进入贫油冷却器 EA-312 的壳程，再经手操阀 HV21 返回吸收油储罐 FA-311 循环使用。冷却器 EA-312 采用冷冻盐水使贫油温度下降，有利于提高吸收效率。盐水由入口阀 HV24 进入 EA-312 管程，出口经温度控制器 TIC-12 的输出调节阀，再经手操阀 HV25 排出。随着生产过程的进行，尾气分离罐 FA-304 的液位将上升，吸收油因部分损耗导致储罐 FA-311 的液位有所下降。要定期用 HV22 排放尾气分离罐 FA-304 内的液体，用 HV06 补充新鲜 C_6 油进入储罐 FA-311。

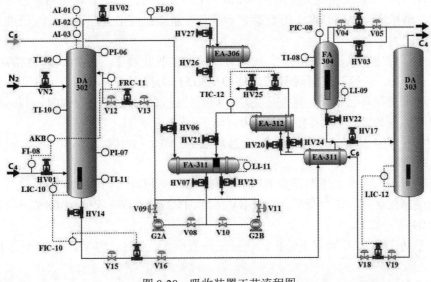

图 8-28　吸收装置工艺流程图

2. 吸收装置顺控要求

吸收装置顺控逻辑包括冷态开车、正常停车和紧急停车 3 种工况。吸收装置冷态开车是指在接收到操作人员开车指令后能够按照吸收装置冷态开车逻辑和工艺要求使吸收装置从冷态运行到正常工况，即实现一键开车功能。吸收装置正常停车是指在接收到操作人员停车指令后能够按照吸收装置正常停车逻辑和工艺要求使吸收装置从正常工况切换到停车状态或停车工况，实现一键停车功能。吸收装置紧急停车是指在接收到操作人员指令后，立即切断贫油流量比值控制，关闭富气进料阀，放空尾气分离罐，关闭 EA-306 盐水入口阀和出口阀，维持 C_6 油的循环状态。

1) 冷态开车顺控逻辑要求

(1) 置各控制器为手动，控制输出为 0；关闭各手操器和开关。

(2) 打开"GYG"开关，表示公用工程具备。

(3) 打开"YBT"开关，表示仪表投用。

(4) 打开"N2S"开关，表示系统氮气吹扫完成。

(5) 打开"N2H"开关，表示氮气置换合格。

(6) 打开阀门 HV06，向 FA-311 引入贫油，LI-11 上升。

(7) 在 LI-11 上升至 50%之前，全开 HV07 和 V08，启动泵 G2A，然后打开 V09、V12 和 V13。当 LI-11 上升至 55%左右时，手动 FRC-11 控制器置输出约为 20%。当塔内持液量建立后，吸收塔液位 LIC-10 上升。注意调整 HV06 阀，保证 LI-11 不超限。

(8) 当 LIC-10 达到 50%之前，全开 HV14、V15、V16 和 HV17。当 LIC-10 接近 50%时，手动 FIC-10 控制器置输出，C_6 油进入解吸塔，LIC-12 上升。当 LIC-10 达到 50%时，将 LIC-10 控制器和 FIC-10 控制器同时投入自动和串级控制模式。

(9) 在 LIC-12 达 50%之前，全开 V18、V19、HV20、HV21、HV24 和 HV25。当 LIC-12 达到 50%时，投入自动控制模式，此时已建立 C_6 油的冷循环。由于设备及管线的持液量也基本建立，若继续进 C_6 油会导致 LI-11 迅速上涨。应注意关小 HV06，防止 LI-11 超限。建立 C_6 油循环时，稳定工况的关键是控制 FRC-11 不宜过大，否则难以控制各液位。冷循环一旦建立，解吸塔会立即升温。可观察到系统各测量点温度上升，说明系统已进入热循环阶段。

(10) 为了稳定富气进塔的流量，提高开车阶段的吸收效率，在接收富气前将吸收塔用氮气升压有好处。开氮气充压阀 VN2，将 DA-302 压力提到 1.0 MPa 以上，关闭 VN2。

(11) 确认热循环已建立，氮充压完成，可开始进富气。逐渐开 HV01，同时将 HV02 开度至约 10%～20%。注意各检测点压力逐渐上升。

(12) 打开 V04 和 V05，当 PIC-08 压力升至 1.2 MPa 左右时，将 PIC-08 控制器投入自动控制模式。

(13) 随着压力上升，逐渐开大 HV01 和 HV02，使 FI-08 达到 2000 kg/h 左右。

(14) 进富气达到一定负荷后，打开 HV26 和 HV27，调整两阀使 TI-08 在 5℃以下，以便在 FA-304 中分离 C_6 油。

(15) 手动 TIC-12 控制器置输出，使温度降低至 5℃左右，将 TIC-12 控制器投入自动控制模式。

(16) 设置"AKB"为 53.5%左右，将 FRC-11 控制器投入自动和比值控制模式。

(17) 提升进富气负荷。逐渐开大 HV01 和 HV02，待吸收塔顶温 TI-09 下降至 7.0℃左右，使进气流量缓慢提高到 5000 kg/h 左右。注意当 LI-09 高于 60%时，可适当开 HV22 阀。由于 C_6 油在吸收解吸过程中有一定损耗，当 LI-11 下降时，应适当开大 HV06 补充 C_6 油。

(18) 微调各手操阀门及控制器，使吸收装置达到正常设计工况，开车操作即告完成。

2) 正常停车顺控逻辑要求

(1) 打开 HV22，使 LI-09 低于 5%，关闭 HV22。

(2) 断开 FRC-11 控制器的比值调节，将 PIC-08 控制器投入手动控制模式，关闭 HV01，同时尽快关闭 PIC-08 控制器。

(3) 关闭 HV26 和 HV27。

(4) 待塔顶 C_4 组成降至 0.1%时，断开 FIC-10 控制器的串级控制模式，将 FRC-11 控制器投入手动控制模式，置 FRC-11 控制器输出为 0。

(5) 关闭 V09，停 G2A 泵，关闭 V08，全关 HV07。

(6) 待 LIC-10 降至 0.0% 时，打开 HV22，使 LI-09 降至 0.0%。

(7) 置 FIC-10 控制器输出为 0，全关 HV14 和 HV17。

(8) 将 LIC-12 控制器投入手动控制模式，置输出为约 50%。

(9) 当 LIC-12 降至 0.0%时，置 LIC-12 控制器输出为 0，全关 HV20 和 HV21，再全关 HV24 和 HV25；将 TIC-12 控制器投入手动控制模式，置输出为 0。

(10) 打开 HV23，降 LI-11 液位。

(11) 置 PIC-08 控制器适当输出，进行降压。

(12) 待 LI-11 降至 0.0%，关闭 HV23，待压力降至 0.0 MPa，置 PIC-08 控制器输出为 0。

(13) 氮吹扫。

(14) 待塔温升至 24℃以上时，关闭所有阀门，停车完毕。

3) 紧急停车顺控逻辑要求

(1) 断开 FRC-11 控制器的比值调节。

(2) 关闭 HV01，将 PIC-08 投入手动控制模式，同时尽快关闭 PIC-08 控制器。

(3) 打开 HV22，降 LI-09 至 0.0%，全关 HV22。

(4) 全关 HV26 和 HV27。

(5) 在此基础上维持 C_6 油循环状态。紧急停车完毕。

8.2.2 吸收装置控制方案

1. 硬件配置

吸收装置 PKS 控制系统的硬件配置包括控制站、服务器、操作站(工程师站)和网络设备等，除控制站外，其他设备一般采用标准化配置，所以此处仅讨论其控制站的硬件配置。由图 8-28 所示的工艺流程可知，吸收装置包含 19 点模拟量输入(其中数据采集 13 点，控制回路测量值 6 点)、21 点模拟量输出(控制回路输出 5 点，手操器输出 16 点)、18 点开关量输入和 18 点开关量输出。开关量输入和开关量输出——对应，例如，贫油泵 G2A 开关的通断控制使用开关量输出，其状态反馈则使用开关量输入。参照 2.4.3 小节介绍的 PKS 控制站的硬件组成和 3.3 节介绍的 PKS 硬件组态流程以及库容器中列出的 C 系列 I/O 模块,组成吸收装置 PKS 控制站系统的硬件配置情况如表 8-10 所示。

表 8-10 吸收装置控制系统硬件配置表

硬件类别	型号	数量
C300 控制电源	CC-PWRR01	2
C300 控制器(两块互为冗余对)	CC-PCNT01	2
C300 控制器底板(两块互为冗余对)	CC-TCNT01	2
控制防火墙(两块互为冗余对)	CC-PCF901	2
控制防火墙底板(两块互为冗余对)	CC-TCF901	2
模拟量输入模块(两块互为冗余对)	CC-PAIH02	4
模拟量输入模块底板(共用底板支持冗余)	CC-TAID11	2
模拟量输出模块(两块互为冗余对)	CC-PAOH01	4
模拟量输出模块底板(共用底板支持冗余)	CC-TAOX11	2
开关量输入模块(两块互为冗余对)	CC-PDIL01	2
开关量输入模块底板(共用底板支持冗余)	CC-TDIL11	1
开关量输出模块(两块互为冗余对)	CC-PDOB01	2
开关量输出模块底板(共用底板支持冗余)	CC-TDOB11	1

2. I/O 点表与通道分配

由图 8-28 所示的工艺流程可以确定出吸收装置的输入/输出点表,即 I/O 点表。I/O 点表和通道分配如表 8-11、表 8-12 和表 8-13 所示。上述点表设计中,通道名由模块名称和通道号组成,例如,通道名"AIHL1_01"表示名为"AIHL1"的模拟量输入模块的第 1 个通道。通道名称对应 C 系列 I/O 通道功能块 AICHANNEL、AOCHANNEL、DICHANNEL 和 DOCHANNEL 在某个 CM 中的实际名称,以用于吸收装置的控制策略组态。

表 8-11 模拟量输入点表

工位号描述	工位号	量程	报警值	通道号	通道名
富气(生成气)流量	FI-08	0～10 000 kg/h	无	1	AIHL1_01
贫气流量	FI-09	0～10 000 kg/h	无	2	AIHL1_02
尾气分离液位	LI-09	0～100%	>65%(H) <15%(L)	3	AIHL1_03
储油罐液位	LI-11	0～100%	>85%(H) <15%(L)	4	AIHL1_04
塔顶压力	PI-06	0～2.0 MPa	无	5	AIHL1_05
塔釜压力	PI-07	0～2.0 MPa	无	6	AIHL1_06

工位号描述	工位号	量　程	报　警　值	通道号	通道名
尾气分离温度	TI-08	0～10℃	无	7	AIHL1_07
塔顶温度	TI-09	0～50℃	无	8	AIHL1_08
塔中间板温度	TI-10	0～50℃	无	9	AIHL1_09
塔釜温度	TI-11	0～50℃	无	10	AIHL1_10
塔顶 C_4 含量	AI-01	无	无	11	AIHL1_11
塔釜 C_4 含量	AI-02	无	无	12	AIHL1_12
塔顶 C_6 含量	AI-03	无	无	13	AIHL1_13
富油流量	FIC-10	0～20 000 kg/h	无	14	AIHL1_14
贫油流量	FRC-11	0～20 000 kg/h	＞20 000 kg/h(H) ＜8000 kg/h(L)	15	AIHL1_15
吸收塔釜液位	LIC-10	0～100%	＞85%(H) ＜15%(L)	16	AIHL1_16
解吸塔釜液位	LIC-12	0～100%	＞85%(H) ＜15%(L)	1	AIHL2_01
吸收塔压力	PIC-08	0～2.0 MPa	＞1.30 MPa(H) ＜1.10 MPa(L)	2	AIHL2_02
循环油温度	TIC-12	0～20℃	＞10℃(H)	3	AIHL2_03

表 8-12　模拟量输出点表

执行器说明	通道号	通道名	阀名	执行器说明	通道号	通道名	阀名
富气(生成气)入口阀	1	AO1_01	HV01	EA-312 盐水入口阀	12	AO1_12	HV24
贫气出口阀	2	AO1_02	HV02	EA-312 盐水出口阀	13	AO1_13	HV25
PIC-08 的旁路阀	3	AO1_03	HV03	EA-306 的盐水入口阀	14	AO1_14	HV26
新鲜油注入阀	4	AO1_04	HV06	EA-306 的盐水出口阀	15	AO1_15	HV27
储油罐出口阀	5	AO1_05	HV07	氮气充压阀	16	AO1_16	VN2
富油出口阀	6	AO1_06	HV14	富油流量调节阀	1	AO2_01	FICV10
解吸塔入口阀	7	AO1_07	HV17	贫油流量调节阀	2	AO2_02	FRCV11
循环油路阀 1	8	AO1_08	HV20	解吸塔液位调节阀	3	AO2_03	LICV12
循环油路阀 2	9	AO1_09	HV21	吸收塔压力调节阀	4	AO2_04	PICV08
尾气分离罐排液阀	10	AO1_10	HV22	循环油温度调节阀	5	AO2_05	TICV12
储油罐泄液阀	11	AO1_11	HV23				

表 8-13   开关量输入/输出点表

开关量输入通道分配				开关量输出通道分配			
开关量输入信号描述	通道号	通道名	检测元件	开关量输出信号描述	通道号	通道名	执行元件
公用工程具备状态	1	DI1_01	GYGS	公用工程具备开关	1	DO1_01	GYG
仪表投用正常状态	2	DI1_02	YBTS	仪表投用正常开关	2	DO1_02	YBT
对系统的氮置换状态	3	DI1_03	N2HS	对系统的氮置换开关	3	DO1_03	N2H
对系统的氮吹扫状态	4	DI1_04	N2SS	对系统的氮吹扫开关	4	DO1_04	N2S
G2A 贫油泵状态	5	DI1_05	G2AS	G2A 贫油泵	5	DO1_05	G2A
G2B 贫油泵状态	6	DI1_06	G2BS	G2B 贫油泵	6	DO1_06	G2B
PIC-08 的前阀状态	7	DI1_07	V04S	PIC-08 的前阀	7	DO1_07	V04
PIC-08 的后阀状态	8	DI1_08	V05S	PIC-08 的后阀	8	DO1_08	V05
G2A 的入口阀状态	9	DI1_09	V08S	G2A 的入口阀	9	DO1_09	V08
G2A 的出口阀状态	10	DI1_10	V09S	G2A 的出口阀	10	DO1_10	V09
G2B 的入口阀状态	11	DI1_11	V10S	G2B 的入口阀	11	DO1_11	V10
G2B 的出口阀状态	12	DI1_12	V11S	G2B 的出口阀	12	DO1_12	V11
FRC-11 的前阀状态	13	DI1_13	V12S	FRC-11 的前阀	13	DO1_13	V12
FRC-11 的后阀状态	14	DI1_14	V13S	FRC-11 的后阀	14	DO1_14	V13
FIC-10 的前阀状态	15	DI1_15	V15S	FIC-10 的前阀	15	DO1_15	V15
FIC-10 的后阀状态	16	DI1_16	V16S	FIC-10 的后阀	16	DO1_16	V16
LIC-12 的前阀状态	17	DI1_17	V18S	LIC-12 的前阀	17	DO1_17	V18
LIC-12 的后阀状态	18	DI1_18	V19S	LIC-12 的后阀	18	DO1_18	V19

3. 控制回路

根据吸收装置的工艺流程及其控制要求,共有 6 个控制回路,均采用 PID 控制,如表 8-14 所示。系统的贫油流量、富油流量、吸收塔的液位和压力、解吸塔的液位以及循环油温度均需要控制。其中,FRC-11 用于控制贫油流量,且与富气流量通过比值器 AKB 构成一个比值控制系统,即富气流量与比值器 AKB 系数的乘积作为 FRC-11 的外给值;FIC-10 用于控制富油流量,与 LIC-10 构成串级控制吸收塔的液位;LIC-12 通过调节解吸塔釜采量来控制解吸塔的液位;PIC-08 通过调节尾气分离罐的压力来控制吸收塔的压力;TIC-12 通过改变 EA-312 的盐水量来控制循环油的温度。

吸收装置 PKS 控制系统的工况控制目标如表 8-15 所示。依据各过程变量的控制目标,可以确定各控制回路的设定值。例如,FRC-11 的控制目标为 13 100~13 400 kg/h,可以将其控制回路的设定值确定为 13 300 kg/h。

表 8-14　吸收装置控制回路表

回路工位名	回路说明	设定值	作用方式
FRC-11	贫油流量控制器 富气流量与比值器 AKB 系数的乘积作为其外给值	13 300 kg/h	反作用
LIC-10	吸收塔液位控制器 LIC-10 与釜采出的富油流量控制器 FIC-10 构成串级控制系统	50%	反作用
FIC-10		15 100 kg/h	反作用
LIC-12	解吸塔液位控制器	50%	反作用
PIC-08	吸收塔压力控制器	1.2 MPa	反作用
TIC-12	循环油温度控制器	5℃	反作用

表 8-15　吸收装置 PKS 控制系统工况控制目标

工位号描述	工位号	控制目标	工位号描述	工位号	控制目标
富气(生成气)流量	FI-08	4800～5200 kg/h	尾气分离温度	TI-08	<5.5℃
贫气流量	FI-09	3000～3400 kg/h	贫油流量	FRC-11	13 100～13 400 kg/h
尾气分离液位	LI-09	40%～60%	吸收塔压力	PIC-08	1.19～1.21 MPa
储位罐液位	LI-11	40%～60%	循环油温度	TIC-12	4.5～5.5℃
塔顶 C_4 含量	AI-01	<0.6%	吸收塔液位	LIC-10	48%～56%
塔顶 C_6 含量	AI-03	<0.6%	解吸塔液位	LIC-12	48%～56%

4. 顺控方案

设计 3 个顺控逻辑，分别实现吸收装置冷态开车、正常停车和紧急停车功能。吸收装置控制系统人机界面上部署"一键开车""一键停车"和"紧急停车"3 个按钮以接受操作人员的指令。控制策略则按照前面介绍的吸收装置顺控逻辑要求，组态 3 个 SCM 分别实现"一键开车""一键停车"和"紧急停车"的逻辑功能。

8.2.3　吸收装置控制策略组态

1. 数据采集点的组态

为了充分利用 PKS 系统提供的点显示、趋势显示等画面显示功能，此例将每一个模拟量输入点组态为一个 CM。吸收装置数据采集点的 CM 名称(点名)如表 8-16 所示。

表 8-16　吸收装置 PKS 控制系统数据采集点 CM 名称

序号	工位号描述	工位号	CM 名称	序号	工位号描述	工位号	CM 名称
1	富气流量	FI-08	FI08	8	塔顶温度	TI-09	TI09
2	贫气流量	FI-09	FI09	9	塔中间板温度	TI-10	TI10
3	尾气分离液位	LI-09	LI09	10	塔釜温度	TI-11	TI11
4	储油罐液位	LI-11	LI11	11	塔顶 C_4 含量	AI-01	AI01
5	塔顶压力	PI-06	PI06	12	塔釜 C_4 含量	AI-02	AI02
6	塔釜压力	PI-07	PI07	13	塔顶 C_6 含量	AI-03	AI03
7	尾气分离温度	TI-08	TI08				

由于 PKS 的 TAG 不支持"-"符号，因此，直接将工位号中的"-"删除后作为数据采集点的 CM 名称，以便使得点名称与工位号形成良好的对应关系。每一个数据采集点的组态需要用到 AICHANNEL 功能块和 DATAQCQ 功能块，并由 DATAQCQ 功能块实现量程变换和报警处理(有报警要求的点见表 8-11)。如果想减少 CM 的数量，可以在一个 CM 中组态多个数据采集点，例如表 8-11 中，前 4 个点的组态如图 8-29 所示，其余 9 个点的组态与此类似。

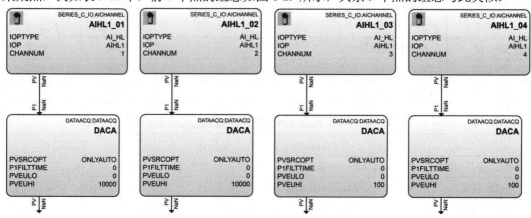

图 8-29　吸收装置 PKS 控制系统数据采集点组态示例

2. 手操阀和比值设定器的组态

吸收装置共有 16 个模拟量输出，分别控制富气入口阀、贫气出口阀、新鲜油注入阀、富油出口阀和循环油路阀等类似手动阀这一类执行元件。吸收装置通过手操器控制一个比值设定器来调整比值控制器的比值系数。

与 7.1.3 小节介绍的手操阀输出控制组态方法类似，吸收装置手操阀和比值设定器的输出控制同样可以采用 PID 开环控制方法，以便借用 PKS 的回路控制画面或操作面板等调节手操阀的开度。每一个手操阀的控制策略组态需要使用 1 个 PID 功能块、1 个 AOCHANNEL 功能块和 1 个 NUMERIC 功能块，比值设定器的控制策略组态需要使用 1 个 PID 功能块、1 个 DATAACQ 功能块和 1 个 NUMERIC 功能块，共计 17 个 CM，如表 8-17 所示。以富气入口阀的手动输出控制为例，其控制策略组态如图 8-30 所示，其余 15 个手操阀与此类似。比值设定器的组态如图 8-31 所示。

表 8-17　吸收装置手操阀和比值设定器控制策略组态使用的 CM 名称

序号	执行器说明	CM 名称	序号	执行器说明	CM 名称
1	富气入口阀	HV01	10	尾气分离罐排液阀	HV22
2	贫气出口阀	HV02	11	储油罐泄液阀	HV23
3	PIC-08 的旁路阀	HV03	12	EA-312 盐水入口阀	HV24
4	新鲜油注入阀	HV06	13	EA-312 盐水出口阀	HV25
5	储油罐出口阀	HV07	14	EA-306 的盐水入口阀	HV26
6	富油出口阀	HV14	15	EA-306 的盐水出口阀	HV27
7	解吸塔入口阀	HV17	16	氮气充压阀	VN2
8	循环油路阀 1	HV20	17	比值设定器	AKB
9	循环油路阀 2	HV21			

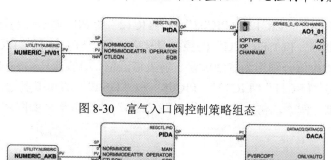

图 8-30　富气入口阀控制策略组态

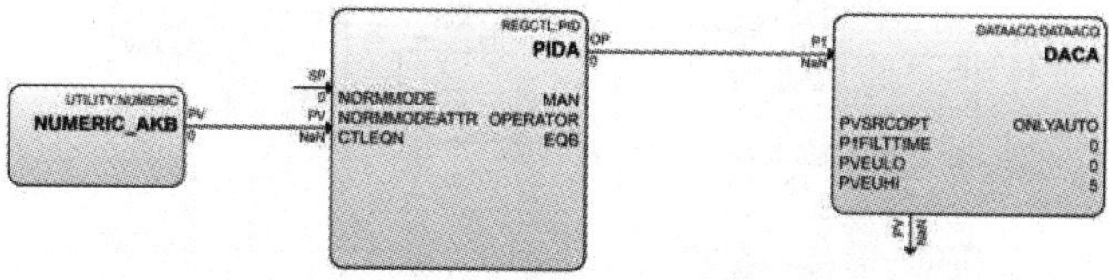

图 8-31　比值设定器控制策略组态

PID 的控制模式必须置为手动(MAN)，便于操作人员通过回路控制面板修改手操阀的开度。PID 功能块的 SP 置为 0，NUMERIC 功能块将数值 0 传送给 PID 功能块的 PV，从而使 PID 的测量值 PV 始终为 0(PID 的偏差始终为 0)，即使操作人员误将控制模式切换为自动，也不会引起手操阀输出的变化。将手动阀和比值设定器处理为 PID 开环控制，既可以在 HMI 流程界面上单击手操阀和比值设定器名称弹出回路控制面板(组态 HMI 时予以考虑)，也可以将 7 个手操阀和比值设定器组成一个操作组，通过组界面调节各手操阀的开度和比值控制器的比值系数。

3. 单回路组态

表 8-14 列出了吸收装置的 FRC-11、LIC-12、PIC-08 和 TIC-12，这 4 个控制回路一般可以选择单回路 PID 控制，为此，需要组态 4 个单回路 PID 反馈控制系统，以实现表 8-15 要求的相关工况控制目标。在没有连接实际控制对象的情况下，为了使控制回路能够按采样周期实时运行和发挥控制作用，仍然需要组态 4 个仿真控制对象。为了使仿真控制对象和控制器形成良好的对应关系，将贫油流量、解吸塔液位、吸收塔压力和循环油温度的仿真控制对象分别命名为"FRC11G""LIC12G""PIC08G"和"TIC12G"。

按照 4.2.3 小节所述的单回路 PID 组态步骤，通过复制"DemoPID"并将其分别命名为"FRC11""LIC12""PIC08"和"TIC12"可以实现贫油流量控制器、解吸塔液位控制器、吸收塔压力控制器和循环油温度控制器的组态。分别打开复制得到的这 4 个单回路 PID 控制模块 CM，按照表 8-11 所示的通道名称和通道号修改其功能块"AICHANNEL"和"AOCHANNEL"的相关参数，按照表 8-11 所示的量程、报警参数修改其功能块"DATAACQ"的相关参数，按照表 8-11 所示的量程、表 8-14 所示的设定值修改其功能块"PID"的相关参数，其他参数维持默认值，或者运行后进行在线修改或整定即可。通过上述操作步骤，即可完成 4 个控制器的组态。在此要注意，按照表 8-14 所示，FRC-11 与富气流量通过比值器 AKB 构成一个比值控制系统，FRC-11 的外给值 SP 即为富气流量与比值器 AKB 系数的乘积。贫油流量控制器、解吸塔液位控制器、吸收塔压力控制器和循环油温度控制器的控制策略组态结果分别如图 8-32、图 8-33、图 8-34 和图 8-35 所示。

组态仿真控制对象，参考 7.1.3 小节的第一种组态方案，按照 4.2.2 小节所述的仿真控制对象组态步骤，通过复制"CALC"并将其分别命名为"FRC11G""LIC12G""PIC08G"和"TIC12G"即可实现贫油流量、解吸塔液位、吸收塔压力和循环油温度 4 个仿真控制对象的组态。将"FRC11""LIC12""PIC08"和"TIC12"的 PID 输出分别连接到"FRC11G"
"LIC12G""PIC08G"和"TIC12G"的控制量输入,将"FRC11G""LIC12G""PIC08G"
和"TIC12G"的输出值分别作为贫油流量、解吸塔液位、吸收塔压力和循环油温度的测量
值,再分别连接到"FRC11""LIC12""PIC08"和"TIC12"的模拟量输入端,从而实现 4
个回路的闭环控制。例如,仿真控制对象"FRC11G"的组态结果如图 8-36 所示,其他 3

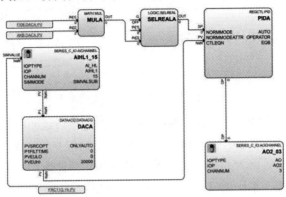

图 8-32　贫油流量控制器 FRC11 的组态

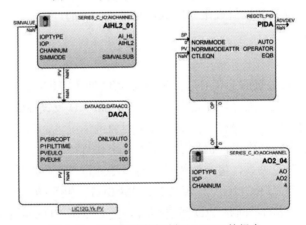

图 8-33　解吸塔液位控制器 LIC12 的组态

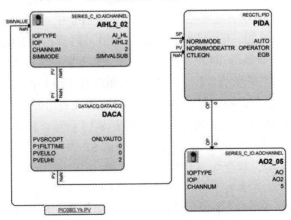

图 8-34　吸收塔压力 PIC08 的组态

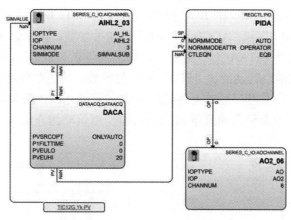

图 8-35　循环油温度 TIC12 的组态

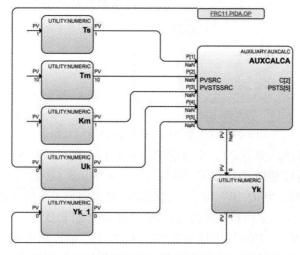

图 8-36　贫油流量仿真控制对象 FRC11G 的组态

个仿真控制对象的组态结果和图 8-36 类似，只是其控制量输入连接的参数不同而已。即"FRC11G"控制量输入"Uk"为"FRC11.PIDA.OP"，"LIC12G"控制量输入"Uk"的连接参数为"LIC12.PIDA.OP"，"PIC08G"控制量输入"Uk"的连接参数为"PIC08.PIDA.OP"，"TIC12G"控制量输入"Uk"为"TIC12.PIDA.OP"。

4. 串级回路组态

表 8-14 列出了吸收装置的吸收塔液位控制器 LIC-10 与釜采出的富油流量控制器 FIC-10 构成液位流量的串级控制系统。为此，需要组态 1 个串级 PID 反馈控制系统，以实现表 8-15 要求的相关工况控制目标。在没有连接实际控制对象的情况下，为了使控制回路能够按采样周期实时运行和发挥控制作用，仍然需要组态 2 个仿真控制对象。为了使仿真控制对象和串级控制器形成良好的对应关系，将吸收塔液位和富油流量的仿真控制对象命名为"CAS_G1G2"。

按照 5.1.2 小节所述的串级回路主控制器和副控制器的组态步骤，通过复制"DemoPID"并将其分别命名为"LIC10"和"FIC10"，可以实现吸收塔液位主控制器与富油流量副控制器的组态。分别打开复制得到的这 2 个 PID 控制模块 CM，在"LIC10"中，删除

"AOCHANNEL"模拟量输出功能块。按照表 8-11、表 8-12 所示的通道名称和通道号修改其功能块"AICHANNEL"和"AOCHANNEL"的相关参数,按照表 8-11 所示的量程、报警参数修改其功能块"DATAACQ"的相关参数,按照表 8-11 所示的量程、表 8-14 所示的设定值和控制模式修改其功能块"PID"的相关参数。其他参数维持默认值,或者运行后进行在线修改或整定即可。通过上述操作步骤,即可完成该液位流量串级控制器的组态。吸收塔液位主控制器和富油流量副控制器的控制策略组态结果分别如图 8-37 和图 8-38 所示。

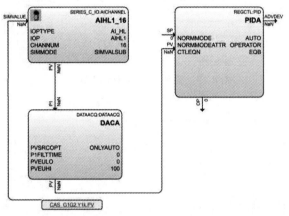

图 8-37　吸收塔液位主控制器 LIC-10 的组态

组态仿真控制对象,参考 7.1.3 小节的第一种组态方案,按照 5.1.1 小节所述的仿真控制对象组态步骤,通过复制"CALC"并将其命名为"CAS_G1G2",打开"CAS_G1G2"组态富油流量副控制器"FIC-10"对象,然后通过复制副控对象的各功能块,完成吸收塔液位主控制器"LIC-10"主控对象的组态。将"LIC10"的 PID 输出连接到"FIC10"的设定值输入,将"FIC10"的 PID 输出连接到"CAS_G1G2"的控制量输入,将"CAS_G1G2"中主控对象和副控对象的输出值分别连接到"LIC10"和"FIC10"的模拟量输入端,从而实现串级回路的闭环控制。仿真控制对象"CAS_G1G2"的组态结果如图 8-39 所示。

需要说明的是,这种方式的单回路和串级回路组态只是为了练习,在实际应用中须在控制器组态中删除"AICHANNEL"的"SIMVALUE"引脚和"SIMMODE"参数。仿真控制对象可以删除,也可以保留,并不影响控制回路的运行。

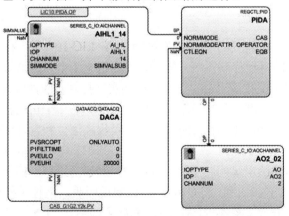

图 8-38　富油流量副控制器 FIC-10 的组态

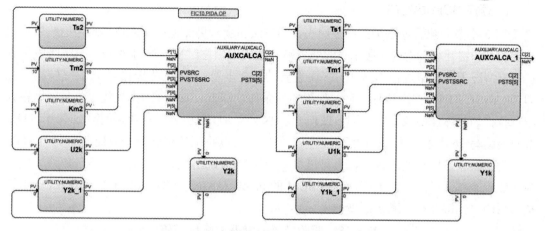

图 8-39　液位流量仿真控制对象 CAS_G1G2 的组态

5. 开关量信号的组态

吸收装置系统有 18 个开关阀需要使用开关量输出控制，同时，有 18 个开关阀的状态信号需要通过开关量输入进行反馈。将开关量输出信号的逻辑"1"定义为开启阀门，逻辑"0"定义为关闭阀门。开关量输入信号的逻辑"1"表示阀处于开启状态，逻辑"0"则表示阀处于关闭状态。

采用类似 7.1.3 小节的开关量输出控制的组态方法，使用 1 个 CM 实现 18 个开关量输出控制逻辑的组态，通过人机界面组态相应操作按钮，以实现每一个阀的开关动作。同时，组态 1 个 CM 反馈所有 18 个开关阀的状态，通过人机界面读取每个开关阀的当前状态。以表 8-13 列出的前 3 个开关量输出信号为例，其输出逻辑如图 8-40 所示，其余 15 个开关量输出信号的组态与此类似。将此 CM 命名为"SwitchV"，每一点开关量输出信号的组态需要使用 1 个 NUMERIC 功能块、1 个 GT(大于比较)功能块和 1 个 DOCHANNEL 功能块，该 CM 共需使用 18 个 NUMERIC 功能块、18 个 GT(大于比较)功能块和 18 个 DOCHANNEL 功能块。同理，组态 1 个名为"SwitchVS"的 CM，在 SwitchVS 中完成 18 个开关量输入信号的组态。每 1 个开关量输入信号的组态需要使用 1 个 DICHANNEL 功能块和 1 个 DIGACQ 功能块，该 CM 块共需使用 18 个 DICHANNEL 功能块和 18 个 DIGACQ 功能块。表 8-13 列出的前 3 个开关量输入信号的输入逻辑如图 8-41 所示，其余 15 个开关量输入信号的组态与此类似。

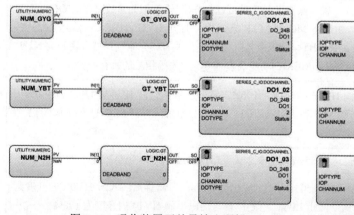

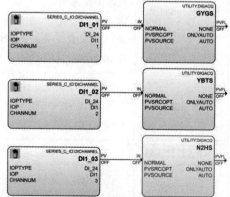

图 8-40　吸收装置开关量输出逻辑　　　　　　图 8-41　吸收装置开关量输入逻辑

6. 顺控(SCM)的组态

7.1.3 小节介绍了加热炉的顺控组态,其方法和步骤仍然适用于此例。此处仍然以吸收装置的"一键开车"为例,展示吸收装置顺控逻辑的组态过程。8.2.1 小节给出了吸收装置在冷态情况下的开车过程,分解为 18 个主要的工艺步骤。某些工艺步骤可以用作转移条件,即 TRANSITION,首次转移条件一般为初始条件,即 InvokeMAIN;某些工艺步骤则视为应该执行的具体任务或工序,即 STEP。受 PKS 的 STEP 块表达式数量的限制(每个 STEP块只能编写 16 个表达式,不同版本或许有差异),可以将工艺步骤的一步处理为多个 STEP块。为了减少 STEP 块的数量,也可以将多个简单的工艺步骤处理为一个 STEP 块。根据吸收装置冷态开车的工艺步骤,利用 SCM 的 InvokeMAIN、TRANSITION 和 STEP,重新梳理后的"一键开车"顺控逻辑如表 8-18 所示。

表 8-18　吸收装置一键开车顺控逻辑

SCM 功能块	顺控逻辑功能描述
InvokeMAIN	操作人员通过吸收装置 HMI 部署的"一键开车"按钮启动一键开车过程,该按钮的脚本程序根据操作人员的选择将参数"SCM_CMD.StartCMD.PV"置为 1 或 0。如果操作人员确认启动一键开车,该参数就置为 1,将启动顺控逻辑的运行
STEP1	关闭开关阀 V04、V05、V08、V09,V10、V11、V12、V13、V15、V16、V18 和 V19,关闭贫油泵 G2A 和 G2B。将 SwitchV 中对应的 NUMERIC 功能块置为 0,关闭相应的执行元件
STEP2～STEP 5	关闭手操阀 HV01、HV02、HV03、HV06、HV07、HV14、HV17、HV20、HV21、HV22、HV23、HV24、HV25、HV26、HV27 和 VN2,置 AKB 为 0。修改手操阀的开度和比值设定器的系数时,必须先将其置为程序修改模式,修改开度后必须再改回操作员模式,便于操作人员随时操作。以置 HV01 的开度为 0 表示关闭为例,其表达式如下: HV01.PIDA.MODEATTR:=2;HV01.PIDA.MODE:=0; HV01.PIDA.OP:=0;HV01.PIDA.MODEATTR:=1
STEP6～STEP7	置 FRC11、LIC10、FIC10、LIC12、PIC08、TIC12 为手动控制模式,控制输出为 0。修改 PID 回路相关参数时,需要先置其为程序修改模式,修改参数后需要再将其置回操作人员模式,确保操作人员随时可以操作(即修改相关参数时将 MODEATTR置 2,完成修改后再将 MODEATTR 置为 1);打开 GYG 开关(表示公用工程具备条件)、仪表投用开关 YBT、系统氮气吹扫完成开关 N2S、氮气置换合格开关 N2H。将 SwitchV 中对应的 NUMERIC 功能块置为 0,则关闭相应的执行元件
STEP8	置新鲜油注入阀 HV06 的开度为 100%;置储油罐出口阀 HV07 的开度为 100%;打开 G2A 的入口阀 V08 和出口阀 V09;启动 G2A 泵;打开 FRC-11 的前阀 V12 和后阀 V13
TRANSITION1	如果储油罐液位达到 55%(条件表达式:LI11.DACA.PV>=55),转入 STEP9
STEP9	置 FRC11 为手动控制模式,控制输出为 20%;置新鲜油注入阀 HV06 的开度为 50%(调整 HV06 阀,防止 LI-11 超限);置富油出口阀 HV14 的开度为 100%

续表

SCM 功能块	顺控逻辑功能描述
STEP10	打开 FIC-10 的前阀 V15 和后阀 V16；置解吸塔入口阀 HV17 的开度为 100%；打开 LIC-12 的前阀 V18 和后阀 V19；置循环油路阀 HV20 和 HV21 的开度均为 100%
STEP11	置 EA-312 盐水入口阀 HV24 和出口阀 HV25 的开度均为 100%
TRANSITION2	如果吸收塔液位达到 50%(条件表达式：LIC10.PIDA.PV>=50)，转入 STEP12
STEP12	FIC10 投入串级控制模式；LIC10 投入自动控制模式，设定值置为 50%
TRANSITION3	如果解吸塔液位达到 50%(条件表达式：LIC12.PIDA.PV>=50)，转入 STEP13
STEP13	LIC12 投入自动控制模式，设定值置为 50%，解吸塔发生反应升温；置新鲜油注入阀 HV06 的开度为 0(或关小 HV06，防止 LI-11 超限)；置氮气充压阀 VN2 的开度为 100%
TRANSITION4	如果吸收塔压力达到 1.0MPa(条件表达式：PI06.DACA.PV>=1.0)，转入 STEP14
STEP14	置氮气充压阀 VN2 的开度为 0；置富气入口阀 HV01 的开度为 20%(逐渐开大 HV01)；置贫气出口阀 HV02 的开度为 10%～20%；打开 PIC-08 的前阀 V04 和后阀 V05
TRANSITION5	如果吸收塔压力达到 1.2 MPa(条件表达式：PIC08.PIDA.PV>=1.2)，转入 STEP15
STEP15	PIC08 投入自动控制模式，设定值置为 1.2 MPa；置富气入口阀 HV01 的开度为 30%(逐渐开大 HV01)；置贫气出口阀 HV2 的开度为 20%(逐渐开大 HV02)
STEP16	置 EA-306 的盐水入口阀 HV26 和出口阀 HV27 的开度均为 50%(调整两阀使 TI-08 低于 5℃)；置 TIC12 为手动控制模式，控制输出为 50%(适当调整 TIC12 的控制输出)
TRANSITION6	如果循环油温度降到 5℃(条件表达式：TIC12.PIDA.PV<=5)，转入 STEP17
STEP17	TIC12 投入自动控制模式，设定值置为 5℃；置比值控制器 AKB 的比值为 53.5%；FRC11 投入自动控制模式，比值控制模式(表达式：FRC11.SELREALA.G:=1)，设定值为 FI08 × AKB
STEP18	置富气入口阀 HV01 的开度为 60%，置贫气出口阀 HV02 的开度为 40%(逐渐开大 HV01 和 HV02，缓慢提升富气进气流量到 5000 kg/h)
TRANSITION7	如果尾气分离液位高于 60%(条件表达式：LI09.DACA.PV>=60%)，转入 STEP19
STEP19	置尾气分离罐排液阀 HV22 的开度为 5%(适当调整 HV22 的开度)。至此，完成顺控开车流程

根据表 8-18 列出的吸收装置一键开车顺控逻辑，编写的 SCM 程序依次如图 8-42～图 8-57 所示。尽管上述 SCM 程序实现了吸收装置开车的大多数步骤，但并未实现真正意义上的一键开车。根据吸收装置的开车技术规范，仍然要求操作人员对某些参数进行监控和确认，对某些参数进行缓慢调节。例如，SCM 给出的富气入口阀 HV01 的开度为 60%，实际上要求操作人员监控进富气流量变化趋势，适当调整 HV01 的开度，以使进气流量缓慢提高到 5000 kg/h 左右。

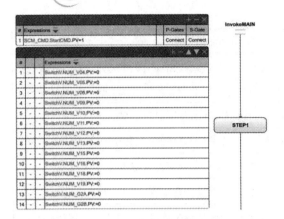

图 8-42　吸收装置一键开车顺控逻辑(1)

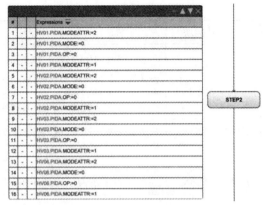

图 8-43　吸收装置一键开车顺控逻辑(2)

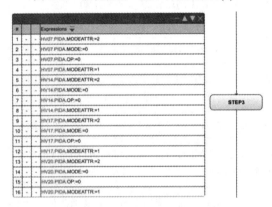

图 8-44　吸收装置一键开车顺控逻辑(3)

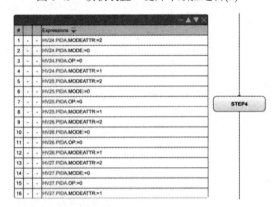

图 8-45　吸收装置一键开车顺控逻辑(4)

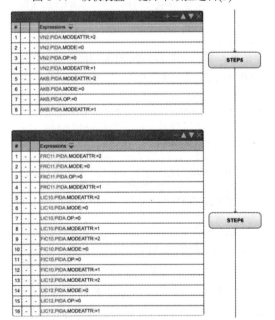

图 8-46　吸收装置一键开车顺控逻辑(5)

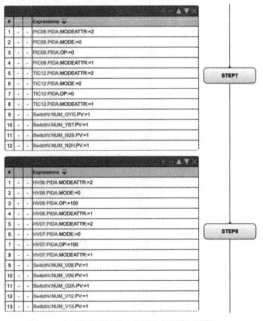

图 8-47　吸收装置一键开车顺控逻辑(6)

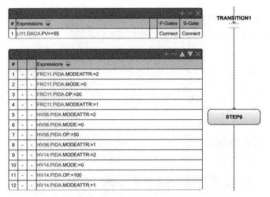

图 8-48　吸收装置一键开车顺控逻辑(7)

图 8-49　吸收装置一键开车顺控逻辑(8)

图 8-50　吸收装置一键开车顺控逻辑(9)

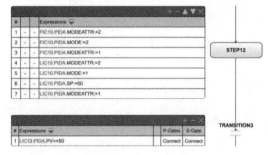

图 8-51　吸收装置一键开车顺控逻辑(10)

图 8-52　吸收装置一键开车顺控逻辑(11)

图 8-53　吸收装置一键开车顺控逻辑(12)

图 8-54　吸收装置一键开车顺控逻辑(13)

图 8-55　吸收装置一键开车顺控逻辑(14)

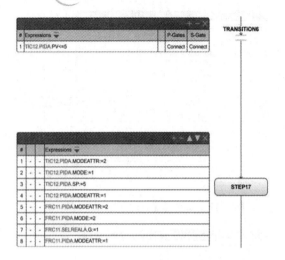

图 8-56　吸收装置一键开车顺控逻辑(15)

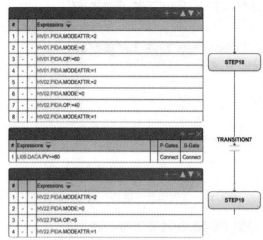

图 8-57　吸收装置一键开车顺控逻辑(16)

8.2.4　吸收装置人机界面组态与监控

1. 吸收装置 HMI 组态

吸收装置的 I/O 点数和控制回路数量不多，工艺流程相对简单，基本上可以通过一幅界面监控其全部工艺流程。PKS 的 Station 提供了较为丰富的动态文本显示、组图显示、趋势显示等，结合图 8-28 所示的工艺流程图，组态一幅主界面即可实现吸收装置的人机界面，其参考设计如图 8-58 所示。该界面主要由工艺流程、操作按钮及其状态显示两部分组成，可以通过一幅界面监控吸收装置的工艺参数和状态信息，实现相关的逻辑控制和参数调节。界面分为左右两部分，左侧部署吸收装置的工艺流程，便于对图 8-28 所示的工艺流程监控；右侧部署操作按钮，实现开关阀和泵等开关类执行元件的开启、关闭和逻辑控制。界面上的位号显示应符合行业标准 HG/T 20505—2014 的要求，由于控制策略的 TAG 名称不支持"-"，因此，界面上的位号和控制策略的位号差一个"-"，但应该确保一一对应。例如，界面上的 FI-08 对应控制策略中的 FI08，界面上的 PIC-08 对应控制策略中的 PIC08，依次类推。

手操阀的标识符使用红色字体，开关阀名称使用蓝色字体(在实际过程中应使用设计规范约定的颜色)。手操阀和开关阀在人机界面上显示名称和工艺流程图上的名称一致，所有的开关阀的控制策略均由 SwitchV 实现，手操阀与控制策略的对应关系如表 8-17 所示。手操阀的开度需要连续可调，其开度值显示在阀门名称的下方或其右侧，使用动态文本(Alpha Numeric)连接表 8-17 列出的 CM，勾选 Faceplate 功能，即可在运行界面中调出手操阀的操作面板，通过操作面板改变手操阀的开度。例如，HV02 下方显示值为贫气出口阀开度的输出控制量，其连接的参数是 HV02.PIDA.OP。

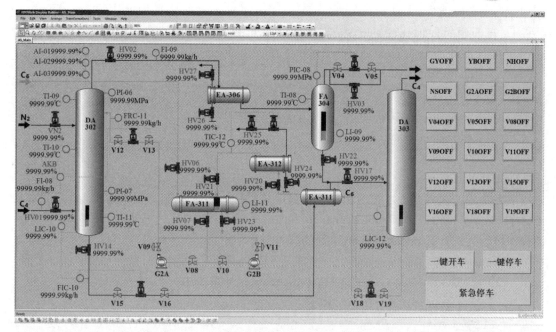

图 8-58　吸收装置控制系统人机界面设计视图

表 8-13 列出的 12 个开关阀、2 个泵和 4 个系统操作开关的开关按钮及其状态指示分别由 1 个 pushbutton 和 1 个可变颜色的矩形框组成。按钮上的名称跟控制该开关类执行元件的开关量输出信号的状态一致。例如，PIC-08 前阀 V04 对应的按钮名称(Label)可以为 V04ON，也可为 V04OFF，如果其名称为 V04ON，表示控制 V04 的开关量输出信号为 ON；如果其名称为 V04OFF，表示控制 V04 的开关量输出信号为 OFF。这些开关控制类按钮设计为跟斗工作模式，即单击某个按钮时，按钮的名称呈现交替变化，输出的开关量信号也呈现交替变化。例如，单击按钮"V04OFF"，该按钮的脚本程序使该按钮的名称变为"V04ON"，控制 V04 的开关量输出信号为 ON；再次单击按钮"V04ON"，该按钮的脚本程序使该按钮的名称变为"V04OFF"，控制 V04 的开关量输出信号为 OFF。按钮上的文字并不能代表该开关类执行元件的实际状态，其实际状态是由相应的开关量输入信号进行反馈的，并将其状态变化与按钮四周的矩形框的颜色变化进行关联。因此，按钮四周的矩形框实际上是一个顺序子图，红色矩形框则表示开关阀或泵等处于开启状态或有效状态；绿色矩形框则表示开关阀或泵等处于关闭状态或无效状态。也就是说，通过观察按钮四周矩形框的颜色，即可判断相应开关阀或泵等执行元件的实际工作状态。

单击按钮实现的动作或功能需要编写脚本才能实现，与 7.1.4 小节介绍的按钮脚本编程类似。开关阀或泵等执行元件的操作按钮需要针对两类事件进行脚本编程，即操作人员单击操作对应的 onclick 事件和动态感知操作事件的变化的 ondatachange 事件，前者用于响应操作人员的操作，后者用于切换界面后确保按钮的当前状态(按钮显示的文字、颜色和背景色等)能够得以保持。通过 onclick 事件对应的脚本程序，实现开关阀或泵等执行元件的开启或关闭功能。以开关 PIC-08 前阀 V04 的操作按钮为例，其 onclick 事件的脚本如下所示：

```
Sub pushbutton007_onclick
    IF pushbutton007.DataValue("SWITCHV.NUM_V04.PV")=0 THEN
        pushbutton007.DataValue("SWITCHV.NUM_V04.PV")=1
        pushbutton007.innerText="V04ON"
    ELSE
        pushbutton007.DataValue("SWITCHV.NUM_V04.PV")=0
        pushbutton007.innerText="V04OFF"
    END IF
End Sub
```

如果希望切换界面后，按钮能够有效保持其原有的动作属性(如按钮的 Label、字体大小、背景色等)，则需要对其 ondatachange 事件编写脚本程序，此处仍然以 PIC-08 前阀 V04 的操作按钮为例，其 ondatachange 事件的脚本如下所示：

```
Sub pushbutton007_ondatachange
    IF pushbutton007.DataValue("SWITCHV.NUM_V04.PV")=1 THEN
        pushbutton007.innerText="V04ON"
    ELSE
        pushbutton007.innerText="V04OFF"
    END IF
End Sub
```

除了 18 个包含开关阀、泵等执行元件的开启或关闭按钮外，还有与顺控启停相关的"一键开车""一键停车"和"紧急停车"按钮需要编写相应的脚本程序。将按钮"一键开车"设计为单击操作，其对应的事件为 onclick 事件，其脚本程序如下所示：

```
Sub pushbutton019_onclick
    IF (confirm("Are you ready for Sequentially Starting Absorption Equipment?")) THEN
        MSGBOX("The Absorption Equipment   is Starting ...")
        pushbutton019.DataValue("SCM_CMD.StartCMD.PV")=1
    ELSE
        MSGBOX("You cancel starting operation")
        pushbutton019.DataValue("SCM_CMD.StartCMD.PV")=0
    END IF
End Sub
```

上述脚本实现的功能是操作人员单击"一键开车"按钮后，弹出如图 8-59 所示的对话框，要求操作人员确认启动操作。单击对话框中的"OK"按钮则表示操作人员已确认要启动吸收装置，随后弹出如图 8-60 所示的提示对话框，并将 SCM 的顺控启动参数"SCM_CMD.StartCMD.PV"置为 1，SCM 检测到该参数为 1，则视为满足初始条件，启动吸收装置的一键开车顺控逻辑。单击图 8-60 中的"OK"按钮关闭对话框。单击图 8-59 中的"Cancel"按钮表示取消一键开车，弹出的对话框和 8.1.4 小节的图 8-25 相同；同时将 SCM 的顺控启动参数"SCM_CMD.StartCMD.PV"置为 0，SCM 检测到不满足顺控初始条件，当然就不会启动开车顺控逻辑。

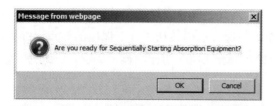

图 8-59 一键启动吸收装置对话框   图 8-60 确认一键启动吸收装置对话框

同理,按钮"一键停车"一般也是单击操作,该按钮的 onclick 事件的脚本程序如下
所示:

```
Sub pushbutton020_onclick
    IF (confirm("Do you really want to stop the Absorption Equipment?")) THEN
        MSGBOX("The Absorption Equipment is Stoping ...")
        pushbutton020.DataValue("SCM_CMD.StopCMD.PV")=1
    ELSE
        MSGBOX("You Cancel Stoping Operation")
        pushbutton020.DataValue("SCM_CMD.StopCMD.PV")=0
    END IF
End Sub
```

上述脚本实现的功能是单击"一键停车"按钮也会弹出确认对话框,根据操作人员的
选择,分别实现吸收装置顺控停止参数"SCM_CMD.StopCMD.PV"的置 1 或清 0。

按钮"紧急停车"也是单击操作,该按钮的 onclick 事件的脚本程序如下所示:

```
Sub pushbutton021_onclick
    IF (confirm("Do you really need to urgently stop the Absorption Equipment?")) THEN
        MSGBOX("The Absorption Equipment is in    Emergency Shutdown...")
        pushbutton021.DataValue("SCM_CMD.EmergCMD.PV")=1
    ELSE
        MSGBOX("You Cancel Emergency Shutdown")
        pushbutton021.DataValue("SCM_CMD.EmergCMD.PV")=0
    END IF
End Sub
```

上述脚本实现的功能是单击"紧急停车"按钮弹出确认对话框,根据操作人员的选择,
分别实现吸收装置顺控停止参数"SCM_CMD.EmergCMD.PV"的置 1 或清 0。

2. 吸收装置 HMI 的运行与监控

吸收装置 HMI 的运行视图如图 8-61 所示。手操阀的输出控制量(开度值)显示在其右侧
或下方,单击手操阀的开度值,可以弹出手操阀对应的 Faceplate 操作面板,通过操作面板
可以修改手操阀的开度。例如,单击 HV02 下方的开度值,弹出贫气出口阀 HV02 的操作
面板,从而通过 Faceplate 修改 HV02 的开度值。如果双击手操阀的开度显示值,则弹出该

手操阀对应的操作回路(开环)详细显示界面。工艺参数值一般显示在其位号的右侧或下方，双击其显示值则弹出该位号的详细显示界面，与通过快捷按钮"🔍"调出的该点详细界面完全相同。例如，双击 LI-09 下方的显示值即可弹出 LI-09 的详细显示界面，与通过"🔍"调出的 LI-09 详细显示界面相同。

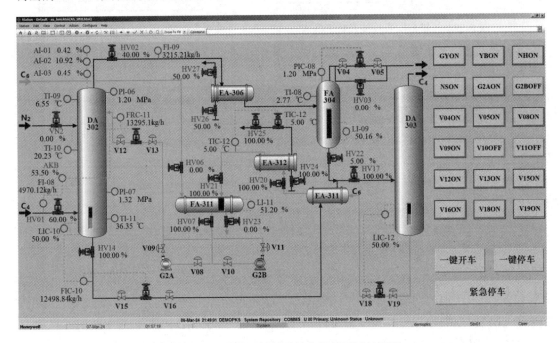

图 8-61　吸收装置控制系统人机界面运行视图

　　界面右侧的 18 个按钮如果显示为 G2AOFF、G2BOFF 和 V4OFF 等，则分别表示控制 G2A、G2B 和 V04 等 18 个开关类执行元件对应的开关量输出信号的当前值为 OFF；如果显示为 G2AON、G2BON 和 V04ON 等，则分别表示控制 G2A、G2B 和 V04 等 18 个开关类执行元件对应的开关量输出信号的当前值为 ON。如果按钮四周的矩形框为绿色，则表示这 18 个开关类执行元件当前状态对应的开关量输入信号为 OFF，即这 18 个开关处于关闭状态；如果按钮四周的矩形框为红色，则表示这 18 个开关类执行元件当前状态对应的开关量输入信号为 ON，即这 18 个开关处于开启状态。例如，G2AON 表示贫油泵 G2A 的开关量输出信号为 ON，其四周的矩形框为红色，表示贫油泵 G2A 处于运行状态；G2BON 表示贫油泵 G2B 的开关量输出信号为 ON，但其四周的矩形框为绿色，则表示贫油泵 G2B 实际上并未运行。

　　参照 6.4 节的组界面组态步骤，可以快速组态实现吸收装置的组操作界面。由于每一幅组操作界面只能布局 8 个回路，所以吸收装置的 16 个手操阀、1 个比值设定器和 5 个调节阀需要组态 3 幅界面，其中第一幅组界面如图 8-62 所示。也可以将每 8 个手操阀组成 1 个操作组，通过手操阀组界面对 8 个手操阀进行集中操作与控制。类似地，参照 6.4 节的趋势界面组态步骤，可以组态吸收装置的趋势界面。如果要记录手操阀和调节阀的开度值或显示开度值的趋势曲线，也可以将其组态为趋势界面。

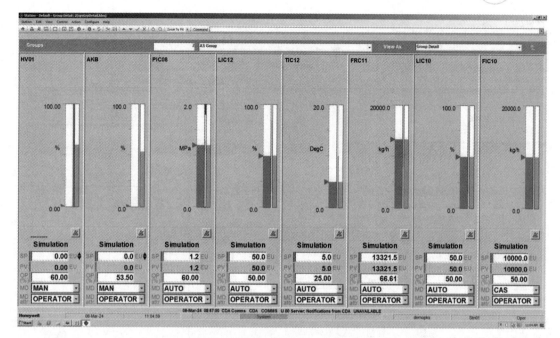

图 8-62 吸收装置手操阀和比值设定器及调节阀控制组图

8.3 精馏装置 PKS 控制系统

精馏塔在化工装置中是常见的一类分离单元。精馏塔分离组分的原理是利用各成分的挥发程度不同，在精馏塔内各塔板的温度都不同，从塔顶到塔底，温度呈现一定的变化规律。而各组分在不同温度处具有各不相同的挥发程度，于是达到了分离组分的目的。易于挥发的组分通过塔顶的出料口进入冷凝器里继续下一道工序，而难以挥发的组分则下降到塔底部进入再沸器加热，再次使得轻组分上升重组分下降，完成一个筛选和循环的过程，从而提高分离组分的效率。本精馏塔操作单元为乙烯装置脱丁烷塔部分，将来自脱丙烷塔釜的烃类混合物(主要有 C_4、C_5、C_6、C_7 等)，根据其相对挥发度的不同，在精馏塔内分离为塔顶 C_4 馏分，含少量 C_5 馏分，塔釜主要为裂解汽油，即 C_5 以上组分的其他馏分。因此本塔相当于二元精馏。

8.3.1 精馏装置工艺控制要求

1. 精馏装置基本控制要求

精馏装置的工艺流程如图 8-63 所示，来自脱丙烷塔的釜液，压力为 0.78 MPa，温度为 65℃(由 TI-01 指示)，经进料阀 V01 和进料流量控制器 FIC-01，从脱丁烷塔 DA-405 的第 21 块塔板进入(全塔共有 40 块板)，在本塔提馏段第 32 块塔板处设有灵敏板温度检测及塔温控制器 TIC-03(主控制器)与塔釜加热蒸汽流量控制器 FIC-03(副控制器)构成的串级控制。

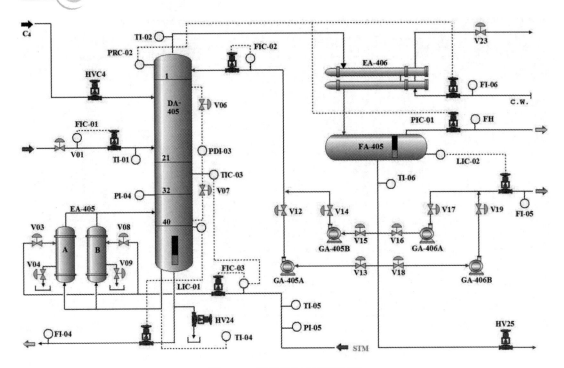

图 8-63　精馏装置工艺流程图

　　塔釜液位由 LIC-01 控制。塔釜液一部分经 LIC-01 调节阀作为产品采出，采出流量由 FI-04 指示，一部分经再沸器 EA-405A/B 的管程汽化为蒸汽返回塔底，使轻组分上升。再沸器采用低压蒸汽加热，釜温由 TI-04 指示。设置两台再沸器的目的是避免釜液可能含有的烯烃产生聚合导致堵管，堵管时便于切换可用的再沸器。再沸器 A 的加热蒸汽来自 FIC-03 所控制的 0.35 MPa 低压蒸汽，通过入口阀 V03 进入壳程，凝液由阀 V04 排放。再沸器 B 的加热蒸汽亦来自 FIC-03 所控制的 0.35 MPa 低压蒸汽，入口阀为 V08，排凝阀为 V09。当塔釜液位超高但是液体不合格不允许采出时，打开排放手操阀 HV24 回收排放液。塔顶和塔底分别设有压差阀 V06 和 V07，引压至差压指示仪 PDI-03，以便及时反映本塔的阻力降。此外塔顶设压力控制器 PRC-02，塔底设压力指示仪 PI-04，也能反映塔压降。

　　塔顶的上升蒸汽出口温度由 TI-02 指示，经塔顶冷凝器 EA-406 全部冷凝成液体，冷凝液靠位差流入立式回流罐 FA-405。冷凝器以冷却水为冷剂，冷却水流量由 FI-06 指示，受控于 PRC-02 的控制阀，进入 EA-406 的壳程，经阀 V23 排出。回流罐 FA-405 中的一部分液体经主回流泵 GA-405A 入口阀 V13 进入主回流泵，再经主回流泵出口阀 V12，通过流量控制器 FIC-02 进入塔顶。备用回流泵 GA-405B 的入口阀为 V15，出口阀为 V14。回流罐 FA-405 中的另一部分液体作为产品经塔顶产品采出泵 GA-406A 的入口阀 V16，通过产品采出泵，再经产品采出泵出口阀 V17，送下道工序处理。塔顶产品采出备用泵 GA-406B 的入口阀为 V18，出口阀为 V19。塔顶产品采出泵输出的物料由回流罐液位控制器 LIC-02 控制，以维持回流罐的液位。回流罐底设排放手操阀 HV25，用于当液位超高但液体不合格不允许采出时进行排放液回收。手操阀 HVC4 是 C₄ 充压阀。系统开车时塔压低，会导致进料的前段时间内入口部分因进料大量闪蒸而过冷，局部过冷会损坏塔设备。进料前可用 C₄ 充压防止闪蒸。

2. 精馏装置顺控要求

精馏装置顺控逻辑包括单塔冷态开车、多塔串联冷态开车、正常停车和紧急停车 4 种工况。精馏装置冷态开车是指在接收到操作人员开车指令后能够按照精馏装置冷态开车逻辑和工艺要求使精馏装置从冷态运行到正常工况，即实现一键开车功能。单塔冷态开车和多塔串联冷态开车在方法上的主要区别：单塔开车时，允许在进料达到一定的塔釜液位时暂停进料，以便有充分的时间调整塔的运行状态；多塔串联冷态开车时，各塔的进料往往是前塔的塔釜或塔顶的出料，因此进料量仅允许适当减小，但不能停止，否则会干扰相关的塔，导致停车。精馏装置正常停车是指在接收到操作人员停车指令后能够按照精馏装置正常停车逻辑和工艺要求使精馏装置从正常工况切换到停车状态或停车工况，实现一键停车功能。精馏装置紧急停车是指在接收到操作人员指令后，立即切断进料阀，手动开大回流量和减小再沸器蒸汽流量，维持全回流操作，保持塔釜和回流罐液位不超限，最大限度地降低风险和安全适度的可能性。

1) 单塔冷态开车顺控逻辑要求

(1) 将各阀门关闭；置控制器为手动，控制输出为零。

(2) 打开"N2"开关，表示氮气置换合格。

(3) 打开"GY"开关，表示公用工程具备。

(4) 打开"YB"开关，表示仪表投用。

(5) 全开 C_4 充压阀 HVC4，待塔顶压力 PRC-02 达到 0.31 MPa 以上，全关 C_4 充压阀 HVC4，防止进料闪蒸使塔设备局部过冷。

(6) 打开冷凝器 EA-406 的冷却水出口阀 V23。

(7) 打开差压阀 V06 和 V07。

(8) 打开进料前阀 V01。FIC-01 手动控制置其输出约 20%(进料量应大于 100 kmol/h)，进料经过一段时间在提馏段各塔板流动和建立持液量后，塔釜液位 LIC-01 上升。由于进料压力达到 0.78 MPa，温度为 65℃，所以进塔后部分闪蒸使塔压上升。

(9) 通过 PRC-02 手动控制置其输出(即控制冷却水量)，当控制塔顶压力在 0.35 MPa 左右时，将 PRC-02 控制器投入自动控制模式。

(10) 当塔釜液位上升达 60%左右时，暂停进料。开再沸器 EA-405A 的加热蒸汽入口阀 V03 和出口阀 V04。

(11) FIC-03 手动控制置其输出约 20%，使塔釜物料温度上升直到沸腾。塔釜温度低于约 108℃的阶段为潜热段，此时塔顶温度上升较慢，回流罐液位无明显上升。

(12) 当塔釜温度高于 108℃后，塔顶温度和回流罐液位会明显上升，说明塔釜物料开始沸腾。为了防止回流罐抽空，当回流罐液位上升至 10%左右时，开回流泵 GA-405A 的入口阀 V13，启动回流泵 GA-405A，再开回流泵的出口阀 V12。FIC-02 手动控制置其输出大于 50%，进行全回流。回流量应大于 300 kmol/h。

(13) 调整塔温进行分离质量控制。此时塔灵敏板温度大约为 69~72℃。缓慢调整再沸器蒸汽流量控制器 FIC-03，以每分钟 0.5℃提升 TIC-03 直到 78℃(实际需数小时)。缓慢提升温度的目的是使物料在各塔板上充分进行汽液平衡，将轻组分向塔顶升华，将重组分向塔釜沉降。当灵敏板温度升至 78℃时，将灵敏板温度控制器 TIC-03 投入自动控制模式(主控制器)，将再沸器蒸汽流量控制器 FIC-03 投入自动控制模式(副控制器)，然后两控制器投入串级控制模式。同时观察塔顶 C_5 含量 AI-01 和塔底 C_4 含量 AI-02，应当趋于合格。同时注意确保塔釜液位 LIC-01 和回流罐液位 LIC-02 不超限(当塔顶 AI-01 不合格且 LIC-02 大于 80%时，应及时开阀门 HV25 排放。同理，当塔釜 AI-02 不合格且 LIC-01 大于 80%时，应及时开阀门 HV24 排放)。

(14) 此刻塔釜和回流罐液位通常尚未达到 50%，重开进料前阀 V01，FIC-01 手动控制输出，逐渐提升进料量。由于塔压和塔温都处于自动控制状态，塔釜加热量和塔顶冷却量会随进料增加而自动跟踪提升。最终进料流量达到 370 kmol/h 时，将 FIC-01 投入自动控制模式。

(15) FIC-02 手动控制输出，当回流量提升至 350 kmol/h 左右时，将 FIC-02 投入自动控制模式。

(16) 塔顶采出。提升进料量的同时，应监视回流罐液位。当塔顶 C_5 含量 AI-01 低于 0.5%且 LIC-02 达到 50%左右时，开塔顶产品采出泵 GA-406A 的入口阀 V16，启动塔顶产品采出泵 GA-406A，再开塔顶产品采出泵的出口阀 V17。LIC-02 手动控制输出，当回流罐液位调至 50%时，将 LIC-02 投入自动控制模式。

(17) 塔底采出。提升进料量的同时，应监视塔釜液位。当塔底 C_4 含量 AI-02 低于 1.5%且 LIC-02 达到 50%左右时，LIC-01 手动控制输出，当塔釜液位 LIC-01 调至 50%时，将 LIC-01 投入自动控制模式。

(18) 将塔顶压力控制器 PRC-02 和 PIC-01 投入超驰控制模式。

(19) 微调各控制器，使精馏塔达到设计工况，开车操作即告完成。

2) 多塔串联冷态开车顺控逻辑要求

(1) 将各阀门关闭；置控制器为手动，控制输出为零。

(2) 打开"N2"开关，表示氮气置换合格。

(3) 打开"GY"开关，表示公用工程具备。

(4) 打开"YB"开关，表示仪表投用。

(5) 打开 C_4 充压阀 HVC4，待塔顶压力 PRC-02 达到 0.31 MPa 以上，关闭 C_4 充压阀 HVC4，防止进料闪蒸使塔设备局部过冷。

(6) 打开冷凝器 EA-406 的冷却水出口阀 V23。

(7) 打开差压阀 V06 和 V07。

(8) 打开进料前阀 V01。FIC-01 手动控制置其输出约 20%(进料量应大于 100 kmol/h)，进料经过一段时间在提馏段各塔板流动和建立持液量后，塔釜液位 LIC-01 上升。由于进料压力达到 0.76 MPa，温度为 65℃，所以进塔后部分闪蒸使塔压上升。

(9) 通过 PRC-02 手动控制置其输出(即控制冷却水量)，当控制塔顶压力在 0.35 MPa 左右时，将 PRC-02 控制器投入自动控制模式。

(10) 当塔釜液位上升达 15%左右时，开再沸器 EA-405A 的加热蒸汽入口阀 V03 和出口阀 V04。

(11) FIC-03 手动控制置其输出约 20%，使塔釜物料温度上升直到沸腾。塔釜温度低于约 108℃的阶段为潜热段，此时塔顶温度上升较慢，回流罐液位无明显上升。

(12) 当塔釜温度高于 108℃后，塔顶温度和回流罐液位会明显上升，说明塔釜物料开始沸腾。为了防止回流罐抽空，当回流罐液位上升至 10%左右时，开回流泵 GA-405A 的入口阀 V13, 启动回流泵 GA-405A, 再开回流泵的出口阀 V12。FIC-02 手动控制置其输出大于 50%, 进行全回流。回流量应大于 300 kmol/h。

(13) 调整塔温进行分离质量控制。此时塔灵敏板温度大约为 69～72℃。缓慢调整再沸器蒸汽流量控制器 FIC-03, 以每分钟 0.5℃提升 TIC-03 直到 78℃(实际需数小时)。缓慢提升温度的目的是使物料在各塔板上充分进行汽液平衡, 将轻组分向塔顶升华, 将重组分向塔釜沉降。当灵敏板温度升至 78℃时, 将灵敏板温度控制器 TIC-03 投入自动控制模式(主控制器), 将再沸器蒸汽流量控制器 FIC-03 投入自动控制模式(副控制器), 然后两控制器投入串级控制模式。同时观察塔顶 C_5 含量 AI-01 和塔底 C_4 含量 AI-02, 应当趋于合格。同时注意确保塔釜液位 LIC-01 和回流罐液位 LIC-02 不超限(当塔顶 AI-01 不合格且 LIC-02 大于 80%时, 应及时开阀门 HV25 排放。同理, 当塔釜 AI-02 不合格且 LIC-01 大于 80%时, 应及时开阀门 HV24 排放)。

(14) FIC-02 手动控制输出, 当回流量提升至 350 kmol/h 左右, 将 FIC-02 投入自动控制模式。

(15) 塔顶采出。提升进料量的同时, 应监视回流罐液位。当塔顶 C_5 含量 AI-01 低于 0.5%且 LIC-02 达到 50%左右时, 开塔顶产品采出泵 GA-406A 的入口阀 V16, 启动塔顶产品采出泵 GA-406A, 再开塔顶产品采出泵的出口阀 V17。LIC-02 手动控制输出, 当回流罐液位调至 50%时, 将 LIC-02 投入自动控制模式。

(16) 塔底采出。提升进料量的同时, 应监视塔釜液位。当塔底 C_4 含量 AI-02 低于 1.5%且 LIC-02 达到 50%左右时, LIC-01 手动控制输出, 当塔釜液位 LIC-01 调至 50%时, 将 LIC-01 投入自动控制模式。

(17) 逐渐提升进料量。由于塔压和塔温都处于自动控制状态, 塔釜加热量和塔顶冷却量会随进料增加而自动跟踪提升。最终进料流量达到 370 kmol/h 时, 将 FIC-01 投入自动控制模式。

(18) 将塔顶压力控制器 PRC-02 和 PIC-01 投入超驰控制模式。

(19) 微调各控制器, 使精馏塔达到设计工况, 开车操作即告完成。

3) 正常停车操作顺控逻辑要求

(1) 将塔顶压力控制在 0.35 MPa, 并保持 PRC-02 为自动控制模式。

(2) 置 FIC-01 手动控制输出为 0, 关进料前阀 V01。

(3) 将 TIC-03 与 FIC-03 串级解列。将 FIC-03 手动控制减小输出至约 25%, 同时加大塔顶和塔釜采出。

(4) 当釜液降至 5%时, 停止塔采出。

(5) 当回流罐液位降至 20%时, 停回流, 停再沸器加热, 停塔顶采出。

(6) 关闭 GA-405A 出口阀, 停 GA-405A, 关闭 GA-405A 入口阀; 关闭 GA-406A 出口阀, 停 GA-406, 关闭 GA-406A 入口阀。

(7) 将回流罐液体从底部泄出, 将釜液泄出。

(8) 置 PIC-01 手动开大输出泄压; 置 PRC-02 手动控制输出为 0。

(9) 关闭再沸器入口阀和出口阀, 关闭冷却水出口阀, 关闭压差阀。

(10) 待压力泄压至 0 MPa, 停车完毕。

4) 紧急停车顺控逻辑要求

(1) 置 FIC-01 手动控制输出为 0，关闭进料前阀。

(2) 立即手动开大 FIC-02，使回流量增至约 415 kmol/h。

(3) 立即手动减小 FIC-03，使蒸汽流量减至约 222 kmol/h。

(4) 如果塔釜和回流罐液位不超上限，立即关闭塔顶采出和塔釜采出。

(5) 用蒸汽流量(FIC-03)和回流量(FIC-02)维持全回流操作，并维持塔釜和回流罐液位不超限。紧急停车完毕。

8.3.2　精馏装置控制方案

1. 硬件配置

精馏装置 PKS 控制系统的硬件配置包括控制站、服务器、操作站(工程师站)和网络设备等，除控制站外，其他设备一般采用标准化配置，所以此处仅讨论其控制站的硬件配置。由图 8-63 所示的工艺流程可知，精馏装置包含有 23 点模拟量输入(其中数据采集 16 点，控制回路测量值 7 点)、10 点模拟量输出(控制回路输出 7 点，手操器输出 3 点)、23 点开关量输入和 23 点开关量输出。开关量输入和开关量输出一一对应，例如，进料前阀 V01 的通断控制使用开关量输出，其状态反馈则使用开关量输入。参照 2.4.3 小节介绍的 PKS 控制站的硬件组成和 3.3 节介绍的 PKS 硬件组态流程以及库容器中列出的 C 系列 I/O 模块，组成精馏装置 PKS 控制站系统硬件配置情况如表 8-19 所示。

表 8-19　精馏装置控制系统硬件配置表

硬 件 类 别	型 号	数量
C300 控制电源	CC-PWRR01	2
C300 控制器(两块互为冗余对)	CC-PCNT01	2
C300 控制器底板(两块互为冗余对)	CC-TCNT01	2
控制防火墙(两块互为冗余对)	CC-PCF901	2
控制防火墙底板(两块互为冗余对)	CC-TCF901	2
模拟量输入模块(两块互为冗余对)	CC-PAIH02	4
模拟量输入模块底板(共用底板支持冗余)	CC-TAID11	2
模拟量输出模块(两块互为冗余对)	CC-PAOH01	2
模拟量输出模块底板(共用底板支持冗余)	CC-TAOX11	1
开关量输入模块(两块互为冗余对)	CC-PDIL01	2
开关量输入模块底板(共用底板支持冗余)	CC-TDIL11	1
开关量输出模块(两块互为冗余对)	CC-PDOB01	2
开关量输出模块底板(共用底板支持冗余)	CC-TDOB11	1

2. I/O 点表与通道分配

由图 8-63 所示的工艺流程可以确定出精馏装置的输入/输出点表，即 I/O 点表。I/O 点表和通道分配如表 8-20、表 8-21 和表 8-22 所示。上述点表设计中，通道名由模块名称和通道号组成，例如：通道名"AIHL1_01"表示名为"AIHL1"的模拟量输入模块的第 1 个通道。通道名称对应 C 系列 I/O 通道功能块 AICHANNEL、AOCHANNEL、DICHANNEL 和 DOCHANNEL 在某个 CM 中的实际名称，以用于精馏装置的控制策略组态。

表 8-20　模拟量输入点表

工位号描述	工位号	量　程	报 警 值	通道号	通道名
进料温度	TI-01	0～100℃	无	1	AIHL1_01
塔顶温度	TI-02	0～100℃	无	2	AIHL1_02
塔釜温度	TI-04	0～200℃	无	3	AIHL1_03
蒸气温度	TI-05	0～200℃	无	4	AIHL1_04
回流温度	TI-06	0～100℃	无	5	AIHL1_05
冷却水入口温度	TI-07	0～100℃	无	6	AIHL1_06
放火炬流量	FH	0～1000 kmol/h	无	7	AIHL1_07
塔釜采出流量	FI-04	0～400 kmol/h	无	8	AIHL1_08
塔顶采出流量	FI-05	0～600 kmol/h	无	9	AIHL1_09
冷却水流量	FI-06	0～400 kmol/h	无	10	AIHL1_10
塔釜压力	PI-04	0～1 MPa	无	11	AIHL1_11
蒸气压力	PI-05	0～1 MPa	无	12	AIHL1_12
塔顶 C_5 含量	AI-01	0～1.0%	无	13	AIHL1_13
塔釜 C_4 含量	AI-02	0～10.0%	无	14	AIHL1_14
塔温差	TDI-08	无	无	15	AIHL1_15
塔压差	PDI-03	无	>0.1 MPa(H)	16	AIHL1_16
进料量	FIC-01	0～800 kmol/h	无	1	AIHL2_01
回流量	FIC-02	0～800 kmol/h	无	2	AIHL2_02
再沸器蒸汽流量	FIC-03	0～800 kmol/h	无	3	AIHL2_03
塔釜液位	LIC-01	0～100%	>80%(H) <30%(L)	4	AIHL2_04
回流罐液位	LIC-02	0～100%	>80%(H) <30%(L)	5	AIHL2_05
塔顶压力	PRC-02	0～1 MPa	>0.4 MPa(H)	6	AIHL2_06
灵敏板温度	TIC-03	0～100℃	>79℃(H) <5℃(L)	7	AIHL2_07

表8-21　模拟量输出点表

执行器说明	通道号	通道名	阀名	执行器说明	通道号	通道名	阀名
进料调节阀	1	AO1_01	FICV01	塔顶采出调节阀	6	AO1_06	LICV02
塔釜采出调节阀	2	AO1_02	LICV01	冷却水调节阀	7	AO1_07	PRCV02
回流量调节阀	3	AO1_03	FICV02	塔釜泄液阀	8	AO1_08	HV24
再沸器蒸汽调节阀	4	AO1_04	FICV03	回流罐泄液阀	9	AO1_09	HV25
放火炬调节阀	5	AO1_05	PICV01	C_4 充压阀	10	AO1_10	HVC4

表8-22　开关量输入/输出点表

开关量输入通道分配				开关量输出通道分配			
开关量输入信号描述	通道名	通道名	检测元件	开关量输出信号描述	通道号	通道名	执行元件
氮气置换状态	1	DI1_01	N2S	氮气置换开关	1	DO1_01	N2
公用工程具备状态	2	DI1_02	GYS	公用工程具备开关	2	DO1_02	GY
仪表投用状态	3	DI1_03	YBS	仪表投用开关	3	DO1_03	YB
进料前阀状态	4	DI1_04	V01S	进料前阀	4	DO1_04	V01
EA-405A 入口阀状态	5	DI1_05	V03S	EA-405A 入口阀	5	DO1_05	V03
EA-405A 出口阀状态	6	DI1_06	V04S	EA-405A 出口阀	6	DO1_06	V04
压差阀1状态	7	DI1_07	V06S	压差阀1	7	DO1_07	V06
压差阀2状态	8	DI1_08	V07S	压差阀2	8	DO1_08	V07
EA-405B 入口阀状态	9	DI1_09	V08S	EA-405B 入口阀	9	DO1_09	V08
EA-405B 出口阀状态	10	DI1_10	V09S	EA-405B 出口阀	10	DO1_10	V09
GA-405A 出口阀状态	11	DI1_11	V12S	GA-405A 出口阀	11	DO1_11	V12
GA-405A 入口阀状态	12	DI1_12	V13S	GA-405A 入口阀	12	DO1_12	V13
GA-405B 出口阀状态	13	DI1_13	V14S	GA-405B 出口阀	13	DO1_13	V14
GA-405B 入口阀状态	14	DI1_14	V15S	GA-405B 入口阀	14	DO1_14	V15
GA-406A 入口阀状态	15	DI1_15	V16S	GA-406A 入口阀	15	DO1_15	V16
GA-406A 出口阀状态	16	DI1_16	V17S	GA-406A 出口阀	16	DO1_16	V17
GA-406B 入口阀状态	17	DI1_17	V18S	GA-406B 入口阀	17	DO1_17	V18
GA-406B 出口阀状态	18	DI1_18	V19S	GA-406B 出口阀	18	DO1_18	V19
冷却水出口阀状态	19	DI1_19	V23S	冷却水出口阀	19	DO1_19	V23
GA-405A 回流泵状态	20	DI1_20	G5AS	GA-405A 回流泵	20	DO1_20	G5A
GA-405B 回流泵状态	21	DI1_21	G5BS	GA-405B 回流泵	21	DO1_21	G5B
GA-406A 塔顶产品采出泵状态	22	DI1_22	G6AS	GA-406A 塔顶产品采出泵	22	DO1_22	G6A
GA-406B 塔顶产品采出泵状态	23	DI1_23	G6BS	GA-406B 塔顶产品采出泵	23	DO1_23	G6B

3. 控制回路

根据精馏装置的工艺流程及其控制要求，共有 8 个控制回路，均采用 PID 控制，如表 8-23 所示。系统的进料量、回流量、再沸器蒸气流量、塔釜液位、回流罐液位、塔顶压力和灵敏板温度都是需要控制的，其中，FIC-01 用于控制塔釜的进料量；FIC-02 用于控制塔釜的回流量；LIC-01 用于通过调节塔釜的产品采出量来控制塔釜的液位；LIC-02 用于通过调节塔顶产品送出量来控制回流罐的液位；PIC-02 用于正常的塔顶压力情况下通过调节塔顶冷凝器的冷却水量来控制塔压；PIC-01 用于较高的塔顶压力情况下采用放空方法来控制塔压，此种控制称为超驰控制(或取代控制)；FIC-03 用于控制再沸器加热蒸气的流量，与 TIC-03 构成串级控制提馏段灵敏温度。

表 8-23 精馏装置控制回路表

回路工位名	回路说明	设定值	作用方式
FIC-01	进料量控制器	370 kmol/h	反作用
FIC-02	回流量控制器	350 kmol/h	反作用
LIC-01	塔釜液位控制器	50%	反作用
LIC-02	回流罐液位控制器	50%	反作用
PIC-01	塔压(高压)控制器和塔压(常压)控制器构成超驰控制系统	0.4 MPa	反作用
PRC-02		0.35 MPa	反作用
TIC-03	灵敏板温度控制器和再沸器蒸气流量控制器构成串级控制系统	78℃	反作用
FIC-03		264 kmol/h	反作用

精馏装置的工况控制目标如表 8-24 所示。依据各过程变量的控制目标，可以确定各控制回路的设定值。例如，FIC-01 的控制目标为 365～375 kmol/h，可以将其控制回路的设定值确定为 370 kmol/h。

表 8-24 精馏装置 PKS 控制系统工况要求

工位号描述	工位号	控制目标	工位号描述	工位号	控制目标
塔釜采出流量	FI-04	128～132 kmol/h	塔釜 C_4 含量	AI-02	0.7%～1.5%
塔顶采出流量	FI-05	238～245 kmol/h	进料量	FIC-01	365～375 kmol/h
冷却水流量	FI-06	1800～1898 kmol/h	回流量	FIC-02	345～355 kmol/h
塔压差	PDI-03	0.05～0.08 MPa	再沸器蒸汽流量	FIC-03	260～270 kmol/h
塔釜压力	PI-04	0.415～0.425 MPa	灵敏板温度	TIC-03	77.5～78.2℃
塔顶温度	TI-02	45.5～46.5℃	塔压	PRC-02	0.34～0.36 MPa
塔釜温度	TI-04	120～121.5℃	塔釜液位	LIC-01	45%～60%
塔顶 C_5 含量	AI-01	0.1%～0.5%	回流罐液位	LIC-02	45%～60%

4. 顺控方案

设计 4 个顺控逻辑，分别实现精馏装置单塔冷态开车、多塔串联冷态开车、正常停车和紧急停车功能。精馏装置控制系统人机界面上部署"单塔开车""多塔开车""正常停车"和"紧急停车"4 个按钮以接受操作人员的指令。控制策略则按照前面介绍的精馏装置顺控逻辑要求,组态 4 个 SCM 分别实现"一键单塔开车""一键多塔串联开车""一键停车"和"紧急停车"的逻辑功能。

8.3.3　精馏装置控制策略组态

1. 数据采集点的组态

为了充分利用 PKS 系统提供的点显示、趋势显示等界面显示功能,此例将每一个模拟量输入点组态为一个 CM。精馏装置数据采集点的 CM 名称(点名)如表 8-25 所示。

表 8-25　精馏装置 PKS 控制系统数据采集点 CM 名称

序号	工位号描述	工位号	CM 名称	序号	工位号描述	工位号	CM 名称
1	进料温度	TI-01	TI01	9	塔顶采出流量	FI-05	FI05
2	塔顶温度	TI-02	TI02	10	冷却水流量	FI-06	FI06
3	塔釜温度	TI-04	TI04	11	塔釜压力	PI-04	PI04
4	蒸气温度	TI-05	TI05	12	蒸气压力	PI-05	PI05
5	回流温度	TI-06	TI06	13	塔顶 C_5 含量	AI-01	AI01
6	冷却水入口温度	TI-07	TI07	14	塔釜 C_4 含量	AI-02	AI02
7	放火炬流量	FH	FH	15	塔温差	TDI-08	TDI08
8	塔釜采出流量	FI-04	FI04	16	塔压差	PDI-03	PDI03

由于 PKS 的 TAG 不支持"-"符号,因此,直接将工位号中的"-"删除后作为数据采集点的 CM 名称,以便使得点名称与工位号形成良好的对应关系。每一个数据采集点的组态需要用到 AICHANNEL 功能块和 DATAQCQ 功能块,并由 DATAQCQ 功能块实现量产变换和报警处理(有报警要求的点见表 8-20)。如果想减少 CM 的数量,可以在一个 CM 中组态多个数据采集点,例如,表 8-20 中前 4 点的组态结果与图 8-2 类似。

2. 手操阀输出控制组态

精馏装置共有 3 个模拟量输出,分别控制塔釜泄液阀、回流罐泄液阀和 C_4 充压阀类似于手操阀这一类执行元件,将其统称为手操阀的控制。与 7.1.3 小节介绍的手操阀输出控制组态方法类似,精馏装置手操阀的输出控制同样可以采用 PID 开环控制方法,以便借用 PKS 的回路控制界面或操作面板等调节手操阀的开度。每一个手操阀的控制策略组态需要使用 1 个 PID 功能块、1 个 AOCHANNEL 功能块和 1 个 NUMERIC 功能块,共计 3 个 CM,如表 8-26 所示。精馏装置手操阀控制策略组态结果与图 8-3 类似。使用 PID 实现手操阀控制逻辑时,PID 必须工作在开环模式,即 PID 的控制模式必须置为手动(MAN),便于操作人员通过回路控制面板修改手操阀的开度。PID 功能块的 SP 置为 0,NUMERIC 功能块将数值 0 传送给 PID 功能块的 PV,从而使 PID 的测量值 PV 始终为 0,即 PID 的偏差始终为 0。即使操作人员误将控制模式切换为自动,也不会引起手操阀输出的变化。将手操阀处理为 PID 开环控制，既可以在 HMI 流程界面上单击手操阀名称弹出回路控制面板，也可以将 3 个手操阀组成一个操作组，通过组界面调节每一个手操阀或挡板的开度。

表 8-26　精馏装置手操阀控制策略组态使用的 CM 名称

序号	执行器说明	CM 名称	序号	执行器说明	CM 名称
1	塔釜泄液阀	HV24	3	C$_4$ 充压阀	HVC4
2	回流罐泄液阀	HV25			

3. 单回路组态

单回路 PID 的组态可以参考 8.1.3 小节，精馏装置共有 6 个单回路 PID 控制，分别是进料量控制器 FIC-01、回流量控制器 FIC-02、塔釜液位控制器 LIC-01、回流罐液位控制器 LIC-02、塔压(高压)控制器 PIC-01 和塔压(常压)控制器 PRC-02。组态的 CM 名称及其主要参数如表 8-27 所示，控制器的作用方式应根据调节阀的类型、安装位置进行调整。表 8-27 中的 PIC-01 和 PRC-02 构成超驰控制系统，控制对象均为塔顶压力。为了使仿真控制对象和控制器形成良好的对应关系，将 PIC-01 和 PRC-02 对应的塔顶压力的仿真控制对象命名为 PRC02G，将进料量、回流量、塔釜液位和回流罐液位的仿真控制对象分别命名为"FIC01G""FIC02G""LIC01G""LIC02G"。

表 8-27　精馏装置单回路 PID 控制策略组态使用的 CM 名称及其主要参数

回路名	CM 名称	AI 通道	AO 通道	量　程	设定值	报警限	作用方式
FIC-01	FIC01	AIHL2_01	AO1_01	0～800 kmol/h	370 kmol/h	无	反作用
FIC-02	FIC02	AIHL2_02	AO1_03	0～800 kmol/h	350 kmol/h	无	反作用
LIC-01	LIC01	AIHL2_04	AO1_02	0～100%	50%	>80%(H) <30%(L)	反作用
LIC-02	LIC02	AIHL2_05	AO1_06	0～100%	50%	>80%(H) <30%(L)	反作用
PIC-01	PIC01	AIHL2_06	AO1_05	0～1 MPa	0.4 MPa	>0.4 MPa(H)	反作用
PRC-02	PRC02	AIHL2_06	AO1_07	0～1 MPa	0.35 MPa	>0.4 MPa(H)	反作用

4. 塔压超驰控制策略的组态

在正常的压力情况下，由塔顶冷凝器的冷却水量来调节压力(PRC-02)；高于操作压力 0.40 MPa(表压)时，改用放空方法控制(PIC-01)，此种控制称为超驰控制(或取代控制)。塔压控制器 PIC-01 和 PRC-02 采用超驰控制策略，控制对象均为塔顶压力，将"PIC01"和"PRC02"的 PID 输出连接通过选择器连接到塔顶压力仿真控制对象"PRC02G"的控制量输入端。塔压(高压)控制器"PIC01"和塔压(常压)控制器"PRC02"的控制策略组态结果如图 8-64、图 8-65 所示，仿真控制对象"PRC02G"的组态结果如图 8-66 所示。

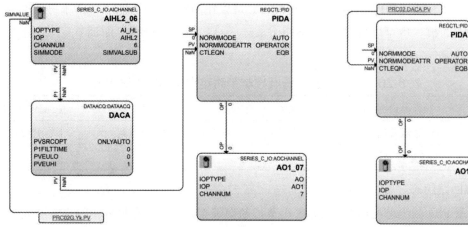

图 8-64　塔压(常压)控制器 PRC02 的组态　　　　图 8-65　塔压(高压)控制器 PIC01 的组态

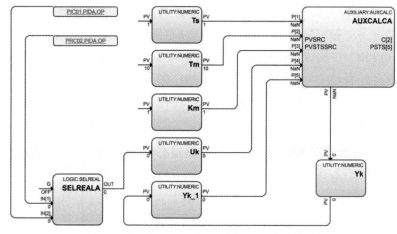

图 8-66　塔顶压力仿真控制对象 PRC02G 的组态

5. 串级回路组态

表 8-23 列出了精馏装置的灵敏板温度控制器 TIC-03 与再沸器蒸气流量控制器 FIC-03 构成温度流量的串级控制系统。为此，需要组态 1 个串级 PID 反馈控制系统以实现表 8-24 要求的相关工况控制目标。在没有连接实际控制对象的情况下，为了使控制回路能够按采样周期实时运行和发挥控制作用，仍然需要组态 2 个仿真控制对象。为了使仿真控制对象和串级控制器形成良好的对应关系，将灵敏板温度和再沸器蒸气流量的仿真控制对象命名为"CAS_G1G2"。

按照 5.1.2 小节所述的串级回路主控制器和副控制器的组态步骤，通过复制"DemoPID"并将其分别命名为"TIC03"和"FIC03"，可以实现灵敏板温度主控制器与再沸器蒸气流量副控制器的组态。分别打开复制得到的这 2 个 PID 控制模块 CM，在"TIC03"中，删除"AOCHANNEL"模拟量输出功能块。按照表 8-20、表 8-21 所示的通道名称和通道号修改其功能块"AICHANNEL"和"AOCHANNEL"的相关参数，按照表 8-20 所示的量程、报警参数修改其功能块"DATAACQ"的相关参数，按照表 8-20 所示的量程、表 8-23 所示的设定值和控制模式修改其功能块"PID"的相关参数。其他参数维持默认值，或者运行后进行在线修改或整定即可。通过上述操作步骤，即可完成该温度流量串级控制器的组态。灵敏板温度主控制器和再沸器蒸气流量副控制器的控制策略组态结果分别如图 8-67 和图 8-68 所示。

　　组态仿真控制对象，参考 7.1.3 小节的第一种组态方案，按照 5.1.1 小节所述的仿真控制对象组态步骤，通过复制"CALC"并将其命名为"CAS_G1G2"，打开"CAS_G1G2"组态再沸器蒸气流量副控制器"FIC-03"对象，然后通过复制副控对象的各功能块，完成灵敏板温度主控制器"TIC-03"对象的组态。将"TIC03"的 PID 输出连接到"FIC03"的设定值输入，将"FIC03"的 PID 输出连接到"CAS_G1G2"的控制量输入，将"CAS_G1G2"中主控对象和副控对象的输出值分别连接到"LIC03"和"FIC03"的模拟量输入端，从而实现串级回路的闭环控制。仿真控制对象"CAS_G1G2"的组态结果如图 8-69 所示。

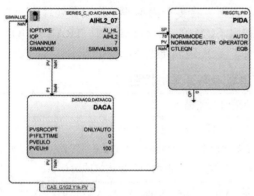

图 8-67　灵敏板温度主控制器 TIC-03 的组态

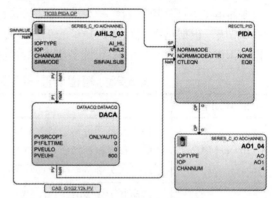

图 8-68　再沸器蒸气流量副控制器 FIC-03 的组态

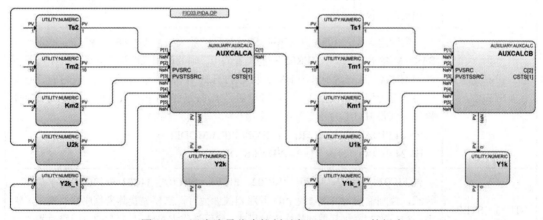

图 8-69　温度流量仿真控制对象 CAS_G1G2 的组态

　　需要说明的是，这种方式的单回路和串级回路组态只是为了练习，实际应用中须在控制器组态中删除"AICHANNEL"的"SIMVALUE"引脚和"SIMMODE"参数。仿真控制对象可以删除，也可以保留，并不影响控制回路的运行。

6. 开关量信号的组态

　　精馏系统有 23 个开关阀需要使用开关量输出控制，同时，有 23 个开关阀的状态信号需要通过开关量输入进行反馈。将开关量输出信号的逻辑"1"定义为开启阀门，逻辑"0"定义为关闭阀门。开关量输入信号的逻辑"1"表示阀处于开启状态，逻辑"0"表示阀处于关闭状态。参照 8.1.3 小节或 8.2.3 小节的开关量输入/输出控制逻辑的组态方法，在名为"SwitchV"的 CM 中组态 23 个开关量输出逻辑；在名为"SwitchVS"的 CM 中组态 23 个开关量输入逻辑。

7. 顺控(SCM)的组态

7.1.3 小节介绍了加热炉的顺控组态,其方法和步骤仍然适用于此例。此处仍然以精馏装置常见的"一键多塔串联冷态开车"为例,展示精馏装置顺控逻辑的组态过程。8.3.1 小节给出了精馏装置在多塔串联冷态情况下的开车过程,分解为 19 个主要的工艺步骤。某些工艺步骤可以用作转移条件,即 TRANSITION,首次转移条件一般为初始条件,即 InvokeMAIN;某些工艺步骤则视为应该执行的具体任务或工序,即 STEP。受 PKS 的 STEP 块表达式数量的限制(每个 STEP 块只能编写 16 个表达式,不同版本或许有差异),可以将工艺步骤的一步处理为多个 STEP 块。为了减少 STEP 块的数量,也可以将多个简单的工艺步骤处理为一个 STEP 块。根据精馏装置冷态开车的工艺步骤,利用 SCM 的 InvokeMAIN、TRANSITION 和 STEP,重新梳理后的"一键多塔串联冷态开车"顺控逻辑如表 8-28 所示。

表 8-28 　精馏装置一键多塔串联冷态开车顺控逻辑

SCM 功能块	顺控逻辑功能描述
InvokeMAIN	操作人员通过精馏装置 HMI 部署的"一键开车"按钮启动一键开车过程,该按钮的脚本程序根据操作人员的选择将参数"SCM_CMD.StartCMD.PV"置为 1 或 0。如果操作人员确认启动一键开车,该参数将置为 1,将启动顺控逻辑的运行
STEP1	关闭开关阀 V01、V03、V04、V06、V07、V08、V09、V12、V13、V14、V15、V16、V17、V18、V19 和 V23。将 SwitchV 中对应的 NUMERIC 功能块置为 0,则关闭相应的执行元件
STEP2	关闭回流泵 GA-405A 和 GA-405B、塔顶产品采出泵 GA-406A 和 GA-406B,将 SwitchV 中对应的 NUMERIC 功能块置为 0,则关闭相应的执行元件;关闭塔釜泄液阀 HV24、回流罐泄液阀 HV25 和 C_4 充压阀 HVC4。修改手操阀的开度时,必须先将其置为程序修改模式,修改开度后必须再改回操作员模式,便于操作人员随时操作。以置 HV01 的开度为 0 表示关闭为例,其表达式为 HV24.PIDA.MODEATTR:=2;HV24.PIDA.MODE:=0; HV24.PIDA.OP:=0;HV24.PIDA.MODEATTR:=1
STEP3～STEP4	置 FIC01、FIC02、LIC01、LIC02、PIC01、PRC02、TIC03 和 FIC03 为手动控制模式,控制输出为 0。修改 PID 回路相关参数时,需要先置其为程序修改模式,修改参数后需要再将其置回操作人员模式,确保操作人员随时可以操作(即修改相关参数时将 MODEATTR 置为 2;完成修改后再将 MODEATTR 置为 1)
STEP5	打开公用工程具备条件开关 GY、仪表投用开关 YB、氮气置换合格开关 N2,将 SwitchV 中对应的 NUMERIC 功能块置为 0,则关闭相应的执行元件;置 C_4 充压阀 HVC4 的开度为 100%
TRANSITION1	如果塔顶压力 PRC-02 达到 0.31 MPa(条件表达式:PRC02.PIDA.PV>=0.31),则转入 STEP6
STEP6	置 C_4 充压阀 HVC4 的开度为 0;打开冷凝器 EA-406 的冷却水出口阀 V23、差压阀 V06 和 V07;打开进料前阀 V01;置 FIC01 为手动控制模式,控制输出为 20%
TRANSITION2	如果进料量达到 100 kmol/h(条件表达式:FIC01.PIDA.PV>=100)和塔顶压力 MPa 达到 0.35 MPa(条件表达式:PRC02.PIDA.PV>=0.35),则转入 STEP7

SCM 功能块	顺控逻辑功能描述
STEP7	PRC02 投入自动控制模式，设定值置为 0.35 MPa
TRANSITION3	如果塔釜液位达到 15%(条件表达式：LIC01.PIDA.PV>=15)，转入 STEP8
STEP8	打开再沸器 EA-405A 的加热蒸汽入口阀 V03 和出口阀 V04；置 FIC03 为手动控制模式，控制输出为 20%
TRANSITION4	如果塔釜温度高于 108℃(条件表达式：TI04.PIDA.PV>=108)和回流罐液位达到 10%(条件表达式：LIC02.PIDA.PV>=10)，转入 STEP9
STEP9	打开回流泵 GA-405A 的入口阀 V13，启动回流泵 GA-405A；打开回流泵 GA-405A 的出口阀 V12；置 FIC02 为手动控制模式，控制输出为 50%
TRANSITION5	如果回流量达到 300 kmol/h(条件表达式：FIC02.PIDA.PV>=300)，转入 STEP10
STEP10	缓慢调整塔釜加热量 FIC-03，比如置 FIC03 为手动控制模式，控制输出为 40%
TRANSITION6	如果灵敏板温度达到 78℃(条件表达式：TIC03.PIDA.PV>=78)，转入 STEP11
STEP11	FIC03 投入串级控制模式；TIC03 投入自动控制模式，设定值置为 78℃；手动调整 FIC-02 的输出，比如置 FIC02 为手动控制模式，控制输出为 60%
TRANSITION7	如果回流量达到 350 kmol/h(条件表达式：FIC02.PIDA.PV>=350)，则转入 STEP12
STEP12	FIC02 投入自动控制模式，设定值置为 350 kmol/h
TRANSITION8	如果塔顶 C_5 含量 AI-1 低于 0.5%(条件表达式：AI01.PIDA.PV<=0.5)和回流罐液位达到 50%左右(条件表达式：LIC02.PIDA.PV>=49 & LIC02.PIDA.PV<=51)，则转入 STEP13
STEP13	打开塔顶产品采出泵 GA-406A 的入口阀 V16，启动塔顶产品采出泵 GA-406A，打开塔顶产品采出泵 GA-406A 的出口阀 V17；置 LIC02 为手动控制模式，控制输出为 50%
TRANSITION9	如果回流罐液位降到 50%(条件表达式：LIC02.PIDA.PV<=50)，转入 STEP14
STEP14	LIC02 投入自动控制模式，设定值置为 50%
TRANSITION10	如果塔釜 C_4 含量 AI-02 低于 1.5%(条件表达式：AI02.PIDA.PV<=1.5)和回流罐液位达到 50%左右(条件表达式：LIC02.PIDA.PV>=49 & LIC02.PIDA.PV<=51)，转入 STEP15
STEP15	置 LIC01 为手动控制模式，控制输出为 50%
TRANSITION11	如果塔釜液位调至 50%(条件表达式：LIC01.PIDA.PV>=49& LIC01.PIDA.PV<=51)，转入 STEP16
STEP16	LIC01 投入自动控制模式，设定值置为 50%；缓慢调整 FIC-01 逐渐提升进料量，比如置 FIC01 为手动控制模式，控制输出为 30%
TRANSITION12	如果进料流量达到 370 kmol/h(条件表达式：FIC01.PIDA.PV>=370)，转入 STEP17
STEP17	FIC01 投入自动控制模式，设定值置为 370 kmol/h
TRANSITION13	如果塔顶压力大于 0.4 MPa(条件表达式：PRC02.PIDA.PV>0.4)，转入 STEP18
STEP18	PIC01 投入自动控制模式，设定值置为 0.4 MPa；置 PRC02 为手动控制模式，控制输出为 0。至此，完成顺控开车流程

　　根据表 8-28 列出的精馏装置一键多塔串联冷态开车顺控逻辑，编写的灵敏板温度和再沸器蒸气流量组成的串级控制 SCM 程序如图 8-70 所示，塔压超驰控制 SCM 程序如图 8-71 所示。

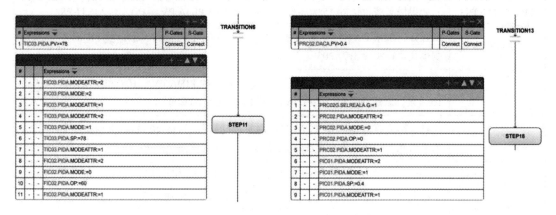

图 8-70　灵敏板温度和再沸器蒸气流量串级顺控逻辑　　　　图 8-71　塔压超驰控制顺控逻辑

8.3.4　精馏装置人机界面组态与监控

1. 精馏装置 HMI 组态

　　精馏装置的 I/O 点数和控制回路数量不多，工艺流程相对简单，基本上可以通过一幅界面监控其全部工艺流程。PKS 的 Station 提供了较为丰富的动态文本显示、组图显示、趋势显示等，结合图 8-63 所示的工艺流程图，组态一幅主界面即可实现精馏装置的人机界面，其参考设计如图 8-72 所示。该界面主要由工艺流程、操作按钮及其状态显示两部分组成，可以通过一幅界面监控精馏装置的工艺参数和状态信息，实现相关的逻辑控制和参数调节。界面分为左右两部分，左侧部署精馏装置的工艺流程，便于图 8-63 所示的工艺流程监控；界面的右侧部署操作按钮，实现开关阀和泵等开关类执行元件的开启、关闭和逻辑控制。界面上的位号显示应符合行业标准 HG/T 20505—2014 的要求，由于控制策略的 TAG 名称不支持"-"，因此，界面上的位号和控制策略的位号差一个"-"，但应该确保一一对应。例如，界面上的 TI-01 对应控制策略中的 TI01，界面上的 TIC-03 对应控制策略中的 TIC03，依次类推。

　　手操阀的标识符使用红色字体，开关阀名称使用蓝色字体(在实际过程中应使用设计规范约定的颜色)。手操阀和开关阀在人机界面上显示名称和工艺流程图上的名称一致，所有的开关阀的控制策略均由 SwitchV 实现，手操阀与控制策略的对应关系如表 8-26 所示。手操阀的开度需要连续可调，其开度值显示在阀门名称的下方或其右侧，使用动态文本(Alpha Numeric)连接表 8-26 列出的 CM，勾选 Faceplate 功能，即可在运行界面中调出手操阀的操作面板，通过操作面板改变手操阀的开度。例如，HV24 下方显示值为塔釜泄液阀开度的输出控制量，其连接的参数是 HV24.PIDA.OP。

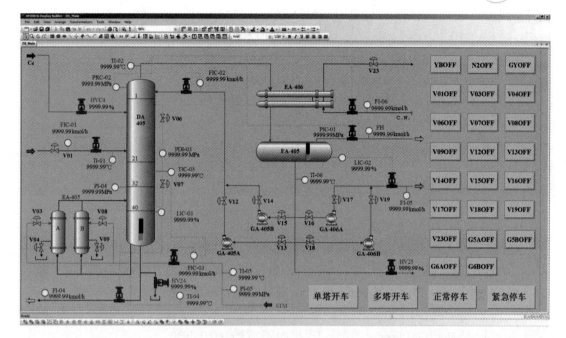

图 8-72　精馏装置控制系统人机界面设计视图

表 8-22 列出的 16 个开关阀、4 个泵和 3 个系统操作开关的开关按钮及其状态指示分别由 1 个 pushbutton 和 1 个可变颜色的矩形框组成。按钮上的名称和控制该开关类执行元件的开关量输出信号的状态一致。例如，回流泵 GA-405A 对应的开关按钮名称(Label)可以为 G5AON，也可为 G5AOFF，如果其名称为 G5AON，表示控制 GA-405A 的开关量输出信号为 ON；如果其名称为 G5AOFF，表示控制 GA-405A 的开关量输出信号为 OFF。这些开关控制类按钮设计为跟斗工作模式，即单击某个按钮时，按钮的名称呈现交替变化，输出的开关量信号也呈现交替变化。例如，单击按钮“G5AOFF”，则该按钮的脚本程序使该按钮的名称变为“G5AON”，控制 GA-405A 的开关量输出信号为 ON；再次单击按钮“G5AON”，则该按钮的脚本程序使该按钮的名称变为“G5AOFF”，控制 GA-405A 的开关量输出信号为 OFF。按钮上的文字并不能代表开关类执行元件的实际状态，其实际状态是由相应的开关量输入信号进行反馈的，并将其状态变化与按钮四周的矩形框的颜色变化进行关联。因此，按钮四周的矩形框实际上是一个顺序子图，红色矩形框则表示开关阀或泵等处于开启状态或有效状态；绿色矩形框则表示开关阀或泵等处于关闭状态或无效状态。也就是说，通过观察按钮四周矩形框的颜色，即可判断相应开关阀或泵等执行元件的实际工作状态。

单击按钮实现的动作或功能需要编写脚本才能实现，其与 7.1.4 小节介绍的按钮脚本编程类似。开关阀或泵等执行元件的操作按钮需要针对两类事件进行脚本编程，即操作人员单击操作对应的 onclick 事件和动态感知操作事件的变化的 ondatachange 事件，前者用于响应操作人员的操作，后者用于切换界面后确保按钮的当前状态(按钮显示的文字、颜色和背景色等)能够得以保持。通过 onclick 事件对应的脚本程序，实现开关阀或泵等执行元件的开启或关闭功能。以开关回流泵 GA-405A 的操作按钮为例，其 onclick 事件的脚本如下所示：

```
Sub pushbutton020_onclick
    IF pushbutton020.DataValue("SWITCHV.NUM_G5A.PV")=0 THEN
        pushbutton020.DataValue("SWITCHV.NUM_G5A.PV")=1
        pushbutton020.innerText="G5AON"
    ELSE
        pushbutton020.DataValue("SWITCHV.NUM_G5A.PV")=0
        pushbutton020.innerText="G5AOFF"
    END IF
End Sub
```

如果希望切换界面后，按钮能够有效保持其原有的动作属性(例如按钮的 Label、字体大小、背景色等)，则需要对其 ondatachange 事件编写脚本程序，例如此处仍然以回流泵 GA-405A 的操作按钮为例，其 ondatachange 事件的脚本如下所示：

```
Sub pushbutton020_ondatachange
    IF pushbutton020.DataValue("SWITCHV.NUM_G5A.PV")=1 THEN
        pushbutton020.innerText="G5AON"
    ELSE
        pushbutton020.innerText="G5AOFF"
    END IF
End Sub
```

除了 23 个包含开关阀、泵、系统操作开关等的开启或关闭按钮外，还有与顺控启停相关的"单塔开车""多塔开车""正常停车"和"紧急停车"按钮需要编写相应的脚本程序。将按钮"多塔开车"设计为单击操作，其对应的事件为 onclick 事件，其脚本程序如下所示：

```
Sub pushbutton025_onclick
    IF (confirm("Are you ready for Sequentially StartingtheDistillation Tower?")) THEN
        MSGBOX("The Distillation Tower is Starting ...")
        pushbutton025.DataValue("SCM_CMD.StartCMD.PV")=1
    ELSE
        MSGBOX("You cancel starting operation")
        pushbutton025.DataValue("SCM_CMD.StartCMD.PV")=0
    END IF
End Sub
```

上述脚本实现的功能是操作人员单击"多塔开车"按钮后，弹出如图 8-73 所示的对话框，要求操作人员确认启动操作。单击对话框中的"OK"按钮，表示操作人员已确认要启动精馏装置，随后弹出如图 8-74 所示的提示对话框，并将 SCM 的顺控启动参数"SCM_CMD.StartCMD.PV"置为 1，SCM 检测到该参数为 1，则视为满足初始条件，启动精馏装置的一键多塔串联开车顺控逻辑。单击图 8-74 中的"OK"按钮可关闭对话框。单击图 8-73 中的"Cancel"按钮表示取消一键多塔串联开车，弹出的对话框和 8.1.4 小节的图 8-25 相同；同时将 SCM 的顺控启动参数"SCM_CMD.StartCMD.PV"置为 0，SCM 检测到不满足顺控初始条件，当然就不会启动开车顺控逻辑。

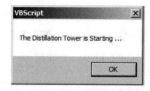

图 8-73　一键启动多塔串联开车对话框　　　　图 8-74　确认一键启动多塔串联开车对话框

同理，按钮"正常停车"一般也是单击操作，该按钮的 onclick 事件的脚本程序如下所示：

```
Sub pushbutton026_onclick
    IF (confirm("Do you really want to stop the Distillation Tower ?")) THEN
        MSGBOX("The Distillation Tower is Stoping ...")
        pushbutton026.DataValue("SCM_CMD.StopCMD.PV")=1
    ELSE
        MSGBOX("You Cancel Stoping Operation")
        pushbutton026.DataValue("SCM_CMD.StopCMD.PV")=0
    END IF
End Sub
```

上述脚本实现的功能是单击"正常停车"按钮，弹出确认对话框，根据操作人员的选择，分别实现精馏装置顺控停止参数"SCM_CMD.StopCMD.PV"的置 1 或清 0。

按钮"紧急停车"也是单击操作，该按钮的 onclick 事件的脚本程序如下所示：

```
Sub pushbutton027_onclick
    IF (confirm("Do you really need to urgently stop the Distillation Tower?")) THEN
        MSGBOX("The Distillation Tower is in    Emergency Shutdown...")
        pushbutton027.DataValue("SCM_CMD.EmergCMD.PV")=1
    ELSE
        MSGBOX("You Cancel Emergency Shutdown")
        pushbutton027.DataValue("SCM_CMD.EmergCMD.PV")=0
    END IF
End Sub
```

上述脚本实现的功能是单击"紧急停车"按钮，弹出确认对话框，根据操作人员的选择，分别实现精馏装置顺控停止参数"SCM_CMD.EmergCMD.PV"的置 1 或清 0。

2. 精馏装置 HMI 的运行与监控

精馏装置 HMI 的运行视图如图 8-75 所示。手操阀的输出控制量(开度值)显示在其右侧或下方，单击手操阀的开度值，可以弹出手操阀对应的 Faceplate 操作面板，通过操作面板可以修改手操阀的开度。例如，单击 HV24 下方的开度值，则弹出塔釜泄液阀 HV24 的操作面板，从而通过 Faceplate 修改 HV24 的开度值。如果双击手操阀的开度显示值，则弹出该手操阀对应的操作回路(开环)详细显示界面。工艺参数值一般显示在其位号的右侧或下方，双击其显示值则弹出该位号的详细显示界面，与通过快捷按钮"🔍"调出的该点详细界面完全相同。例如，双击 TI-01 下方的显示值即可弹出 TI-01 的详细显示界面，与通过"🔍"调出的 TI-01 详细显示界面相同。

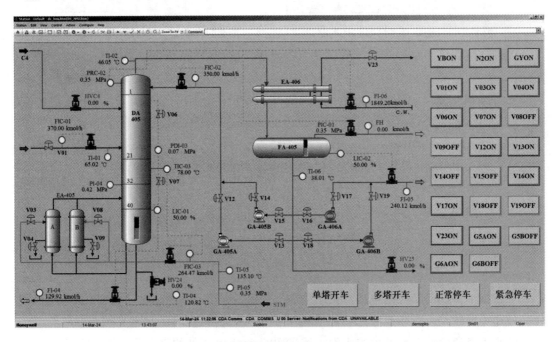

图 8-75　精馏装置控制系统人机界面运行视图

界面右侧的 23 个按钮如果显示为 V01OFF、V03OFF 和 V04OFF 等，则分别表示控制 V01、V03 和 V04 等 23 个开关类执行元件对应的开关量输出信号的当前值为 OFF；如果显示为 V01ON、V03ON 和 V04ON 等，则分别表示控制 V01、V03 和 V04 等 23 个开关类执行元件对应的开关量输出信号的当前值为 ON。如果按钮四周的矩形框为绿色，则表示这 23 个开关类执行元件当前状态对应的开关量输入信号为 OFF，即这 23 个开关处于关闭状态；如果按钮四周的矩形框为红色，则表示这 23 个开关类执行元件当前状态对应的开关量输入信号为 ON，即这 23 个开关处于开启状态。例如，V13ON 表示 GA-405A 入口阀 V13 的开关量输出信号为 ON，其四周的矩形框为红色，表示 V13 处于打开状态；V15ON 表示 GA-405B 入口阀 V15 的开关量输出信号为 ON，但其四周的矩形框为绿色，则表示 V15 实际上并未运行。

参照 6.4 节的组界面组态步骤，可以快速组态实现精馏装置的组操作界面。由于每一幅组操作界面只能布局 8 个回路，所以精馏装置的 3 个手操阀和 7 个调节阀需要组态 2 幅界面，第一幅组界面如图 8-76 所示。类似地，参照 6.4 节的趋势界面组态步骤，可以组态精馏装置的趋势界面。如果要记录手操阀和调节阀的开度值或显示开度值的趋势曲线，也可以将其组态为趋势界面。

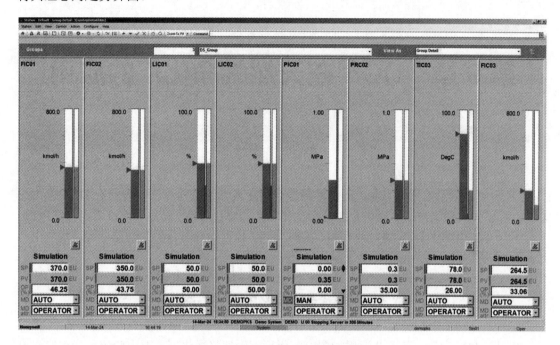

图 8-76　精馏装置调节阀控制组图

第 9 章　DCS 在天然气净化厂的应用

DCS 广泛应用于流程工业，而天然气净化属于典型的流程工艺。借助于 DCS 强大的功能，可以为天然气净化厂提供全面的自动化和控制解决方案，确保生产过程运行高效性、安全和环保。借助于 DCS 的自动控制、实时监测、数据管理与分析等功能，可以优化生产过程，提高效率，促进天然气净化行业的可持续发展。

9.1　天然气净化厂工艺流程

以某净化厂为例，其工艺流程如图 9-1 所示。天然气净化厂主要由脱硫单元、脱水单元、硫磺回收单元、尾气处理单元、锅炉单元，以及污水处理、空氮系统、火炬放空系统、

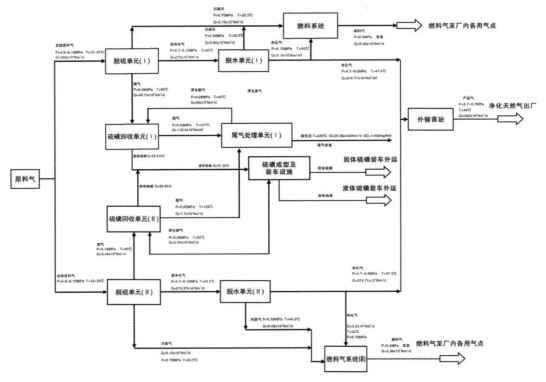

图 9-1　天然气净化工艺流程

循环水系统、空燃料气系统等公用辅助系统组成。其中，脱硫单元一般采用化学法吸收工艺；脱水单元一般采用溶剂吸收法；硫磺回收单元一般采用常规克劳斯工艺或超级克劳斯工艺；尾气处理单元采用康索夫的溶剂脱硫工艺及其焚烧工艺或氧化吸收。

9.1.1　脱硫单元工艺

脱硫单元一般采用化学法中的吸收工艺法。40% 甲基二乙醇胺(MDEA)配方溶剂(CT8-5)水溶液在吸收塔内自上而下，使其与自下而上的含硫天然气逆流接触，通过吸收脱除含硫天然气中的酸性组分，湿净化气从吸收塔顶部送至脱水装置，参考工艺流程如图 9-2 所示。胺液再生后所得到的酸性气体送至硫磺回收装置处理。一般情况下，一个净化厂可能会有多套处理能力相同的脱硫装置，以提高脱硫能力。例如，某净化厂配置了 2 套处理能力相同的脱硫装置，每天的天然气处理总量可达 $600 \times 10^4\,\mathrm{m}^3$。

1. 脱硫吸收

含硫天然气在 5.6～6.7 MPa 条件下自原料气过滤分离单元进入吸收塔下部。在塔内，含硫天然气自下而上与 CT8-5 贫液逆流接触。在吸收塔第 10 层、12 层、16 层塔盘分别设置贫胺液入口。出塔湿净化气经湿净化气分离器分液后，在温度为 45℃，压力为 4.8～6.12 MPa 条件下送往脱水单元进行脱水处理。

2. 富液闪蒸

实际工程中，一般将没有吸收 CO_2、H_2S 等酸性气体的 MEDA 溶液称为贫液；将进入吸收塔后并吸收了 CO_2 和 H_2S 等酸性气体的 MEDA 溶液称为富液。富液闪蒸单元的主要作用就是通过闪蒸工艺分离富液中的酸性气体。MDEA 富液经液位调节阀后进入 MDEA 闪蒸塔，闪蒸塔的压力一般维持在 0.6 MPa 左右。闪蒸气在填料柱内由下而上流动，自上而下的 MDEA 贫液形成逆流接触。通过闪蒸工艺分离出来的酸性气体称之为闪蒸气。一般情况下是将闪蒸气经过一定的压力调节后作为燃料直接送入燃料气系统。

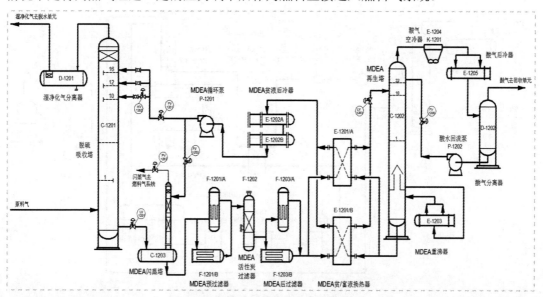

图 9-2　脱硫单元工艺流程

3. 溶液再生

MDEA 富液经三级过滤系统后进入 MDEA 贫/富液换热器与 MDEA 再生塔塔底出来的 MDEA 贫液换热，然后进入 MDEA 再生塔 C-1202 上部第 18 层，与塔内自下而上的蒸汽逆流接触进行再生，解析出 H_2S 和 CO_2 气体。再生热量由塔底重沸器提供。MDEA 贫液从再生塔底部出来，进入 MDEA 后冷器进一步冷至约 35℃，然后由 MDEA 循环泵将贫液分别送入 MDEA 吸收塔和 MDEA 闪蒸塔，完成整个溶液系统的循环。

4. 溶液过滤

从闪蒸塔底部引出的 MDEA 富液在压力 0.6 MPa 下流经 MDEA 预过滤器除去溶液中的机械杂质，过滤后的溶液分出 30%～100%流经 MDEA 活性炭过滤器，以吸附溶液中的降解产物，最后全部 MDEA 富液经过 MDEA 后过滤器除去溶液中的活性炭粉末和其他固体杂质，以保持溶液的清洁。

5. 酸性气体的冷却和装置的水平衡部分

由 MDEA 再生塔 C-1202 顶部出来的酸性气体经酸气空冷器 E-1204 后，进入酸气后冷器 E-1205 冷至 40℃，再进入酸气分离器 D-1202，分离出酸水后的酸气在 0.07 MPa 下送至硫磺回收单元进行处理。分离出的酸水由酸水回流泵 P-1202 送至 MDEA 再生塔 C-1202 顶部第 22 层作回流，以保持系统水平衡。

9.1.2 脱水单元

脱水单元一般采用溶剂吸收法。利用 99.7%的三甘醇(TEG)作脱水剂，脱除湿净化天然气中的绝大部分水，一个净化厂根据处理能力需求可能配置一套或多套完全独立的脱水装置。例如某净化厂配置 2 套装置，使其处理量为 $594 \times 10^4 \, m^3/d$，溶液循环量可达 3～5 t/h，燃料气损量约为 $10 \, m^3/h$，汽提气流量为 $10 \, m^3/h$。脱水单元的参考工艺流程如图 9-3 所示。

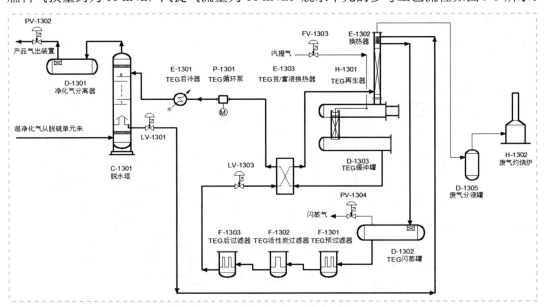

图 9-3　脱水单元工艺流程

1. 湿净化气吸收

从脱硫装置来的湿净化天然气压力为 4.70～6.12 MPa，温度约为 44.9℃，自下部进入 TEG 吸收塔。在塔内湿净化天然气自下而上与 TEG 贫液逆流接触，脱除天然气中的饱和水。脱除水分后的天然气出塔后经净化气分离器分液后，在 4.70～6.00 MPa，约 47.4℃条件下出装置。

2. 富液闪蒸

从 C-1301 下部出来的 TEG 富液经塔底液位调节阀减压后先经再生塔富液精馏柱顶换热盘管换热，然后进入 TEG 闪蒸罐闪蒸，闪蒸出来的闪蒸气调压后进入燃料气系统用作工厂燃料气。

3. 溶液再生

闪蒸后的 TEG 富液先经过 TEG 预过滤器，再经过 TEG 活性炭过滤器和 TEG 后过滤器除去溶液中的机械杂质和降解产物。过滤后的富液经 TEG 贫/富液换热器换热后进入再生塔富液精馏柱提浓。TEG 富液在 TEG 再生塔中被加热至 200±2℃左右后，经贫液精馏柱、缓冲罐进入 TEG 贫/富液换热器中与过滤后的 TEG 富液换热，换热后的 TEG 贫液由 TEG 循环泵送至套管换热器进一步冷却至 55℃。冷却后的 TEG 贫液至 TEG 吸收塔顶部完成溶液循环。

4. 再生气处理

TEG 富液的再生气，经再生气分液罐分液后进入焚烧炉，焚烧后排入大气。另外，本装置还设有溶剂储存和溶液补充系统，同时还设有氮气水封系统，以避免储罐中溶剂吸湿、被氧化。

9.1.3　硫磺回收单元

硫磺回收单元一般采用克劳斯工艺(Claus)，包括常规多级(例如常规二级)克劳斯工艺和超级克劳斯工艺(SuperClaus)。超级克劳斯工艺一般采用高 H_2S/SO_2 比率操作，其主燃烧炉的空气/酸气配比依据进入超级克劳斯反应段过程气中的 H_2S 浓度指标进行控制。当 H_2S 浓度过高时，自动增加主燃烧炉空气量，反之则减少空气量。例如，某净化厂的硫磺回收单元选用的 SuperClaus 催化剂能将 Claus 尾气中 85%以上的 H_2S 直接氧化成元素硫，而对过程气中水汽作用不敏感，不会促进硫蒸汽与水汽发生 Claus 逆反应。在空气过剩的情况下几乎不产生 SO_2，因此，对生成元素硫具有很高的选择性。上游克劳斯反应段采用 H_2S 过量操作，抑制了尾气中 SO_2 含量，装置的硫回收率可达 99.2%左右，兼具硫磺回收和尾气处理双重功能。硫磺回收单元的参考工艺流程如图 9-4 所示。

来自脱硫脱碳装置的酸性原料气进入酸气分离器，将夹带的水分离出来。当分离器中液位较高时，酸水将以手动方式被压至压送罐。通过向酸水压送罐充氮气增压，酸水被压送至脱硫脱碳单元的酸气分离器。主风机 K-1401 向主燃烧器 H-1401 提供了燃烧空气，同时还向其他燃烧器、SuperClaus 段以及液硫脱气系统供风。在主燃烧室中，未燃烧的 H_2S

和 SO$_2$ 反应生成气相硫，过程气通过废热锅炉内的管束，移走在主燃烧器和燃烧室内产生的热量，气体被冷却，硫蒸汽被冷凝，液态硫从气体中分离出来，饱和低压蒸汽作为副产品产生。

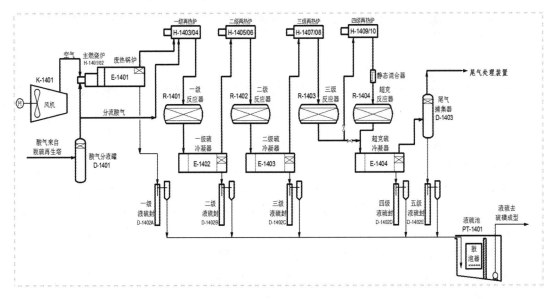

图 9-4　硫磺回收单元工艺流程

来自废热锅炉的过程气以及支路酸气在一级再热炉混合室中被加热，达到催化转化的最佳温度后进入一级克劳斯反应器。一级反应器的出口过程气在一级硫磺冷凝冷却器内被冷却。气体在冷凝器内冷却并形成液态硫，同时也会产生低压蒸汽。从一级硫磺冷凝冷却器出来的过程气随后进入二级再热炉混合室，经过二级再热炉加热，进入二级克劳斯反应器转化，其进口温度低于上一级反应器的入口温度，这有助于将 H$_2$S 和 SO$_2$ 转化成硫。随后过程气在二级硫磺冷凝冷却器中冷却。过程气在三级再热炉混合室被加热之后，进入在三级克劳斯反应器内再次转化，其进口温度低于二级克劳斯反应器入口温度，这将进一步推动 H$_2$S 和 SO$_2$ 向生成硫的方向转化。过程气在四级再热炉的混合室内被加热，过程气和夹套预热的空气在静态混合室内混合后进入超级克劳斯反应器，H$_2$S 选择性氧化生成气态硫。离开超级克劳斯反应器的过程气进入超克硫磺冷凝器。最后过程气经过装有破沫网的尾气捕集器，将其中的微量液态硫从气体中分离出来，余下的尾气则送入尾气处理装置。废热锅炉和各级硫冷凝器的液硫通过液硫封被排放到液硫池。除雾丝网安装在所有硫磺冷凝冷却器的过程气出口处，以便回收过程气夹带的雾状液态硫。

9.1.4　尾气处理单元

尾气处理单元一般采用康索夫工艺(Cansolv)。康索夫溶剂脱硫工艺是通过使用一种高选择性吸收、解吸 SO$_2$ 的有机胺溶液，对烟气中的 SO$_2$ 进行脱除，再将解吸后的酸气返回硫磺回收装置，总回收率一般达 99.8% 以上，可以有效控制 SO$_2$ 排放。尾气处理单元的工艺流程如图 9-5 所示。

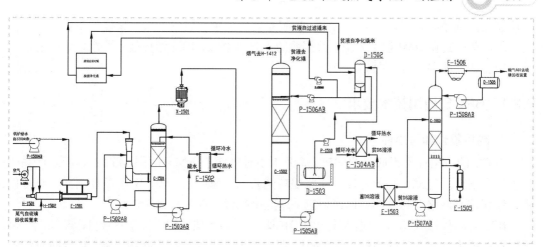

图 9-5　尾气处理工艺流程

1. 尾气焚烧

自硫黄回收装置来的克劳斯尾气和液硫池废气引入尾气主燃烧炉进行焚烧，焚烧温度为 750～780℃，随后，经余热锅炉(E-1501)冷却至 280～290℃后送入预洗涤单元处理，同时回收热量产生 4.0 MPa(g)中压蒸汽，该蒸汽经调压降温后，并入低压蒸汽管网。

2. 预洗涤和 SO_2 吸收

自余热锅炉来的温度为 280～290℃的烟气自上而下进入文丘里组合塔，将烟气温度降至 75℃左右。急冷后的烟气进入文丘里组合塔(C-1501)的过冷工段与冷却水逆流接触，烟气进一步冷却至 55℃后，经湿式电除雾器脱烟气中的硫酸雾(脱除至≤10 ppmv)，然后送入 SO_2 吸收部分。离开预洗涤部分的气体进入 SO_2 吸收塔，与贫吸收剂逆流接触，尾气中的 SO_2 被溶液而吸收，SO_2 吸收塔顶的烟气经尾气灼烧炉加热至 300℃后，经烟囱排放。

3. 溶液再生与循环

SO_2 吸收塔底部出来的 Cansolv DS 富液经富胺泵增压进入贫/富胺换热器与 SO_2 再生塔底的 Cansolv DS 贫液换热，温度升至 95℃后进入 SO_2 再生塔上部，与塔内自下而上的蒸汽逆流接触进行再生，解析出 SO_2 气体。再生热量由再生塔重沸器提供。Cansolv DS 热贫液在 118℃温度下自 SO_2 再生塔底部引出，经热贫液泵增压后，再经贫/富胺换热器与 Cansolv DS 富液换热，温度降至 80℃，再经贫液冷却器降温至 55℃后，接入贫液储罐。贫液过滤进料泵将溶剂泵送至溶剂过滤单元，以去除溶液中的机械杂质和降解产物。Cansolv DS 贫溶剂通过贫液循环泵从贫液储罐泵送至 SO_2 吸收塔，完成整个溶液系统的循环。

9.2　控制系统需求分析

控制系统的需求分析是指对控制系统进行全面分析的过程。通过对控制系统的需求分析，可以明确系统的目标和任务，确定系统的输入和输出，定义系统的性能指标，明确系统的硬件和软件需求，确认系统的可行性。这些分析结果将为后续的控制系统设计和实施提供依据。在流程工业中，DCS 一般实现基本的控制功能，因此又将控制系统(包括以 DCS 为核心的控制系统)称之为基本过程控制系统，简称 BPCS。以某净化厂 BPCS 招标文件的

"计算机控制系统技术规格书"为例，控制系统的需求一般包括 BPCS 技术要求，控制机柜要求，操作站和 HMI 技术要求，数据服务器技术要求，网络通信技术要求，软件配置要求，功能和性能要求等方面。

9.2.1 BPCS 通用技术要求

1. 高可靠性和可用性

BPCS 的可用性不得低于 99.95%(基于 4 小时平均工作修复时间 MTTR)，应确保系统配置满足安全、可靠、高效的控制与监控功能要求。原则上，BPCS 中各控制器、电源模块、过程控制网络及相关的通信模块应采用冗余配置，以提高可靠性。

BPCS具有对其控制器、输入/输出(I/O)模块、通信模块与过程控制网络自诊断功能，可定时自动或人工启动诊断系统，并在操作站/工程师站上显示自诊断和结果。自诊断系统包括全面的离线和在线诊断软件，诊断程序能对系统设备故障进行检查。BPCS应具备在线修改组态能力，并且在不影响装置正常生产的情况下，完成组态的下装任务。

2. BPCS 控制器技术要求

BPCS 控制站由控制器以及配套的 I/O 模块、电源、通信模块等相关设备组成，其中控制器是控制站的核心组件，是控制站性能的重要体现。控制器至少应基于 32 位微处理器技术。微处理器应具有快速执行过程控制、逻辑控制、顺序控制、批量控制、接收处理信号与发出指令等的功能。正常工作时控制器负荷不超过 60%。控制器应配置非易失性存储单元，在不依赖于操作台或通信网络情况下，控制器应能独立完成控制功能。在现场至机柜间电缆接线、机柜内二次接线或者通信网络的故障时，控制器应保持正常运行。存储器在正常工作时控制器负荷不超过 50%。

控制器的执行周期可根据回路特征进行修改，同时支持高速控制，最快执行周期不高于 50 ms。控制器应能对其相关部件状态进行连续监测，自动测试与间断自诊断控制站内主要部件，包括 I/O 卡、微处理器、总线、存储器、电源等的状态，可针对设备故障信息进行报警。控制器应具有电气隔离，每个控制器均有过电流和过电压保护。在失电情况下维持其内存、实时日历、时钟至少一年，电池后备的 RAM 或 EPROM 应能保持其存储的应用程序至少一年。所有冗余配置的模块应支持热插拔，不应对程序运行造成干扰。控制器支持即插即用与自动识别，当更换控制器时，能自动拷贝应用或组态程序，而不需要人工再次下装。

3. BPCS 电源系统

电源系统应采用双回路 UPS 供电，BPCS 应配置电源分配柜(系统配电柜)。对于双回路供电系统，单个回路的开路、断路、短路应不影响整个供电系统的正常运行。电源模块均应按照 1∶1 进行冗余配置，单个电源模块应具有独立为整个系统供电的能力，且要求系统满负荷运行时(包括备用通道)的负荷不超过设计用电负荷的 60%。冗余配置的电源模块应为在线工作式，正常运行时，相互分担负荷。若有一电源模块出现故障时，则冗余电源模块应自动接上，同时向操作员发出报警信号。

单个电源模块的故障或更换不应对整个供电网络造成影响和干扰。电源模块应配有自动隔离稳压器，防止输入电源波动对系统的干扰。应明确告知系统在无 UPS 时对供电电源的允许波动极限，系统对低电压和瞬间过电压的系统响应。系统供电单元应带 LED 状态指示、超温保护和故障显示功能。电源模块应带有熔断丝作为短路保护，并带有过载自动断电保护。电源应带有限流保护电路和过电压保护电路。系统内部应配有电源监视设备，对内部直流输出电压进行检查；任何电源故障都应有相应的报警和保护，电源故障除有系统报警外还应有就地指示(发光二极管)。同时系统内部 24 V DC 电源模块掉电后，应给控制器输出一个相应报警，并在操作站上显示。所有现场仪表均由控制系统供电。

现场仪表供电单元应与系统供电单元(包含控制器件、通信模块、I/O 模块供电、网络设备等)分别配置。

4. BPCS 的 I/O 卡件或模块

BPCS 需要支持的 I/O 类型包括 4～20 mA 模拟量输入卡，冗余 4～20 mA 模拟量输入卡，4～20 mA 模拟量输出卡，冗余 4～20 mA 模拟量输出卡，三线制/四线制热电阻输入卡(RTD)，IEC 标准型 E、K、S、B 型热电偶输入卡，开关量输入卡，开关量输出卡(继电器输出)。

所有 I/O 卡的共模电压、共模抑制比、电路隔离形式、输入阻抗、驱动输出负荷能力等特性应该满足行业技术规范或标准。所有的 I/O 卡可在线带电插拔(热插拔)。带电插拔对卡本身和其他元件应无损害。I/O 卡的故障和更换不会影响其他 I/O 卡的运行，支持即插即用与自动识别，对新安装模块的重新初始化是自动的。BPCS 应带有独立的自诊断程序可连续地对 I/O 模块的每一个通道进行故障监测。所有 I/O 卡应具有自诊断功能和外部状态指示器以便观察 I/O 卡的运行状态。I/O 卡应具备通过回读的输出来诊断 I/O 卡可靠性的功能。若 I/O 卡产生的输出与回读的输入信号超过允许值，应给出报警输出。脉冲输入卡频率范围应不小于 0～10 kHz 范围，电压为 4～24 V DC。I/O 模块应采用通道隔离式设计，任何输入输出通道的短路或过电压不应该对该 I/O 模块上的其他输入输出通道和为该 I/O 模块提供电源的供电单元以及供电网络造成影响，引起故障。I/O 模块应采用模块化机架安装方式，并带有模块类型与通道位号识别标记。I/O 模块应在不依赖于任何工具并且不需要移除信号接线的情况进行在线更换。I/O 模块正面应带有 LED 状态、故障指示。I/O 模块背板应带有过载保护功能。

模拟量输入(AI)通道的输入信号包括 4～20 mA、mV、电阻信号等。对非线性化输入信号，模拟量输入模块应能进行线性化处理。所有输入信号可对回路进行开路、断路、超量程监测。应能为现场两线制仪表供电，同一模块也应能接收外供电的模拟量输入信号，现场可调。应提供差模与共模输入电涌保护。供电电压事故与电压测试不应对模块造成损伤。模拟量输入模块的精度不应低于 ±0.1%。

模拟量输出(AO)通道的模拟量输出信号支持标准的 4～20 mA 信号和 24 V DC 内供电，输出通道应相互隔离。模拟量输出的正负接线端应独立。一般不应采用共用电源或共负的接线方式。输出通道具有不低于 750 Ω 的负载能力。模拟量输出模块的精度不应低于 ±0.3%。

数字量输入(DI)通道应能接收有源或无源触电信号。为避免虚假状态信号，通道应具有抗扰滤波功能。对于高压 220 V AC 以上供电设备状态信号(如高压电机状态监控触点)应进行通道隔离。

数字量输出(DO)通道应采用继电器类型模块。每个通道应相互隔离。应同时支持内供电和外供电的负荷。通过通道配置，具有保持/锁存型输出触点，瞬时/脉冲触点，常开/常闭触点输出类型。继电器触点容量不低于 220 V AC 5 A。当系统发生故障时，输出应保持在上一次的控制器输出值，或是已组态的故障安全值。

5. 控制网络

所有网络元件(网络集线器、交换机、路由器等)应采用工业类型设备，采用机架安装，网络负荷占用不应超过 60%。BPCS 过程控制网络作为全厂计算机控制系统网络的主干，SIS 系统控制站也应被接入该网络，该网络可用于 SIS 系统与 BPCS、SIS 系统与数据服务器之间的数据交换。SIS 系统的数据可通过本网络上传至 BPCS 操作员站供操作人员日常监控。SIS 系统控制站也可通过本网络接收 BPCS 操作员站上发出的控制指令。过程控制系统网络与安全系统网络独立设置，过程控制网络不得用于 SIS 系统控制站之间通信。

9.2.2　DCS 数据服务器

不同的 DCS 的服务器名称略有不同，称之为数据服务器(Process Data Server, PDS)、DCS 服务器或系统服务器。PDS 应该与 BPCS 控制站、SIS 系统网络和第三方系统网络进行连接。连续采集与记录 BPCS、SIS 系统与第三方系统上的信息。数据服务器可对采集到的数据进行格式化处理。并可作为与企业信息网络(EIS)或企业资源规划系统(ERP)的接口，并提供防火墙等网络安全设备，确保外部网络不能对数据服务器、控制系统进行写入操作。数据服务器故障不能对 BPCS、SIS 系统功能造成任何影响。PDS 服务器担负着本工程所属管辖区域内各系统实时数据库和历史数据库的交换、格式化处理、管理、网络管理等重要工作，负责处理、存储、管理从现场采集数据，并为网络中的工作站提供数据。

无论服务器的结构形式如何，所有的服务器均应提供标准的物理接口，所有的实时数据库与历史数据库应为标准的数据库提供开放的数据接口。数据服务器应具有较高的可靠性与可用性，其性能应适合工业用硬件和软件的标准。任意一台服务器出现故障时都不应对系统造成任何影响。服务器应具有容错和自诊断能力，并且在任意一台服务器上进行的修改都应自动更新至另外一台服务器。

历史数据库应根据异常准则和数据压缩算法通过异常法存储，供货商所提供的服务器应满足不少于 5 年的数据储存时间要求，供货商应根据自身数据库的特点与附件所统计的 I/O 点数量，考虑保存相应数据、图形、历史趋势及其他数据的格式所需最小可储存空间，同时兼顾服务器实际可储存容量不小于 1TB 甚至更大容量。为提高服务器的可靠性，保证数据的完整性，服务器内部硬盘应采用成熟可靠的硬件磁盘阵列技术，组成磁盘阵列的硬盘应为同一品牌、型号、容量。磁盘阵列形式不低于 RAID1。服务器应为机架式结构，并采用专用机柜安装。

数据服务器应成套提供 GPS 时钟同步设备(包括硬软件及配套天线等)，其采用使用标准的世界时间坐标(UTC)的网络时间通信协议(NTP)。通过连接到 BPCS 的 GPS 时钟同步设备，以确保 BPCS 范围内所有系统及设备的时间同步。PDS 的容量应该根据用户提供的各工艺设施的 I/O 点数与数据上传要求，且不低于 40%的备用量进行核算数据库容量。PDS 一般采用采用冗余的数据服务器，并采用具有冗余备份功能的数据存储设备。

PDS 自动数据采集功能(采样周期和采样时段可设置)，对采集的数据应进行最大、最小、平均值处理。具有长期数据存储能力(不低于 12 个月)，具有定期自动归档到高存储密度的存储介质上。采用高性能的专用图形显示终端，用于日常管理与维护、实时记录工艺参数与控制系统参数。采用标准的、便于使用的监控工具软件。向操作员站提供历史及趋势图信息等。数据服务器能生成报表，报表种类及报表格式应由用户提供。报表可根据操作员计划的时间自动打印。

PDS 采用服务器/客户端方式设置时，需要提供冗余设置的服务器。任意一台服务器出现故障时都不应对系统造成任何影响，并且在任意一台服务器上进行的修改都应自动更新至另外一台服务器。2 台服务器的软件均应至少有 50%的扩展能力。

9.2.3　人机界面技术要求

过程控制网络上所有工程师站应该具有相同功能，任意一台工程师站可对 BPCS 控制站、SIS 系统控制站进行远程控制。工程师站与操作员站，应通过设置硬件保护或给予不同的软件授权，划分不同的操作权限。按照人机界面(HMI)的功能描述可划分为操作员界面与系统维护界面两部分。操作员站、工程师站和外部设备是操作人员和维修人员监视、控制生产过程、组态、维护系统和处理事故的人机接口。

所有操作站/工程师站由可选择的驱动设备、显示器、操作键盘和工程师键盘、触摸屏、跟踪操作球/鼠标等构成。供货商应为所有操作员站、工程师站配置必要的系统软件、组态工程软件包、杀毒软件等。所有系统操作员站/工程师站硬件配置的操作系统应是微软服务期限内的 Windows 或更新版本。在满足可靠性的前提下，应优先选用中文版本。所有操作员站应采用 TCP/IP 协议通过以太网与相关系统进行通信。

操作员站/工程师站所有硬件和软件应具有高可靠性和容错性，应能支持通用的编程软件，以帮助用户维护和修改数据库、编制应用程序；支持功能包括在线和离线的数据库定义(即组态、下载等)、备份(即拷贝、定期存储等)、文件/程序管理等功能。所有操作站/工程师站应具有独立的主机，每个工作站应具有不低于 30 000 点仪表位号，500 幅流程显示界面、100 个报表、过程趋势和参数调整的能力。每个界面应具有同时显示不低于 200 个仪表位号的能力。所有操作站/工程师站应采用统一图例符号界面设计，对于不同的数据类型，操作员站应采用不同的颜色进行区分识别。

所有操作站应具备不同级别操作权利和不同操作区域或数据集合的操作权限，工程师应具有所有操作区域与数据集合的操作权限。操作级别和权限用密码或钥匙的方式限定，操作员密码和操作权限应能由工程师站设定和修改。所有操作员站与工程师站通过 BPCS 工业以太网实现权限范围内的操作。

所有操作员站、工程师站应为工业级计算机，其主要硬件配置参数应不低于市场上工业计算机的主流配置。操作员站(OWS)是操作人员与监控系统的人机接口(MMI)，操作员通过它可详细了解工厂的运行状况并对 BPCS、SIS 系统以及第三方系统下达命令。操作员站应配置必要的软件，至少应具有总貌显示、分组显示，工艺流程动态显示(包括 BPCS、SIS 系统)，操作与控制，实时趋势曲线和历史曲线显示，报警观察处理，事件显示(操作员动作、强制状态、异常状态、诊断信息)，生产报表、报警和事件打印系统等功能。

工程师站(EWS)的硬件配置应与操作员站配置相同或优于操作员站配置。工程师站应配置必要的软件完成系统维护、系统设置等功能。工程师站至少应具有控制及网络设置，数据库设置，图形显示及图形修改，控制算法显示及算法修改，报表生成及报表格式修改，系统访问权限、访问路径设置等安全配置，操作参数修改，系统诊断。通过工程师站，工程师应能为所有用户分配使用权限。工程师站应具有访问所有当前及历史数据、报警数据、系统数据及数据修改功能。数据服务器(PDS)工程软件应安装在工程师站，用于工程师站对数据服务的访问管理。

9.2.4　功能及其性能要求

1. 功能要求

功能一般是技术指标的定性描述，BPCS 一般应该具有下列各项功能(不限于此)。

(1) 实现工艺参数的采集与自动控制。实现工艺参数的实时采集和反馈控制，参数或设备的逻辑控制，参数或设备的顺序控制，设备或单元的批量控制。针对简单的工艺过程提供单回路 PID 控制；针对存在相互影响的工艺参数提供串级控制、前馈控制、配比控制、分程控制等；针对复杂的工业过程提供先进过程控制等。

(2) 实现工艺过程的显示与监控。为操作人员提供丰富的人机界面，以便监控工艺过程及其参数。典型的人机界面主要包括菜单/导航界面、报警汇总显示界面、趋势界面、操作组界面、系统状态显示界面、组态显示界面、弹出控制面板显示、诊断和维护界面、事件汇总显示界面、点细目显示界面、回路调节界面和汇总界面等。

(3) 实现工艺参数的记录与监控。按指定时间分辨率记录工艺参数、过程参数、控制参数、设备状态、运行状态、操作日志等，形成实时数据库和历史数据库。对过程参数给出报警状态，记录报警信息，指导操作人员进行报警处理。按需形成报表，辅助操作人员进行工艺过程运行工况的长期记录与归档。

(4) 实现各级各类设备的网络通信与数据传输。为老系统提供通信接口，确保老系统能够接入最新 DCS 系统，维持原有系统可持续运行和保护其投资持续发挥效力；提供多种类型现场总线接口，将现场总线类传感器、变送器、执行器接入 DCS，实现数据采集和输出控制；实现和企业级系统的安全互联，为企业决策提供数据支持。

(5) 实现联锁保护与故障诊断。工艺参数超限或设备运行状态必须纳入联锁保护，出现超限时或设备运行状态冲突时方可按照预先制定的策略将其拉入正常工况或安全状态。提供设备的自诊断信息，辅助维护人员养护设备，提供控制系统的自诊断信息，辅助维护人员快速排查故障或快速更换系统软硬件。

2. 性能要求

性能一般是技术指标的定量描述。一般情况下，对控制系统的性能指标要求过高，必然会导致成本的增加，因此性能指标以满足工艺要求且具有适度扩展空间为宜。例如，某净化厂在招标 BPCS 时明确要求 BPCS 与 SIS 系统的性能表现至少应达到表 9-1 中提出的性能指标。

表 9-1　某净化厂控制系统性能指标

序号	性能指标描述	指　标
1	操作员指令从 HMI 接口下达到 BPCS 与 SIS 系统输出通道的响应时间	≤1 s
2	HMI 上报警响应时间	≤1 s
3	控制回路运算执行时间	≤1 s
4	BPCS 控制器(从输入通道读取,到逻辑运算,再到输出通道)执行时间	≤1 s
5	SIS 系统控制器(从输入通道读取,到逻辑运算,再到输出通道)执行时间	≤300 ms
6	BPCS 控制器之间数据交换时间	≤500 ms
7	SIS 控制器之间数据交换时间	≤500 ms
8	HMI 动态显示更新率	≤1 s
9	BPCS、SIS 系统参数动态调用界面响应时间	≤1 s
10	界面切换调用时间	≤1 s
11	与第三方系统数据交换附加通信时间	≤500 ms
12	BPCS 与 SIS 系统时钟同步误差	≤±10 ms
13	网络负荷带宽占用率	≤15%
14	网络负荷冲突几率	≤5%

9.3　控制系统网络结构

控制网络连接 DCS 的控制站、现场总线接口、操作站、工程师站、服务器等,同时也可以将安全仪表系统(SIS)和 DCS 集成。不同的 DCS 其网络结构略有差异,同一种 DCS 在不同企业的实际应用也会因需求不同而出现配置上的差异。

如某净化厂有 2 列净化装置,其 DCS 控制系统为霍尼韦尔的 PKS R400,SIS 系统为 SM150,DCS 和 SIS 通过容错以太网(FTE)实现集成,其网络拓扑结构如图 9-6 所示。DCS 配置 3 个 C300 控制站,2 列装置相对独立地使用 2 套 C300 控制站,公用系统相对独立地使用一套 C300 控制站和 1 个远程单元站。控制站一般放置于 DCS 机房。配置了 6 台操作站,其中 5 台操作站位于中控室,另一台则放置于锅炉房。配置了 1 台工程师站,一般放置于控制室的工程师维护机房。配置了一对 DCS 冗余服务器,一般放置在 DCS 机房。为了和其他第三方控制系统或仪表进行互联,配置终端服务器。

又如某净化厂的 DCS 控制系统为浙江中控的 ECS-700,SIS 系统为浙江中控的 TCS-900,控制系统网络则由过程控制系统网络(BPCS Network)和安全仪表系统网络(SIS Network)组成。BPCS 网络用于 BPCS 控制站、工程师站、操作员站之间的数据交换。SIS 系统网络用于 SIS 控制站之间的安全数据交换。SIS 系统各控制站同时接入 BPCS 网络,各系统网络采用冗余光纤作为传输介质。BPCS 与现场设备(第三方设备)采用 RS-485 通信接口进行通信,通信协议一般为 Modbus RTU 等。SIS 系统与现场设备(第三方设备)的通信信号采用硬线连接的形式。基于中控 DCS 和 SIS 的网络拓扑结构如图 9-7 所示。

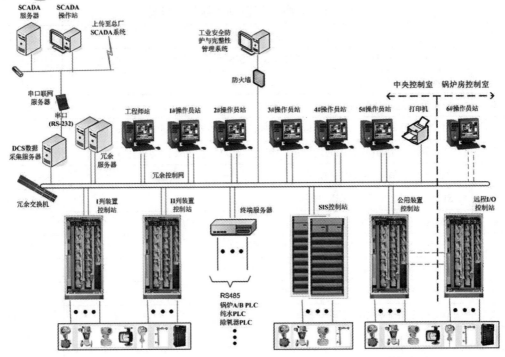

图 9-6 净化厂控制网络拓扑结构——基于霍尼韦尔 DCS 和 SIS

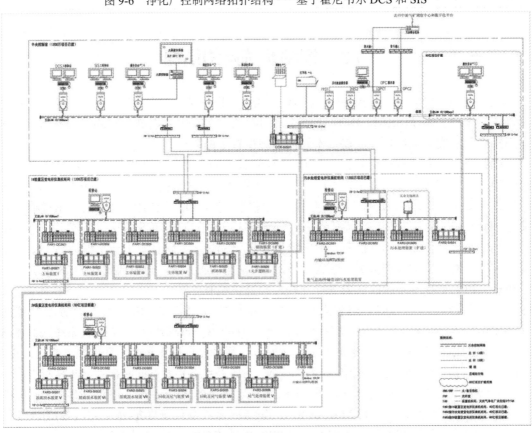

图 9-7 净化厂控制网络拓扑结构——基于中控 DCS 和 SIS

9.4　控制系统硬件配置

控制系统硬件配置一般需要列出配置的控制机柜、操作台、控制站硬件配置、服务器和操作站的电脑配置。

1. 机柜和操作台

某净化厂使用了霍尼韦尔的 PKS R400 和 SM150 分别实现 DCS 和 SIS, 净化厂控制系统配置的机柜和操作台如表 9-2 所示。

表 9-2　某净化厂控制系统机柜与操作台一览表

序号	机柜/操作台	机柜/操作名称	单位	数量	备　注
1	机柜	电源柜	个	1	
2		1 列 DCS 系统柜	个	1	AI：165 点；AO：46 点；DI：30 点；DO：7 点
3		1 列 DCS 端子柜	个	2	
4		2 列 DCS 系统柜	个	1	AI：165 点；AO：46 点；DI：30 点；DO：7 点
5		2 列 DCS 端子柜	个	2	
6		公用 DCS 系统柜	个	2	其中 1 个机柜在锅炉室
7		焚烧炉 DCS 端子柜	个	1	AI：119 点；AO：20 点；DI：123 点；DO：18 点
8		锅炉室 DCS 端子柜	个	1	
9		ESD 系统柜	个	1	
10		I 列 ESD 端子柜	个	1	AI：47 点；DI：77 点；DO：38 点
11		II 列 ESD 端子柜	个	1	AI：94 点；DI：154 点；DO：76 点
12		FGS 机柜	个	2	AI：86 点；DI：12 点
13	操作台	工程师站/1 号操作站	个	1	
14		2 号～5 号操作站	个	4	
15		6 号操作站	个	2	1 台布局在锅炉室
16		监控操作台	个	1	
17		SCADA 操作台	个	1	
18		辅助操作台	个	1	
19		10 号操作台	个	1	

2. 控制站硬件配置

某净化厂的 DCS 使用了 3 对冗余电源、3 对 C300 控制器、3 对防火墙、冗余 I/O 和非冗余 I/O 模块、安装底板等, 其硬件配置清单如表 9-3 所示。

表 9-3　净化厂控制系统的控制站硬件配置清单

序号	型　号	参　　数	数量	单位
1	CC-PWRR01	TDIRedundant 20 A 冗余电源	6	块
2	CC-PCNT01	C300 Controller Module，Dual-IOLink 冗余控制器	6	块
3	CC-TCNT01	C300 Controller IOTA 控制器安装板	6	块
4	CC-PCF901	Control Firewall Module，8 Port + 1 uplink 系统防火墙	6	块
5	CC-TCF901	Control Firewall IOTA，8 Port + 1 uplink 系统防火墙安装板	6	块
6	CC-SCMB02	C300 Memory Backup Assy 控制器存储卡件	3	块
7	CC-CBDD01	CABASSY，BASICDUALACCESSSERIES-C 系统机柜	4	套
8	CC-PAIH01	HART Analog Input Module，16 路高电平模拟量输入模块	51	块
9	CC-TAIX01	Analog Input IOTA，16 路模拟量输入安装板	29	块
10	CC-TAIX11	Analog Input IOTA，Red，16 路冗余模拟量输入安装板	11	块
11	CC-PAOH01	HART Analog Output Module，16 路模拟量输出模块	22	块
12	CC-TAOX11	Analog Output IOTA，Red 16 路冗余模拟量输出安装板	11	块
13	CC-PDIL01	Digital Input 24 V Module，32 路数字量输入模块	6	块
14	CC-TDIL01	DigitalInput 24 V IOTA，32 路数字量输入安装板	6	块
15	CC-PDOB01	Digital Output 24 V Bussed Out 32 Module，32 路数字量输出模块	4	块
16	CC-TDOB01	Digital Output 24 V Buss IOTA，32 路数字量输出安装板	4	块
17	CC-MCAR01	CARRIERCHANNELASSY-SERIESC 卡件安装板	21	块
18	8937-HN	远程 I/O 通信卡	2	块
19	8939-HN	远程 I/O 通信卡安装底板	2	块

9.5　控制系统功能实现

　　天然气净化厂 DCS 主要实现脱硫单元、脱水单元、硫磺回收单元、尾气处理和公用系统等控制对象的自动控制，包括五类控制对象的数据采集、工艺过程控制、泵的启停、阀的开/关和联锁保护控制等。

9.5.1　脱硫单元控制系统

　　脱硫单元控制系统主要包括脱硫吸收、富液闪蒸、溶液再生、溶液过滤和酸性气体的冷却和装置的水平衡等工段的过程数据采集、过程参数自动控制、动设备的逻辑和联锁保护等。

　　(1) 流量控制回路主要包括吸收塔贫液流量控制，去闪蒸塔贫液流量控制，自系统来蒸汽流量控制，酸水回流泵出口酸水计量控制等。

（2）液位控制回路主要包括吸收塔液位控制，闪蒸塔液位控制，酸气分离器液位控制，凝结水分离器液位控制等。

（3）压力控制回路主要包括湿净化气超压放空管线压力控制，闪蒸塔出口闪蒸气压力控制，酸气分离器压力控制等。

（4）温度回路主要包括再生塔出口酸气温度控制，去贫液后冷器贫液温度控制，空冷器后酸气温度控制等。

除了上述控制回路外，有的过程参数仅需监控，有些过程参数需要计入数据采集点，并在界面上予以显示，在数据库中予以记录和报警监控。净化厂脱硫控制系统的部分监控界面如图 9-8 所示。

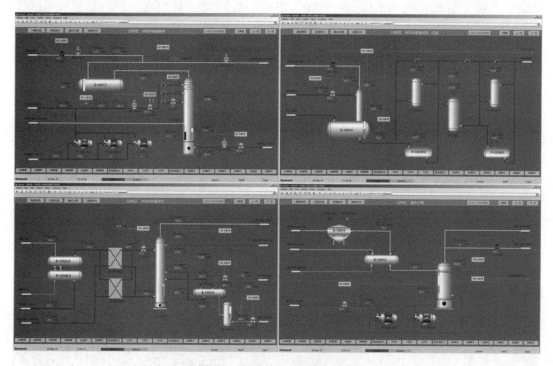

图 9-8　脱硫单元主要监控界面

9.5.2　脱水单元控制系统

脱水单元控制系统主要监控界面如图 9-9 所示。系统主要包括湿净化气吸收、富液闪蒸、溶液再生、再生气处理等工段的过程数据采集、过程参数自动控制、动设备的逻辑和联锁保护等。

（1）主要的流量控制回路包括进气液分离器贫液流量控制，换热器汽提气流量控制等。

（2）主要的温度控制回路包括换热器温度控制(调节阀 A)，换热器温度控制(调节阀 B)，再生器 TEG 温度控制等。

（3）主要的液位控制回路包括脱水塔液位控制，TEG 闪蒸罐液位控制等。

（4）主要压力控制回路包括产品气放空压力控制，TEG 闪蒸罐出口闪蒸气压力控制等。

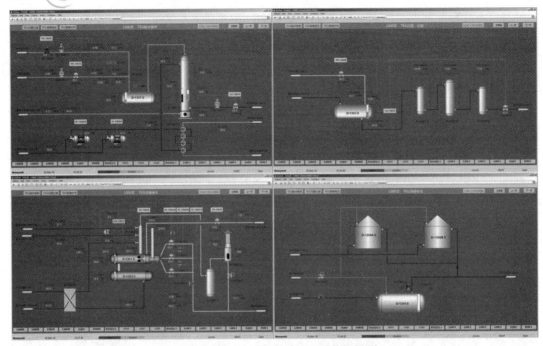

图 9-9　脱水单元控制系统主要监控界面

9.5.3　硫磺回收和尾气处理单元控制系统

硫磺回收单元控制系统的主要监控界面如图 9-10 所示，尾气处理单元控制系统监控界面如图 9-11 所示。

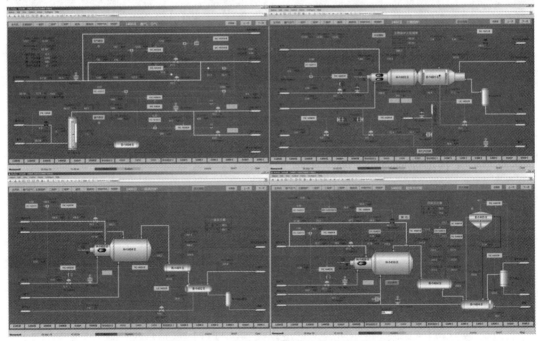

图 9-10　硫磺回收单元控制系统主要监控界面

(1) 主要的流量控制回路包括主燃烧炉风机 A 放空流量控制，主燃烧炉风机 B 放空流量控制，进主燃烧炉空气支路流量控制，空气副线流量控制，进主燃烧炉空气主路流量控制，空气主线流量控制，到主燃烧炉调温蒸汽流量控制，主燃烧炉调温蒸汽流量控制，主燃料气至主燃烧炉燃料气流量控制，主燃烧炉燃料气流量控制，进主燃烧炉酸气主线流量控制，酸气至主燃烧炉流量控制，进主燃烧炉酸气支线流量控制，酸气至热段硫磺冷凝器流量控制，进余热锅炉除氧水流量控制，尾气灼烧炉支空气管线进口流量控制，尾气灼烧炉主空气管线进口流量控制，进尾气灼烧炉燃料气流量控制，三级液硫封泵出口冷凝水流量控制，泵出口凝结水流量控制等。

(2) 主要的液位控制回路包括酸气分离器液位控制，余热锅炉除氧水液位控制，余热锅炉液位控制，二级冷凝器热段硫磺冷凝器除氧水液位控制，热段硫磺冷凝器液位控制，克劳斯硫磺冷凝器除氧水液位控制，克劳斯冷凝器液位一级冷凝器除氧水液位控制，一级 CPS 冷凝器液位控制，二级冷凝器除氧水液位控制，二级 CPS 冷凝器液位控制，三级 CPS 冷凝器液位控制，凝结水罐液位控制等。

(3) 主要的压力控制回路包括主燃烧炉风机 A 出口压力控制，主燃烧炉风机 B 出口压力控制，进蒸汽喷射器中压蒸汽压力控制，回收装置低压蒸汽压力控制，进蒸汽喷射器低低压蒸汽压力控制，空冷气入口低低压蒸汽压力控制，凝结水罐压力控制，系统进装置氮气压力控制，来自系统的氮气压力控制等。

(4) 主要的温度控制回路包括过程气至克劳斯反应器温度控制，一级反应器过程气温度控制气/气换热器出口温度控制，尾气灼烧炉内温度控制，一级冷凝器出口温度控制，空冷器出口冷凝水温度控制，二级冷凝器出口温度控制等。

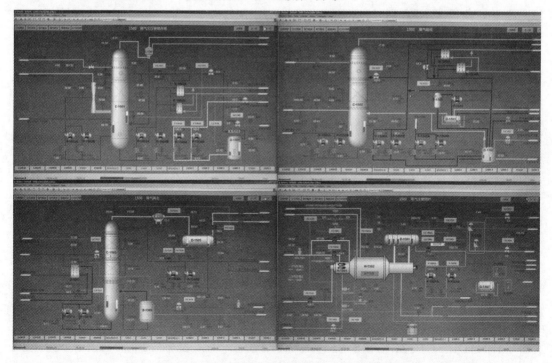

图 9-11　尾气处理单元控制系统主要监控界面

参 考 文 献

[1] 黄海燕，余昭旭，何衍庆. 集散控制系统原理及应用[M]. 4 版. 北京：化学工业出版社，2020.

[2] 王常力，罗安. 分布式控制系统(DCS)设计与应用实例[M]. 3 版. 北京：电子工业出版社，2016.

[3] 李占英，初红霞. 分散控制系统(DCS)和现场总线控制系统(FCS)及其工程设计[M]. 2 版. 北京：电子工业出版社，2019.

[4] 武平丽. 仪表选用及 DCS 组态[M]. 北京：化学工业出版社，2019.

[5] 中华人民共和国国家质量监督检验检疫总局，中国国家标准化管理委员会. 工业自动化和控制系统网络安全集散控制系统(DCS)：第 1 部分～第 4 部分. GB/T 33009.1—2016～GB/T 33009.4—2016[S]. 北京：中国标准出版社，2017.

[6] 中华人民共和国国家质量监督检验检疫总局，中国国家标准化管理委员会. OPC 统一架构　第 1 部分～第 8 部分：GB/T 33863.1—2017～GB/T 33863.8—2017[S]. 北京：中国标准出版社，2017.

[7] 中华人民共和国国家质量监督检验检疫总局，中国国家标准化管理委员会. OPC 统一架构　第 9 部分～第 13 部分：GB/T 33863.9—2021～GB/T 33863.13—2021[S]. 北京：中国标准出版社，2021.

[8] 彭瑜，何衍庆. IEC 61131-3 编程语言及应用基础[M]. 北京：机械工业出版社，2009.

[9] 柴天佑，刘强，丁进良，等. 工业互联网驱动的流程工业智能优化制造新模式研究展望[J]. 中国科学：技术科学，2022, 52(1): 14-25.

[10] 柴天佑，丁进良. 流程工业智能优化制造[J]. 中国工程科学，2018, 20(4): 51-58.

[11] 孙优贤. 系列高端控制装备及系统的研究与大规模应用[C]中国自动化学会. 2015 年中国自动化大会摘要集. 浙江大学，2015.

[12] 钱锋. 人工智能赋能流程制造[J]. Engineering, 2021, 7(9): 5-8.

[13] DENG M, FUJII R. DCS devices based non-linear process control system design for plants with distributed time-delay using particle filter[J]. Journal of central south university, 2019, 26(12): 3351-3358.

[14] YASK, KUMAR S B. A review of model on malware detection and protection for the distributed control systems (Industrial control systems) in oil & gas sectors[J]. Journal of discrete mathematical sciences and cryptography, 2019, 22(4): 531-540.

[15] SREENIVASAMURTHY S, SUNIL S. Method and system for distributed control system (DCS) process data cloning and migration through secured file system: U.S. Patent 10,162,827[P]. 2018-12-25.

[16] ARKADIUSZ H, ZBIGNIEW K, KRZYSZTOF D. Distributed control system DCS using a PLC controller[J]. ITM web of conferences, 2019, 28 01041.

[17] PURWANTO M Y, SAHRONI T R, PANGESTU F. Design analysis of distributed control

system (DCS) room with curved monitor[C]//IOP Conference Series: Earth and Environmental Science. IOP Publishing, 2018, 195(1): 012037.

[18] MIN M, LEE J, LEE K, et al. Verification of failover effects from distributed control system communication networks in digitalized nuclear power plants[J]. Nuclear engineering and technology, 2017, 49(5): 989-995.

[19] MCLAUGHLIN P F, URSO J T, SCHREDER J M. Control hive architecture engineering efficiency for an industrial automation system: U.S. Patent Application 16/377,237[P]. 2020-10-8.

[20] EASY D M. Fertilizer producer enhances plant efficiency with upgraded DCS[J]. Engineering & mining journal. 2018, 219(5): 56-59.

[21] JAMES S A, SURESH N, VINOTHKUMAR C. Distillation column control using DCS[C]// 2014 International Conference on Control, Instrumentation, Communication and Computational Technologies (ICCICCT). IEEE, 2014: 1355-1360.

[22] FREDERICK,C,HUFF.A DCS Can Enhance Microgrid Controls[J].Power engineering: the magazine of power generation, 2018, 122(4):42-48.

[23] RUSTAMBEKOVICH Y N, TULKUNOVICH A F, FEDOROVICH A M, et al. Honeywell solutions for bumpless upgrade of tps system and experion pks integration in zakum complex central control room, Abu Dhabi, UAE[J]. Procedia computer science, 2017, 120: 625-632.

[24] Group H P. New approach to engineering industrial control systems[J]. Hydrocarbon processing, 2019(10): 98.

[25] GROUP C E. Centralized control system infrastructure[J]. Chemical engineering, 2020(3): 127.

[26] Honeywell. Experion PKS C300 Controller User's Guide.

[27] Honeywell. Experion PKS Control Builder Components Theory.

[28] Honeywell. Experion PKS Control Builder Components Reference.

[29] Honeywell. Experion PKS Control Building User's Guide.

[30] Honeywell. Experion PKS Control Builder Parameter Reference.

[31] Honeywell. Experion PKS HMIWeb Display Building Guide.